科学出版社"十四五"普通高等教育本科规划教材

综合自然地理学（第二版）

罗怀良　主编

科学出版社
北京

内 容 简 介

本书囊括综合自然地理学的核心内容，以可持续发展思想为指导，突出综合自然地理学的综合性和系统性，在完整呈现综合自然地理学内容的同时，重点阐述地域分异规律、自然区划理论与方法、土地科学等内容；通过吸收和融入综合自然地理学的最新研究成果，更强调学科共识，理论联系实际；结合区域资源环境问题实际案例，及时更新和完善综合自然地理学的内容体系。

本书适宜作为高等院校地理科学、环境科学、生态学及相关专业的教材，也可以作为相关专业研究生和工作人员的参考书。

图书在版编目(CIP)数据

综合自然地理学 / 罗怀良主编. -- 2 版. -- 北京：科学出版社，2025.3.
（科学出版社"十四五"普通高等教育本科规划教材）. -- ISBN 978-7-03-081336-7

Ⅰ.P9

中国国家版本馆 CIP 数据核字第 2025AU2481 号

责任编辑：莫永国 / 责任校对：彭　映
责任印制：罗　科 / 封面设计：墨创文化

科 学 出 版 社 出版
北京东黄城根北街16号
邮政编码：100717
http://www.sciencep.com

成都锦瑞印刷有限责任公司 印刷
科学出版社发行　各地新华书店经销
*

2025 年 3 月第 一 版　开本：B5（720×1000）
2025 年 3 月第一次印刷　印张：20 1/4
字数：408 000
定价：**69.00 元**
（如有印装质量问题，我社负责调换）

《综合自然地理学》（第二版）编委会

主编　罗怀良（四川师范大学）

编委　（以姓氏笔画为序）

　　　王石英（四川师范大学）

　　　刘小波（内江师范学院）

　　　孙建伟（贵州师范大学）

　　　张　军（西华师范大学）

　　　张军以（重庆师范大学）

　　　陈　浩（绵阳师范学院）

　　　苑全治（四川师范大学）

　　　谢　洪（阿坝师范学院）

《综合自然地理学》(第一版)编委会

主编　罗怀良(四川师范大学)

编委　(以姓氏笔画为序)

　　　王石英(四川师范大学)

　　　宁龙梅(四川师范大学)

　　　许武成(西华师范大学)

　　　邹　红(内江师范学院)

　　　陈　浩(绵阳师范学院)

　　　郑国璋(重庆师范大学)

　　　彭文甫(四川师范大学)

　　　蔡广朋(贵州师范大学)

第二版前言

本书(第一版)作为四川省精品课程"综合自然地理学"的配套教材,自2012年1月由科学出版社出版(2018年1月修改重印)以来,被四川师范大学、贵州师范大学、重庆师范大学、西华师范大学、内江师范学院和阿坝师范学院等院校相关专业大量使用,并取得良好教学效果。本教材先后入选四川省"十二五"规划教材(2015年)和科学出版社"十四五"普通高等教育本科规划教材(2021年)。本课程也先后入选省级精品资源共享课程(2016年)、省级精品在线开放课程(2017年)和省级一流课程(2022年,线下课程)。为了更好地反映综合自然地理学知识内容和新近发展,适应高等教育改革与课程建设的需要,经广泛征求意见,决定通过修订完善出版第二版教材。

首先,在保持原书体例和风格的基础上,第二版的重大变化是根据综合自然地理学的最新发展,增加与综合自然地理学密切相关的全球变化内容:在第1章的1.2.3节中,补充"在国际全球变化研究中,国际科学界从能力建设的角度提出发展全球立体观测系统"等相关内容;第8章的在8.4节增加"全球变化研究是人类实现可持续发展的科学基础"等内容;在第9章中新增"全球变化及缓解与适应研究"的内容等。其次,第二版还对第6章进行较大修改,在完善土地潜力评价、土地适宜性评价、土地生态评价等传统经典内容的基础上,新增"土地可持续利用评价"的内容,并在土地潜力评价中增加"土地生产潜力评价模型"等内容。此外,第二版对各章内容进行补充、更新和完善,并新增相应图表;进一步强化各章"知识发展历史—主体知识"的理论主线。

根据实际情况,第二版编撰工作在保留部分原教材编写者的同时,吸收部分承担该课程教学的教师参与。其中,第1章绪论由四川师范大学罗怀良修订,第2章自然地理环境的整体性由内江师范学院刘小波修订,第3章自然地理环境的地域分异规律由重庆师范大学张军以修订,第4章综合自然区划由绵阳师范学院陈浩和四川师范大学罗怀良共同修订,第5章土地分级与分类由贵州师范大学孙建伟修订,第6章土地评价由四川师范大学苑全治和阿坝师范学院谢洪共同修订,第7章土地利用/土地覆被变化研究由四川师范大学王石英修订,第8章人类与自然环境的相互关系由西华师范大学张军修订,第9章综合自然地理学的应用研究由四川师范大学苑全治修订。全书仍由主编罗怀良负责修订统稿。四川师范大学地理与资源科学学院研究生邓清、白韵琪、桑子榕、杨茹荔、钟世律、杨欣韵和杨玲等协助书稿校正和整理工作。

  由于作者知识水平有限，第二版中疏漏在所难免，敬请有关专家和读者批评指正。

罗怀良
2024 年冬于成都

第一版前言

综合自然地理学是自然地理学的分支学科，主要研究自然地理环境的整体性、地域分异、自然区划、土地分级与分类、土地评价、土地利用/土地覆被变化、人与自然的关系以及综合自然地理学的应用等内容。随着人口、资源和环境问题的日益突出，全球变化及其对人类的影响引起了全人类的共同关注，综合研究已经逐渐成为自然地理学研究的主流方向。以系统思想和综合研究见长的综合自然地理学，其应用价值显得越来越重要。

编者长期从事综合自然地理学的科研和教学工作，在已有的科研实践和教学工作的基础上，参考国内综合自然地理学教材及相关学科论著，汲取其精华编写了本书。本书力求全面、系统地介绍综合自然地理学的基础知识，尽可能反映学科的新进展、新动态，并在地域分异、自然区划、土地分类与评价、土地利用/覆被变化等领域进行了知识扩充，以便读者能更全面地掌握综合自然地理学知识，适应社会实践诸多方面的实际需求。

本书为四川省精品课程"综合自然地理学"的配套教材，由该精品课程负责人、四川师范大学地理与资源科学学院罗怀良教授主编。全书共有9章，第1章绪论由四川师范大学罗怀良撰写，第2章自然地理环境的整体性由内江师范学院邹红撰写，第3章自然地理环境的地域分异规律由重庆师范大学郑国璋撰写，第4章综合自然区划由绵阳师范学院陈浩和四川师范大学罗怀良共同撰写，第5章土地分级与分类由贵州师范大学蔡广鹏撰写，第6章土地评价由四川师范大学彭文甫撰写，第7章土地变化科学由四川师范大学王石英撰写，第8章人类与自然环境的相互关系由西华师范大学许武成撰写，第9章综合自然地理学的应用研究由四川师范大学宁龙梅撰写。全书由罗怀良修改、统稿。四川师范大学地理与资源科学学院研究生闫宁、顾岑、张启霞等协助书稿的校正、整理与图表的清绘。

本书可作为高等院校地理科学、资源环境与城乡规划管理、地理信息系统、环境科学及相关专业的本专科教材，也可以作为相关专业人员、研究生的参考用书。

由于作者知识水平有限，书中疏漏在所难免，敬请有关专家和读者批评指正。

罗怀良

2011年10月31日于成都

目　录

第 1 章　绪论 ··· 1
1.1　综合自然地理学在地理学中的地位 ··· 1
1.1.1　地理学的研究对象及学科分类 ··· 1
1.1.2　自然地理学的研究对象、分支学科及其基本特征 ···················· 2
1.1.3　综合自然地理学的研究对象及任务 ······································ 4
1.2　综合自然地理学的形成与发展 ··· 5
1.2.1　综合自然地理知识的积累和综合思想的萌芽(古代地理学时期) ······· 5
1.2.2　综合自然地理学理论的形成(近代地理学时期) ····················· 8
1.2.3　综合自然地理学的新趋向(现代地理学时期) ······················· 14
1.3　中国综合自然地理学的近期发展 ·· 18
1.3.1　具有中国特色的综合自然地理学的形成 ······························ 18
1.3.2　中国综合自然地理学近期发展的主要方面 ·························· 19
第 2 章　自然地理环境的整体性 ··· 24
2.1　自然地理环境整体性认识的演进 ·· 24
2.1.1　自然综合体学说阶段 ·· 24
2.1.2　地理系统学说阶段 ··· 26
2.1.3　耗散结构理论阶段 ··· 28
2.2　自然地理环境的组成与空间结构 ·· 30
2.2.1　自然地理环境发展的环境因素 ··· 30
2.2.2　自然地理环境的组成 ·· 33
2.2.3　自然地理环境的空间结构 ··· 37
2.3　自然地理环境中的物质循环 ··· 39
2.3.1　大气循环 ··· 39
2.3.2　水分循环 ··· 40
2.3.3　地质循环 ··· 40
2.3.4　生物循环 ··· 41
2.4　自然地理环境中的能量基础与能量转化 ··································· 42
2.4.1　自然地理环境的能量基础 ··· 42

- 2.4.2 自然地理环境中的能量循环和转化 ········ 44
- 2.4.3 自然地理环境能量转换的功能 ········ 44
- 2.5 自然地理环境的发展演化 ········ 45
  - 2.5.1 古代自然地理环境的一般发展过程 ········ 45
  - 2.5.2 新生代自然地理环境的发展趋势 ········ 46
  - 2.5.3 自然地理环境的发展规律 ········ 48
  - 2.5.4 自然地理环境发展的节律性 ········ 48
- 2.6 景观生态建设原理 ········ 49
  - 2.6.1 景观概念的发展 ········ 49
  - 2.6.2 生态研究——地理学的传统和发展 ········ 49
  - 2.6.3 生态系统——地表的特殊耗散结构 ········ 50

第3章 自然地理环境的地域分异规律 ········ 52

- 3.1 地域分异规律的认识与发展 ········ 52
- 3.2 地域分异概述 ········ 55
  - 3.2.1 地域分异的概念及分异因素 ········ 55
  - 3.2.2 地域分异的规模 ········ 57
- 3.3 地域分异的基本规律 ········ 59
  - 3.3.1 纬度地带性分异规律 ········ 59
  - 3.3.2 非纬度地带性分异规律 ········ 59
- 3.4 纬度地带性地域分异 ········ 60
  - 3.4.1 全球性的纬度地带性地域分异：热力分带性 ········ 60
  - 3.4.2 大陆的纬度地带性地域分异 ········ 62
  - 3.4.3 大洋的纬度地带性地域分异 ········ 66
- 3.5 非纬度地带性地域分异 ········ 67
  - 3.5.1 大尺度的非纬度地带性地域分异 ········ 67
  - 3.5.2 中尺度的非纬度地带性地域分异 ········ 74
  - 3.5.3 小尺度的非纬度地带性地域分异 ········ 78
- 3.6 垂直带性分异、高原地带性分异和三维地带性分异 ········ 82
  - 3.6.1 垂直带性分异 ········ 82
  - 3.6.2 高原地带性分异 ········ 88
  - 3.6.3 三维地带性分异 ········ 91
- 3.7 地域分异规律的相互关系 ········ 93
  - 3.7.1 大陆水平地带的平面结构 ········ 93
  - 3.7.2 地域分异规律的相互关系 ········ 98
  - 3.7.3 自然地域分异规律研究的实践意义 ········ 100

第4章 综合自然区划 …… 102
4.1 综合自然区划及其发展 …… 102
4.1.1 区划的概念和类型 …… 102
4.1.2 国外综合自然区划的发展 …… 103
4.1.3 国内综合自然区划的发展 …… 104
4.2 综合自然区划的原则与方法 …… 106
4.2.1 综合自然区划的原则 …… 106
4.2.2 综合自然区划的方法 …… 109
4.2.3 综合自然区划原则与区划方法的关系 …… 112
4.3 综合自然区划单位的等级系统 …… 113
4.3.1 双列区划单位等级系统 …… 114
4.3.2 单列区划单位等级系统 …… 121
4.4 中国综合自然区划方案简评 …… 124

第5章 土地分级与分类 …… 128
5.1 土地的概念和土地科学 …… 128
5.1.1 土地的概念 …… 128
5.1.2 土地科学 …… 131
5.2 土地分级与基本土地分级单位 …… 133
5.2.1 土地分级概述 …… 133
5.2.2 基本土地分级单位的识别 …… 136
5.2.3 土地分级的过渡性单位 …… 147
5.3 土地分类与土地类型 …… 147
5.3.1 土地分类的基本问题 …… 147
5.3.2 相的分类 …… 151
5.3.3 限区的分类 …… 152
5.3.4 地方的分类 …… 153
5.4 土地结构 …… 155
5.4.1 土地结构的概念 …… 155
5.4.2 土地要素的组成结构 …… 156
5.4.3 土地演替结构 …… 156
5.4.4 土地空间组合结构 …… 158
5.4.5 土地结构研究的应用 …… 160
5.5 土地类型调查和制图方法 …… 161

第6章 土地评价 …… 164
6.1 土地评价概述 …… 164
6.1.1 土地评价的概念 …… 164

vii

		6.1.2 土地评价的目的和任务……164
		6.1.3 土地评价的原则……166
		6.1.4 土地评价的类型……167
	6.2 土地评价研究进展……168
		6.2.1 国外土地评价研究……168
		6.2.2 国内土地评价研究……172
		6.2.3 土地评价研究发展趋势……174
	6.3 土地潜力评价……176
		6.3.1 土地潜力评价的概念……176
		6.3.2 美国农业部的土地潜力等级系统……176
		6.3.3 我国的土地潜力评价系统……178
		6.3.4 土地生产潜力评价模型……178
	6.4 土地适宜性评价……181
		6.4.1 土地适宜性评价的概念……181
		6.4.2 土地适宜性评价的依据……181
		6.4.3 土地适宜性评价系统……182
		6.4.4 联合国粮食及农业组织的土地适宜性评价系统……182
		6.4.5 中国的土地适宜性评价系统……184
	6.5 土地生态评价……185
		6.5.1 土地生态系统与土地生态评价……185
		6.5.2 土地生态系统服务功能评价……186
		6.5.3 土地生态系统安全评价……188
		6.5.4 土地生态承载力评价……191
	6.6 土地可持续利用评价……192
		6.6.1 土地可持续利用评价概述……192
		6.6.2 联合国粮食及农业组织的土地可持续利用评价……193
		6.6.3 土地可持续利用评价的内容……194
		6.6.4 土地可持续利用评价的指标……195

第7章 土地利用/土地覆被变化研究……197
	7.1 土地利用/土地覆被变化研究的意义……197
	7.2 土地利用/土地覆被变化的基本概念……199
		7.2.1 土地利用和土地覆被的含义……199
		7.2.2 土地利用和土地覆被的相互关系……200
		7.2.3 土地利用/土地覆被变化的研究动向……201
		7.2.4 土地利用/土地覆被变化研究的主要问题……202
	7.3 土地利用/土地覆被变化的研究方法……204

7.3.1	实地观测法	204
7.3.2	历史地理法	204
7.3.3	遥感研究方法	204
7.3.4	模型方法	205
7.3.5	常用的模型研究方法	208

7.4 土地利用/土地覆被变化的驱动因子 ... 219
7.5 土地利用/土地覆被变化的环境效应 ... 223
    7.5.1 对气候的影响 ... 223
    7.5.2 土壤环境效应 ... 225
    7.5.3 水环境效应 ... 227
    7.5.4 生态效应 ... 229
7.6 土地利用/土地覆被变化对人地系统的影响及其调控 ... 230
    7.6.1 土地利用/土地覆被变化研究对人地系统的作用 ... 230
    7.6.2 土地利用/土地覆被变化中的人地关系调控 ... 233
    7.6.3 土地利用/土地覆被变化研究展望 ... 235

第8章 人类与自然环境的相互关系 ... 237

8.1 自然地理环境对人类发展的影响 ... 237
    8.1.1 自然地理环境对人类生存和发展的基础作用 ... 237
    8.1.2 自然地理环境对人类社会发展的限制作用 ... 240
    8.1.3 自然地理环境对人类社会发展的促进作用 ... 240
8.2 人类对自然地理环境的影响 ... 241
    8.2.1 人类对生物圈的影响 ... 241
    8.2.2 人类对地貌的影响 ... 246
    8.2.3 人类对土壤的影响 ... 247
    8.2.4 人类对大气圈和气候的影响 ... 249
    8.2.5 人类对水圈的影响 ... 250
8.3 人类与地理环境相互作用 ... 254
    8.3.1 人与自然的原始共生阶段(原始文明阶段) ... 255
    8.3.2 人类顺应自然的农业文明阶段 ... 255
    8.3.3 改造自然、利用自然的工业化阶段 ... 256
    8.3.4 与自然协调的可持续发展阶段 ... 257
8.4 人类与自然地理环境的协调发展 ... 258
    8.4.1 人类与自然地理系统的对立统一关系 ... 258
    8.4.2 人类与自然地理环境协调发展 ... 259
    8.4.3 实现人地协调,必须走可持续发展之路 ... 261
    8.4.4 全球变化研究是人类实现可持续发展的科学基础 ... 265

第9章 综合自然地理学的应用研究······269
9.1 综合自然地理学服务农业生产的应用研究······269
9.1.1 综合自然区划在农业区划与规划上的应用······270
9.1.2 土地系统研究在农业上的应用······271
9.2 区域开发研究······274
9.2.1 区域开发的含义及主要内容······274
9.2.2 区域发展战略······275
9.2.3 区域规划······278
9.2.4 国土整治······280
9.3 景观生态建设研究······281
9.4 自然灾害综合研究······284
9.4.1 致灾因子研究与减灾······284
9.4.2 自然灾害评估······285
9.4.3 自然灾害的监测、模拟与预报······286
9.4.4 自然灾害的社会经济影响······287
9.5 生态建设与生态评价······287
9.5.1 生态建设······287
9.5.2 生态评价······290
9.6 全球变化及缓解与适应研究······291
9.6.1 全球变化的驱动力与驱动机制研究······291
9.6.2 全球变化对陆地表层格局与过程的影响······293
9.6.3 全球变化的缓解与适应策略······295

参考文献······299

第1章 绪　　论

1.1　综合自然地理学在地理学中的地位

1.1.1　地理学的研究对象及学科分类

地理学的研究对象是地理环境(或地球表层系统)。地理环境和人类环境并非含义完全相同的概念。地理学只研究地球表层这一部分人类环境(即人类生存环境)，而人类环境是一个随着历史发展不断变化的概念。随着科学技术和生产的发展以及民族间的相互交流，人类环境所涵盖的范围不断扩大。

地理环境可分为天然环境和人为环境两部分。天然环境指那些只受到人类间接影响而自然面貌基本上未发生变化的地理环境，如极地、高山、大荒漠、热带雨林、沼泽、自然保护区"核心地带"，以及大洋中非主要航线通过的海域等。人为环境指那些经过人类影响后，自然面貌已发生重大变化的地区，包括农业地区和城市地区的农业景观和城市景观。人为环境有别于天然环境，其变化程度取决于人类的干涉强度。但是，人为环境的改变仍然受制于自然规律。因此，地理环境包括天然环境、人为环境及人类本身创造的某些环境(经济环境和社会文化环境)。

长期以来，西方把地理学分为自然地理学和人文地理学，且认为经济地理学是从属于人文地理学的。苏联则把地理学分为自然地理学和经济地理学，而把人文地理学的某些内容(如人口、聚落等)，称为人口和居民点地理学，附属于经济地理学。我国老一辈地理学家大多赞成西方的分类方法(二分法)，而 20 世纪 50 年代培养的地理学家则倾向于苏联的分类方法(二分法)。第二次世界大战以后的几十年来，西方和俄罗斯(苏联)对地理学分科的认识都已发生了变化。目前，国内学者大多主张将地理学分为自然地理学、经济地理学和人文地理学(三分法)。当然，国内学者也有将地理学分为自然地理学、人文地理学和信息地理学的提法。

从系统论的角度来看，地理学涉及三个级别组织水平。最高一级组织水平的是综合地理学，研究整个地理环境综合特征；次一级组织水平的是综合自然地理学、综合经济地理学和综合人文地理学，分别研究自然地理环境、经济环境和社会文化环境的综合特征；最低一级组织水平的是部门地理学，其中包括部门自然地理学、部门经济地理学和部门人文地理学。

现代地理学作为一个科学体系，可以从四个方面来进行划分。①三分法。根据研究对象，地理学分为自然地理学、经济地理学和狭义人文地理学(社会文化地理学)三个分支。②三层次。地理学可以分为部门地理、一级综合地理(综合自然地理学、综合经济地理学和综合人文地理学)和二级综合地理(即综合地理学)三个组织水平。③三重性。地理研究可以分为地理理论、地理应用理论、地理区域实践研究三个程序。④三时段。按照研究的时段，地理学可以分为古地理学、历史地理学、时间地理学(指现代过程的地理研究)。

1.1.2 自然地理学的研究对象、分支学科及其基本特征

1. 自然地理学的研究对象及学科分支

自然地理学着重研究地理环境的自然方面，即自然地理环境是自然地理学的研究对象。未经人类作用的天然环境和经过人类作用而发生变化的人为环境均受自然规律的制约，同属自然环境范畴，统称为自然地理环境。

关于自然地理环境的名称有多种提法，如地球表层、地理壳、地理圈、景观壳、景观圈和表层地圈等，但这些术语的内涵基本相同，没有本质差别。自然地理环境分布在地球表面，是具有一定厚度的圈层，但学界对这个圈层的厚薄却存在争议。伊萨钦科(1965)认为这个圈层上至对流层下至沉积岩石圈，或者比这厚度更大；另一些学者则认为这个圈层只是近地面的"活动层"(赵松乔等，1979)；更有学者将其称为"自然地理面"(牛文元，1981)。目前，大多数学者认为，这个圈层的厚度无须硬性规定，即使规定也未必处处符合客观实际。通常，该圈层厚度随研究范围的不同而有差别：研究范围小，其厚度就小；研究范围大，其厚度就大。研究全球问题时，该圈层的厚度就是地理壳的厚度。自然地理环境研究的时间尺度也应随研究范围而有所差别：研究范围小，时间尺度就短，没有必要追溯到遥远的地质年代；研究范围大，就要考虑更长的时间尺度。总之，自然地理环境的圈层厚度和时间尺度都应在研究时灵活掌握。

自然地理学以地球表层系统及其组成要素为研究对象。由于地球表层系统及其组成要素的运动与变化过程主要由自然力量和人化了的自然力量所驱动，受自然规律的支配，所以自然地理学通常归属于自然科学的范畴。

自然地理学是一个庞大的学科群。19世纪中叶以来，自然地理学中逐渐分化出以某一个自然地理要素为研究对象的部门自然地理学。它们分别研究组成地球表层物质系统的各种自然要素与过程本身，强调以某个要素为核心的分析与综合。部门自然地理学包括的二级学科主要有地貌学、气候学、水文地理学、土壤地理

学和生物地理学(植物地理学和动物地理学)等。部门自然地理学是边缘科学,如地貌学是地理学与地质学之间的边缘科学,气候学是地理学与气象学之间的边缘科学。随着自然科学与人文科学的发展与分化,部门自然地理学又再次分化出现三级部门自然地理学,如河流地貌学、陆地水文学和湖泊学等,甚至进一步分化出现四级部门自然地理学,如泥石流学、冰川学和冻土学等。这种分化过程使科学研究更加深化,无疑是进步的表现,但同时也产生了对"地理学包括自然地理学和人文地理学"的质疑,从而出现了所谓地理学发展的"分化"危机。

20世纪60年代,由于对环境问题的关注,综合研究的自然地理学重新受到重视。换言之,紧随分化思潮出现的新综合思潮很快催生了一门新学科——综合自然地理学(即:地球系统科学),其核心内容主要包括自然地理环境的整体性、地域分异、自然区划和土地科学等。近年来,综合思想在全球变化研究中的作用日益凸显。

地球表面自然现象分布不均的特点,决定了自然地理学研究具有明显的地域性特点。因而,区域自然地理学便成为自然地理学的另一个分支。区域自然地理研究包括区域部门自然地理研究与区域综合自然地理研究,如大洲自然地理、国别自然地理等。

2. 自然地理环境的基本特征

作为自然地理学的研究对象,自然地理环境(或地球表层)不同于地球高空和地球内部的圈层,其具有以下六大基本特征。

(1)太阳辐射集中分布于地球表层,太阳能的转化主要在地球表层进行。地球高空大气对太阳能的吸收很少,而太阳辐射又不可能穿透地球内部,这就使大部分太阳辐射集中分布于地球表层附近,并在这里重新转化。因此,海陆表层上下是太阳辐射能对地表几乎所有自然过程起重要作用的地方。

(2)地球表层同时存在着气体、液体、固体三相物质和三相圈层的界面。其中,陆地表面是固体和气体的界面,海洋表面是液体和气体的界面,海洋下界是液体和固体的界面,海洋沿岸带是三相界面。地球表层三相物质共存,它们互相转换、互相渗透,形成多种多样的胶体和溶液系统。

(3)地球表层具有本身自我发展的形成物,如生物、风化壳、土壤层、地貌形态、沉积岩和黏土矿物等,这些物质和现象都是地球表层特有的。

(4)地球表层互相渗透的各圈层间进行着复杂的物质、能量交换和循环,如水循环、化学物质循环、地质循环等。在物质、能量交换和循环中伴随着信息的传输。比起地球其他各处,地球表层物质能量转化过程的强度大、速度快,表现形式也更复杂多样。

(5) 地球表层存在着复杂的内部分异，各部分的特征差别显著，在极短的距离内都可能发生变化。这种分异除了表现在水平方向上外，也表现在垂直方向上。各级自然综合体或地理系统的形成，就是地域分异的结果。

(6) 地球表层是人类社会发生发展的场所。尽管随着科学技术的发展，人类活动范围已远远超出海陆表面，到达地球高空，甚至宇宙空间，但地球表层仍是人类生产生活的基本环境。

1.1.3 综合自然地理学的研究对象及任务

综合自然地理学是自然地理学发展到近代的历史产物，是当代自然地理学研究最为活跃的领域。它的研究对象是地表客观存在的各种尺度的自然综合体。地表一切自然要素(地质、地貌、气候、水文、生物和土壤等)都是紧密联系、相互制约的，共同构成各种尺度有大小、等级有高低、内部复杂程度有差异的统一体，一般称为自然综合体。综合自然地理学是一门研究地表自然综合体的科学，它的显著特点是把自然地理环境作为一个统一的物质系统进行研究。一般认为，综合自然地理学以各部门自然地理学为基础，以综合研究自然地理环境的整体性为特征，即着重研究整体各部分的相互联系和相互作用，揭示自然地理环境整体的结构特点、形成机制、地域差异和发展变化规律(潘树荣，1985)。

综合自然地理学的研究对象是自然地理环境的整体性、分异性、结构和功能，包括自然地理环境各要素的相互联系、相互依存和相互制约；自然地理环境的地域分异规律；制定等级系统，划分各级自然地理综合体并研究其动态、发展史；预测其未来变化及人类与整体自然环境的关系等。

从研究层次来看，综合自然地理学处于地理学学科体系的第二层次，它是在第三层次的部门自然地理学分析研究的基础上进行综合研究，是一门承上启下的学科。换言之，部门自然地理学是它的基础，同时综合自然地理学也为第一层次的综合地理学奠定基础。部门自然地理学与综合自然地理学之间的关系是部分与整体、分析与综合的统一，两者在认识自然地理环境方面具有相辅相成、互相补充的作用。当然，无论是部门自然地理学还是综合自然地理学，除了进行基本理论研究以外，还必须结合区域实际进行自然地理研究，使理论得到验证。因此，区域自然地理研究既包括部门自然地理研究，也包括综合自然地理研究。

综合自然地理学研究的基本内容和任务可以概括为以下五个主要方面。①自然地理环境的整体性。探讨自然地理系统的结构与功能及各种结构的形成机制和规律，研究系统中的物质循环与能量转换、自然地理环境的空间结构，以及发展演化规律，寻求进行控制和调节的途径。②地域分异规律。通过地域分异因素和分异尺度的分析，探讨自然地理环境整体及各组成成分的纬度地带性分异规律和非纬度地带性分异规律。③自然区划理论。根据地域分异规律的不同尺度及从属关系，探讨综合自然区划的原则、方法与区划单位的等级系统。对不同尺度的区域进行自然区划，并提出各级自然区域开发利用的方向和途径。④土地科学。通过土地单位的划分(土地分级)和土地类型(土地分类)的研究，进行土地结构分析和土地评价，探讨土地利用/土地覆被变化的驱动力与环境效应，为土地资源的合理利用和保护提供科学依据。⑤人类活动与自然地理环境的关系。揭示人类活动与自然地理环境相互作用的关系，谋求可持续发展的正确途径。

当然，综合自然地理学应用广泛，在应用性自然区划、农业、景观生态建设、区域开发、生态建设与生态评价、自然灾害综合研究及全球变化及缓解与适应研究等方面都有重要的实践意义。

1.2 综合自然地理学的形成与发展

地理学的发展经历了古代地理学、近代地理学和现代地理学三个时期，本节对这三个时期进行简要介绍。

1.2.1 综合自然地理知识的积累和综合思想的萌芽(古代地理学时期)

从远古时代到 18 世纪中期，地理学处于发展的初期阶段(资料收集和地理知识积累阶段)，即古代地理学时期(或描述地理学时期)。这一阶段也是综合自然地理学零星知识的积累、收集和综合思想的萌芽时期。

1. 中国综合自然地理学知识的积累与综合思想的萌芽

中国古代地理学在世界上居于领先地位，是世界地理学思想的重要渊源之一。中国古代地理学"天人合一"的宇宙观、世界观(地理观)与西方中世纪的创世说和文艺复兴以后的过分强调神或人的作用、人与自然对立的人文主义思潮相比，有更深邃的意义(白光润，1993)。中国古代人地关系思想以追求天人和谐、与自然共生、主动适应环境为特色，是中国古代地理学思想的精髓(张兰生等，2017)。古代地理学时期，我国的综合自然地理知识和思想集中体现在浩如烟海的古代地理著作、历史著作和志书等文献之中。中国古代地理著作中包含着丰富的综合性区域自然地理内容，在许多方面为地理学发展做出了贡献。

公元前 5 世纪，《尚书·夏书》中的《禹贡》记述禹治山治水的功绩，全书包括九州、导山、导水、水功和五服五部分，是我国早期区域地理研究的典范，也是世界上最古老、最系统、具有很高学术价值的地理著作之一。该书不仅是中国，也是世界最早的区划著作之一。《禹贡》以山岳河海为界，把当时中国的领土分为九州：冀、兖、青、徐、扬、荆、豫、梁、雍。该书中简述了各州的自然条件、人类活动及典型物产，并按各州的土色、质地和水分将土地评为三等九级，依其肥力制定贡赋等级。该书从山川形势、自然景观、土壤分布、物产田赋、交通路线出发，指出了其间的联系并比较了各州的特点。《禹贡》在我国产生了深远影响。其中，九州的概念在历史地理中成为恒久的区域概念。不管是诸侯纷争、改朝换代、现实行政区划如何变化，九州所表示的区域概念一直被沿袭使用。此外，《禹贡》还蕴含自然地理环境整体性(治山和导水关系论述)、地域分异规律(从南到北将扬州、徐州和兖州的自然景观进行对比：纬度地带性分异)、土地评价(选取土壤种类、赋税等级和综合评价来区别土壤)和人地关系等综合自然地理学思想的萌芽。

2000多年前的《周礼》是古代王官之学的代表著作，是一部通过官制来表达治国理政方案的著作，具有十分丰富的地理学知识与思想，有强烈的实践倾向和经世致用特色(董金社，2023)。《周礼》依据当时劳动人民对我国土地的认识，将全国土地划分为山林(高山峻岭之地)、川泽(江河湖泽之地)、丘陵(丘陵之地)、坟衍(水湿与低平之地)和原隰(高而平坦的低湿地)五类。

战国时期(公元前3世纪前后)的《管子·地员》是关于我国古代土地类型的著作，其中有世界上最早的土地分类和分等。该书首先根据地势高低和地貌形态的差别，将土地分为渎田(大平原)、丘陵和山地三大类；然后按地表组成物质和中小地貌形态及其他自然特征的差异，将土地细分为25个土地亚类；并依据各类土地的土壤肥力及对农业和林业的适宜程度，将土地划分为上、中、下三等。此外，该书还记述了植物垂直分布与水平分布的现象，阐明了植物与地形、土壤和水文的相互关系，指出"凡草土之道，各有榖造。或高或下，各有草土"这个客观规律，这也就是植物与土壤相互关系的规律。

西汉司马迁的《史记》概要性地记载了当时全国的自然条件和资源状况，并提出开发地利的意见。由于司马迁的《史记》在史学界具有独一无二的地位，其体例和内容等一直是史学界的经典，以致后代官方修史都要包含地理方面的内容。东汉班固(公元32~92年)的《汉书·地理志》是我国第一部以"地理"命名的著作，记述了西汉末年全国和地方的行政疆域、历史变革、自然条件、资源、人口、物产、民俗、主要道路和市镇。它所开创的以疆域、沿革为纲要的体例，为其后历代地志编修树立了典范。总之，汉代的《史记》和《汉书》兼顾地理资料的系统化，奠定了此后历代编著新断代史的一个重要传统：既有系统的地理专篇，又穿插着零散的地理资料。

随后的《水经注》《大唐西域记》《梦溪笔谈》《徐霞客游记》《天下郡国利病书》《读史方舆纪要》等地理著作，也都包含了丰富的综合性的区域自然地理资料。其中，沈括(1031~1095年)所著的被称为"中国科学史的里程碑"的《梦溪笔谈》一书指出了气候水平和垂直分布规律，提出了河流侵蚀、搬运和堆积作用，推断出海陆变迁的普遍规律。这一推断比西方的流水侵蚀论(15世纪)早400年。

2. 国外综合自然地理学知识的积累与综合思想的萌芽

古希腊最早的地理记述出现在"荷马史诗"(《伊利亚特》和《奥德赛》)中。随着综合自然地理学知识的积累，在西方，古希腊和古罗马的文化中也产生了综合思想，并出现了著名的"宇宙派"和"博杂派"。

被西方地理学家誉为"地理学之父"的古希腊学者埃拉托色尼(Eratosthenes)，第一次用"地理学"做书名，完成了一部关于已知世界和地球基本知识的著作。该书论述了地球的形状和大小以及当时可知的海陆分布，并开创了以数理地理为中心，对整个地球进行研究的方向(即"宇宙派")。

古罗马学者斯特拉波(Strabo)在著作《地理学》(共17卷)一书中较详尽地记载了当时以地中海为中心的罗马帝国的地理情况，为西方区域地理的发展奠定了基础。斯特拉波认为，地理学不能只研究各国的形状和大小，还要研究它们的相互关系。他还指出一个地区具有自然条件和人为条件，前者是不变的，后者是不断变化的斯特拉波的其著作被认为是最早记载自然与人文地理的地理志，在对已知世界进行区划分类的基础上进行地理描述，成为古代西方地理学中区域地理研究最早的代表著作，被后世称为"博杂派"。

进入中世纪以后(公元5～15世纪)，欧洲处于漫长而黑暗的封建制度统治之下。在意识形态领域，神学拥有至高无上的统治地位。科学在这种压抑环境下发展缓慢，甚至被歪曲和颠倒。罗马帝国到了分崩离析的后期，形成闭关自守、政教合一的君主国。欧洲社会在宗教势力的控制下，科学领域受神权的支配，人们开阔了的地理眼界被重新缩小了，地理学在这一时期几乎没有什么发展。

15世纪末，欧洲的商业资本主义经济迅速发展，世界地理知识不断丰富，航海技术日益发达，西欧人为了扩大海外贸易而寻求新航道，开始了商业远洋探险活动(即，"地理大发现")。1492年，克里斯托弗·哥伦布(C. Colombus)横渡大西洋到达美洲，发现了新大陆。1498年，瓦斯科·达·伽马(Vasco da Gama)绕过好望角，发现了通往印度的新航线。1519～1522年，费尔南多·麦哲伦(F. Magellan)和他的同伴完成了世界上第一次环球航行。上述一系列世界范围的地理探险活动，证实了地球上广大海洋的存在，弄清了海陆的基本轮廓，明确了地球的形状、大小和运动形式，收集了大量的海洋、生物、地质资料，地理资料的积累空前丰富起来。"地理大发现"引起地理学的新思考，使地理学有可能建立自己的理论体系，从以前个别的零碎的现象解释发展到全球性的科学理论思维，使原来从局部地区经验总结的理论在普遍的事实面前经受检验、取舍、提炼和升华，并为欧洲近代地理学的产生创造了前提。总之，"地理大发现"对世界政治、经济、全球文明发展产生了极其深刻的影响，对人类对地球表层整体规律性的认识具有划时代的意义。

当时科学的发展要求对已有的地理知识进行整理和总结。德国早期地理学家伯恩哈德·瓦伦纽斯(B. Varenius)则是第一个试图将有关地球知识进行理论概括和总结的学者。瓦伦纽斯首先建立了"自然界是统一的"的概念。他以地理为基础，利用当时在荷兰阿姆斯特丹常与航海商及水手接触的机会，了解他们的所见所闻，并对当时的地理大发现和天文学上的重大成果非常重视。1649～1650年，瓦伦纽斯完成了他的名著《地理学通论》。该书是一部综合性较强的著作，第一次将哥白尼、开普勒、伽利略的学说引进地理学来探讨数理地理问题；并从"自然界是统一的"思想出发，把当时积累下来的有关气候、海洋、地形等知识作为一个统一的物质体系来论述，认为"水陆界"的各组成部分处于相互渗透中。他是第一个接近正确理解自然地理学研究对象的学者，认为地理学主要是研究地球的"外部表面"，研究地球的"水界和陆界"。与此同时，他还将地理学分为普通地理学和特殊地理学(区域地理学)，前者侧重研究整个地球表面，后者侧重研究地表的局部地段。瓦伦纽斯的上述地理观念，比同时代的学者要先进得多，可是，由于历史条件的限制，这些学术观点在当时并没有对地理学的发展产生显著影响，但以后的地理学者却从瓦伦纽斯这里得到了启发，从而在综合自然地理学知识的积累上有了较快的突进。

1.2.2 综合自然地理学理论的形成(近代地理学时期)

18世纪末到20世纪中期是近代地理学时期，该时期地理学已不再是单纯地描述地理事物，而是进一步对地理事物加以分析说明。因此，这一时期又称为解释地理学时期，以区别于古代地理学时期的描述地理学。

1. 转折时期地理学的学科分支

18世纪末期至19世纪中期，地理学研究由广泛积累资料向系统整理资料过渡，处于地理认识由感性向理性过渡的转折时期。这一时期，地理学明显地出现了自然地理学和人文地理学两大分支。两位德国地理学大师亚历山大·冯·洪堡(Alexander von Humboldt)和卡尔·李特尔(C. Ritter)对此做出了杰出贡献，被誉为近代地理学的奠基人。

(1)洪堡的贡献。洪堡是世界科学史上的著名人物之一，他知识渊博，在物理学、植物学、矿物学等领域有广泛的兴趣。他青年时接受过地质学训练，做了大量野外工作，考察过西欧和南欧的许多地方。在他28岁时母亲去世，他将自己继承的足够富裕一生的遗产全部用以进行考察和探险事业。1799年，他和法国植物学者埃梅·邦普兰(Aimé Bonpland)到达美洲，在奥里诺科河流域和安第斯山区进行了历时 5 年的科学考察，行程 1 万公里，到过委内瑞拉、哥伦比亚、智利、秘鲁、巴西、古巴、墨西哥和美国。沿途采集了大量植物和岩石标本，测量了经纬度和地磁等现象，并且了解当地居民生活习俗，调查社会和经济情况。1804 年，洪堡回到欧洲后，整理旅行报告，鉴定数以千计的植物标本，出版了《新大陆热带地区旅行记》(共 30 卷)。这是有关新大陆自然、经济和政治的第一部百科全书，也是拉丁美洲北部最早的区域地理著作。

洪堡在他一生的最后几年撰写了不朽著作《宇宙》(共 5 卷)，这是他一生科学发现和学术成就的总结。洪堡的科学贡献是多方面的，仅就地理学而言，其主要贡献有以下三点。

①首创了多种重要的自然地理研究方法。a.等温线法。洪堡用等温线表示温度的水平分布，绘制了世界第一幅平均气温的等温线图；首次发现秘鲁寒流(曾称洪堡寒流，后因本人反对而改现名)；并注意到了海陆分布所造成的等温线与纬度的差异，提出了"大陆性"的概念。b.剖面图法。洪堡利用地形剖面图研究山区的地理情况。c.比较法。运用比较法分析地理规律，揭示自然地理环境的综合性和区域性特点。

②创造性地运用因果联系法则，对各种自然地理现象的成因和分布规律做出理论性概括，如气候带的分布及其成因、洋流的成因、植物对气候的依存关系、山地植被的垂直分布规律等。

③明确指出了自然地理学研究的综合特征，提出"自然界是统一的整体"，自然地理学的主要任务在于"认识多种多样的自然统一体，研究地球上各种自然现象的一般规律和内在联系"。洪堡的这些精辟论断，使自然地理学从地理学的羽翼下独立出来，并且从理论到方法把自然地理学推向一个新阶段，同时也为综合自然地理学的形成奠定了理论基础。洪堡对全球区域研究发展有决定性影响，导致德国景观观念(the idea of landschaft)的形成，使景观观念在 19 世纪末成为区域地理学概念的核心。

(2) 李特尔的贡献。李特尔是人文地理学的倡导者，他强调人地相关的综合性和统一性。他把地球表面作为人类活动的舞台，认为地理学是研究人类住所的地理表面。他还把古代的地志学发展成为人文地理学。代表李特尔主要学术成果的巨著是《地学通论》。李特尔倡导比较地理学和形态地理学方法。在他看来，比较地理学就是形态学、类型学的思想，通过地理学单位的分类、比较来分析其成因和变化规律，而这种比较、分类是从形象和形态上进行的。李特尔的区域方法和对地面现象的综合比较观点一直为后世所效仿。但他的宗教目的论的世界观(把地球的构成、海陆形状与分布归结于神的安排)给他的研究思想蒙上了阴影，限制了其发展。

洪堡和李特尔是古典(代)地理学的集大成者，是近代地理学的开拓者和奠基人，是继往开来的一代地理科学大师。他们的著作与成就标志着地理学一个新时代的开始，具有划时代的重大意义。

2. 分化时期综合自然地理学的理论萌芽

19世纪到20世纪初，科学技术的发展和新学科的不断涌现，加速了科学分化的进程。在科学分化思潮的影响下，原来统一的地理学分化为自然地理学和人文地理学。随后，这两门地理学又逐渐分化为一系列独立的部门地理学，而且这种分化至今仍在继续。这种分化过程使科学研究更加深入，无疑是进步的表现，但同时却产生了对"地理学包括自然地理学和人文地理学"的质疑，出现了地理学发展的"危机"。正如楚图南在《地理学发达史》中所说："地理学是否可以成为一有组织的、完整而独立的科学，乃成为19世纪末叶以来科学争论的一个大问题"。

为了对抗这种分化，摆脱危机，许多地理学家努力为地理学寻找自己的研究对象。在这个过程中逐渐形成了区域学派、人地关系学派和景观学派等地理学派。以德国地理学家阿尔夫雷德·赫特纳(Alfred Hettner)和美国地理学家理查德·哈特向(Richard Hartshorne)为代表的区域学派认为，区域便是地理学的研究对象。以法国地理学家保罗·维达尔·德·拉·白兰士(Paul Vidal de la Blache)、让·白吕纳(Jean Brunhes)等为代表的人地关系学派认为地理学主要研究人类与环境的关系问题，也可视为人类生态学。以德国的帕萨格(S. Passarge)、英国的A. J. 赫伯森(A. J. Herbertson)等为代表的景观学派认为地理学主要研究地表个别区域或地段的特征，包括从小地段的识别到自然区的划分，以及地球表面的区域差异。受历史条件所限，无论是区域学派、人地关系学派，或是景观学派，都存在一定的局限性，远远抵挡不了分化思潮的影响。

在地理学大分化时期，杰出的德国地理学家费迪南·冯·李希霍芬(Ferdinand von Richthofen)坚持用综合的观点研究自然界。他的综合自然地理学思想与洪堡相似，认为地理学是研究地球表面以及与其有成因关系的事物和现象的科学，其主要观点包括以下方面。①地理学的研究对象是地球表面(层)，即岩石圈、水圈、大气圈和生物圈相互接触的地方。②将世界作为一个整体来研究，同时还要考察地球表面的细小片段，阐明特定地区内各种事物的相互因果关系。他认为地球表面是由许多区域构成的，把这些区域并列到一起就构成了整体。在进行区域研究时，他将地表按其范围依次划分为不同区域：地球的主要区域、景观或小区、地方。③区域地理不限于单纯地描述独特现象，还要探索现象发生的规律性，提出假说，阐明特定地区各种事物的相互因果关系。很显然，李希霍芬的上述观点不仅继承了洪堡的地理学思想和研究方法，而且发展了综合自然地理学思想。

19世纪末，自然地理学最重要的成就之一就是俄国地理学家 B. B. 道库恰耶夫 (В. В. Докчаев)提出的自然综合体和自然地带学说，并且这些学说由他的学生和相关学者加以补充和发展。作为土壤学家，道库恰耶夫第一个认为土壤并非仅仅是风化崩解的基岩，而是在各种无机和有机自然因素与人类活动的综合相互作用下形成的。这与当时西欧各国学者深信土壤是底土地质结构唯一反映的看法形成鲜明的对比。他认为土壤是母质、气候、坡度、植物、动物和陆地年龄等多个因素相互作用的结果，由此他看到了整个世界相互联系、相互制约的本质特征。道库恰耶夫著有《俄罗斯黑钙土》(1883年)、《自然地理学说》(1898年)和《论自然地带学说》(1899年)等，他的发现及所从事的研究工作进一步促进了综合自然地理学萌芽的出现。①他创立了自然综合体思想，认为地表的一切自然组成成分(地形和地表岩石、气候、水、土壤、有机体群聚等)都是密切地相互制约、相互作用着，并且作为统一复杂的物质体系的一部分而不断地发育着。自然综合体的科学概念，一直是道库恰耶夫学派拟定改造和利用自然措施的理论依据。他强调，对于农业生产的自然因素(土壤、气候、水体、有机物等)，应从它们的相互关系方面进行综合分析研究；土壤既是自然地理综合体的重要组成成分，又是反映自然地理综合体内在联系的一面镜子，深刻认识土壤的本质属性特别重要。②他提出了自然地带学说，认为整个无机界和有机界，从其一般性来看，都带有鲜明的世界地带性特征。这种世界性的自然地带，便是一般的(最大的)地理综合体的例子。③他(晚年)还曾论证建立一门新学科(道库恰耶夫所设想的新学科，正是现在的综合自然地理学)的必要性。他所提出的自然综合体的理论和自然地带学说，正是综合自然地理学理论体系的基本组成部分。

3. 综合自然地理学理论体系的形成

20世纪初到20世纪50年代末期，道库恰耶夫的综合自然地理思想在苏联得到迅速发展，逐渐出现了两个研究方向，形成两大学派(即景观学派和普通自然地理学派)。这两个学派在综合自然地理学理论形成中都占有极为重要的地位。

"景观"一词最早出现于希伯来文的《圣经》(《旧约》)，原意是指美丽景色或地方风景，并无一定的区域含义。例如，洪堡认为"景观"这个词用于指可以目睹的现象，是对美丽风景的欣赏。景观学派的"景观"一词源于德文 landschaft(景域)：既指景观(landscape)，也指区域(region)(保罗·克拉瓦尔，2021)，这比英文术语的意义更宽泛。地理学者多视景观为景色均一的地区，但景观的确切含义游移不定，目前未取得一致的意见。景观学说的代表人物有德国的帕萨格和俄国(苏联)的 Л. С. 贝尔格(Л. С. Берг)等。德国的景观学派偏重于人文景观的研究，而苏联的景观学派偏重于自然景观的研究，并自成一派，影响很大。

贝尔格于 1913 年提出了"地理景观"概念，认为地表是由客观存在的具有不同特点的地域(地段)所构成，每个地域(地段)独特的地形、气候、土壤、植物等自然要素都是有规律的结合。地表的这些地域(地段)统称"地理景观"，简称"景观"。贝尔格是把地理景观作为地理学研究对象的第一个人。他曾明确指出地理景观与自然地带的相互关系，即景观是自然地带的组成部分，自然地带则为"同一类型景观分布占优势的地域"。因此，贝尔格认为，自然地带可称为景观地带，景观是自然地理学的研究对象，自然地理学就是景观学。

俄国十月革命以后，景观学在苏联逐渐成为自然地理学的重要核心和新的研究方向，并引起地理学界普遍的关注。景观学理论体系的形成和发展过程，大致可分为以下三个阶段。

(1) 20 世纪 20 年代前，俄国一些地理学者在进行区域性地理考察时，广泛运用了景观分析(综合分析)方法。

(2) 20 世纪 30 年代，苏联地理学者开展了关于景观学方法的探讨。由于贝尔格等学者提出的景观概念等同于自然综合体，没有分级的含义，而客观的自然综合体是具有不同等级的，因此引起了苏联地理学者关于"景观"这一科学概念的争论。这些争论可归纳为三种意见：①把景观广泛理解为自然综合体的同义语；②把景观理解为具体的区域单位，而且是自然区划的基本(下限)单位(区域派)；③把景观理解为基本的类型，是地域综合体系统中的起始单位(类型派)。

(3) 20 世纪 40 年代，经过科学实践和学术争论，景观学派的学者逐渐取得接近一致的认识，即在自然界中，客观存在着不同等级的地域单位(地理综合体)，每个比较高级(或比较复杂)的地域单位，都是相对比较低级(或相对比较单调)的地理综合体有规律的结合。这就是划分地理综合体区域系统的理论基础。同时，任何一级具体的地域单位，可以不按它们相互之间的位置进行划分，而按其相似性的标志分类，从而得出地域单位的类型系统。划分区域系统和类型系统具有同等重要的意义，而且两者并行不悖、相辅相成，并且把景观确定为综合自然地理学研究的主要对象。以上观点从理论和实践上都丰富了景观形态学的研究，这正是综合自然地理学理论的一个重要组成部分。

由于景观学派过分强调地表局部(地域)的规律性研究，甚至认为景观学就是自然地理学，因此忽视了地球表面客观存在的一般规律性的研究。

在景观学发展的同时，俄国地理学界的另一学派——普通自然地理学派，则强调研究地表的整体结构及其发展变化的一般规律性具有重要的意义，而轻视对地方性的、区域的自然地理规律性研究。这一学派的早期代表者 И. Л. 布罗乌诺夫(И. Л. Броунов)在《自然地理学教程》中提出如下观点：①自然地理学的主要任务，在于研究作为生物活动场所的地球表壳现在的物理结构，以及该壳中所发生的各种现象；②地球表壳是由固体壳(岩石圈)、液体壳(水圈)、气体壳(大气圈)以及同它们相连接的生物圈所构成，所有这些物质圈层(表壳)在很大程度上是相互渗透的,并通过它们之间的相互作用决定着地球的外貌;③研究地球表壳各圈层的相互作用,也是自然地理学最重要的任务之一,正是这些任务使自然地理学成为完全独立的学科。布罗乌诺夫的见解虽有一定的局限性,但比较接近对综合自然地理学本质的理解,他比较正确地阐明了地球表壳这一物质体系的科学概念,这正是这一学派的重大贡献。

1920~1950年,普通自然地理学派关于地表整体规律性的理论研究又有新的发展。这个时期该学派最著名的代表学者是А. А. 格里哥里耶夫(А. А. Грнгорбв)。他先后列举了大量证据,进一步阐明地球表壳的本质特征,论证了把它确定为自然地理学研究对象的理论依据,并建议把它改称为"地球自然地理壳",简称"自然地理壳"。格里哥里耶夫认为,自然地理壳的形成和发展取决定于它所处的宇宙空间部位,它本身又是由地壳表面岩石圈、大气圈下部对流层、水圈、植被、土被和动物界等特定的物质要素所组成的统一整体,因而具有独特的构造动态和发展变化的规律性。他认为,对于这些规律性,一方面应从整体的角度进行研究;另一方面也需对其各类地域层次进行对比分析。同时,他又从方法论角度提出研究自然地理壳的基本要求:①必须从相互联系和相互制约方面研究自然地理壳的组成成分,以阐明自然地理壳构成统一整体的物质基础和各种过程的实质;②必须从自然地理壳与宇宙因素(首先是太阳辐射)以及与地球内部之间的物质和能量联系方面进行研究,以阐明自然地理壳的动态和地域分异规律;③应当运用地球物理学理论和数学方法,从质和量两方面综合研究自然地理壳,以求定性和定量地阐明自然地理壳的构造以及在时间和空间方面的规律性。另外,他还提出:自然地理壳整体性研究,在于找出自然地理壳各组成成分之间,自然地理壳同"外部世界"(太阳辐射、地球内部物质等)之间的物质和能量交换过程。关于自然地理壳地域分异规律研究,主要涉及地表水平地带性分异规律和垂直地带性分异规律以及两者的相互关系问题、自然地理区划问题、小区域景观分析问题等。

从以上两大学派的论战中可以看出,综合自然地理学在理论上有了长足的发展,如果排除两个学派在各自研究方向上的片面性,两者正确的一面就共同构成了综合自然地理学的基本理论。景观学派研究的自然综合体地域分异规律和综合自然区划,为划分土地类型、评价土地资源、制定合理开发利用和保护自然环境的措施提供理论依据。普通自然地理学派研究的自然地理过程等综合体动态的理论,即关于自然综合体的内部和自然综合体之间物质与能量转换、历史演变和现代发展过程,具有特别重要的意义。这两个学派都着重研究地球表层组成成分的相互关系,探索其综合特征、形成机制、地域差异和发展规律,因而使综合自然地理学的基础理论日臻完善(葛京凤,2005)。

С. В. 卡列斯尼克(С. В. Кадесник)于1947年出版了《普通地理学原理》,这部著作阐明了地球表面自然界的结构,即地理壳各组成成分之间的相互作用和相互制约的性质。地理壳各个不同部分的结构差异性，使其分化为在外貌上和内部结构上各不相同的地段，即地理景观。卡列斯尼克的著作标志着普通地理学发展达到一定的高度。这部著作虽在一定程度上仍未完全摆脱部门自然地理资料汇编的框架结构，但在书中最后几章有关自然地理学的综合问题研究，即地域分异规律、自然区划单位的划分、人类与环境的关系等却反映了综合自然地理学的基本内容和基本原理。

1957年和1959年，А. Г.伊萨钦科(А. Г. Исаченко)先后两次来我国讲学，参加由北京大学和中山大学联合举办的"景观学与自然区划"学习班，并在广东省肇庆市鼎湖山进行景观实地调查与制图。他的讲稿以《自然地理学原理》为书名于1960年在高等教育出版社正式出版。该书系统地叙述了综合自然地理学的基本理论问题：地域分异规律、景观学说、自然区划理论。这是对20世纪60年代以前有关综合自然地理学的思想、理论比较全面的概括和系统的总结。至此，综合自然地理学的理论体系已经形成，并作为一门学科完全确立了。

1.2.3 综合自然地理学的新趋向(现代地理学时期)

通常把20世纪50年代至今称为现代地理学时期。第二次世界大战以后，随着新技术革命的兴起，以及系统科学(系统论、控制论和信息论)的问世，产生了大量的边缘科学。传统的地理学由于本身理论和方法无法适应社会的需要而受到严重挑战。德国学者F. K.谢弗尔(F. K. Schaefer)1953年首先举起了反对区域地理的大旗。20世纪50~60年代在美国开展了轰轰烈烈的计量运动，其中影响力最大的是威廉·戛里逊(William Garrison)及其领导的华盛顿计量地理小组。沃尔特·艾萨德(Walter Isard)所领导的区域科学协会也极大地促进了现代地理学思想在全世界的扩展。

现代地理学是把人类居住的地球表面看作统一的系统，采用定性和定量相结合的方法，来揭示各种地理现象内在规律并预测其未来演变。针对陆地表层这个"开放的复杂巨系统"，在系统综合理论、方法等瓶颈问题上的不断突破，奠定了地理科学在可持续发展中的基础学科地位，这也是未来地球计划的核心。因此，科学化是现代地理学的主要特征，它包括解释途径的确定化、分析方法的模式化、研究领域的系统化(杨吾扬，1985)和应用范围的广泛化(伍光和和蔡运龙，2004)。这一时期的综合自然地理学在理论、实践及研究手段方面也出现了一些新的趋向，面临着新的突破。

1. 系统化、理论化、模型与数据驱动是一种总的发展趋势

20世纪50年代以来新的理论和新兴科学的产生，反映了现代科学思维在结

构上和方法上的深刻革命，这对自然地理学综合研究的思想和建立新的科学体系具有深远的影响。

(1) 系统论、信息论、控制论的兴起，是当代科学技术综合发展的基本特征，是社会发展的重要标志。它们打破了研究单一运动形态的学科界限，打破了自然科学和社会科学的界限。这些新的理论和方法从整体性、系统性高度，研究复杂物质体系的物质、能量、信息的传输与交换。它们的科学概念、理论、方法与地理学综合性、整体性认识和方法论基本一致，是地理学盼望已久的理论武器。综合自然地理学在理论上引入系统分析法，将它作为认识自然地理综合体和地域分异规律的重要手段，从系统角度分析各自然地理要素之间及自然综合体之间的相互作用关系，将传统的要素分析上升为系统分析，为现代综合自然地理学的发展提供了理论和分析的基础。

(2) 耗散结构理论的产生与发展，突破了过去物理学、化学等实验科学封闭体系的观念与方法，在生命与非生命运动形态之间架起了桥梁。特别是它将研究对象的重心转向非平衡的开放系统，这对研究自然地理综合体中平衡稳定有序与非平衡稳定有序的关系，部分与整体、单因素与综合、必然与偶然、可逆与不可逆等的关系，提供了新的认识论。

(3) 学科交叉与融合进一步加强。一些新兴科学的产生与发展，大多采用了一些新技术和新方法，有的可以在综合自然地理学中加以引进、借鉴，以寻求综合自然地理学研究方法上的改进和完善。近几十年来，综合自然地理学在其研究中，已经引入数学、物理学、化学、生物学、经济学、社会学等许多相关科学的理论和方法，促进了综合自然地理学的发展和进步。

(4) 模型与数据驱动的地理科学研究范式并驾齐驱。地理科学研究经历了观测和实验归纳、理论推演、仿真模拟等阶段。特别是近十多年来，随着对地球表层系统过程理解的深入、集成模型的发展、以遥感为代表的地球观测数据的积累和高性能计算的发展，对地球表层系统的模拟与预测能力快速提高，模型已经成为地理科学研究的主流方法。近年来，模式特别是抽象模式(包括各种图表和数学模式等)在综合自然地理学中得到了广泛应用。模式是比较高级和精密的科学方法，在很大程度上反映地理分析方法的水平。模式又分为实体模式和抽象模式，过去在综合自然地理学中多是常规的实体模式，如典型地段、实验场地的综合剖面图等；目前趋向于采用大量的抽象模式。苏联、德国、捷克等用来研究自然地理综合体和地域分异规律的模式有空间模式、功能模式和动态模式。空间模式又有地图和数学模式两类，都是用来模拟景观各组成成分或形态部分的空间关系。除采用框图模式外，还有用数学模式来描述景观的形态结构，借以反映景观形态一致性或非一致性的程度、个别组成部分的效率和概率等。功能模式又分为能量、物质、信息模式，这些模式在外表上都很相似，每一个模式都由若干个组合构成，这些组合都有接收、转换和传递物质、能量或信息的能力，都有联系的路线或渠道,而在方向性和本质上又各有不同。动态模式主要用来反映自然地理综合体状态的更替现象,一般用一系列图解形式来表示各种自然地理过程。

2. 信息基础设施成为驱动地理科学快速发展的新引擎

引进先进技术,增加实验技术占比,已成为这一时期各国地理学者努力的目标。进入 21 世纪以来,包括观测平台、数据平台和计算平台在内的信息基础设施在地理科学发展中发挥着越来越重要的作用,几乎所有地理科学的关键问题都依赖高性能计算、模拟、数据管理和标准化及强大的网络基础设施。

(1)遥感、遥测技术(包括航空摄影、雷达、红外线成像、卫星图像等)的应用,特别是卫星遥测技术,使地理综合调查发生了根本性的变化。遥感影像适宜于自然地理研究的多变量、演化快、范围广、综合性强的特点,而且在迅速得到大量自然地理信息后,又便于准确、及时地进行分析和对比,从而成为综合自然地理学研究自然地理环境结构、功能及地域分异规律的理想手段。利用遥感方法进行野外调查和制图,从根本上改变了过去自然地理调查研究的程序和方法,加快了研究工作的进度。

(2)计算机技术和地理信息系统的广泛应用。随着计算机技术和地理信息系统的发展,除用来进行遥感图像处理,大量信息、资料数据的处理外,这些技术手段还可以为区域演化、地理环境功能的研究提供模拟条件。快速、准确的多尺度定量分析,必将促使综合自然地理研究达到新水平。

(3)大量数学分析方法的应用。就地理学研究而言,定量分析与定性分析是相辅相成的两种研究方法。现代地理学一直在进行由定性向定量的转变。随着经验的积累和方法的逐步完善,数量化方法得到普遍应用并逐步走向精密化。模糊数学的出现和发展对研究模糊事物、建立模糊事物之间的关系提供了数学分析的方法。这对地域分异规律、景观类型的分布与划分、各类区划界线的确定提供了新的分析和评价手段。综合自然地理学应用相关分析、回归分析、聚类分析等数学方法武装自己,逐步从对表象的描述及定性分析转入抽象概括和数量表达的方向发展,使定性方法和定量方法结合起来,建立数学模式,进行模拟实验,使综合自然地理学跨入地理预测的新时代。

(4)实验研究的占比日益增加。地理学与诸多学科的不同之处就是明显地依赖野外的观测、探测、试验所获得的基本科学数据、资料和相关信息。现代综合自然地理学研究日益向自然地理综合体结构、过程和功能方面集中,而这些研究又必须借助实验方法(包括实验室、定位观测站、模式区的观察和实验等)。为解决日益严峻的资源、环境问题,建立国家、区域和全球性的资源环境和生态系统监测和研究网络,已成为当前国际研究的总体趋势。例如,在国际全球变化研究中,国际科学界从能力建设的角度提出发展全球立体观测系统,以构建一个地球系统的研究平台并联合提出"综合全球观测战略"(integrated global observing strategy, IGOS)。因此，增加实验占比是这一阶段各国地理学者努力的目标，并已取得明显进展。

(5) 信息基础设施平台的网络化。地理科学的信息基础设施平台在近十几年来得到快速发展，全球和区域性的各类观测平台与数据平台在标准化、开放程度等方面都提开到了新的水平，各国纷纷布局以遥感数据为核心的地球大数据平台等。网络化是这些平台最重要的特征，并在资本、社群和个人力量的参与下取得突破，为全球尺度的环境变化遥感监测提供了高效的工具，并且已经在地球表层系统要素的遥感监测等方面广泛应用，成为驱动地理科学快速发展的新引擎。

3. 不断拓宽应用研究领域

第二次世界大战以后，地理学发展的总趋势是综合、应用。在今后，该趋势应该以综合为前提，以应用为方向。目前开展的应用研究主要有以下几个方面。

(1) 为生产建设服务。将综合自然地理学的理论应用于实际，为生产建设服务，是本学科发展的动力和方向。目前，各国学者开展的与生产密切结合的应用方向有：综合考察的区域评价和流域开发研究、土地利用/土地覆被变化研究、土地评价与土地退化研究、全球变化及区域响应、自然地域系统研究和区域规划研究等。

(2) 环境问题防治。按照现代观点，环境问题可分为：①地球本身带来的如火山、地震等环境灾害问题；②人类活动(如过度垦殖等)破坏了自然资源所引起的环境质量恶化问题；③工农业生产和生活排废带来的环境污染问题。综合自然地理学研究遭到破坏和恶化的自然环境的变化趋势，以及如何有效地改善和调控，使其恢复到既能生产更多的社会财富又能保持理想的人类生活环境。

(3) 地理预测预报。预测预报是现代地理学的重要标志。人类生存和生活需要大力发展生产，这就要求对生产活动引起的环境变化进行预报，据此对生产计划进行调整、修改及防患于未然。地理预测预报的程序一般是：①对预报地区的自然、经济、社会条件进行全面分析；②针对各种技术方案进行预报；③提出措施，保证方案实施后能收到最佳效益，并缩小其不良后果。预报有全球、大区、国家和地区等不同级别的综合预报。虽然这方面研究还处于起步阶段，但其前景是非常广阔的。随着全球变化及其区域响应研究的不断深入，全球变化早期信号的捕捉、监测与预警，全球变化过程的建模、模拟与预测已成为全球变化领域的关键科学问题之一。

(4) 可持续性成为地理科学研究的新热点。随着模拟、预测能力的提高和全球变化及可持续发展问题的突出，可持续性及可持续科学所强调的适应性、脆弱性、不确定性、弹性也成为地理科学的热点议题，推动了地理科学在数据、信息、知识、决策上的贯通，在自然灾害防治、跨界资源管理、区域发展规划、城市化问题、地缘政治等可持续性发展问题方面已经并正在发挥新的重要作用。

1.3 中国综合自然地理学的近期发展

中国古代的地理知识丰富，在地理典籍、书籍数量和地理实践方面都居世界领先地位。综合自然地理学思想在我国古代和近代时期的地理专著、史书和地方志中都有体现，对地理学的发展起了很大的促进作用。只是到了清末，由于清政府的腐败和外国的入侵，地理学才处于停滞不前的状态。1949 年中华人民共和国成立后，生产力的大力解放，大规模社会主义建设的开展，推动了综合自然地理学的迅速发展。

1.3.1 具有中国特色的综合自然地理学的形成

20 世纪 50 年代末期，苏联学者 A. Г. 伊萨钦科来中国讲学，参加由北京大学和中山大学联合举办"景观学与自然区划"学习班，系统介绍有关地理壳、自然区划和景观学的进展。这个进修班在林超教授领导下经集体讨论，确定了"综合自然地理学"(integrated physical geography)的学科名称，并发展为自然地理学的一门独立学科(许学工等，2009)。综合自然地理学是中国学者创立和命名的学科，这与中国传统文化的影响有关，也与老一辈地理学家的长期努力有关。在此之前，林超、黄秉维等就已从事自然地理的综合研究工作，如黄秉维在 20 世纪 30 年代编撰了《自然地理原理》和《中国地理》等；周廷儒在 20 世纪 30~40 年代开创了对历史时期环境变化的综合研究。我国综合自然地理学实际上既吸收了 20 世纪初的西方近代地理学，又继承了中国古代地理学的传统，还受到苏联地理学思想的深刻影响，并且与国家的经济建设密切结合，形成和发展成为具有中国特色的综合自然地理学(杨勤业等，2005)。

中国的综合自然地理学在其创立之初就抓住地域分异规律、土地类型、自然区划等核心问题，从基础理论、类型结构和区域角度对自然综合体进行研究(许学工等，2009)。中国地域广大、自然要素差异性强，也为综合自然地理学的发展提供了典型而多样的区域空间背景。黄秉维提出自然地理学要分别研究地表的物理、化学和生物自然过程，然后加以综合，为综合自然地理学的深入和自然地理综合研究开创了新路。20 世纪 80 年代，钱学森提出要发展地球表层学，面对地球表层这一复杂巨系统，综合自然地理学在研究中采用了系统科学的理论和方法。20 世纪 90 年代针对西方提出的地球系统科学和可持续发展，黄秉维提出建立陆地系统科学的理论体系。陆地系统科学的提出进一步体现了综合性地理研究的思想，促进了综合自然地理学的理论建设。进入 21 世纪，综合的理论和方法在与国际重大研究计划结合中进一步得到发展。此外，中国综合自然地理学还大量开展了综合研究实践，如综合自然区划、资源综合研究、国土整治、区域规划、环境保护等工作，以自然地理学为基础，结合相邻学科的理论方法，去解决那些具有综合性特点的复杂问题，这使综合自然地理学的发展能够适应时代发展的需要。

在地域分异规律、自然地理区划、土地类型与土地利用、区域自然地理等方面，中国地理学者提出的综合思想和方法，既有中国自己的特色，又与洪堡所开创的自然地理学辩证综合途径一致，与目前全球变化研究、地球系统科学、可持续性科学都在强调的综合或集成不谋而合，获得国际认可。中国学者提出的"在分析的基础上综合，在综合的指导下分析；自上而下的演绎方法和自下而上的归纳方法的结合"的综合研究方法，对研究"尺度综合"等当前重要学术前沿问题具有非常重要的指导意义。

在老一辈综合自然地理学家林超、黄秉维、周廷儒、赵松乔、陈传康等奠定的基础上，通过许多中、青年综合自然地理工作者的不懈努力，中国的综合自然地理学已经有了长足的发展。近几十年来，中国的综合自然地理学比欧美学派的土地系统研究和俄罗斯学派的景观学具有更丰富的综合内涵（蔡运龙，2010），在科学发展和社会发展中起着重要作用。中国综合自然地理学理论和应用的深化对整个地理学综合研究的深入发展起到了促进作用。

1.3.2 中国综合自然地理学近期发展的主要方面

1. 陆地表层自然地理过程研究

地表一切自然过程都是由多种因素相互作用的历史产物，综合地研究地理环境是辩证认识地理环境结构特征和发展规律的根本途径。近年来，我国陆地表层系统自然地理过程研究与近年来国际上非常活跃的地球系统科学、全球环境变化研究相呼应，结合"全球变化与区域响应""人类活动对地球系统的影响机制"等科学命题，自然地理过程研究转向自然过程与人文过程的综合研究，从无机过程研究转向无机-有机的综合研究，从单一要素研究转向多元素综合研究，从宏观研究转向宏观与微观的结合研究。综合自然地理学在陆地表层系统、环境系统、人地系统方面的理论建设更加系统化。通过要素综合、过程综合与区域综合，学科综合性不断得到加强；通过自然与人文的交叉、科学与技术的交叉、多学科交叉研究，学科交叉性更加明显。在理论上，还发展了综合的格局-过程、驱动力-效应的研究。

2. 大规模开展了综合考察

综合考察是一项特殊的地理基础研究工作，是全面认识自然环境的科学手段。开展综合考察是为了充分掌握各地自然条件的变化规律、自然资源的分布情况和社会经济的历史演变过程，阐明合理开发和利用自然资源的方向和途径。我国幅员辽阔，自然环境的区域差异明显。但是中华人民共和国成立以前有关区域的地理环境资料却极为贫乏，特别是边疆地区，在地理科学资料方面几乎是一片空白。

中华人民共和国成立以后，开始了大规模的经济建设。为了正确制定建设计划，合理布局生产，有关部门在 20 世纪 50 年代组织了一系列专业和综合的地理考察。这些地理考察项目和内容主要有：西藏地理综合考察(1951~1954 年)、黄河中游水土保持综合考察(1953~1958 年)、云南热带生物资源综合考察(1955 年)、西北地区高山冰雪资源开发利用(1956 年)、黄淮海冲积平原自然条件与土壤改良(1956 年)、华南热带生物资源综合考察(1957 年)、黑龙江流域和海南岛土地资源普查(1958 年)、西北地区防风固沙研究(1958 年)、青藏高原自然资源考察和垂直分异研究(1959 年)、西部地区南水北调线路考察(1959 年)。

青藏高原具有特殊的地壳、上地幔结构和地质发展史，具有独特的自然景观、复杂的生物区系和富饶的自然资源。20 世纪 70 年代，国家组织了第一次青藏高原综合科考(1973~1980 年，约有 92 个协作单位，1000 余人参加)；并自 1980 年起，开启了国际合作考察研究青藏高原的新局面。通过第一次青藏高原综合科考积累的资料及 20 世纪 90 年代初开始的理论研究，我国在青藏高原岩石圈结构和形成演化、生物区系与人类对高原环境的适应、自然环境及其地域分异、资源和灾害及区域发展等领域的研究取得重要进展。为了揭示青藏高原环境变化机理和优化生态安全屏障体系，2017 年 8 月启动了第二次青藏高原综合科考。第二次青藏高原综合科考聚焦水、生态、人类活动，着力解决青藏高原资源环境承载力、灾害风险、绿色发展途径等方面的问题(孙克忠，2019)。

开展大规模的综合考察取得了丰硕的成果。正如竺可桢指出的：首先是对于考察地区的自然条件、自然资源及社会经济的基本情况有了较全面的了解；其次，对一些重点地区和问题还进行了较为深入的综合研究，从而向国家和地方提出了一些与生产密切相关的建议和方案。此外，综合考察也积累了丰富的科学资料，通过总结，学科的理论水平亦有一定的提高。同时，我国还摸索了一套组织综合考察工作的基本方法和经验。

3. 广泛开展了综合自然区划

20 世纪以林超、罗开富、黄秉维、任美锷、侯学煜、赵松乔和席承藩等为代表的科学家为中国综合自然区划工作做出了卓越贡献，奠定了我国这一领域在国际上的领先地位。

我国学者早在20世纪20～30年代便已开始区划的研究工作，是世界上较早开展现代区划研究的国家之一。竺可桢发表的《中国气候区域论》标志着我国现代自然地域划分研究的开始，黄秉维于1940年首次对我国植被进行了区划，1947年李旭旦发表的《中国地理区域之划分》在当时已达到了较高的研究水平。在此期间，不少中外学者也从区划的地域分异规律等方面对我国的自然区划发表了见解。虽然用今天的眼光来审视，当时有关区划的研究可能存在这样或那样的不足，但其所做的开创性研究却为我国区划工作走向全面发展奠定了必要的基础。

20世纪50年代以后，随着国民经济建设的迅速发展，迫切需要对全国自然条件和自然资源有全面的了解，并因地制宜地发展工农业及其他建设事业，明确提出区划要为农业生产服务。我国曾把自然区划工作列为国家科学技术发展规划中的重点项目，并三次组织较大力量开展全国综合自然区划的研究和方案的拟定，完成了一批重大成果。林超、罗开富、黄秉维、任美锷、侯学煜、赵松乔和席承藩等先后提出了全国综合自然区划的不同方案，探讨了综合自然区划的方法论问题，满足了当时社会生产实践的需求。这一时期的综合自然区划工作具有鲜明的时代特色，都是为了配合当时的国家需要而开展的，其投入的力量、延续的时间、波及的范围以及所达到的水平，在全世界也是绝无仅有的。在全国性综合自然区划和部门区划工作得到全面发展的同时，省区级的区域研究和各类部门区划工作也相继在全国展开。

20世纪80年代以来，我国生态区划研究迅速发展，生态系统观点、生态学原理和方法逐渐被引入自然地域系统研究。侯学煜以植被分布的地域差异为基础编制了全国自然生态区划，并与大农业生产相结合，对各级区的发展策略进行了探讨。郑度、傅伯杰等也对生态地理分区问题进行了深入研究，提出了各自的区划方案。郑度的《中国生态地理区域系统研究》是自然区划的代表性研究，方案在分析前人区划研究工作与成果的基础上，探讨了自然地理区划方法论及其体系。樊杰的《主体功能区划技术规程》阐述了主体功能区划的科学基础，提出了区域发展的空间均衡模型。蔡运龙在综合区划性质的著作《中国地理多样性与可持续发展》中，阐述了三大地带和七大地区及其内部的地理多样性。

4. 土地资源和土地科学研究

20世纪50年代大规模的综合考察以及随后的自然区划工作的展开，推动了我国土地科学研究的迅速发展。20世纪60年代是我国土地类型研究的重要时期，这一时期的研究成果为当代土地资源评价奠定了坚实的科学基础。我国地理工作者在总结国内外自然地理研究工作经验的基础上，吸取了景观理论的精粹和英国、澳大利亚等国关于土地综合研究的方法，广泛开展了土地资源调查和土地类型研究，而且把土地作为自然综合体进行分析研究，划分土地类型，编制土地类型图。同时还结合生产实践，对各类土地进行评价。其中，影响最大的是全国百万分之一土地类型图、土地资源图的编制。土地类型与土地资源的研究成果，既进一步丰富了综合自然地理学的内容，又促使我国的综合自然地理研究工作向纵深发展。

20世纪90年代以后，土地利用/覆被变化(land use/cover change，LUCC)成为全球变化研究的热点和重点。我国学者在该领域主要围绕土地利用分类系统与分区、土地利用现状分析、LUCC及其驱动力、土地可持续利用和土地利用规划等主题进行研究。随着国际上将LUCC这一研究主题上升为"土地变化科学"的学科范畴，以及土地利用问题在国际科学研究与区域可持续发展领域研究的不断深化，学界更加重视土地资源学、土地保护学、土地生态学、土地利用与规划等基础理论的探讨。

5. 研究方法和技术进展

面对复杂的研究对象，利用现代手段进行定量化研究和过程模拟及建立模型已成为综合自然地理学研究的趋势。通过借鉴和集成其他众多学科的研究方法，特别是非线性科学和复杂性科学在研究中的应用，定位试验、模拟实验和遥感技术的应用，多元数据复合分析和信息挖掘，地理-生态过程模型的发展、有效性检验与验证等，促进了综合自然地理学的研究并使之提高到新的水平。

在微观尺度上，定位试验观测、模拟实验与分析方法得到进一步发展。1960年，黄秉维提出现代自然地理过程的综合研究主要有三个新方向(探讨地表水热平衡理论，探讨景观中化学元素迁移规律，研究生物群落与环境间物质、能量转换)。当时，在石家庄、衡水、德州、民勤等地建立观测试验站进行定位、半定位观测试验，同时还在西双版纳建立生物群落实验站。1983年，中国科学院在山东禹城建立了综合试验站，进行农田水量平衡和水分循环的定位试验。这项研究把水的转换放在大气-生物-土壤系统里，并把水循环的各个环境联系起来作为一个完整的过程加以研究，同时还结合旱、涝、盐、碱的综合治理，使基础研究和应用研究紧密结合。为了探索环境因素与作物产量间的关系，进一步开展自然综合体生产潜力的试验研究，中国科学院地理科学与资源研究所(原中国科学院地理研究所)在北京大屯建成农业生态试验站。为了监测中国生态环境变化，综合研究中国资源和生态环境方面的重大问题，1988年开始组建成立中国生态系统研究网络(Chinese ecosystem research network，CERN)。CERN一度拥有40个(农田、森林、草地、沙漠、沼泽、湖泊、海洋和城市)生态系统试验站。国内大量试验台站的建立，为国内综合自然地理研究提供了有效的试验方法，并积累了大量科学资料。

6. 深入开展实际应用研究

20世纪80年代以来，我国从事综合自然地理教学和科研的工作者除进行土地综合研究与农业自然区划外，还在国土整治与规划、地域开发、资源利用、环境保护、生态设计、地理预测等方面的研究中，分别承担了重要任务，做了大量工作。城市的综合自然地理研究，已在山东、江苏、浙江等省的一些城市进行，并开始取得成效。山地综合开发、景观生态研究均有新的进展。用系统科学的理论和方法，探讨自然地理系统的物质循环与能量转换，虽然目前还处于起步阶段，但已引起广泛的重视。

针对我国粮食安全、城市化占用耕地、土地退化等问题，国内学者在土地利用和土地覆被变化研究领域开展了大量研究工作。这些研究为解决国家战略需求、区域社会经济发展与环境方面的问题作出了贡献。近年来，区划的应用范围也进一步扩大，尤其在制定全球变化区域响应对策、灾害预防、重大基础设施建设带来的生态环境效应评估等方面发挥着重要作用。同时，国内学者选择青藏高原、海岸地带、半干旱农牧交错地带、黄淮海平原、长江三角洲等环境敏感地域开展了环境演变的综合研究。此外，综合自然地理学研究成果还为大型工程提供可行性论证，为工程建设及运行中的各种可能灾害提供预防措施，为环境治理提供理论和技术，为国家重大决策提供指导性意见等。

第 2 章　自然地理环境的整体性

地球表层的自然地理环境是由地貌、气候、水文、土壤、植被及动物等诸多要素组成的自然综合体或自然地理系统。构成自然地理系统的要素并非孤立存在或独立发展的，其现象和过程也不是要素简单的汇集或偶然的组合，而是相互联系、相互制约、相互渗透的有机整体。自然地理环境各组成要素以及要素组成部分之间内在联系的规律性即为自然地理环境的整体性。自然地理环境的整体性是其内部组成物质运动的客观反映，研究自然地理环境内部的系统特征、要素组成、空间结构、物质循环、能量转换及发展演化，是确立自然地理环境整体观念和阐明其整体规律的基础前提。

2.1　自然地理环境整体性认识的演进

自然地理环境整体观念的产生由来已久。自然地理环境整体性的思想经历了三个发展阶段：自然综合体学说阶段，该阶段从自然地理要素具有相互联系的角度认识和理解整体性；地理系统学说阶段，该阶段从地理环境的结构和功能视角认识整体性；耗散结构理论阶段，该阶段从地理环境是一个非平衡有序开发系统的角度来认识整体性。认识自然地理环境的整体性有助于人类合理利用自然条件和自然资源，正确处理人与自然的关系，实现人与自然的和谐，具有非常重要的意义。

2.1.1　自然综合体学说阶段

自然地理环境内部联系的实质是整体性。这个整体性通常被称为自然综合体或自然地理系统。全球最大的自然综合体或自然地理系统曾经被地理学家称为地理壳、地理圈、景观圈、景观壳、景观层、覆盖层、地球表层和活动层等。

自然综合体是自然地理环境的各种要素相互联系、相互制约、相互作用，有规律地结合成具有内部相对一致性的整体。当其中一个要素发生变化时，必然会引起其他要素相应地发生变化，并会不断地发展和演变。例如，第四纪冰后期以来，气候转暖、冰川退却，引起各大洋海平面的升高和海岸的变化，陆地上风化方式和成土作用的变化，以及植被带与相应的动物群向极地移动等。所有环节相互联系、相互制约，最终改变了全球的地理结构。因此，自然地理环境既可以划分出不同的组成要素和组成部分，又总是作为一个统一的整体而存在和发展。

地理环境整体性和自然综合体思想最早可追溯到17世纪。英国著名地理学家、史学家罗伯特·迪金森(Robert. E. Dickinson)曾指出，区域概念，即地球表面各一般和特定地段内各种地理现象的结合方式，是近代地理学所关注的目标，意味着地理学家已认识到自然地理环境是一个整体。德国地理学家瓦伦纽斯率先把当时的地理学区分为通论地理和专论地理，在他的《普通地理学》一书中，就尝试把当时已有的所有有关地球的知识综合成一个统一的体系。100多年后，德国地理学大师亚历山大·冯·洪堡提出了地球是一个不可分割的、有机的、各部分相互依存的整体，为了考察并揭示自然地理环境的统一性，他创造了等值线法、地形剖面法等科学研究方法，其著作《宇宙》以地理大发现和自己观察的大量自然现象为依据，通过比较揭示各种自然现象之间的因果关系，明确指出"自然地理学的最终目的是认识多种多样的统一，研究地球上各种现象的一般规律和内部联系"。

俄国地理学家道库恰耶夫曾预言，将会产生一门研究各自然环境要素相互联系的科学。俄国十月革命后，从自然界整体观念出发组织的综合考察，大大推动了自然综合体的研究。同时，辩证唯物主义哲学思想也有力地促进了自然综合体思想的成长。贝尔格、格里高里耶夫、卡列斯尼克、伊萨钦科等吸收前人的理论，发展了自然综合体的思想，并建立了严格的地理体系。卡列斯尼克在1947年出版的《普通地理学原理》就指出："地理学的重点绝不在于尽量吸收其他科学的材料，而是用地理学方法去处理这些材料，即按照新的方式以独特的观点来取材和分类。我们的注意所在不是事实本身，而是阐明这些事实之间各方面的联系，揭示整个地球空间中地理过程复杂总体的结构。"

在自然综合体学说阶段，对自然地理环境整体性认识的特点就是从自然地理要素具有相互联系来认识自然地理环境是一个整体。

20世纪60年代以来，自然综合体的研究逐渐走向精确化，具体表现在：①以定量观测分析代替定性描述；②以模拟实验补充野外观察；③以数学模型探索复杂的自然地理过程并进行预测。这些进展在自然区划、土地科学研究、地理环境的水热平衡研究以及生物圈与生态系统研究中都有所反映，尤其重要的是反映在自然综合体的系统研究中。系统研究的加强，使自然地理规律的表达逐步趋向模式化；在自然地理过程的动态模拟、自然综合体演化趋势预测以及自然地理景观理论的检验和完善等方面也获得了新的成就，并且成为现代自然地理学的主流。

2.1.2 地理系统学说阶段

1. 系统论与地理系统论

系统思想是现代人类认识客观世界整体性的一次飞跃。系统论由美籍奥地利生物学家路德维希·冯·贝塔朗菲（Ludwig von Bertalanffy）于 1937 年创立，之后以不可替代的综合、整体、最优化的特性渗透于自然科学、社会科学的许多领域。系统论被引进地理学用来研究地理环境的结构、功能及其演化，使地理思维在结构和方法上发生了深刻变化。

系统指具有特定功能和结构的元素集合。按照系统论的观点，系统是物质存在的普遍方式和属性，任何系统均由相互联系、相互作用的事物和过程所组成。系统论的核心是关注系统的结构、边界、环境、状态，系统的能量转换及其涉及的系统行为。系统论对于科学认知自然地理整体要素，推动综合自然地理综合研究，平衡自然地理学的分裂趋势具有重要的现实意义。现代系统理论认为整体性是系统的基本特性。系统的整体性是指基于一定结构和基础的整体性，即在要素基础上，以要素的相互作用形成的整体结构并表现出来的整体功能。相对而言，无组织的综合虽然也作为整体，但整体内部各组成部分间不具备因组合方式表现出的结构和功能，故不具备整体性。总之，系统论认为系统的整体性是结构和功能的整体性。

早在 20 世纪 60 年代，以美国为代表的西方地理学家就注意用系统论思想研究理论地理学。1963 年，苏联科学院院士 В. Б. 索恰瓦（В. Б. Сочава）进一步提出了"地理系统"的概念，20 世纪 70 年代又发表了《地理系统学说导论》，从系统论角度建立了自然地理的研究体系。所谓自然地理系统，是指各自然地理要素通过能量流、物质流和信息流的作用结合而成的具有一定结构和功能的整体，即在特定地理边界约束下，各个结构有序和功能互补的要素集合。要素之间和要素与环境之间不断进行物质、能量和信息的交换和传输，形成一个动态的多等级开放系统。按照伊萨钦科的理解，地理系统是"在空间分布上相互联系，并作为整体的部分发展变化的各地理组成成分相互制约的动态系统"。

2. 地理系统学说的逻辑原理

地理系统学说包含许多逻辑原理。①地理系统各要素之间联系的紧密程度或自由度原则。整体各部分之间不应该存在硬性的限度。一些要素的严格规定性不应成为另一些要素变化的障碍。②系统中各种过程和现象之间的因果关系程度原则，即地理系统作为一个具有多种矛盾的辩证的整体。各种过程或现象之间总是有着不同程度的因果关系。③分异和整化相互补偿原则。自然地理环境在太阳辐射能周期性变动、新构造运动和其他外部因素影响下，或在自身发展影响下发生分异和整化，这两种过程互相消长，互相补偿。④因次理论或尺度理论。地理系统的范围不同，应按因次或尺度来进行划分。行星尺度、区域尺度、局地尺度地理系统是常用的空间尺度。行星周期、区域周期和局地周期是三个基本的周期。⑤地理系统中存在关键要素。地理系统各要素的变化速度和程度不一样，活动最频繁和变化最快的要素就成为地理系统结构的关键要素。辐射因素、水热过程、生物过程最活跃，并决定着地理系统基本的动态表现，应被视为关键要素。⑥地理系统的稳定动态。自然界如果没有稳定过程，地理系统就不可能存在。稳定过程是系统内部的一种自我调节能力，其任务是抵抗对要素相互联系的破坏，并努力恢复这种联系。总之，生物群就是地理系统起稳定作用的重要因素。

自然地理系统的整体性，实质上是地球表层物质系统的整体结构，以及以此为基础产生的整体功能及其时间演化的规律性。具体而言，自然地理系统是自然地理环境各组成成分，通过能量流、物质流、信息流相互联系，相互转化组成的具有一定结构和功能的整体。这些组成成分包括三个无机组成成分——固体(岩石)、液体(水)、气体(大气)和一个有机组成成分——生物(动物、植物、微生物)。它们在自然地理系统中有规律地分布，构成岩石圈、水圈、大气圈和生物圈。在每一个圈层中，除了占优势的组成成分外，还有一定数量的其他成分参与，自然地理环境中各要素在空间上的互渗性与互叠性为它们之间的相互作用提供了空间条件，并由此构成了自然地理系统整体。自然地理系统整体性的强弱取决于各组分间结构的完备性和功能的协调性。较强的整体性表现为组分复杂多样，结构精巧，组分的功能和作用能够充分发挥，具有畅通的能量流和物质流，流量之间的输入和输出比例适当，整体结构具有较强的抗干扰能力和稳定性。与之相反，较弱的整体性则表现为系统组分少且结构简单，功能失调，抗干扰能力和稳定性差。总之，自然地理环境的整体性就是整体结构和整体功能及时间演化的规律性。

3. 熵与负熵

1855年，德国物理学家、数学家鲁道夫·尤利乌斯·埃马努埃尔·克劳修斯(Rudolf Julius Emanuel Clausius)在研究热循环时引入了一个新的状态参量，1865年正式定名为"熵"，用 S 表示。熵(entropy)的定义为：物质在可逆变化过程中，熵的增量为 $dS=dQ/T$。其中，dQ 为物质增加的热量；T 为物质的绝对温度。熵是物质的状态参数，即状态一定时，物质的熵值也一定。从分子运动论的观点来看，由于分子的热运动，物质系统的分子要从有序趋向无序，熵变大表示分子运动无序程度的增加。

熵是为了衡量热力体系中不能利用的热能，用热能除以温度所得的商，是对系统内部物质微观运动状态的描述，是表示系统无序状态的一个量度。熵是不能再被转化做功的能量总和的测定单位，也可以说是对事物运动状态的不肯定程度。能量的耗散意味着熵的增加，熵的增加就意味着有效能量的减少。

孤立系统内实际发生的过程，总是使系统的熵增加。在一个孤立的系统中，一切有规则的结构性活动之所以能够发生，无论是机械的、物理的、化学的、生物的甚至信息的，都源自系统各部分之间的差别。这些活动，反过来无不导致总体上该系统各个部分的差别总量的降低，即熵总是不断增加的。

熵的缺乏导致结构的存在和活动，该活动又导致熵增高。当熵增高到孤立系统中各个部分之间不再有可区分的结构性差别，成为一团无迹可寻的混乱之后，一切结构性的存在和活动，都将不再存在也不可能发生，形成所谓"热寂"。宇宙间并没有孤立的系统，宇宙的各部分都不会自己达到热寂。

负熵就是对物质系统有序化、组织化、复杂化状态的一种量度，表示对熵的抵消。1944年，奥地利理论物理学家埃尔温·薛定谔(Erwin Schrödinger)在《生命是什么》一书中首先提出负熵，认为生命有机体如果趋于接近最大值的熵的状态，就是死亡。有机体维持生存的唯一途径就是通过物质、能量的新陈代谢，从环境中不断汲取负熵，即有机体是依赖负熵为生的，新陈代谢的本质是使有机体成功地消除当它自身活着的时候不得不产生的全部的熵，从而使它自身维持在一个稳定的而又很低的熵水平上。

根据玻尔兹曼的方程式"熵=$k \times \log D$"，建立了负熵的方程式"负熵=$k \times \log(1/D)$"。k是玻尔兹曼常数($k=1.380649 \times 10^{-23}$J/K)；$D$是有关物质的原子无序状态的量度，它的倒数$1/D$是有序的量度($1/D$的对数是$D$的负对数)。

地理系统和任何开放系统一样，是在物质和能量不断从外部输入的条件下存在和发展的，其中太阳能和水的输入具有主要意义。两者都是保持地理系统有序性的必要条件，可看作负熵的吸收。地理系统正是由于有负熵才发生复杂的变化，负熵的积累是自然地理过程发展的基本条件，太阳辐射无疑是负熵的基本来源。开放系统可通过外界输入的负熵以抵消系统内部的熵产生，使系统维持稳定状态。负熵进入地理系统并在系统内成为很复杂的要素，是地理系统学说中最重要的部分。

在地理系统学说阶段，对自然地理环境整体性认识的特点就是从地理环境的结构和功能来认识其整体性。

2.1.3 耗散结构理论阶段

1966年，科学思想取得了新的进展。比利时物理化学家、布鲁塞尔学派的带头人伊利亚·普里高津(Ilya Prigogine)在《结构、耗散和生命》一文中，阐明了耗散结构理论的新观念，表明客观世界中的确存在着一种与平衡结构不同的耗散结构。随后，耗散结构理论被成功地运用于自然地理环境的综合研究，即从地理环境是一个非平衡有序开放系统的角度来认识自然地理环境的整体性。

耗散结构理论的核心思想是：任何远离平衡的开放系统[①]都能在一定条件下通过与外界的物质、能量交换发生非平衡相变，实现从无序向有序的转化，形成新的稳定有序的结构。耗散结构是指在远离平衡的条件下，借助外界的能量流、物质流和信息流而维持的一种空间或时间的有序结构，随着外界的输入而不断变化，并能进行自组织，导致体系本身的熵减少。耗散结构要不断地消"耗"来自外界的物质和能量，同时不断地向外界扩"散"消耗的产物，所以是一种有序的物质结构。

耗散结构理论认为，系统演化的条件存在着系统与环境间的熵交换，即一旦有来自环境的负熵流抵消系统内自发的熵产生，系统就会得到发展。对于耗散结构，输入的负熵也是与输入的能量成正比的。开放系统不断与环境交换能量与物质，只要形成了足够的负熵流，就能使系统的总熵不增长，甚至减少，这样开放系统就能产生有序的结构。

耗散结构理论成功地解释了远离热力学平衡状态稳定物质结构的形成机制，从而实现了热力学与进化论的统一，有助于深入认识地球表层系统的结构特征和发展规律，对开拓地理研究具有极为重要的指导意义。地球表层系统在其漫长的进化过程中形成了独特的相互联系，是一个在质上不同于地球所有其他各个圈层的空间系统，把它视为一个具有耗散结构的开放系统，是当代综合自然地理学的新概念。

在地球表面，物质的三相并存，岩石圈、水圈和大气圈相互渗透，相互作用，形成了独特的、巨大的界面，系统的物质循环和能量交换都是通过界面来进行的。地球表层是太阳辐射能和地球内能的辐合区，是内力作用和外力作用的叠加区，太阳辐射能和地球内能的对立统一关系，是一切自然地理过程的能量基础，能量在地表积聚，是推动自然地理系统由无序向有序发展的根本动力。地球表层系统是生命的源地，是有机界和无机界相互转化的中心场所，有机界是自然地理系统进化过程中的历史产物。地球表层系统是人类赖以生存和发展的环境条件，人类已经成为改造地球表层系统的主导因素，人类社会必须与地理环境协同发展。地球表层系统不断进化，地球表层作为宇宙中的一个独特开放系统，在其发展过程中从简单到复杂，从无序过渡到有序，从低能级跃迁到高能级，形成复杂而有序的耗散结构。地球表层系统作为一个开放结构，负熵流不断增强，积累了越来越多的自由能，形成有序的物质结构。

[①] 不论该系统是物理的、化学的、生物的，还是地理的系统。

自然地理环境的基本特征决定了它是一个远离平衡状态的开放系统，即地理耗散结构。各要素之间存在着非线性相互转化及反馈机制，不断有负熵流输入并持续从无序状态向有序状态转化。地理耗散结构从无序混沌状态形成耗散结构后，就具有一定的抵抗外界干扰的能力，可吸收外界环境的一般性涨落，其结构水平越高，涨落回归能力(即保持系统稳定性的能力)越强。但在发生难以抵御的巨大涨落时，这一结构将崩溃或解体，并逐步形成新的耗散结构形式。地球表层及其人类社会经历了由简单到复杂、从低级向高级、从混沌到有序的发展过程，先后形成了自然地理系统、生态系统和人类社会系统等耗散结构。

在耗散结构理论阶段，对自然地理环境整体性认识的特点就是从地理环境是一个非平衡有序开放系统的角度来认识其整体性。

2.2 自然地理环境的组成与空间结构

地球表层的自然地理环境或自然地理系统是地球的一部分，而地球又是宇宙的一部分。自然地理环境与它的外部环境之间存在的物质和能量交换是推动自然地理环境形成和发展的必要条件。

2.2.1 自然地理环境发展的环境因素

自然地理环境发展的环境因素就是外界物质系统对自然地理环境的影响和作用。地球是太阳系的一个行星，而太阳系又是更大的恒星系统——银河系的一部分。地球表层自然环境的形成和发展始终受到宇宙因素——主要是太阳辐射的作用。太阳辐射是自然地理环境最重要的能量来源，它推动大气循环、水循环、生命活动及所有自然地理过程的持续发展。在现在的日地距离上，地球形状及地球自转轴对黄道面的倾斜等行星因素，决定了太阳辐射在地表的时空分布，引起了地表各种物质的机械运动，导致地理环境的地带性和自然地理过程的节律性。但是，远不只是宇宙-行星因素影响着自然地理环境的发展，地理环境本身及其各要素也起着直接、重要的作用。

自然地理环境发展的环境分为：外部环境，即地球表层系统上限以上的宇宙物质系统；内部环境，即地球表层系统下限以下的地球物质系统。它包括宇宙因素、行星因素、地圈因素。

1. 宇宙因素

宇宙因素就是指远离地球的宇宙物质对地球表层系统发展的影响体系和作用，其存在形式主要有太阳、月球、其他行星及星际物质等。

太阳对地球表层系统的影响和作用是最重要的宇宙因素。地球受到太阳引力的作用绕太阳公转，具有一定的动能和势能，太阳活动与地球自然过程异常（地震、火山、旱涝）密切相关。

太阳可视为理想的辐射体（黑体），其表面温度高达 6000K，不断地向宇宙空间辐射巨额能量。太阳的能量来自其内部的热核反应，当太阳内部的原子聚合时，原子质量转化为电磁场，便以电磁波的形式释放出能量来。到达地球外界的太阳能虽只占太阳辐射总量的二十二亿分之一，却也高达 5.526×10^{24}J/a，相当于 1.885×10^{24}t 标准煤完全燃烧后所产生的全部能量。

输入地球的太阳能大部分为自然地理环境所吸收和利用，几乎所有的自然地理过程的能量都来自太阳辐射。太阳短波辐射输入地球后最终以连续的长波辐射输出至地球的外部空间。一定区域辐射能的输入与输出的差额称为辐射平衡值。辐射平衡值表示该地太阳能的净收入。对于自然地理过程来说，辐射平衡是比太阳总辐射更为直接的动力基础。辐射平衡的地理分布具有随纬度增加而减少的变化趋势。太阳辐射进入自然地理环境以后，发生了复杂的能量交换和转化。太阳辐射是自然地理环境中最重要的能源，不仅为各种自然地理过程提供了最基本的动力，而且也是产生自然地理环境三大规律（整体性、差异性、节律性）的能量基础。

潮汐是在月球和太阳的引潮力作用下产生的。引潮力是月球（或太阳）对地球的万有引力和因地球绕地月（或地日）公共质心运动所产生的惯性离心力的合力。在引潮力的作用下，地球便发生了潮汐变形。这种周期性的变形出现在海洋的称为海洋潮汐，出现在大气层的称为大气潮汐，出现在陆地上的称为固体潮汐。在地表潮汐和地震现象中，月球的存在更加重要，地理效应最为明显的是世界大洋潮汐。海洋潮汐对地球自转具有阻碍作用，实质是潮汐摩擦的效应，它会引起自转周期的变化；海洋潮汐对生物的演化具有促进作用，海洋潮汐具有巨大的能量。

太阳系其他行星的运动状态和空间格局，与地表某些自然现象的发生有着密切的联系，称为行星感应现象。行星感应现象和感应学说就是关于对行星感应的不同认知。行星的活动周期与空间位置必然与地震、灾害天气等地理现象的发生密切联系，相互对应，这一科学思维理论体系称为行星感应学说。

其他星际物质如流星、陨星、彗星、宇宙射线、宇宙尘埃等都与地表某些自然现象的产生有着直接或间接的相互关联性，如陨石增加地球的质量，造成陨石坑和环形山，造成陨震，形成新的矿床，导致沧海桑田的变化。

2. 行星因素

行星因素是指地球作为一个行星，具有自身的一些特征(主要反映在它的运动、形状和质量上)，这些特征对地球表层系统发展产生影响和作用。

地球公转就是地球环绕太阳和地球的公共质心的运动。地球公转的轨道与地球赤道平面具有一定的交角(黄赤交角)，使地球上太阳直射点的位置发生周期性的变化，引起了晨昏线在地球表面位置的改变，从而产生昼夜长短的变化和春夏秋冬的季节更替，并使得自然地理环境中许多现象和过程都以年为周期而变化，即形成了四季五带。公转轨道的变化，必然导致地球表层发生一些异常的变化。

地球绕地轴的旋转运动称为自转。地球是一个不透明的圆球体，当它受到来自一个光源的照射时，就必然分为昼半球和夜半球两部分，从而产生昼夜现象。由于地球自转，所有在北半球做水平运动的物体都要发生向右偏转的效应，在南半球则情况相反。地球绕地轴自转这一事实是确定地理坐标的基础，造成同一时刻，不同经线上具有不同的地方时间。由于月球和太阳的引力，地球发生弹性形变，在洋面上则表现为潮汐。潮汐波传播的方向与地球自转方向相反，并对地球自转起着阻碍作用，致使昼夜逐渐变长。古地理研究表明，地球自转速度并不是固定不变的。地球自转速度的变化是造成地质时期地壳运动、海陆变迁、气候变化和生物进化的原因之一。

地球为一球体，当平行光线照射到地球表面时，在同一时刻不同地点将具有不同的太阳高度。太阳光线与地球自转轴的相对关系，决定了太阳高度有规律地从南北纬 23°26′向两极减小。太阳辐射使地球增温的程度也按同样的方向由低纬度向高纬度降低，从而造成地球上热量的带状分布和所有与热量状况有关的自然现象也具有纬向地带性分布特征。纬向地带性的基本成因，可以归结到地球形状的影响上，同时也与太阳辐射的季节变化有关。

地球的形状具有十分重要的地理意义。相对于地表单位物体，地球是个巨大的球体，它的体积达 $10832×10^8 km^3$，平均密度为 $5.522g/cm^3$，质量为 $5.976×10^{21}t$。巨大的体积和质量，使地球具有足够的引力吸留周围的气体，保持着一个具有一定质量和厚度的大气圈。大气圈的存在，改变了到达地表的太阳辐射，保存了地表的水分，并通过气流调节着地表热量和水分的分布状况，保护着生物有机体免受紫外线的有害影响。如果没有大气圈的存在，也就不可能存在生命，甚至出现人类，地球的外貌将同死寂荒凉的月球相似。

3. 地圈因素

地圈因素是指环绕着地球表层系统的各个圈层对地球表层系统发展的影响和作用，参与塑造地壳的外部形态，奠定自然地理环境的基本骨架。地球的圈层结构分为外三圈(大气圈、水圈、生物圈)和内三圈(地壳、地幔、地核)。

大气圈主要由元素状态的气体混合物组成。大气的物理性质在垂直方向存在着显著的差异,根据温度、成分、运动、电荷等大气物理属性,可将大气分为五层——对流层、平流层、中间层、电离层(暖层)和散逸层。

大气圈对地球表层系统的保护作用是多方面的。包围着地球表层系统的大气圈是太阳辐射以及宇宙射线和宇宙尘埃物质进入地表的门户和通道。大气对地表物质、能量具有输入、选择、转化、储存和输出的功能。臭氧是大气中唯一能大量吸收太阳紫外线辐射的气体。臭氧空洞是指臭氧层变薄,特别是极地附近。造成臭氧空洞的原因是大气环流的季节变化和当代人类活动。全球变暖是指20世纪以来,地球表层的温度有升高的趋势,冰川后退,海平面上升。

水圈是地球表层水体的总称,由世界大洋、河流、湖泊、冰川、沼泽、地下水及矿物中的水分组成。水圈总体积约为 $13.7×10^8 km^3$(其中陆地水仅占 2.8%),海洋面积最为宽广,占地球表面面积的 70.8%,平均深度达 3.8km。水圈作为溶剂,是地球表面分布最广和最重要的物质,形成水分循环,进行水热的组合,是参与地理环境物质能量转化的重要因素。

生物圈是地球表层有生物存在及生命活动影响所及的空间,是地表生命有机体及其生活领域的总称。它包括植物、动物和微生物三大类的地球生物的活动和影响范围,虽然包括对流层、水圈和沉积岩石圈,但主要集中在这三个无机圈层很薄的接触带中。组成生物圈的有机体的总质量约有 10^{13}t,其中又以植物为主,它占了有机体总质量的 99%。

根据地震波确定的不连续面来划分地球内部的圈层结构:地壳(硅铝层→康拉德面→硅镁层)→莫霍面(33km)→地幔→古登堡面(2900km)→地核。

地壳分布在地球表层附近,是主要由沉积岩、火成岩及变质岩组成的圈层,平均厚度为30~35km。地球内圈包括两个特殊的圈层:①花岗岩层,其富含放射性元素,是地表放射性作用的所在地,也是地表天然的放射性污染源;②古登堡低速层(在上地幔内深50~250km),是内能的释放源地,也是岩浆的发源地。内圈是地球表层的物质基础,内圈的物质运动直接决定了地表的地貌格局,地圈内部也是地表内能的来源。

2.2.2 自然地理环境的组成

自然地理环境由各种物质、物质体系和能量组成,其物质组成可以包括地球上所有的化学元素种类。然而对于组织水平很高的自然地理环境来说,其不仅由化学元素组成,更包含具有地域结构意义的物质组成及其构成的物质体系(如大气圈对流层、水圈、岩石圈和生物圈等)和组成要素(即地形地貌、气候、水文、生物和土壤等)。

1. 自然地理环境的物质组成与物质体系

化学元素是自然地理环境物质组成最基本的层次，大气、水、岩石和生物的化学元素组成均已经过人类严密的测算和精细化的研究。例如，岩石圈化学元素组成中，O 含量为 47.2%，Si 含量为 27.6%，Al、Fe、Ca、Na、K、Mg 6 种元素总含量近 25%（质量百分比）。但是对于组织水平很高的自然地理环境而言，环境中化学元素的组成和含量并不能代表所有的物质组成，人们往往注意的不是组成自然地理环境的化学元素，甚至不是一般的化合物等物质，而是层次高得多的各种物质体系，即以气体物质为主的大气圈（对流层）、以液态水为主的水圈、以固体岩石为主的岩石圈（表层）、以生物有机体为主的生物圈 4 个基本圈层。

(1) 大气圈（对流层）的物质体系。大气圈是因重力关系而围绕着地球的一层混合气体（主要由元素状态的气体混合物组成），是地球最外部的气体圈层，包裹着海洋和陆地。大气圈没有确切的上界，在离地表 2000～16000km 高空仍有稀薄的气体和基本粒子。在土壤和某些岩石中也会有少量气体，它们也可被认为是大气圈的组成部分。地球大气的主要成分为氮、氧、氩、二氧化碳及不到 0.04%的微量气体。大气圈最下部的对流层，密度最大，集中了全部质量的 80%和几乎全部水汽，平均厚为 10～12km，其特征是对流作用强烈、温度随海拔增高而降低。对流层与水圈、岩石圈表层及生物圈处于长期的相互作用过程中，并且被公认属于自然地理环境的范围。对流层之上为平流层，其中下部包含一个厚度约 20km 的臭氧层，它可以阻碍波长小于 0.29μm 的紫外光通过，对地表生物，尤其是微生物有着良好的保护作用。平流层还具有保护地球的功能，使其不致遭受大部分陨石的撞击。平流层之上依次为中间层和电离层，电离层对无线电波有反射作用，人类发展现代化通信就建立在此基础上。电离层之上为逸散层。大气圈中除对流层以外的其余各层都不属于自然地理环境，但几乎每一层对自然地理环境和人类的生活都有重要意义。

(2) 水圈的物质体系。水圈是地球表层水体的总称，由世界大洋、河流、湖泊、冰川、沼泽、地下水及矿物中的水分组成。水圈的主体为液态水，但也含有多种可溶性盐、悬浮固体物质、有机体和溶解气体。水圈的主要组成部分为世界大洋，面积占全球面积的 71%。水是地球表面分布最广泛和最重要的物质，是参与地理环境物质能量循环转化的重要因素。水分循环具有调节气候、净化大气的功能。水分和能量的差异性组合使地球表面形成了不同的自然带和景观带。水是万物之源，早期的原始生命起源于原始海洋，是生命发展的温床。水能够溶解岩石中的固体物质，是良好的溶剂，具有促进生物间物质循环的功能，为生物生长提供了基本前提。

(3) 岩石圈表层（地壳）的物质体系。岩石圈是由地壳和软流层以上的上地幔顶部坚硬岩石组成的圈层，分布在地球硬表面附近，主要由沉积岩、岩浆岩及变质岩组成，平均厚度为 30~35km，但只有其表层属于自然地理环境。岩石圈经常处于运动状态，地震与火山活动是地壳快速运动的具体表现。此外，地壳还有缓慢、非均速、具有不同幅度和规模的升降运动、水平运动等。这些运动常常在地表形成不同等级的地貌形态，使地表呈现起伏，为外动力作用创造前提。地球表面所呈现的山系和盆地，以及流水、冰川、风成地貌等，都是岩石圈的物质循环在地表留下的痕迹。岩石圈表面的陆地部分是人类及各种陆生生物的栖居场所，而地表低洼处则成为海洋、湖泊、河流、堰塘等水体聚集的场所。岩石风化物质为成土作用提供了物质基础，并以其丰富的矿质养分满足植物需要。矿物是人类生产资料和生活资料的重要来源之一，岩石圈中的多种矿藏为人类社会发展提供物质需求。

(4)生物圈的物质体系。生物圈是地球表层生命有机体及生存环境的整体，其范围与自然地理环境十分近似，是地球上所有生态系统的统一整合。其中，绝大部分生物个体集中分布在地表上下约 100m 的范围，形成"覆盖"于地表的"生命膜"。地球上之所以能形成生物圈，是因为在这样一个薄层中同时具备了生命存在的 4 个基本条件：阳光、水、适宜的温度和营养成分。生物有机体参与各种地理过程的形成和发展，作为自然景观的组成成分并常常成为景观最突出的特征。生物圈是一个复杂的、全球性的开放系统，是一个生命物质与非生命物质的自我调节系统。生物作为最活跃的物质形式，在自然界物质能量交换过程中扮演着重要角色。

2. 自然地理环境的要素组成

自然地理环境的各圈层实质上各为一个物质体系。体系中各成分的动态变化，使地理环境形成多种成因和形态的地貌，热量、水分及其组合成为类型多样的气候，丰富多样的海洋河湖水文特征，以及千差万别的植被、动物界和土壤特征。这些地貌、气候、水文、植被、动物界及土壤等，均被视为自然地理环境的组成要素。要素的概念是涉及自然地理环境组成时运用最为广泛的概念，要素可以是物质，也可以是现象，但都必然是动态的。研究这些要素的学科，如地貌学、气候学、水文学、植物地理学、动物地理学和土壤地理学等，则被称为部门自然地理学。

(1)地貌。地貌是地球表面地形形状和特征的总称，是地球硬表面的形态或外貌，是地球内动力与转化后的太阳能以外动力形式共同作用的结果。地貌形态多种多样，且有不同的等级规模(如大陆和海洋盆地，山地、平原、分水岭、河谷和峰林等)。地貌的特征、成因、分布及演变规律均受外动力与内动力的共同制约，同时与其物质基础——岩石关系密切。地貌是大气、水以及生物等共同作用的场所，其差异必然引起各种自然地理过程和现象的相应变化。

(2) 气候。气候是大气平均状态与极端状态的多年天气的综合表现,包括气温、降水、湿度、风向和风速等因素。太阳辐射、下垫面性质、大气环流和洋流等是决定气候类型的重要自然因子,宇宙-地球物理因子以及人类活动因子对气候变化和气候特征的形成也有重要影响。气候特征通常以气候要素的平均值、极端值、稳定性等气候指标来表示。气候作为最活跃的自然地理要素之一,蕴含着来自太阳辐射的热能,影响着地表热量平衡、海陆水分循环、陆地水文网和生物分布、风化壳和土壤的形成,也对人类活动、自然环境和生态系统等具有显著影响。

(3) 水文。水文是指地理环境中各类水体的形成、形态特征、运动变化、时空分布及地域分异规律。陆地水文以河流为主,兼及湖泊、沼泽、冰川、地下水和积雪。水文现象、水文过程及其地理功能对自然地理环境各要素的相互联系具有不可替代的纽带作用。海洋水文特征及海洋-大气的能量和物质交换影响全球气候;水与大气的组合,决定着水热配置;地球重力赋予水一定的动能,使之在地表形态的塑造过程中发挥作用。水文研究对于水资源的合理利用和环境保护具有重要意义,也是相关灾害防御的基础,在农业发展、城市规划、环境评价、水利工程设计等领域都有广泛应用。

(4) 生物。生物是指自然环境中生物的分布、数量、组成和相互关系等特征,包括各类生物体(如动植物群落和微生物)及它们对环境的适应性和相互作用。生物虽然非原始地球所固有,但自从生物出现在地理环境中以来,其特殊的作用和重要的地位日益凸显。首先,绿色植物通过光合作用将自然地理环境中的无机物合成为有机物,同时转化太阳能为化学能储存于有机物中。此外,生物还基于食物链的联系,改造周围环境,改变大气圈和水圈的组成、参与风化作用、形成新的土壤、改造地貌、建造岩石和非金属矿产等。生物要素在自然地理环境中具有重要意义,它们不仅是构建和维持生态系统的关键要素,还为生物多样性保护、环境评估和资源利用提供基础依据。

(5) 土壤。土壤是自然地理环境中各要素相互作用下形成的派生要素,其特征包括土壤类型、粒径组成、质地、土壤有机质含量、土壤酸碱度、养分含量等。土壤以不完全连续的状态分布于地球表层,是有机界和无机界相互联系的纽带。自然土壤中生长发育的绿色植物以其光合作用改造了地理环境,创造和积累了大量有机物质;农业土壤则保证了作物的收成,对人类文明有巨大贡献。同时,土壤还对水源涵养、农业生产和食物安全具有重要意义。

自然地理环境的组成要素均是各物质成分在以太阳辐射为主的能量驱动下发生动态变化而形成的。各要素都有自身的发展规律,但它们并非孤立存在于地理环境中,而是相互联系、相互制约和相互依存,并力图相互适应。任何一个要素都会受到其他要素的影响,任何一个要素都会影响到其他要素,要素之间相互关联、相互渗透。正是这种以物质交换和能量转化为特征的相互作用,使各要素共同构成了自然地理环境的统一整体。

2.2.3 自然地理环境的空间结构

按照系统论的观点，任何系统都具有一定结构。结构是指系统的"部分的秩序"，系统的结构包括空间结构、功能结构和时间结构三个方面。自然地理环境的空间结构是地球表面的自然要素在空间上的分布、组合和相互关系，是其各组成要素或组成部分之间的排列组合格局。自然地理环境中物质的密度差异及物质运动的多样性，以及各组成要素或组成部分之间相互联系的形式及过程不同，决定了其空间结构的复杂性，但在垂直方向上的分层性、相互渗透性和水平方向上的地域结构特征方面，仍然表现得十分清晰。自然地理环境的空间结构是地理学研究的重要内容，通过理解和分析自然地理环境的空间结构，可以更好地认识地球的物理特征、地球系统的运行及人类与自然环境的相互作用。

1. 分层结构

自然地理环境的分层结构，指地球表面的自然要素受重力和密度影响，按照不同层次和尺度组织分布的特征，是整个地球结构的重要特征。占据地球表面的自然地理环境的分层结构，从地球的圈层结构中继承这一特征，并且明显与地球圈层结构具有同一成因。重力的作用决定了物质按照其密度差异进行垂直分布，即密度小的物质分布于上部，密度大的物质分布于下部。自然地理环境的组成成分如岩石圈表层(地壳)、水圈、生物有机体、大气对流层在重力作用下，按照密度差异进行空间垂直分布。岩石、液态水和空气依密度顺序呈层状分布，自下而上依次形成岩石圈、水圈和大气圈，生物圈则分布于三个圈层相邻接的交界面上，形成自然地理环境最显著的垂直结构特征。

自然地理环境的分层结构决定了三大圈层之间的物质交换主要沿垂直方向进行。例如，水分沿母质和土壤的毛细管上升到地表，通过蒸发进入大气；大气降水和水分的渗透、尘埃的沉降等，表明物质的向下运动。同时，三大圈层本身也具有显著的分层结构，在其内部仍可进一步细分出一系列更小的层次。例如，对流层可分为对流层顶、上层、中层、摩擦层和贴地层；水圈可分为空中水层、地表水层、地下水层；作为水圈主体的世界大洋可按深度分为表层、次表层、深层，或者按水温状况分为暖表层、温跃层和深海层，或者按海底地貌分为陆棚(大陆架)、大陆坡、海床、深海盆地等类型，实质上这也是层次性的表现；生物圈的植物群落可分为乔木层、灌木层、草本层、苔藓层；土壤也可以分为腐殖层、淋溶层、淀积层。可见，分层结构是自然地理环境普遍存在的结构特征。然而，自然界的分层结构并不具有严格的几何学意义，具体表现在层界面不平整、层厚不一致、任何层次都不可能大面积连续分布等方面。

2. 渗透结构

自然地理环境的渗透结构指地球表面的自然要素在空间上相互渗透、交错和相互重叠，彼此交织为一个整体。生物圈并不单独占有任何空间，但生物活动范围包括对流层下部、整个水圈、土壤圈及沉积岩石圈上部。从这个意义来说，生物圈渗透于上述各个圈层之中。水生生物完全生活于水圈；陆生生物栖居于大气贴地层和岩石圈最表层；植物根系伸入土壤层内，其枝叶却在大气圈中。由此来看，无论给生物圈划定什么样的范围，它总是与三大地圈全部或部分重合的。这是自然地理环境具有渗透结构最显著的特征。

自然地理环境各组成成分内部，物质也是相互渗透的。每一个基本组成成分都以自己的物质加入所有其他组成成分之中，任何地圈中都包含大量的属于其他地圈的物质。地表的物质通过水体和土壤的介质之间相互渗透和迁移，如溶质在地下水中的扩散和传输、土壤中的营养元素循环；太阳辐射的能量在地球上的大气、陆地和海洋中进行渗透和传输；地表的水分通过蒸发、降水、径流和地下水等方式在不同地理单元之间进行渗透和转移。

3. 地域结构或水平结构

地域结构是自然地理环境分异的结果，整个自然地理环境实际上是不同层次的自然综合体的有机组合。自然地理环境整体或者其组成要素，都在水平方向和垂直方向上按照一定的规律发生分异，并形成若干次级自然综合体，次级自然综合体是整体的结构单元。各级各类结构单元的镶嵌组合，形成了自然地理环境的地域结构。换言之，某一特定范围的自然地理环境既可由若干要素组成，也可由若干范围较小的部分组成。无论是组成要素还是结构单元，都是自然地理系统的子系统。

自然地理环境的地域结构主要取决于两类地域分异因素的综合作用，即地带性因素和非地带性因素。也可以说是取决于两类能源的综合作用，即太阳辐射能和地球内能。地球形状及地球自转轴与黄道面的倾角决定了太阳辐射能在各纬度的分布不均匀，造成自然地理环境的纬度地带性分异，在不同的地理带上产生不同的气候和生态条件，决定植被类型、土壤质地、动物种类等地理要素的空间分布，并最终形成以地带性特征占优势的结构单元。例如，赤道地区由于纬度低、阳光直射，气温较高，热带雨林植被丰富；极地地区由于纬度高、阳光较斜射，气温极低，植被大多为苔藓和地衣等。无论是陆地和海洋都存在这种结构单元。同时，地球内能作用产生的海陆分布、地势起伏和岩浆活动等现象，造成自然地理环境的非地带性分异，并最终形成以非地带性特征占优势的结构单元，如延绵不绝的山脉、宽阔广大的高原、浩瀚的内陆盆地等。

2.3 自然地理环境中的物质循环

自然地理环境是一个庞大的物质系统，自然地理环境各组成成分之间以及各自然综合体之间的相互联系、相互作用是通过物质循环和能量转换实现的。自然地理环境的物质循环过程是地球生态系统中维持物质平衡的重要机制。物质交换与能量转化是自然地理环境各个要素相互作用和相互影响的主要表现形式，正是要素间的物质循环和能量交换，使各要素形成一个整体，决定了自然地理环境的整体性。

地表物质循环是指地球表面的物质在不同环境中循环流动的过程，主要体现为地球表层四大圈层(大气圈、水圈、岩石圈和生物圈)之间的物质关系及由此产生的环境效应。自然地理系统内的物质循环运动必须以能量为动力，能量又以运动着的物质为载体。在物质循环过程中，能量必然会在物质之间发生传递和转换。自然地理环境中物质循环(蕴含着能量转换)的方式可以归纳为四种类型，即大气循环、水分循环、地质循环和生物循环。四大循环既代表三个无机圈层之间以及生态系统内部的物质流通过程，也是自然地理系统物质组分固、液、气三种相态的转变及其势能、动能、显热与潜热相互转化的体现。四种循环相互联系、相互作用、相互影响、相互依存，形成不可分割的一个整体，任何一个部分的变化都会引起其他部分的相应变化，甚至导致自然地理环境整体发生变化。

2.3.1 大气循环

大气循环以大气对流层的物质循环为主，包括大气内循环(大气环流)和大气外循环。大气环流是大气圈内空气有规律的运动，大气外循环主要是指大气与其他圈层间的物质循环和能量转化过程。

大气循环的原动力是太阳辐射。高低纬度间因获得的太阳辐射不等而产生的热力差异驱使大气不断运动，从而输送着物质与能量。气体是极易运动的流体，可以达到较高的流动速度；它又是极易相互渗透的物质，具有较强的交换能力。大气环流是大气循环运动的基本形式，包括行星风系、季风环流和局地环流三种尺度模式。其中，行星风系支配着全球性的大气循环。

大气循环是自然地理环境中传输物质和能量的有效途径之一。大气循环最显著的作用是重新分配地表的热量和水分，直接的作用是通过输送储存在大气环流中的热能和水汽实现的，间接的作用是通过驱动大规模的洋流运动而实现的。大气对流层中物质循环和转化的综合效应，可以通过气候来反映，大气对流层中的各种化学物质都是地球表层系统进化的历史产物，是对流层与其他圈层长期相互作用的结果。大气循环不仅是对流层形成和发展的根本原因，而且在地表其他组成要素的发展过程中起着重要的作用。

大气对流层中的水分呈水汽、水滴和冰晶三种状态，输入输出的基本方式是蒸发和降水。尘埃通过风力作用、火山喷发和燃烧输入大气，起到"空调器""增蓝剂""折光粒""造雨机"的作用。大气圈还通过光合作用与呼吸作用来实现和生物圈的物质交换。

2.3.2 水分循环

水分循环是在地球表层系统内，水圈的内部和外部物质循环与能量转化过程。在太阳能和重力的共同作用下，水通过蒸发、水汽输送、凝结降落、下渗、径流等环节，从一个圈层向另一个圈层不断进行周而复始的转移运动，形成水分循环。水分循环有两种主要方式：①在热力和重力等多种作用下，水通过气、液、固三态转化的方式在各圈层中交替变化；②液态水在热力梯度或势能梯度的作用下，通过洋流或陆地地表及地下径流进行物质和能量的大规模传输。水循环又可分为海陆间循环、陆上内循环和海上内循环三种形式。

水体是地表最重要的溶剂和物质库。水的酸碱度具有非常重要的环境效应，水中的 H^+ 浓度不仅影响地表化学元素的迁移，同时也是重要的生态因子。水的氧化-还原性也是影响地球表层化学元素迁移和地表生物生存与分布的重要因子。水体具有良好的热传导功能，水的比热很大。水体的热力学特征还与物相变化和潜热现象有密切关系。地表水体有规律地运动，形成了特有的循环模式。

水分循环对地理环境结构和自然地理过程影响深刻：①水分循环把水圈中所有的水体联系在一起，也将四大圈层联系成为有机整体；②水分循环重新分配全球性水分和热量，在维持地球生态系统和水资源的平衡中发挥着关键作用，不仅影响着地面水源的供给和分布，也对气候形成、植被生长及动物生态有着重要影响；③水分循环具有物质"传输带"的作用，为岩石圈表层物质机械搬运作用和自然地理环境中化学元素迁移提供强大动力；④水分循环过程中的液态及固态水在重力作用下对地貌的塑造作用，也是消耗太阳辐射能的一种有效方式；⑤水分循环还是生物有机体维持生命活动和整个生物圈构成复杂的胶体溶液系统的基本条件，起着有机界和无机界联系的纽带作用；⑥水分循环使得水资源成为再生性资源。

2.3.3 地质循环

地质循环是在地球表层系统中，岩石圈内部以及与其环境之间存在的物质循环和能量转化过程。

地质循环蕴含着太阳能与地球内能的一系列转化及其相应的四个基本过程。①风化剥蚀作用。裸露地表的岩石在各种破坏营力的作用下，其内部性质发生机械的和化学的改造与变化，包括物理风化、化学风化和生物风化。风化作用形成相对稳定的风化壳，从而形成剥蚀作用的物质来源。剥蚀作用是各种外力对地表岩石及风化产物的破坏作用，包括风蚀、水蚀、潜蚀、海蚀及冰蚀作用等。风化作用相对静止地对岩石起着破坏作用，而剥蚀作用则是运动着的物质对地表岩石的破坏作用。岩石风化有利于剥蚀，而风化产物被剥蚀后又有利于加速风化。②搬运作用。风化剥蚀产物在太阳能和重力作用下，通过各种渠道，输运到远离产生这些物质的地方，实现了地表物质的重新分配。搬运作用分为机械搬运和化学搬运。③沉积作用。被输运并聚集在海洋底部和陆地下陷部位的松散沉积物，在改变深度、温度和压力等条件下逐渐密实，改变了原来的结构和成分，并通过岩化作用形成岩石。根据成因和空间分布的差异，沉积物通常分为陆相沉积物和海相沉积物。陆相沉积物又可分为风成、水成和冰成三种沉积物；海相沉积物可分为滨海、浅海和深海沉积物。从沉积物开始形成到固结为沉积岩所经历的一系列复杂的物质转化过程称为岩化作用。④构造作用。地球内能的释放，驱使地壳发生抬升、下陷、褶曲、断裂和板块的水平移动，同时还引发火山、地震等现象。构造过程有时剧烈，有时缓慢，或者此处剧烈而彼处平静，其剧烈程度主要决定于地球内能的输入状况。在地壳构造运动过程中，剧烈的岩浆侵入和喷出可使沉积岩发生变质，形成各种沉积变质岩。在构造过程中抬升到地表的物质，又重新经历风化、输运、沉积等过程，形成一个不间断的物质变动和转移的地质循环系统。地壳物质沿着这条"传送带"也不断地从地表到地下，又从地下到地表进行着往复的运动。

地质循环形成了地球表层系统所特有的发生体——沉积岩。沉积岩的建造过程中不仅有岩石圈的旧成分参加，而且还有大气、水和生物所合成的新成分参加，岩石圈的组成越来越复杂。

2.3.4 生物循环

生物循环是地球表层系统内，围绕有机界发生的物质循环和能量转化过程。在自然地理环境中，生物循环包含着两个基本的意义：①作为土壤、植物、大气之间的一个联系环节，生物成为整个自然地理环境中物质能量交换的基本通道；②实现了有机界与无机界之间的互相转化，这是生物循环最本质的体现。生物循环对于能量的储存和消耗，对于化学元素的迁移和积累，对于碳循环、氮循环、氧循环和其他有关成分的循环等，都具有明显的作用。

生物圈是地表物质存在的高级形式。生物有机体是生命的活质，生命就是核酸和蛋白质所形成的一种相互联系和相互依存的关系。有生命的物质的独特表征是能够自我复制和突变。生命的种类繁多，增殖快，分布广，总是与环境相互作用形成一个生态系统。有机体的出现是地球表层系统进化的产物。

生物循环是地表物质循环的高级形式。生物循环的基本形式是新陈代谢——同化作用和异化作用的有机统一过程，其特殊形式则是物质和能量沿着食物链传递，以更为复杂的形式存储于更高的营养级，形成生态循环。

生物循环具有特殊的环境效应。物种进化与环境演变的机制为：环境的演变离不开生物的进化，生物的活动对环境演变起重要作用，环境的演变也是生物进化的必要条件。生物群落与生境的辩证关系是：群落的生境明显地受到群落中各种生物的反作用，形成特殊的生境。每一个生物群落都具有自己独特的结构和生境。生物圈对其他圈层的影响和作用主要表现为，生物是地质循环中的活跃因素，对岩石圈的演化具有重大影响，有机体积极参与岩石的风化过程和成土过程，是重要的外营力；生物对大气圈的影响突出表现在大气组分的进化方面；生物对水圈的影响也是非常明显的。最重要的生物地理效应在于绿色植物通过光合作用把太阳能转化为生物能，为一切生命活动奠定了能量基础，成为生物进化的动力，从而推动地球表层系统不断发展。

2.4 自然地理环境中的能量基础与能量转化

自然地理环境既是一个相对独立的物质体系，又是一个完备的能量系统。在这个系统中，能量的转化对于维持整个系统的运转具有重大意义。能量转化是系统中物质循环、自然地理过程的原始动力，是自然景观的塑造者，是社会经济系统形成及运转的前提和条件。人类活动对自然地理环境的能量和物质流动进行干预，改变其结构和功能，而自然地理环境的变化也会影响人类活动。

2.4.1 自然地理环境的能量基础

地球表层系统存在着两大能量来源：外能和内能。外能是指地球表层系统中，来自其他天体的能量输入，主要包括太阳辐射能、由太阳引力作用而产生的动能和势能，以及因月球吸引作用而产生的能量输入和宇宙射线等。由于太阳辐射在外能中占绝对地位，一切自然地理过程都与之密切联系，因此一般将太阳辐射能称为外能，这是一种狭义的理解。内能是指由于地球自身物质存在方式和运动状态的改变，而产生并输入到地球表层系统中的能量，包括地球自转动能、重力势能以及地内核能。在一些地理文献中，内能仅指地内核能，这也是一种狭义的理解。

在自然地理环境发展的历史中，地球内能曾占据相当重要的地位，并与太阳能一起构成主要能源。但后来因地球内能急剧衰减，而太阳辐射能较少变化，以至于目前地球内能对自然地理环境的影响只有局部意义。

地球表层系统能量转化是普遍存在的，且规模巨大。在地球表层系统中能量的转化总是伴随着物质循环，它们共同构成了地表自然界的一切现象和过程。物质循环和能量转化是地球表层系统中普遍存在的现象，是耗散结构赖以存在和发展的基本条件。

传统辐射平衡学说认为整个地气系统的能量收支相等，辐射平衡为零，地表整个自然环境能量处于相对平衡状态，平均温度比较稳定。全球辐射平衡图解表明，到达大气上界的太阳辐射为 100 个单位，其中被大气和地面反射回宇宙空间 31 个单位，被地气系统吸收 69 个单位，同时地面有 6 个单位的能量、大气有 63 个单位的能量以长波辐射的形式直接散发到宇宙空间。

传统辐射平衡学说将地球表层系统视为一个稳定的平衡结构，而不是发展的耗散结构。正是在这个非客观的前提条件下，它以能量转化与守恒定律的基本原理作为自己的理论基础。辐射平衡过程不是一个无机的输入—转化—输出的过程，而是一个有机的能量在地球表层系统富集的过程。在过去相当长的一个时期内，有关地表辐射平衡结构特征值的资料和结论主要来自局部地区的地面观测和实验，以及相应的非客观的经验计算和理论推导，难以全面揭示和精确地描述整个地球表层辐射平衡和能量转化的结构特征与基本规律。人们也忽视了地球表层系统结构进化和能级跃升这一事实。

从物理学方面来看，太阳辐射在地球表层内形成了负熵流——进入地球表层的太阳辐射是高频短波辐射。由于量子的能量值与辐射频率成正比，与波长成反比，因此量子载有大量的能量，也就是熵低。地表热辐射是低频长波辐射，量子所载能量少，也就是熵高。从生物学方面来看，绿色植物具有重要的聚能效应——光合作用是聚能反应过程，也是太阳辐射能在地球表层内转化与富集的基本途径。地球表层辐射平衡过程是一个耗散结构发展的过程，与生物圈的进化紧紧地联系在一起，不可分割。从地史研究角度来看，早期的地球表层是一个还原态的世代，而现在的表层是一个氧化态的世代。地表圈层结构由无机界到有机界。地表生态系统在不断进化，能量沿食物链输送，以更为复杂的形式储存于更高的营养级，如人类生态系统就是高能态的物质体系，是地球表层结构能的载体，富集着大量的能量。现代遥感科学研究表明，整个地气系统的辐射输入大于辐射输出，辐射差额不为零。

今天，人类不仅从现存的生态系统中获取大量的低熵物质，而且还大规模地开采利用煤、石油、天然气等地质历史时期地球表层系统积聚的太阳能。人类活动使大气中二氧化碳、微尘、水汽和卷云量逐渐增加，从而改变地表辐射平衡。人类对有机界的干预，导致生物圈第一性生产力下降，改变了地表辐射平衡中的有机构成。

2.4.2 自然地理环境中的能量循环和转化

地表物质的相互作用称为地理作用，可以分为外力作用和内力作用。外力作用依赖地球以外的能量，其中主要是以太阳的辐射能为能量基础；内力作用依赖地球的内能，主要是以自转动能、重力势能、核反应能为能量基础。内能和外能在地球表层系统内汇聚和转化是系统发展的根本动力。在自然地理系统中，内力作用和外力作用既是相互对立的，又是相互统一的。

太阳辐射的分布因纬度而异，即总辐射等值线基本沿纬线分布，同一纬度带范围内具有近似的总辐射值。太阳能在自然地理环境各组成成分之间的交换转化，形成了一个复杂的能量传输网络和相应的物质循环机制，从而把大气对流圈、水圈、沉积岩石圈、生物圈联结成一个整体。

从自然地理学的观点来看，具有显著地理意义的地球内能应该包括地热。地热是地球内部的热能，是地球组成物质中各种放射性元素核反应所释放出的能量，以热的形式储存在地球内部。地热增温级指温度每升高 1℃所对应的地下深度，地温梯度即地热增温级的倒数。地热通量指地热输入的强度。在地表构造活动区，地热增温级较小，而在构造相对稳定的地区比较大。地热的作用是提供动力引起地球内部物质的运动、演化和调整，成为改变地壳状态的一个至关重要的因素。

2.4.3 自然地理环境能量转换的功能

自然地理环境自然景观的形成是能量系统综合作用的结果。相向而来的太阳辐射与地球内能交会于地球表层系统，两者相互消长，共同作用，促进地理环境不断向前演化。一般来说，太阳辐射对自然地理环境的作用效应是"夷平化"，而地球内能的作用效应是"崎岖化"。两者综合作用的结果是形成了不同区域现存的自然地理环境状况。

太阳辐射作用于地表，并与地表物体重力势能相结合，产生风化、侵蚀、搬运以及堆积等地质过程，其基本趋势是使地表高差减小，削高垫低，使地表趋于平坦化。这就是太阳辐射的"夷平化"过程。地球内能的主要作用是引起地震、火山、岩浆活动等各种构造活动，使地表起伏加大，更加崎岖不平。这就是地球内能的"崎岖化"过程。这种作用过程实质上是褶皱和断裂、隆起和沉陷等各种现象的统一过程。随着岩层的褶皱或断裂，地面隆起或沉降的加剧，太阳辐射所形成的侵蚀或堆积作用则会相应地增加。如果地壳中没有较大的沉降幅度，便不会容纳巨厚的沉积岩；同时若没有相应的隆起地区，也就没有形成巨厚的沉积岩的物质基础。上述能量作用过程相互依存，相互转化，构造运动不断发生，促使地表侵蚀和堆积作用持续进行；地表物质大规模移动，使地壳压力发生变化，促使地壳发生变动。正是这种既对立又统一的相互作用过程，促使地表不断发生变化，而不会停留在一个稳定状态上。

2.5 自然地理环境的发展演化

自然地理环境经历从简单到复杂，从无序到有序，并成为复杂耗散结构的过程。这种发展演化过程具有不可逆性，并造成其结构和特征的根本改变。

2.5.1 古代自然地理环境的一般发展过程

1. 地球发展历史

大约46亿年前，原始地球从太阳星云中分化出来，温度较低且轻重元素混为一体，并无分层结构。原始地球形成后，通过吸引和集聚太阳星云物质，体积和质量不断增大，同时因重力分异和放射元素蜕变温度升高，原始地球内部物质增温达到熔融状态时，比重大的亲铁元素向地心下沉，成为铁镍地核；比重小的亲石元素则上浮组成地幔和地壳；更轻的液态和气态成分，通过火山喷发溢出地表形成原始的水圈和大气圈。从此，行星地球便开始了不同圈层之间相互作用以及频繁发生物质-能量交换的演化过程。原始沉积岩石圈、大气圈、水圈和生物圈的初期阶段，可以追溯到距今25亿年前的太古代。随后，经历元古代、古生代和中生代。

(1) 太古代（距今25亿年前）。地球表面形成许多小型花岗岩质地壳，其间为深度不一的古海洋。地壳运动和岩浆活动广泛而又强烈，火山喷发十分频繁，"脱气"过程形成了大气圈和水圈，大气圈富含二氧化碳、水蒸气、火山尘埃、很少的氮和非生物成因的氧。陆地是原始荒漠景观，后期水圈中陆续出现了蛋白质、核酸、原核细胞、细菌和蓝藻，开始形成生命。

(2) 元古代（距今25亿～6亿年）。大陆地壳逐渐增厚、扩大，火山活动相对减弱，大气中二氧化碳浓度降低，游离氧增加。原核生物进化为真核生物，嫌气生物转化为好气生物，物种数量增多。植物经历第一次大发展，晚期出现了原始动物。造山运动多次发生，并使小陆块逐渐拼合形成泛古陆。

(3) 古生代（距今6亿～2.3亿年）。泛大陆分裂，形成冈瓦纳、北美、欧洲和亚洲四个大陆。大陆分裂引起海侵，海生无脊椎动物空前繁盛，海生植物出现向陆生植物过渡的迹象，鱼类诞生。加里东运动后，古欧洲与北美合并为一个大陆。

海西运动后，欧美大陆和冈瓦纳古陆合并。晚二叠纪，亚欧大陆形成。至此，新的泛大陆形成，海退现象相伴而生，鱼类和两栖动物达到旺盛，陆生植物日益繁荣，蕨类森林遍布各大陆。

(4) 中生代(距今 2.3 亿～0.7 亿年)。自晚二叠纪起，泛大陆再次分裂成南北两片，即北方的劳亚古陆和南方的冈瓦纳古陆，造山运动强烈。中生代的气候非常温暖，对生物的演化产生重要影响，爬行动物繁盛之后又走向灭绝，鸟类、哺乳动物、被子植物欣欣向荣。

2. 古代自然地理环境的变化

古代自然地理环境的变化主要包括：由构造运动引起的全球性的海陆变迁、陆地表面起伏程度的改变以及地面物质的大规模迁移；作为气候变化表现形式的全球冷暖干湿变化、大气环流形势和气候带的改变、生物界的发展。虽然某些发展变化过程至今仍影响着现代自然地理环境系统的发展，但它们作为历史过程中的一些环节，与现代自然地理环境缺乏直接的联系。

2.5.2 新生代自然地理环境的发展趋势

新生代以来，世界自然地理环境系统进入一个新的发展时期。现代自然地理环境就是通过新生代，特别是第四纪以来的发展变化逐步形成的，也可以说是第四纪构造运动和气候变迁的结果。同时，人类的诞生和发展对地球表层系统的演化也产生了深刻影响。

1. 海陆变迁

新生代，强烈的地壳运动塑造了各大洲的高大山系，海陆轮廓显著改观。第四纪强烈的地壳构造运动，在大洋底部沿中央洋脊向两侧扩张。非洲大陆板块和阿拉伯板块向北漂移，与欧亚大陆板块在古地中海的西部相遇，亚洲大陆南侧的古地中海消失，现代大地貌单元基本形成。陆地上的阿尔卑斯山和喜马拉雅山等新的造山带，是第四纪新构造运动最强烈的地区。

构造运动所引起的地貌分异，导致许多自然地理要素发生变化，从而影响整个自然地理系统的面貌。在大陆上，板块碰撞、挤压形成的新山系大幅度上升。许多较古老的山系在经历准平原化过程而趋于夷平之后，又发生"回春"现象，地势相对高差再次增大。构造运动所塑造的地形起伏与山系排列，强烈地影响到气候要素的梯度变化，自然地理的各要素及其组合，沿纬度向东西延伸，南北更替的规律性也由于地形的影响而受到干扰，巨大的山系或高原的"雨影区"出现大面积的干旱荒漠；与巨大的山系相伴产生的盆地与平原，不断接受各种沉积物，并且形成比较发达的河湖水系。在大洋里，构造运动也形成了洋中脊、裂谷、洋底火山，以及各种规模的海底盆地、海底火山等复杂地形，直接影响大洋环流、大洋水的理化性质和大洋生物繁衍。高纬度地区和中低纬度高山发生了多次冰川作用，冰期与间冰期交替出现也是第四纪的显著特征。

2. 气候变化

新生代气候的变化与地形的改变直接相关。阿尔卑斯构造运动前期，广大地区具有湿热的气候特征，热带的范围还相当广阔。在古近纪，热带和亚热带气候远远延及加拿大北部边界，在稍后的时期内大平原地区则出现干旱情况。到新近纪，湿热气候带的范围逐渐缩小，干旱气候区的范围不断扩大，并形成单独的干旱气候带，而且在温带和两极地区的气候有变冷的趋势，气候的地域差异性相对增强，同现代气候类型的分布状况基本相似。后来气候分异进一步加剧，中、高纬度地带的气候变得更冷，到第四纪的更新世，在温带和极地地区先后出现了 3 次或 4 次大陆冰期和间冰期。

第四纪后期(即最近 1 万年以来的全新世时期)，全球性气候变暖，年均温上升 8～10℃，冰川大量消融，亚欧和北美的大陆冰盖都后退消融，导致世界海平面大幅度上升，中低纬山地雪线抬升 1000m 以上，自然带向极地方向迁移 5～10 个纬度；自然地理环境逐渐具备现代特征，现代自然地理环境经过全新世而最终形成。早全新世呈转暖趋向，但仍偏冷；中全新世为全新世最温暖的阶段，即所谓"气候适宜期"或高温期，但这个时期也有温度稍稍下降的时期，各地并非都气候适宜；晚全新世是高温期之后的偏凉时期，即使在这短短的两三千年间，气候的变化仍然比较明显，具有显著的波动性。

3. 生物演进

新生代生物的进化中，以哺乳动物和被子植物的高度繁荣为特征。被子植物出现于早白垩纪晚期，到古近纪极度繁盛。被子植物以乔木为主，无论是种类还是数量都较中生代有显著增加。显花植物和草类的繁盛为哺乳动物的进化发展创造了必要的条件。由于纬度、气候的不同，各地植物分区现象明显。

新生代哺乳动物得到迅速发展。哺乳动物由爬行动物演化而来，由于哺乳类动物是具有固定体温的热血胎生动物，所以它们比那些体温随外界温度变化而改变的冷血卵生动物具有更优越的演化条件。温暖潮湿的气候条件，被子植物的繁盛，进一步促进了哺乳类动物的大发展。

第四纪以来，随着现代动物群的形成，新的动物种不断出现，尤其是灵长目动物的迅速进化，古猿类的一支开始向人类方向发展。随着人类的出现，自然地理环境的发展进入了一个更加崭新的时期——人类利用和改造自然环境的时期。人类的出现和发展是地球表层系统进化史上的重大飞跃。人类最初仅是自然环境中的一个普通消费环节，由于人类以社会生产的方式改变了生态系统的能量和物质的输入、输出和流通转换，形成了独立的具有更为高级的耗散结构的开放系统——人类生态系统。现在，人类的活动已极大地改变了地球表层面貌，人类的作用使具有耗散结构的环境系统进入了一个全新的发展阶段。

2.5.3 自然地理环境的发展规律

自然地理环境的发展演变是一个具有方向性和周期性特征的、十分复杂的过程。这种复杂性主要表现在新的组成要素的出现及由此导致的结构复杂化。沉积过程加强，岩石圈厚度增加，水圈含盐量增加和离子成分发生有规律的变化，大气圈中的大气则由原始大气发展为二氧化碳大气再发展为现代大气，地貌和气候向复杂化和多样化演进，生物由低级形式向高级形式发展，地域分异越来越显著。

伊萨钦科曾试图揭示自然地理环境最重要的发展规律。①自然地理环境所有组分的发展相互联系，因此在组分发展的同时，组分间的物质和能量交换得到加强；②自然地理环境的发展具有前进式发展的特点，表现为新组成成分的陆续出现、太阳能的逐渐积累和自然地理环境的地域分异日益强化；③发展是跃进式的，而非直线过程，周期现象并不决定主要发展方向；④纬度地带性作为普遍规律在整个地理环境发展过程中发挥重要作用；⑤自然地理环境的发展是事物矛盾斗争的结果。其中，有机体对环境的适应和改造起着特殊的作用。

2.5.4 自然地理环境发展的节律性

节律性，即周期性，是指由自然地理过程的循环和振荡引起的随时间推移而有规律演替的现象。自然地理过程或现象的节律性，无论是在以气温、降水和气压等为表征的大气过程中，以河流径流量和湖泊水位等为表征的水文过程中，在生物现象中，还是在海侵与海退、冰川进退、地貌形成、沉积岩形成过程中，都可观测到。节律的时间可长可短，有昼夜节律、年节律、世纪节律、超世纪节律、几百万年的地质节律。

自然地理环境发展的节律分为三种类型。①由天文因素所引起的节律——自然地理过程按严格的时间间隔重复的变化规律，也叫周期性节律。该节律的发生基础是地球自转和公转及地表光、热、水的周期性变化，如昼夜节律、季节节律和年节律等。②由地球本身因素所引起的节律——以不等长的时间间隔为重复周期的自然演化规律，也叫旋回性节律。相较于周期性节律，这是更高一级、更为复杂的自然节律，如地质旋回、气候旋回。③由生物特性所引起的节律——生物类群在周期性或旋回性变化的背景下，以一定阶段为周期表现出的突变性的重复，也叫阶段性节律，如生物生长节律和生物进化节律。各种不同的节律叠加在一起，相互干涉。各类节律具有不等的功能，各自然地理要素受外部所有这些节律的影响，必将模糊单个节律的精确性，而任何长周期节律都作为中短周期节律的背景而对其有制约作用。

2.6　景观生态建设原理

景观生态建设在当代地理科学研究领域中，源于一种综合研究的观点，将景观学与生态学有机地结合起来，应用生态学的原理和方法去指导景观建设。

2.6.1　景观概念的发展

"景观"一词最早出现在希伯来文的《圣经》（《旧约》）中。19世纪初"景观"概念被带进德国地理学中，德国学者把注意力集中于景观的全貌是处理一个地区各种事物的相互联系的有效方法。景观是一个动态结构，是整个地理圈内部具有特定地学性质的事、时、空系统。

苏联地理学家为景观学说的发展也作出了重要贡献。贝尔格认为地理景观是地表的某一地区的各个要素的综合体；自然景观特指某一尺度的自然综合体，是组成自然地带的基本单元；景观是地理学的研究对象，地理学就是景观学。伊萨钦科认为景观是一个具体的地域个体单位，而不是类型；是一个相当复杂的地理综合体，是自然地理学和自然地理区划研究的基本地域单元。

关于景观概念，虽然至今尚存争议，但它已经成为地理研究中常见的专业术语。景观研究着眼于地理事物的相互联系，越来越受到人们的重视。

2.6.2　生态研究——地理学的传统和发展

生态学是关于有机体与周围外部世界关系的一般科学。生态关系是在地球表层系统中，生物与它们的环境密切联系、相互作用、协同发展，且互相依存的关系。

1944年，苏联植物学家 В. Н. 苏卡乔夫(В. Н. Сукачев)创立了"生物地理群落研究"。生物地理群落是地表一定范围内，各个自然地理要素大致均一的某一地段，在这个地段内，岩石、水分、土壤、植物和动物界处于相互作用中，构成统一整体。

1939 年，德国地理植物学家卡尔·特罗尔(Carl Troll)首次提出"景观生态学"的概念。进入 20 世纪 80 年代以后，景观生态学成为全球性的研究热潮。1986 年，福尔曼(Forman)和戈德伦(Godron)出版了作为教科书的《景观生态学》，系统阐述了景观生态研究的基本原理和方法，对于景观生态学理论研究与景观生态学知识的普及作出极大的贡献。

景观生态学是由两种科学观点结合而产生的，一种是地理学的景观，另一种是生态学的生态，即用地理学的方法去研究生态系统。地理生态学研究景观单元中，优势生物群落与环境之间各种综合作用的相互关系；研究在人类参与生态系统的状况下，景观内部的人类作用。

2.6.3 生态系统——地表的特殊耗散结构

1935 年，英国生物学家 A. G. 坦斯雷(A. G. Tansley)首次提出"生态系统"的概念。他在《植物概念、术语的作用问题》一文中，探讨了生物与环境的相互关联性，明确提出"只有我们从根本上认识到生物不能与它们的环境分开，而与它们的环境形成一个生态系统，它们才会引起我们的重视"(后来人们把这句话刻在了坦斯雷的墓碑上)。生态系统是在地表自然界中，生物与其赖以生存的环境之间有着密切的联系，共同构成一个统一的物质系统，包括整个生物群落及其所在环境的物理化学因素，它是一个整体。地理学家常常把生态系统视为地理景观的基本结构单元。

生态系统包括两类因素：一类是生命因素，包括生产者、消费者、分解者；另一类是非生命因素，包括媒质(水、空气和土壤等)、基质(岩石及其风化产物)、新陈代谢原料。生物群落是生态系统的核心。根据它们摄取营养的方式和其在物质循环和能量转化中所发挥的作用，一般将生物群落划分为三个功能群：生产者、消费者、分解者。

生态循环是生态系统的物质循环和能量转化过程。食物链是在生态系统内，所有生产者、消费者和分解者按照吃与被吃的食物关系，形成有规律的序列，一环扣一环，共同构成一个整体，即物质和能量的输运结构。

在生态系统中，能量不会百分之百地被逐级输送，而是按照一定的转化效率，沿着食物链，在各营养级上逐级明显下降，这个转化效率就称为生态效率。在生态系统中，生态效率平均为 10%(又称"百分之十定律"或"林德曼定律")。

由于沿着食物链能量流越来越细，营养级越高的有机体数目和生物量急剧地呈阶梯状递减，呈一个明显的金字塔形，称为生态金字塔。生态金字塔包括个体数量金字塔、生物量金字塔、能量金字塔三种类型。

生态循环的基本内容是食物流通，其基本形式是食物链。在生态系统中，能量沿单方向输送，能量以光的形式输入系统，最终以热的形式输出，能量沿食物链输送是不可逆的。

生态系统是一个动态耗散结构，当外界的干扰强度小于系统的最大自动调节能力(阈值)时，它处于一种平衡状态，即在生态系统中，生物与生物之间，生物与环境之间相互依存，在一定时期内保持相对协调和稳定状态。如果食物网络上的部分环节发生功能障碍，可以通过网络的其他结构部分得到调节和补偿，完成自我修补和自我恢复，即发挥自动调节功能。稳定性与多样性密切联系，生态系统的组成和结构越复杂多样，食物网络的结点和通道越多，系统稳定性就越高。

运用景观生态建设原理，发展生态农业是乡村农业发展的必由之路。菲律宾马雅农场被推崇为生态农场样板。我国在发展生态农业的有关理论研究和建设实践方面取得了举世瞩目的成就。例如，珠江三角洲的桑基鱼塘生产，北京大兴区留民营村生态农业开发，四川米易县发展的立体农业，四川洪雅县"以土为基础，以水为命脉，以林为核心，以林蓄水，以水发电，以电兴工，以工促农"的大循环模式、种养关联的生态循环农业和生态产业等都是颇有影响的成功示范工程。

第 3 章 自然地理环境的地域分异规律

3.1 地域分异规律的认识与发展

自然地理环境作为一个独特的物质能量系统，其各组成要素之间相互联系、相互制约和相互渗透，具有明显的整体性特征。但是，不同地区的自然地理环境又具有显著的地域差异。例如，亚马孙河流域、刚果盆地和印度尼西亚群岛因终年高温多雨而形成热带雨林景观，而南极和格陵兰岛却因严寒而长期被大陆冰川覆盖形成极地冰原景观；亚洲大陆东部发育着从热带雨林、亚热带常绿阔叶林直到北方亚寒带针叶林的多种森林景观，而远离海洋的亚洲中部则因极端干旱而出现了广阔的荒漠景观；南亚次大陆的恒河平原属热带季风气候，常年温暖，而其北部的喜马拉雅山脉北侧极高山带却保留着多年积雪并发育了大量的大陆性山岳冰川，雪线最高可达 6000m，冰舌末端可伸至海拔 5100m，南坡则为海洋性冰川，雪线高度低至海拔 4500m，冰舌末端可伸至海拔 3000m。地球表层自然地理环境不同部分的特征和形成这些特征的自然地理过程，都存在着显著的空间差异，即地域分异。

在古代，人类就观察到自然地理环境的地域分异现象，并做了初步的描述。例如，柏拉图(Plato)提出了地球是圆形的观点。与柏拉图同时代的欧多克索斯(Eudoxus)基于太阳照射在球体表面倾斜角增加的原理，提出了气候带划分的理论。亚里士多德(Aristotle)提出了地球不同纬度的可居住性(与离赤道的距离有关)，并将地球划分为 5 个温度带(热带、南北温带和南北寒带)。埃拉托色尼创造了"地理学"这一词汇，继承了亚里士多德 5 个温度带的观点，并在其基础上对 5 个温度带进行了若干修正，认为热带占地球纬度的 48°(赤道南北各 24°)，寒带则是从南北极向外延伸 24°，热带和寒带之间则为温带。波西多尼斯(Posidonius)反对亚里士多德关于赤道附近热带不适合居住的观点，认为地球上最为炎热、干旱的沙漠地区位于温带回归线附近，而赤道附近的温度则较低。希帕库斯(Hipparchus)在地图上有规律地表现出一系列克利马特(kimat，气候/climate 一词的词源)，划分了具有现代意义的一种纬度气候带。斯特拉波在其《地理学》一书中明确提出并阐述了气候与纬度相关的观点，认为气候带系统是由距赤道远近不同，最长白昼持续时间长短不一和天文位置不同决定的。公元 985 年，阿勒·马克迪西(Al-Maqdisi)在《最好的气候带划分方法研究》中将全球划分为 14 个气候带，并指出气候不仅随纬度变化，也受到位于大陆东部和西部的影响，并阐述了南北半球的海陆面积分异。

中国古代，《晏子春秋》（公元前 770～前 476 年）记载"橘生淮南则为橘，生于淮北则为枳"的论述，实则解释了不同地域气候条件对植物生长的影响。《禹贡》记载"大禹分天下为九州"（把当时的国土划分为九州），以自然地理要素中的山脉、河流为标，清晰地描绘了自华北平原暖温带(兖州最北部)到长江下游亚热带(扬州最南部)自然景观的变化。《禹贡》首次利用秦岭—淮河这条自然地理界线将我国分成地理特征各异的南方与北方，初步揭示了中国东部中纬度地区的纬度地带性规律(龚胜生，1993)。唐玄奘口述、辩机编撰的《大唐西域记》对古代中亚、南亚、印度等跨越 40 余个纬度的自然地理环境进行了详细记载(谷小勇等，2007)，其记载的土壤、气候变化明确揭示了中亚、南亚次大陆显著的纬度地带性分异和非纬度地带性分异(如高山高原气候)。宋代沈括的《梦溪笔谈》阐述了我国南北方气候差异对植物生长周期的影响："岭峤微草，凌冬不凋，并汾乔木，望秋先陨，诸越则桃李冬实，朔漠则桃李夏荣。此地气之不同也。"沈括还对白居易《大林寺桃花》所描写的"人间四月芳菲尽，山寺桃花始盛开"进行了实地考察，阐明了地形起伏影响温度变化从而影响植物生长的周期，指出"平地三月花者，深山中则有四月花，此地势高下之不同也"。明代《徐霞客游记》记载"粤西之山，有纯石者，有间石者，各自分行独挺，不相混杂。滇南之山，皆土峰缭绕，间有缀石，亦十不一二，故环洼为多。黔南之山，则界于二者之间，独以逼耸见奇。滇山惟多土，故多壅流成海，而流多浑浊。惟抚仙湖最清。粤山惟石，故多穿穴之流，而水悉澄清。黔流亦界于二者之间"，详细阐述了中国西南不同区域喀斯特地貌发育的差异。

近代，德国学者开始从理性上认识并科学地表述地域分异规律。例如，亚历山大·冯·洪堡在考察美洲安第斯山脉时，测量了一些地点的海拔、温度、经纬度，并对热带山地地形、气温、植被与农业的关系进行了首次科学描述，分析了植物对气候的依存关系，描述了植物的水平分布和垂直带分布的规律；并绘制了世界上第一个等温图，注意到等温线不与纬线重合，提出了"大陆度"概念，指出冬天内陆的气温要比同纬度距离海洋较近的地方冷，而夏天则要热。李希霍芬在 19 世纪中叶提出了自然分异的术语。

俄国土壤学家道库恰耶夫以历史发生的观点研究母质、气候、生物、地形和时间五个因素作用下的成土过程，根据土壤形成过程与气候影响划分自然土壤带。他在 1899 年出版的《关于自然地带的学说》和 1900 年发表的《土壤的自然地带》中系统地提出了自然地带学说，创立了地带性理论，认为"气候、植被和动物在地球表面的分布，皆按一定严密的顺序，由北向南有规律地排列着，从而使地表分化为各个自然带"。

20世纪以来，地域分异规律的研究获得长足发展。例如，德国的帕萨格指出景观的形成和变异主要受气候因子影响，划分景观最好的指标是植被；以其绘制的世界地图为基础，可以确定与大陆的位置和纬度有关的世界上主要的地理景观带的分布规律。1905年，英国地理学家赫伯森首先提出世界自然地理区划方案，主要以气候为纲，按气候、地形和植被的地域组合，把世界分为六大自然区域和12个副区。赫特纳强调地理学是关于地域分异的科学，应注意空间分布的研究。德国气候-植物地理学者 W. P. 柯本(W. P. Köppen，1846~1940年)力图寻找与主要植被类型界线近于一致的气候界线，于1918年根据特定植被类型的气候域提出了一个气候分类系统，每种气候都按照规定的年均温度和降水量来确定，并绘制了抽象的大陆气候图。苏联地理学者 П. С. 马克耶夫(П. С. Макеев)于1956年参照亚欧大陆提出以方形理想大陆和洋流流向为背景的图式，将水平地带分为海洋性地带谱(暖流途经地区)、大陆性地带谱(寒流途经地区和大陆腹地)，并探讨了水平地带和垂直地带的关系。苏联地理学者格里高里耶夫和布迪科(М. И. Будыко)的研究提出辐射平衡和干燥度是反映地带性形成的主要因素，并仿照化学元素周期律，以温度差异(太阳净辐射)为纬，以水分差异(辐射干燥指数)为经，提出自然地带周期律。

俄罗斯地理学派在20世纪50~60年代被大规模引进中国，其地带性学说、自然区划与景观学等理论对中国自然地理学(尤其是综合自然地理学)的发展有巨大影响(蔡运龙，2010)。中国地理学者对地域分异规律研究也做了大量独创性的工作。例如，1931年竺可桢发表《中国气候区域论》标志着中国现代自然地域划分研究的开始(杨勤业等，2002a)。黄秉维在20世纪50年代提出从物理过程、化学过程和生物过程三个方面开展自然地理综合研究，提出"综合"思想和方法以及中国的自然地带周期律，并以此为基础修订和建立了中国的自然区划。郑度等(1979)建立了珠峰地区垂直带主要类型的分布图式，将青藏高原的垂直自然带划分为季风性和大陆性两类，阐明了高海拔区域自然地域分异的"三维地带性规律"。张荣祖等全面阐述了青藏高原基本自然特征、自然地理环境的诸多组成要素，揭示青藏高原区域的自然地域分异规律，划分了7个自然地带和若干自然区(陈传康等，1994)。牛文元(1981)和蒋忠信(1982)等试图对地带性规律进行模型化的表述。例如，牛文元提出太阳辐射能在地球表面上的规律分布是产生地带性规律的本质原因，如物质差异(主要指水分分布差异)及垂直海拔等因素，通过它们对于能量规律分布的干扰与畸变，对理想地带性的雏形施加影响；并选择植被与土壤作为自然地带的"影子"，以雪线、高山寒漠土界线、树线与纬度的关系，利用指数模式描述地带性规律。

在自然地域系统方法论发展的同时，地理环境观测与实验手段，卫星遥感(remote sensing，RS)、全球定位系统(global positioning system，GPS)和地理信息系统(geographic information system, GIS)技术(简称 3S 技术)也快速发展，为精准确定表征区域特征、确定区域界线提供了强有力的支撑。21 世纪后，随着 3S 技术的快速进步，地理科学的综合集成有了定量化的科学基础与技术手段的保证(陈述彭，2001)。同时，模型和数理模拟等技术被逐渐应用于自然地域系统研究，如人工神经网络模型、小波变换等(郑度等，2016)。自然地域系统研究更多地从系统整体出发，注意发展从归纳的现实出发进行演绎，使分析与综合、自上而下演绎方法和自下而上归纳方法相结合(蔡运龙，2010)。新技术的应用与快速发展，以及以定位观测分析手段和实验测试分析为主要手段的实验地理学的发展，改变了过去对地理环境变化的定性分析，转向抽象概括概念模型、机制诊断、定性与定量相结合发展模式，促进了综合自然地理学因果联系与过程耦合研究和未来趋势模拟预估研究的发展，形成了具有中国特色的自然地理学综合研究模式(陈发虎等，2021)，这都将显著推动自然地理环境地域分异和自然地理地域系统综合研究的蓬勃发展。

空间分异是地理学对科学哲学的核心贡献(彭建等，2018)，自然地理地带性和区域分异规律是地理学在 20 世纪最重大的成果。自然地理环境的整体性和内部差异性是对立统一的两个方面，这种差异性不仅体现在自然地理环境各个组成成分上，也反映在自然地理带的空间分异方面。地球表层任何地理现象、地理效应、地理事物、地理过程，均发生在以地理空间为背景的基础上。地理学从其形成到发展的过程中，就一直注重地理空间现象的分异、结构和分布的研究。虽然目前人们对自然地域分异规律的认识仍存在分歧，但有关地域分异的研究，已由局部到整体、由现象到本质不断深化，对自然地域分异本质问题的认识基本趋于一致。研究自然地理环境的地域分异和自然地理地带性，揭示自然地理环境地域分异的因素并阐明地域分异规律，是综合自然地理学的主要任务和重要研究方向之一，也是进行自然区划和土地研究的理论基础。

3.2 地域分异概述

3.2.1 地域分异的概念及分异因素

1. 地域分异的概念

地理环境的地域分异(regional differentiation)是指自然地理环境各组成要素及其所组成的自然综合体，在地表按一定的层次发生分化并按确定的方向发生有规律分布，以致形成多级自然区域的现象，而制约或者支配这种分异现象的客观规律，就称为地域分异规律。因而，地域分异规律是指地球表层自然地理环境各要素及其所组成的自然综合体在地表沿一定方向在空间分布上的变化规律，亦称空间地理规律。

地域分异是地理环境的基本特征之一，地球表层自然地理环境的地域分异是十分显著的，地球表层不可能存在任何两个自然特征完全一致的区域。从赤道至两极，从湿润的沿海至干燥的内陆，从山麓至高山顶部，甚至在局部地段（如山坡和谷底）中，都可以观察到不同属性的地理环境发生着有规律的变化。

地域分异规律不仅在自然界存在，在自然地理环境基础上的耕地利用等社会经济等诸方面都有所表现。本章着重探讨自然地理环境的地域分异规律。这种分异是地理环境的背景或本底特征，经济、社会与人文的地域分异都是在此背景上发生的。自然地理环境各要素的分异，若非作为整体分异的主导因素，便是作为整体分异的派生现象而与之保持密切的关系。自然地理环境分异现象的成因、特性、表现形式和彼此之间的关系等，是综合自然地理学研究的重要内容之一，它具有十分重要的理论和实践意义。

2. 地域分异的因素

影响形成地域分异的因素称为地域分异因素。地域分异因素有两种。①太阳辐射能。太阳辐射沿纬度方向分布不均及与此相对应的许多自然现象沿纬度方向有规律地分布。这种地域分异因素，称为纬度地带性因素，简称地带性因素（zonal factor）。②地球内能。地球内能具体表现为海陆分布、大地构造和地貌差异等导致不沿纬线方向的地域分异，其所形成的地貌分区和干湿度分区也不沿纬线方向延伸，而呈南东—北西向，甚至南北向。相对于地带性因素，这种地域分异因素，称为非纬度地带性因素，简称非地带性因素（non zonal factor）。

在地带性因素和非地带性因素的相互作用和相互影响下，陆地表层自然环境具有时空异质性特征，表现为地表空间不同尺度的纬度地带性分异和非纬度地带性分异，其产生机制主要有三种。①地球表面形状使太阳辐射沿着纬向的分布不均匀，这是决定自然地理地带规律的根本因素。温度由赤道向极地的变化形成带状分布的温度带，在很大程度上决定了相应的植被生长和土壤类型分布等。②海陆等地表组成物质差异，改变了太阳辐射能量收支状况分布，导致地带性规律发生变形或扭曲。例如，海陆分异使得区域干湿状况随着距离海洋的远近而发生变化，以它为背景的地理成分和过程表现出类似的分异现象，称为干湿度分异。③气温随海拔的垂直递减，山地自然环境及其各组成要素出现垂直分异的规律更迭现象，即垂直地带性分异。地球表面并非所有的地方都有高大山体，所以垂直地带的分布是不连续的、间断的，而且与其所在的地带性基带有密切关系（郑度等，2016）。地带性因素（太阳辐射能）和非地带性因素（地球内能）是地球表层自然环境地域分异的两大基本因素(有直接作用)，它决定了自然地理环境的大规模分异。在两种基本地域分异因素共同作用下还有派生的地域分异因素和地方性地域分异因素。

地带性因素和非地带性因素分别形成纬度地带性分异规律和非纬度地带性分异规律两种最基本的、最普遍的、互不从属的地域分异规律。地带性因素和非地带性因素的能量都来自自然地理环境的外部。前者来自太阳辐射能，后者来自地球内部聚集的放射能。两种能量本身互不联系，也互不从属。因此，地带性因素和非地带性因素是互不从属的，两者具有矛盾性；但它们又共同作用于自然地理环境中，两者存在着互相制约的联系，具有统一性。在两者共同作用下，自然综合体和各自然地理要素同时表现出地带性特征和非地带性特征。自然地理要素的某一方面反映地带性因素还是非地带性因素，以及反映程度充分与否，取决于该要素的内在特征和具体的外因影响。同一要素在不同地点、时间所反映的这两种外因本身的情况也可以不同。

3.2.2 地域分异的规模

自然地理环境是具有不同范围和等级的自然综合体，这是地域分异的客观事实。不同的地域分异因素所造成的分异现象，其涉及的空间范围有着极大的差别。因此，地域分异具有不同的规模或尺度。对于不同规模的地域分异，往往采用大小不同的尺度加以衡量。

前苏联学者把地带性规律分为两种规模：延续于所有大陆、数量有限的总的世界地理地带和在主要世界地理地带以内形成的局部性纬度地带。英国学者在自然地理研究中提出全球性规模的研究、大陆和区域性规模的研究和地方性规模的研究。一些中国学者认为地域分异规律按规模和作用范围不同，可分为全球性的地域分异规律、全大陆和大洋规模的地域分异规律、区域性规模的地域分异规律和地方性规模的地域分异规律4个等级。

一般依据地域分异现象涉及的范围，将地域分异分为全球性的地域分异、全大陆及大洋的地域分异、区域性的地域分异、中尺度地域分异、小尺度地域分异5个等级。该分类有大、中、小三种尺度(图3-1)。

(1)全球性的地域分异。全球性的地域分异规律有两种基本的表现形式：①全球性的纬度地带性分异——热力分带性，即热量带及在其基础上形成的气候带，贯穿海洋和陆地，这种地带性地域分异属全球性地带分异；②全球性的非纬度地带性分异，即海陆分异、海陆起伏、大陆面积和形状分异。地带性因素即太阳辐射能沿纬度方向呈不均分布造成全球热力分布差异；非地带性因素即地球内部放射能通过各种地质作用对地表形态的直接影响作用，两者是全球性地域分异的基本驱动因素。

```
Ⅰ. 全球性的地域分异    ┐
Ⅱ. 全大陆及大洋的地域分异 ├ 大尺度地域分异
Ⅲ. 区域性的地域分异    ┘
Ⅳ. 中尺度地域分异
Ⅴ. 小尺度地域分异
```

图 3-1 地域分异的尺度分类

(2) 全大陆及大洋的地域分异。纬度地带性分异使海洋和陆地各自分化为若干自然带和地带，但海洋自然带并不延伸到陆地，陆地自然带总是在大陆东西边缘被海洋切断，在其内部又形成了各自的地域分异规律。陆地距海远近造成的干湿度分带性，在陆地最广的北半球中纬度地区表现明显，在其他纬度也有不同程度的表现。海洋洋底的起伏，形成海沟、洋盆、洋中脊、大陆坡、大陆架；大陆的大地构造-地貌分异，则形成巨大的平原、盆地、山地与高原。

(3) 区域性的地域分异。区域性大地构造-地貌分异、地带性区域内的非地带性分异（省性）、非地带性区域内的地带性分异（带段性），均属区域性的自然地域分异。例如，我国的东部季风区、西北干旱区和青藏高寒区三个大区是由最大一级的大地构造-地貌分异单位构成的自然大区。

(4) 中尺度地域分异。由高原、山地、平原内部地势地貌差异引起的自然地域分异，地方气候（海岸气候、湖区气候、城市气候等）和地方风引起的自然地域分异，以及山地垂直带性分异等，均属中尺度的地域分异。

(5) 小尺度地域分异。由局部地势起伏、小气候、岩性、土质、地表水与浅水的排水条件等差别引起的局部性自然景观分异，通常只在小范围内发生，故称为小尺度地域分异。

不同尺度的地域分异虽各有具体的成因与表现，但并非彼此孤立，而是相互联系的。一般来说，自然地域分异的不同尺度之间具有从属关系。高级尺度分异构成了低级尺度分异的背景和基础，低级尺度分异是高级尺度地理单元内的次级分异。例如，山地垂直带是在纬度地带性与非纬度地带性地域分异的背景下形成的，它们在纬度地带性与非纬度地带性规律的控制下具有自己的组成、结构等特征。然而，通过对各个山地垂直带的对比分析，又可反映出纬度地带性与非纬度地带性的地域差异。因此，低级尺度的地域分异总是在高级尺度分异的背景下发生，且总带着高级尺度分异的烙印，并受到高级尺度分异规律制约。反之，低级的地域分异特性的逐级综合也将高级分异反映出来，从而构成高级尺度分异的基础。地球表层在各种不同尺度的地域分异规律作用下，形成大小不等的许多自然地域单位。这些自然地域单位构成一个多级次、多类别的复杂的镶嵌体系，并在空间上具有一定的分布规律性。

3.3 地域分异的基本规律

3.3.1 纬度地带性分异规律

纬度地带性分异规律是指自然地理环境各要素及其所组成的自然综合体在地带性因素作用下随纬度变化而发生变化的规律。太阳辐射能是地表自然界发生纬度地带性地域分异的基础。这是由于地带性因素——太阳辐射能在地表分布不匀导致气候、植被等自然地理组成要素按纬度发生变化而引起地域分异。

纬度地带性分异规律最典型的表现就是全球热量分带规律。地球形状、黄赤交角、日地距离决定了地球不同纬度带的太阳辐射能的量，形成了热量显著的纬度分带性，一定纬度范围对应着一个热量带。例如，一般全球热量带分为五带，分别为热带(23.5°N～23.5°S)、北温带(23.5°N～66.5°N)、南温带(23.5°S～66.5°S)、北寒带(66.5°N～90°N)、南寒带(66.5°S～90°S)。在热力分带性基础上，各自然地理要素，如气候、风化壳、土壤、植被、水文，以及外动力所形成的地貌都具有相应于该纬度热量带的特征，从而导致各自然地理要素呈现出沿纬度变化的分异规律。

纬度地带性分异规律在大洋上主要表现为气候分带导致的海洋表面温度、蒸发量、盐度等变化，以及海洋生物的差异。在大陆主要表现为不同纬度大陆水热对比关系的不同导致温度、降水、土壤、植被等自然地理环境要素及其所形成的自然地带大致按纬线方向呈带状分布。

此外，纬度地带性分异规律也受非纬度地带性作用，如地质构造形成的海陆分异、地势起伏等的影响，表现出明显偏移纬线方向的变化，其相关关系将在3.5节进行详细阐述。

3.3.2 非纬度地带性分异规律

纬度地带性并不是唯一的空间地理规律，自然地带学说的创立者道库恰耶夫早在19世纪末就已注意到这一问题。1920年前后，"经度地带性"与"非地带性"概念几乎同时产生。中国许多地理著作曾经频繁使用"经度地带性"这一术语，并以此与"纬度地带性"概念相提并论，甚至把"经度地带性"当作地带性的一种。这种认识对地域分异研究造成了一定的混乱，有必要予以澄清。

由于地球内能作用而产生的海陆分布、地势起伏、构造活动等分异称为非纬度地带性分异。非纬度地带性严格的含义应该是指非纬度地带性，而不具有任何意义的经度地带性。非纬度地带性地域分异仅仅表明自然地带延伸方向对纬线方向的偏离，即使这种偏离达到90°而与经线方向接近一致，仍与经度没有必然联系，而只能视为一种空间上的巧合。因此，"经度地带性"是不准确的，应采用"非纬度地带性"的概念。

地球内能是地表自然界发生非纬度地带性地域分异的基础。地球内部的核转变能导致海底增生、地壳板块移动、碰撞和大陆漂移，形成地球表面海洋与陆地的随机分布，致使地壳断裂、褶皱、隆升或沉降，形成深埋海底的大洋中脊、深海盆地、海沟和大陆的山系、高原、沉陷-断陷盆地。因此，大至海陆分异，海底地貌分异，陆地沿海-内陆间的水分分异，小至区域地质、地貌、岩性分异，以及山地、高原的垂直带性分异，均属非纬度地带性分异范畴。

非纬度地带性分异规律的典型表现是地表的地质构造区域性。由于区域地质发展史的差别，不同地区有不同的地质构造组合，从而形成一系列大地构造分区。每一大地构造分区，不仅具有区域地质发展史和地质构造组合的共同性，还具有岩性组合的共同性及共同的地貌表现特点，即表现为相应的大山系、大平原或大高原地貌，或表现为山脉、平原、高原等中小级别的有规律的组合。在大地构造-地貌分异基础上，可形成其他自然要素或自然综合体的非纬度地带性分异。大地构造的空间分布格局常表现为使纬度地带性发生畸变的"负面"影响作用，重新分配地表热量和水分。例如，中国非纬度地带性的典型表现即为三大区域分异：东部隆陷区、西北差异上升区和青藏高原新褶皱高隆区。三大区域内分别发展着迥然不同的自然景观，造就了中国自然地理环境的骨架。

纬度地带性的能量来自太阳辐射，非纬度地带性的能量来自地球内能。从成因上看，地带性因素和非地带性因素互不从属；但它们又共同作用于自然地理环境，两者互相制约、相互影响，具有统一性。正是这两种基本的地域分异规律的矛盾统一性，在不同尺度范围地域上发生作用，才使得自然地理环境产生复杂的空间分化。

3.4 纬度地带性地域分异

3.4.1 全球性的纬度地带性地域分异：热力分带性

热力分带性是指太阳辐射随纬度分布不均，即低纬度地区辐射值高而高纬度地区辐射值低导致地表发生热力分带。这种热力分带具有全球性，在大陆和海洋都有明显的表现(图 3-2)，是纬度地带性分异的基础。热力分带性主要表现于横贯海陆的大气圈中，它决定着气温、气压、湿度、降水和风向等在地表呈纬度地带性分布。

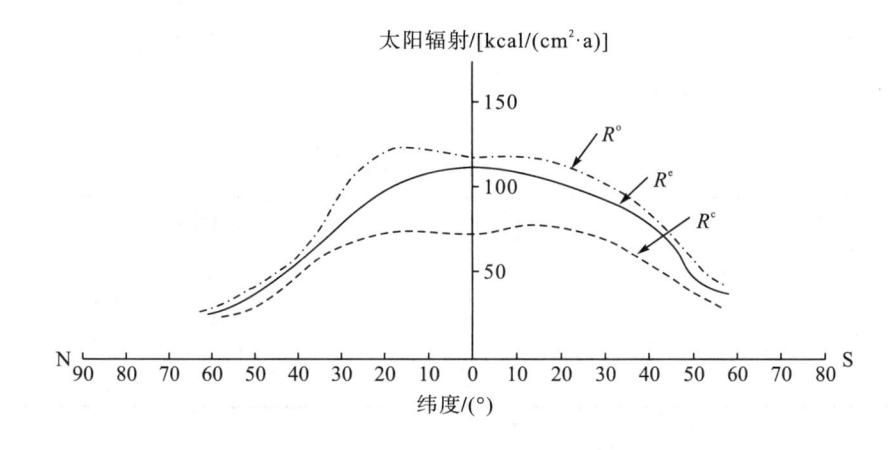

图 3-2　热力分带性分布

注：据刘胤汉(1988)

R^o 代表海洋辐射平衡；R^c 代表大陆辐射平衡；R^e 代表整个地球表面的辐射平衡

太阳辐射能是地域分异的主导因素。地表热能主要来源于太阳辐射，地表热能的 99.98%来自太阳能。地球获得太阳能的数量取决于日地距离、中天时太阳光线在不同纬度区的高度角及光线经过大气层时太阳辐射所发生的变化。天文学把日地距离(14960×10⁴km)确定为一个天文单位。人们通常仅仅注意到这一距离下的太阳辐射决定着地球表面总的热量状况，即适合人类和其他众多的生物生长的温度状况，而忽视了它对于地表自然界的地域分异同样有着重要的影响。例如，如果日地距离仅相当于太阳与水星间的距离，那么地表获得的辐射强度将增至目前的 6.7 倍而使全球普遍高温，以致没有热带、温带和寒带的差别；而如果日地距离像太阳与冥王星之间那样遥远，地表辐射强度则将减至目前的 1/1600，全球任何纬度地区都将成为一片冰原。这种情况下，地域分异的复杂程度远不能与目前相提并论。

黄赤交角决定了中天时的太阳高度角(正午太阳高度角)，只有在南北回归线之间才可能成直角；两极极圈以内地区，不仅太阳高度角低，而且可周期性出现极夜现象。如果黄赤交角较目前小，不同纬度间的热量分异必将进一步强化；反之，若黄赤交角显著增大，以致各纬度均可受阳光直射，不同纬度间的热量分异则将大大减弱。由于地球为球形，太阳入射角与地理纬度有关，在低纬度，入射角大；在高纬度，入射角小，使得太阳辐射随纬度不同而发生热力分带。因此，日地距离、黄赤交角与地球形状是地球表面不同纬度热量分布不均的基础。

由于地球表层获得的太阳辐射是随纬度的增加而减少的，因此地球上的辐射平衡是随纬度的增加而由热量盈余转变为热量的不足。人们通常根据辐射平衡把地球表层分为热带、亚热带、温带和寒带等热量带(表 3-1)。黄秉维依据≥10℃的平均活动温度总和(即≥10℃时间内日均平均气温累加之和，又称为"≥10℃积温")划分了中国的热量带(表 3-2)，各热量带≥10℃积温差异本质上也是辐射平衡值差异的反映，该指标至今在中国仍被广泛采用。

表 3-1 地球表层的热量分带

热量分带	辐射平衡/(kcal·cm^{-2}·a^{-1})	辐射平衡/(kJ·cm^{-2}·a^{-1})
寒带	<35	<146.4
温带	35～45	146.4～188.3
亚热带	45～75	188.3～313.8
热带	>75	>313.8

表 3-2 中国的热量带

≥10℃积温/℃	热量带
<1700	寒温带
1700～3200	中温带
3200～4500	暖温带
4500～8000	亚热带
8000～9000	热带
约 9500	赤道带

注：参考黄秉维(1959)。

热力分带和热量带主要表现在辐射平衡与气温在地表呈纬度地带性分布，同时也暗示气压、湿度、降水量和行星风系分布具有纬度地带性特征，成为大陆和大洋纬度地带性分异的基础，而气候的地带性使得土壤、植被、水文过程等其他自然地理要素亦相应呈地带性分布。

3.4.2 大陆的纬度地带性地域分异

1. 大陆的纬度地带性地域分异及分异因素

大陆的纬度地带性地域分异是指陆地自然地理环境各要素及其所组成的自然综合体大致按纬线方向东西延伸呈带状分布，而按纬度方向有规律南北更替的变化。大陆的纬度地带性分异的因素是太阳辐射能沿纬度呈不均匀分布，并形成了不同的热量带。

大陆的纬度地带性是在全球热力分带性的基础上，在大陆上形成的地带性分异。地球表层从赤道到极地可分为赤道带、热带、亚热带、暖温带、中温带、寒温带、亚寒带、寒带等热量带。每一热量带不仅具备固有的热力特点，而且气温、气压等也有共同之处，其他气候要素、风化壳、土壤、生物群落，甚至外动力地貌都在一定程度上具有相应于该热力带特点的性质（表3-3）。例如，赤道带全年高温、蒸发强烈、对流作用强、降水丰富，形成了湿热气候，其低压静风、充沛径流、平原低地广布沼泽、土壤淋溶作用强烈、土质和土壤深厚、雨林植被发育典型等特征，使赤道带形成了一致的自然景观特征。

太阳辐射能的纬度地带性分布间接地反映在地球表层各种自然过程中，使气候、植被、土壤、动物、水文、地貌等自然地理要素，都有纬度地带性分异的特点。

气候的纬度地带性在气温、大气环流、蒸发、降水等方面表现尤其突出，形成了自赤道到两极东西向延伸、南北向更替的气候带。气候的纬度地带性分异是形成其他自然要素纬度地带性分异的主导因素。

植被是大陆地带性规律最鲜明的标志，每一地带都有自己典型的植被类型结构和组成（植被种类、群落构造、生物质储量、生产率），都有明显的地带性差异。

土壤发育与植被紧密相连，也是大陆地带性的重要标志之一。土壤水分状况、腐殖质含量、pH，以及土壤发育过程、方向及强度在各地带都有明显的不同。形成成土母质的岩石风化过程、风化壳类型也具有明显地带性差异。

动物界的纬度地带性表现同样突出。不同的地带生活着不同的动物。热带森林的黑猩猩、长臂猿，亚热带森林的猕猴、灵鼠，温带森林的黑熊、松鼠，寒带森林的驯鹿、紫貂，以及极地的北极熊、北极狐等都具有鲜明的地带性差异。

陆地水文过程，如径流形成过程、总径流量、径流系数、潜水位等都具有明显的地带性差异。湖泊和沼泽也具有地带性，表现在湖水的热力状况差别、沼泽化程度和泥炭堆积程度、沼泽类型、湖泊沉积类型、湖水化学成分等方面。

地貌是自然景观的非地带性要素，但地貌是内外营力共同作用的产物。地貌的非地带性特征取决于地球内力构造运动、岩浆入侵和火山喷发等作用，而其地带性特征则取决于外力因素，特别是气候因素。所有地貌外营力过程都与地带性规律有着直接或间接的联系。大部分气候地貌，如冰川地貌、流水侵蚀地貌、风成地貌等，甚至某些岩性地貌，如喀斯特地貌和黄土地貌都具有明显的地带性差异。

自然地理环境各要素明显的纬度地带性，决定了作为这些自然要素组合而形成的自然综合体的纬度地带性，因为后者是前者相互作用的结果，因而在地表上就会产生一系列的纬向自然带。不同自然带各自然地理要素的"相互共轭性"不相同，控制这个"相互共轭性"的水热平衡特征、生物地球化学过程和生态系统机制也各不相同。这就是自然地理环境地带性的综合表现。可以根据一定地域自然地理环境特征，即构成自然地理各要素的复杂相互联系，从某个自然要素的

表 3-3 全球陆地主要景观地带定量特征

地带类型	年辐射平衡 /(kJ/cm²)	昼夜温度 ≥10℃ 积温/℃	年降水量 /mm	年蒸发率 /mm	潮湿系数	辐射干燥指数	年蒸发量 /mm	年径流深 /mm	径流系数	植物群体 /(t/hm²)	植物群体年产量 /(t/hm²)	灰分元素和氮素年需要量 /(t/hm²)
苔原带	13~20	<600	300~500	150~300	>1.5	0.7~0.8	100~250	200~300	0.4~0.6	28	2.5	100
泰加林带	25~30	1000~1800	300~800	300~500	1.0~1.5	0.7~10	250~500	100~350	0.2~0.5	260	7	200
亚泰加林带	30~35	1800~2400	500~800	500~600	1.0~1.2	1.0~1.1	400~500	100~300	0.2~0.4	300	8	350
阔叶林带	35~55	2400~4000	600~1000	500~1000	1.0~1.2	0.4~1.0	400~600	150~400	0.2~0.4	400	13	500
森林草原带	35~40	2000~3000	450~700	500~750	0.7~0.8	1.2~2.0	400~550	50~150	0.1~0.2	400(25)*	13(8)*	680(340)*
草原带	35~50	3000~3500	400~500	600~900	0.5~0.8	2.0~2.5	350~500	10~50	0.05~0.10	20	8	480
半荒漠带	40~50	3000~4000	250~400	900~1200	0.2~0.5	2.5~3.0	250~400	1~10	0.01~0.05	12	4	250
温带荒漠带	45~55	3500~5000	<250	1000~2200	<0.2	5.0~10.0	<250	<5	<0.02	4.5	1.5	60
亚热带常绿林带	65~70	4500~7000	1000~1600	750~1200	1.0~1.5	0.8~1.0	500~900	300~800	0.3~0.6	450	20	1000
地中海地带	60~65	5000~7500	500~800	1000~1500	0.5~0.8	1.5~2.5	400~600	50~200	0.1~0.3	170	16	500
亚热带荒漠带	55~70	6000~9000	<100	2000~3600	<0.05	>10	<100	<1	<0.01	2	1	40
热带荒漠带	70~75	9000~10000	<50	3600~5200	0.02	>10	<50	<1	<0.01	1.5	1	—
荒漠萨旺纳群落带	75~80	10000~11000	200~500	3500~4200	0.02~0.20	2.0~5.0	200~500	1~10	<0.05	15	4	300
典型萨旺纳群落带	75	10000	500~1000	2400~3800	0.2~0.4	1.5~2.0	500~900	10~100	0.05~0.10	40	12	600
湿萨旺纳带	70	9500~10000	1000~1500	1500~2400	0.4~1.0	1.0~1.5	800~1200	100~400	0.1~0.2	—	—	—
热带季雨林带	65~70	9000~9500	1200~1600	1200~1400	1.0~1.2	0.7~1.0	600~1000	400~800	0.2~0.5	500	16	1600
赤道雨林带	60~65	9000~9700	1500~2000	700~1200	1.5~3.0	0.4~0.6	900~1250	1000~1500	0.3~0.6	650	40	2000

注：*对于森林草原地带，括号外数字属于森林，括号内数字属于草甸草原；—表示数据缺失。参考伊萨钦科(1986)。

特征顺序推导出其他自然要素的特征。自然地理环境的这一性质，称为自然地理要素的"相互共轭性"。

巨大的纬向构造带与纬度地带性结合往往形成重要的地理界线。例如，中国阴山—天山成为中温带与暖温带的地理分界线；秦岭成为中国北方与南方的地理分界线，即暖温带与亚热带的地理分界线；南岭成为亚热带与热带的地理分界线。

2. 大陆纬度地带性分异的表现形式

热量带属于全球性自然地域分异产物，但自然地带在大陆和海洋的表现并不相同。大陆的纬度地带性只在低纬和高纬表现得最明显，形成断续横跨整个大陆分布的自然带，大致与纬线平行并沿纬度方向发生更替，如苔原地带、泰加林地带、赤道热带雨林地带等。其他自然地带具有更显著的断续性。各自然地带可以在不同的大陆重复出现，但都被大洋所切断。

大陆跨越的纬度越多，其纬度地带性分异表现得越充分。南美洲自 7°09′N 到 53°54′S，约跨 61 个纬度；亚洲大陆自 77°43′N 到 1°17′N，约跨 76 个纬度；北美洲自 71°59′N 到 7°09′N，跨越近 65 个纬度；欧洲大陆自 71°8′N 到 36°N，约跨 35 个纬度；非洲大陆自 37°27′N 到 34°59′S，约跨 72 个纬度，这些大陆的纬度地带性分异都很明显。而大洋洲大陆位于 10°S 到 40°S，南极洲大陆几乎全部位于南极圈以内，这两个大陆纬度地带性分异就远不及前五个大陆显著和复杂。

大陆的纬度地带性是陆地自然区划中划分地带性单位的理论基础。地带性与非地带性之间的矛盾，乃是自然区域的基本矛盾(任美锷和杨纫章，1963)。自然地理区划主要是依据地理区域所存在的内在相似性或差异性，形成和控制这种区域相似性或差异性的背景则是地理地带性规律(郑度等，2008)。例如，中国综合自然区划(1959 年草案)把中国划分为 6 个温度带——寒温带、温带、暖温带、亚热带、热带、赤道带。

3. 带段性

带段性是指一定的非纬度地带性区域单位内的纬度地带性分异。带段性不是整个大陆的地域分异，而是大陆内部的非纬度地带性区域内的纬度地带性分异，它所形成的自然带或自然地带不能横跨整个大陆，而仅为该纬度相应的自然带或自然地带的一段，故称为带段性。

带段性在中纬度大陆的东岸、西岸及内部的表现最为典型。例如，中国东亚季风区地处欧亚大陆东岸，自北向南自然带的排列顺序为：温带针阔混交林带、暖温带落叶阔叶林带、亚热带常绿阔叶林带；欧亚大陆内部从北向南自然带的排列顺序为：温带森林草原带、温带草原带、温带荒漠带等。欧亚大陆西岸自然带的排列顺序为：温带针阔混交林带、温带落叶阔叶林带、亚热带常绿硬叶林带等。

带段性也具有不同的层级规模,以上非纬度地带性单位(大陆尺度)内的纬度地带性分异就是高一级带段性分异。俄罗斯平原、西西伯利亚平原、中西伯利亚高原、中国四川盆地等都是非纬度地带性区域,其内部同样表现出纬度地带性分异。例如,中国四川盆地内部存在北亚热带、中亚热带、准南亚热带的自然景观分异,这种分异是更次一级的带段性分异。

3.4.3 大洋的纬度地带性地域分异

大洋的纬度地带性地域分异是指大洋表层的纬向自然带,主要是气候地带性,即太阳辐射、温度、风向、降水等的纬度地带性引起的大洋的表层海水温度、蒸发量、盐度和含氧量差异,以及海洋生物的区别等,最终导致大洋表层性质按纬度方向呈现有规律变化(表 3-4)。大洋表层的纬度地带性也建立在全球热力分带的基础上,即地带性分异因素——太阳辐射能沿纬度呈不均匀分布,因此热力分异是大洋纬度地带性的基础和核心。

表 3-4 大洋的纬度地带性地域分异定量指标

纬度	年辐射差额/(kJ·cm^{-2})	水面平均温度/℃	降水量/mm	蒸发量/mm	盐度/%
60°N~70°N	96.3	2.9	—	—	3.287
50°N~60°N	121.4	6.1	1050	574	3.303
40°N~50°N	213.5	11.2	1140	863	3.391
30°N~40°N	347.5	19.1	962	1212	3.530
20°N~30°N	473.1	23.6	815	1411	3.571
10°N~20°N	498.2	26.4	1247	1488	3.495
0°N~10°N	481.5	27.3	1930	1270	3.458
0°S~10°S	481.5	26.7	1193	1342	3.516
10°S~20°S	473.1	25.2	986	1621	3.552
20°S~30°S	422.9	22.1	835	1442	3.571
30°S~40°S	343.3	17.1	875	1284	3.525
40°S~50°S	238.6	9.8	1056	951	3.434
50°S~60°S	117.2	3.1	915	622	3.395

注:据伊萨钦科(1986),蒙吉军(2020),有改动。

海洋跨越纬度越大,其纬度地带性才能表现更充分,如太平洋、大西洋和印度洋,而北极圈内的北冰洋,由于纬度高,跨越纬度小,纬度地带性几乎可以忽略不计。本节以南北纬 40°之间的太平洋自然地带为例加以说明。

(1) 赤道逆流分布的地带(8°N～4°S)。由于气温高,变化幅度小,南北赤道流引起海水垂向流动,深层海水上升,因而水温较低,300m 深处水温比相邻的信风带低 3～4℃。表层海水受阳光直射增温,含氧量迅速降低(含氧量仅 4.1mL/L),而营养盐增多,这说明表层海水来自深处。深层海水上升,下层营养盐随之上升,使表层海水化学性质发生改变,富含磷酸盐和硝酸盐,促进了海洋生物的发育繁殖。例如,海洋浮游植物密度增大,细胞(200 个/m^3)、浮游动物(64mg/m^3)、鱼类(1.4mg/m^3)和细菌(3 个/mL)密度也相应增大,海洋生物的大量繁殖和悬浮微粒增多使海水透明度降低,海水透明度比信风带低 10m,形成了多海洋生物型地带。

(2) 信风带(8°N～20°N)。美洲西岸附近在信风引起的减水现象影响下,富含营养盐类的深层海水发生上涌,使浮游生物、鱼类和鸟类得以大量繁殖,形成具有商业捕捞价值的鱼类捕捞区。信风洋流越向西流,浮游植物发育所必需的盐类消耗越多。因此,太平洋中部海水缺乏磷酸盐,浮游生物、鱼类、鸟类、哺乳类动物都相应减少。

(3) 信风带以北(20°N～40°N),即所谓亚热带地带和温带地带。20°N～30°N 与副热带高压带大体吻合,在副热带高压的控制下,风力微弱,风向不定,或者风平浪静,空气下沉,降水量小,蒸发量大,洋面水温在 18℃以上,含盐高,含氧量少,海水垂直交换微弱,表层海水营养盐类贫瘠,浮游生物、鱼类都较少。温带地带,由于夏季温度较高,冬季气候变冷,海水发生垂向混合,表层海水营养盐类增多,导致浮游生物和鱼类也相应增多,形成多海洋生物型地带。

海洋自然地带界线具有季节变化特征。海水的流动性可使海洋纬度地带性地域分异在一定范围内南北移动。越是远离赤道,地带界线的季节变化越大。

全海洋的非纬度地带性地域分异,如大洋洋底中央基本上呈南北延伸的洋中脊和岩浆溢出带,两侧的大洋盆地或深海平原,以及从海平面到海底分化为大陆架、大陆斜坡、大洋盆地或深海平原、深海沟等全海洋规模的垂直分异,都在一定程度上形成对海洋纬度地带性分异的干扰。

3.5 非纬度地带性地域分异

3.5.1 大尺度的非纬度地带性地域分异

1. 全球性的非纬度地带性地域分异

全球性的非纬度地带性地域分异是非地带性因素(即地球内能对地表的直接

作用)下，形成的海陆分异、海陆起伏分异、大陆面积和形状分异，是形成非地带性地域分异的基础。

(1)海陆分异。海洋与陆地两类地域系统是全球性自然地域分异的结果。海洋和陆地作为两类有着本质差别的物质系统，在地质地貌、气候、水文和生物方面都有显著的差异，分别形成截然不同的陆地自然综合体和海洋自然综合体。

地球表面分成四大洋和七大陆(洲)。大洋与大陆呈相间对蹠分布：大陆分布成为相对应的三对，欧洲大陆和非洲大陆、亚洲大陆和澳大利亚大陆、北美洲和南美洲大陆各为一对，南极大陆是独立分布的。大洋与大陆呈相间和对蹠分布的特点，大西洋、印度洋、太平洋三个大洋分布于三对大陆之间，北冰洋与南极大陆则呈对蹠分布。这种分布形式表面上呈四面体，但是沿地球的腰部，欧洲大陆与非洲大陆之间的地中海、亚洲大陆和澳大利亚大陆之间的南洋海群和南、北美洲大陆之间的加勒比海等，构成一个下陷环带，因此固体地球的形状颇似北极"在下"南极"在上"的葫芦体(图 3-3)。

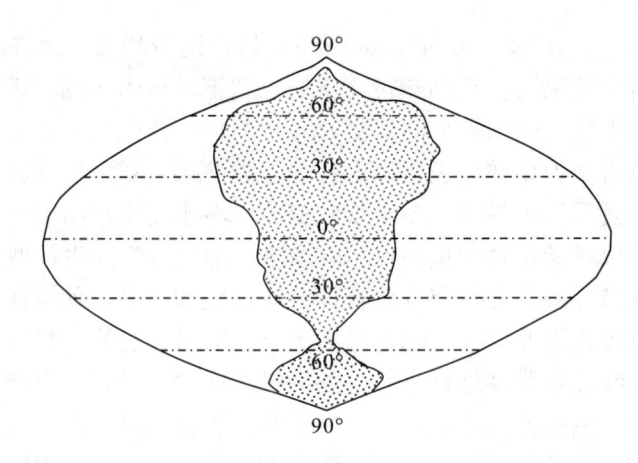

图 3-3　沿纬度带大陆和海洋分布的概括图式

注：据伊萨钦科 1979 年的研究

海陆分布的形成主要是地幔软流圈长期对流的结果，重力说、地壳均衡说、大陆漂移说、海底扩张说和板块构造说等都曾给予解释。软流圈的对流作用使洋中脊不断有深部物质溢出，构成推动板块的主要动力。大洋板块与大陆板块接触时，俯冲于大陆板块下部，并生成大陆外围的山地、岛弧和深海沟。

大洋与大陆的面积和分布的差异显著。①大洋面积比大陆面积大得多，大洋约占 71%，为 3.61 亿 km^2；陆地只占 29%，为 1.49 亿 km^2。②海陆分布在各纬度上不均匀，陆地大部分集中于北半球，并占该半球面积的 39%；而在南半球，陆地面积占 19%。海陆分布的这一特点是造成南北两半球气候差异的重要原因。③若把地球表层分为陆半球和水半球，使陆地最大面积集中在陆半球，即使如此，陆半球的海洋也将比陆地所占面积大（海洋占 52.7%）。在水半球中水域约占总面积的 90.5%，而陆地所占面积不足 10%。

海陆分异形成了地球表面显著的地理效应，不仅使海洋和陆地差异强烈，也使得各自然地理现象和过程、各自然地理要素及其所组成的各级自然综合体在海和陆间存在显著差异，形成海洋生态系统和陆地生态系统两类截然不同的生态系统。通过全球性的能量流动和物质循环过程，海陆间存在着强烈的相互作用和相互影响。海陆分异，以及海陆之间相互作用的强度和性质是地域分异的基础结构，对干湿度分带性的形成具有决定性的影响作用。

(2) 海陆起伏分异。地球表面的固体部分具有明显的起伏变化，对地球固态表面不同高度区间进行统计，绘制海陆起伏曲线（图 3-4，表 3-5），可以清晰地看出地球表面的起伏变化。从海陆起伏曲线看来，地表固体部分可分为：山地、平原和丘陵、大陆架（0~200m 深）、大陆坡（200~2500m 深）、深海台地、深海沟六类。其中，高山区和海沟所占面积都不大，陆地的高度大都低于 1000m，而大洋深度大部分在 3000~6000m。大洋底部和陆地表面成为地球表面两个高度相差极大的水平面，即地球固体部分的表面可分为两个最大的地貌形态：大洋盆地（平均深度为 3800m）和大陆（平均海拔 875m）。呈巨大高原形状的大陆平均高出世界大洋底部 4675m。

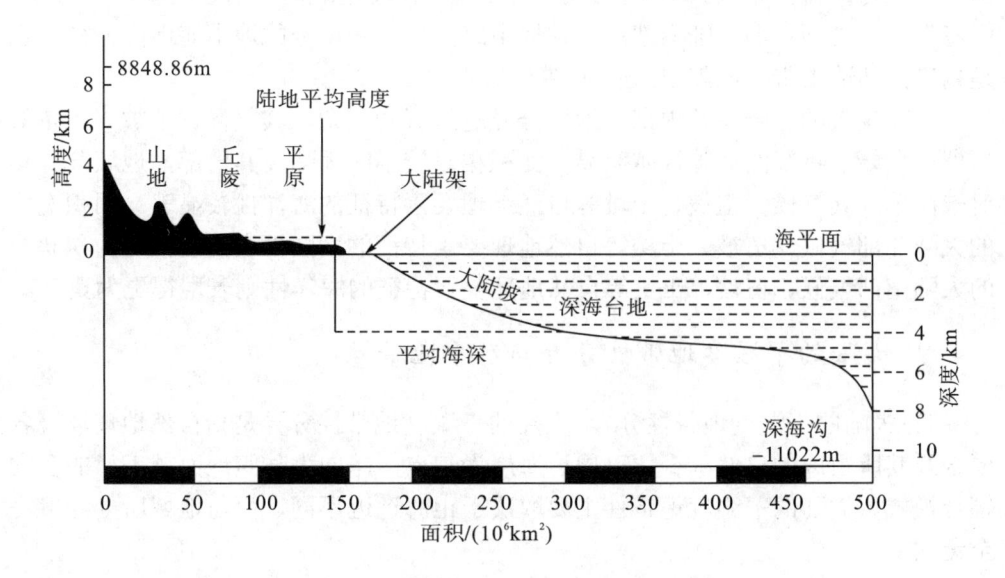

图 3-4　海陆起伏曲线

表 3-5 地球上不同高度和深度区域所占面积比较

陆地 (海拔)/m	各级高度区域面积 $S/(10^6 km^2)$	占表面积的比例/%	海洋 (深度)/m	各级深度区域面积 $S/(10^6 km^2)$	占表面积的比例/%
3000 以上	8.5	1.6	0～200	27.5	5.4
2000～3000	11.2	2.2	200～1000	15.3	3.0
1000～2000	22.6	4.5	1000～2000	14.8	2.9
500～1000	28.9	5.7	2000～3000	23.7	4.7
200～500	39.9	7.8	3000～4000	72.0	14.1
0～200	37.0	7.3	4000～5000	121.8	23.9
0 以下	0.8	0.1	5000～6000	81.7	16.0
—	—	—	6000 以上	4.3	0.8
合计	148.9	29.2	合计	361.1	70.8

海陆起伏是地球固体表面的宏观形态特征,是在地球内能作用下产生的大地构造和地势起伏,以及在径流侵蚀等地带性地貌外营力等综合影响下的体现。它与海陆分异一样,都是在非纬度地带性因素控制下的全球性大尺度自然地域分异现象,在任何地区,它都是自然环境发生垂直带性分异的非纬度地带性背景。

(3)大陆形状与面积分异。全球性的非纬度地带性地域分异,还表现在所有大陆的外形多呈三角形,北宽南窄,尖端指向南方。环太平洋构成地震-火山分布带,西太平洋为岛弧分布带。海沟主要分布于大陆边缘,南北两大陆之间基本上为"地中海"带。连同亚洲大陆南部的"古地中海区",和现今的地中海地区一样,也是构造活动造山带、地震-火山分布带。

面积越大的大陆及其内部,地域分异越显著和复杂,其气候、植被、土壤等自然地理要素特征的大陆性越明显;面积相对较小的大陆及其内部,地域分异相对较简单,其气候、植被、土壤等自然地理要素特征的海洋性较显著。面积宽广的大陆北部气候、植被、土壤等自然地理要素特征的大陆性表现明显,面积狭窄的大陆南部气候、植被、土壤等自然地理要素特征的海洋性则表现得更为典型。

2. 大陆的干湿度地带性分异与水平地带性

(1)大陆的干湿度地带性分异。大陆的干湿度地带性分异是指自然地理环境各要素及其所组成的自然综合体以周边海岸为起点,越向大陆腹地而越干旱的多向辐合模式。大陆的干湿度地带性主要取决于距海远近不同,而与地域所处经度完全无关。

全球陆地年降水量的 89%来自海洋湿润气团,但降水量并非平均分布于全部陆地,而是主要分布于热带和除副热带高压带之外的接近海洋的地区。当大陆足够广阔时，海洋湿润气流极难深入大陆腹地，以致其终年少雨，成为干旱荒漠区。例如，东亚季风推进到黄土高原西部时已成强弩之末，鲜有机会越过亚洲大陆东部内外流域分界线(从贺兰山向西南方进入西北区后，沿毛毛山、乌鞘岭、冷龙岭直至俄博以东的甘青省界)抵达亚洲中部；孟加拉湾暖湿气流因受高大青藏高原的阻遏，难以北上；以致亚洲中部呈现典型干旱景观。

陆地两岸由于距离海洋的远近不同，不同地方的水热条件及其组合有不同的表现形式。沿海地区降水量丰富，大陆内部干燥少雨，气候也就由湿润到干旱递变，表现出由海到陆干湿度的依次变化，这种变化也反映在土壤、植被等自然要素由海向陆的分异上，从而形成了从沿海到内陆的森林—森林草原—草原—半荒漠—荒漠的景观变化，这是在纬度差异不大而温度状况没有重大区别的背景下，以水分差异为基础导致自然综合体发生地带性更替的规律。大陆的干湿度地带性的表现形式与纬度地带性相反，但它也不可避免地受到纬度地带性的影响。干湿度地带性在中低纬度区表现得最明显，而在高纬度区和极地却不明显，甚至没有。

巨大的经向构造体系也能导致干湿度分带性的分异。经向构造体系表现为南北向构造带，在东亚太平洋沿岸表现为北北东走向。例如，中国太平洋沿岸有三列北北东走向的构造带，还有近似南北向的贺兰山、六盘山及横断山脉等。俄罗斯的乌拉尔山，纵贯南北美洲的科迪勒拉及安第斯山都是明显的经向构造体系。它们常常因为山脉走向成为大气环流的障碍，造成区域降水的显著分异，因而形成干湿气候的重要分界线。其中，南北美洲西岸的科迪勒拉及安第斯山都对气候干湿有很大的影响。

由于大陆的干湿度地带性形成的地域分异常常接近经度分异方向，一些学者习惯上称为"经度地带性"。但这个概念的实质，在于表示自然景观在海陆分异的背景下从沿海向大陆内部的地带性更替。因此，"经度地带性"没有从本质上反映上述规律的实质，干湿度地带性与经线(度)没有本质的联系，"经度地带性"并不是一种很科学的表达方式，应该予以摒弃。

(2) 水平地带性。大陆的地带性分异图式，实际上是纬度地带性和干湿度分带性共同作用的产物。水平地带性是纬度地带性和干湿度地带性的总称，是相对于垂直地带性而言。因此，地带界线除在沿海大平原区基本上与纬线方向平行外，在某些地方可与纬线斜交，地带宽度也可以变窄或变宽。在地貌变化急剧处，或者大陆性地带转变为海洋性地带的地方，地带将发生尖灭或间断。亚欧大陆中部的大陆性草原地带和荒漠地带，均在大陆东西两岸转变为海洋性森林地带时发生了尖灭，而中纬度森林地带只分布于大陆东西两岸，在大陆内部发生了间断。某些干湿度分带性表现明显的地区也包含着纬度地带性的表现，形成不同热量带与自然地带的南北组合。例如，同属干湿度分带性产物的塔里木盆地的荒漠与准噶尔盆地的荒漠，却分属暖温带与中温带两个热量带。因此，实际表现的地带性分异，是不可避免地叠加了纬度地带性与干湿度地带性影响的水平地带性。

水平地带性分异的主要原因是水热条件对比关系，不同的地区水热条件对比关系差异显著。有些地方热量分异占据绝对优势，水平地带呈现纬度地带性；有些地方水分分异占优势，水平地带呈现干湿度地带性；有些地方热量与水分两者势均力敌，水平地带与纬线斜交。因此，水平地带性的分布图式可分三类：①某些大平原或低山丘陵分布区，特别是大陆内部的大平原，热量分异占优势，呈现纬度地带性分异，如欧亚大陆内部的南北分异；②水分分异占优势的地方，呈现干湿度地带性分异，水平地带延伸方向严重偏离纬线方向，如北美大陆西部；③当海陆分界线与纬线斜交，而且热量分异和水分分异同时起作用时，水平地带可与纬线斜交。中国华北和东北的水平地带即是明显例证。

3. 大洋的非纬度地带性地域分异

大洋底部构造地貌单元的分异属于非纬度地带性分异，其表现为洋底中央为基本呈南北走向的大洋中脊和岩浆溢出带，中脊两侧地形地貌一般呈对称分布，向两侧依次为海沟、大洋盆地或深水平原、大陆坡和大陆架，并导致海洋景观的相应变化。大洋底层海水的溶解气体、盐类和水底有机体相互作用，进行着洋底风化过程，形成海底软泥，并生活着不同的海底生物有机体。大洋底层自然区域随海底地形及距岸远近，发生有规律的更替，底栖生物有机体和海底软泥因而也发生有规律的变化。大洋底部太阳辐射的影响非常微弱，海底地形是大洋底层地域分异的直接因素。

4. 区域性的非纬度地带性地域分异

(1) 大地构造-地貌单元引起的地域分异。区域性大地构造-地貌分异主要是指相应于一定大地构造单元的地貌分异所形成的自然综合体的分异。按分异尺度范围，区域性大地构造-地貌分异一般相当于一级大地构造单元(如地槽、地台或构造体系等)上的相应地貌单元所引起的分异。其中，大地构造-地貌成因的自然地域分异具有相对独立的意义。一个大地构造单位总有其相应的地貌单元。每一个大地构造单位不仅具有地质发展史和地质构造的组合共同性，而且具有岩性组合的共同性，有时可能以一种或几种岩性的组合占优势，并有共同的地貌表现，如大的山系、大平原和高原等，均可形成相应的分异单元。例如，中国的华北平原、黄土高原、天山山系、塔里木盆地、内蒙古高原、四川盆地、江南丘陵等，大都是由于地质基础在不同的大地构造单元上，形成了不同的区域地貌组合特征，进而引起水热植被、土壤等自然结构的分化。

大地构造-地貌分异形成的大的平原、高原和山地内部存在次一级大地构造-地貌分异，从而形成尺度不同的非地带性景观单元，如西西伯利亚平原、中西伯利亚高原、青藏高原、蒙古高原、四川盆地、山西高原、黄土高原、川东平行岭谷区和大同盆地等。它们都有自己比较一致的地质基础，但占据的空间范围却相差悬殊。中国的东部季风区、西北干旱区和青藏高原区三个大区是由最大一级的大地构造-地貌分异单位构成的自然大区；塔里木盆地、云贵高原、黄土高原、天山山系是次一级分异单位；山西高原、四川盆地则是更次一级的分异单位，其内部还可做进一步次级划分。

(2) 省性分异。省性分异，即纬度地带性单位内的非地带性分异，尤其偏重自然地带范围内的非纬度地带性分异。我们认为对省性可作更广泛的理解，即省性可在任何级别的纬度地带性单位中得到表现，因此它也具有不同的等级规模。

热量带范围内的省性分异是最大一级的省性。例如，赤道带的气候省性分异不显著；热带形成了西岸信风气候、内陆干旱气候和东岸季风气候（包括受台风影响的）的分异；亚热带形成了西岸地中海式气候、大陆内部亚热带荒漠和草原气候和东岸亚热带季风气候的分异；温带形成了西岸温带海洋性气候、大陆内部温带荒漠和草原气候、东岸温带季风气候的分异等。热量带内的气候省性分异通过干湿度分异对其他自然地理成分（如水文、地貌、土壤、植被和自然景观的特点）产生巨大的影响。

大洋洋流对热量带的气候分异也有影响。洋流的分布差异，实际上也可视作大洋热量带内省性分异的表现。

一定纬度地带性单位内的大地构造-地貌分异，是地质地貌的省性分异。它一方面常常强化气候省性分异；另一方面，又常常与气候省性分异相结合，造成综合省性分异。例如，以综合省性分异为依据，欧亚大陆温带可分为西欧、东欧、俄罗斯平原、西西伯利亚平原、中西伯利亚高原、东西伯利亚山原和远东沿海等区域。

中纬度地带性单位内的非地带性分异非常明显，其中尤以北半球中纬度为甚。例如，北美洲大陆的中纬度区，除科迪勒拉山系纵贯西海岸，低矮的阿巴拉契亚山脉呈北东—南西方向绵亘于美国东海岸外，广大地区多为平原和海拔 500m 以内的高原。但在 40°N 线上，西端的科迪勒拉山系除表现出复杂的植被垂直分布外，喀斯喀特山—内华达山与落基山脉间的大盆地出现了温带荒漠。自此向东，密苏里高原为温带短草草原，中部高平原则为温带森林草原和高草草原，阿巴拉契亚高原和大西洋沿岸平原为温带阔叶林。如果再考虑宽广的密西西比河干支流冲积平原上发育的草甸和灌木林，这一地带性区域内因地貌-气候变化导致的非纬度地带性分异（省性）非常典型。

亚欧大陆中纬度区地带性区域内的非纬度地带性分异表现更为明显。例如，中国亚热带作为欧亚大陆亚热带中段，其本身便是热量带的综合省性表现。它又可以分为南、中、北三个自然地带，其中的中亚热带具有最明显的省性分异：东部浙闽沿海区是台风侵袭范围，降水比较均匀，夏季有暴雨；中部湘赣区在副热带高压控制时出现伏旱，春寒和春末夏初的阴雨影响很大；西部川黔区降水比较均匀，降水强度不大，气候比较阴湿；云南高原区受寒潮影响较弱，为夏雨冬干的南亚季风气候型。

3.5.2 中尺度的非纬度地带性地域分异

在单一大尺度地貌单元，如盆地、高原、平原内部因地质构造作用往往存在明显的地貌形态变化或地势高低的差异，导致大尺度地貌单元内部的地表水系状况、地下水埋藏条件、土壤成土母质性质、植被形成和各类自然地理过程，以及人类经济活动等发生一系列分异。虽然中尺度地貌(非纬度地带性)分异不如大地貌分异明显，但中尺度地貌单元内部的分异仍较为显著。一般情况下，中尺度非纬度地带性地域分异包括由高原、山地和平原内部的地势地貌分异引起的区域分异、地方性气候差异引起的区域分异等类型。

1. 高原、山地和平原内部地貌分异引起的地域分异

由地质构造形成的大高原、大平原和大山地内部仍然有分异。大的山地、高原和平原内部的次级大地构造-地貌分异，也可形成次级自然区。任何大高原或大平原内部都存在不同程度的地势起伏变化，任何高大山系海拔、走向和其他山体结构特征都不会是均质的，都具有一定程度的内部分异。因此，大山地、高原和平原内部必然发生次级分异并形成次级自然区。

例如，华北平原从东部沿海向西可分为五部分：渤海沿岸是滨海平原(包括滦河三角洲、黄河三角洲和渤海西岸平原)；滨海平原向西是一个断续的、沉积物相对较少的交接洼地带；再向西是河流冲积平原；之后又出现一个交接洼地带；最后是山前冲积扇和洪积扇。这五部分不仅地貌有差别，土壤、植被、人类经济活动特点也有很大差别，但地貌分异是主导因素，其他自然地理成分的分异都或多或少是在地貌分异影响下发生的。华北平原从沿海向内陆的地域分异如下(图3-5)。

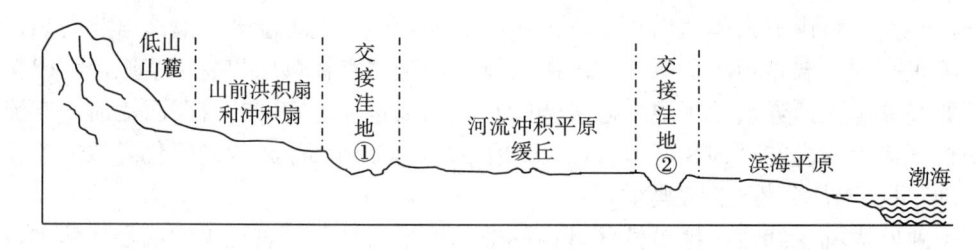

图3-5 华北平原滨海至太行山山麓地貌分异示意简图

(1)滨海平原。新旧潟湖洼地，潮汐作用显著；地表物质组成为海陆相沉积交

错成分；排水条件差，潜水位接近地表；土壤盐渍化、沼泽化严重，植被为耐盐植物和湿生植物。

(2) 交接洼地①。地表形态为地势较低的洼地断续分布，如黄庄洼地、文安洼地；其排水条件差，易形成地表积水，土壤盐渍化严重。

(3) 河流冲积平原。地表形态为古河道交织分布，面积宽广，地势起伏很小；排水条件在天然堤良好、河间地较差；土地较肥沃，可作为农田，为重要耕作区。

(4) 交接洼地②。地势相对低洼，有的已形成芦苇水荡，如白洋淀；有的洼地排水不良，已被淤积，如宁晋泊、大陆泽；土壤盐碱化比较严重。

(5) 山前洪积扇和冲积扇。地势高，排水条件好；地下水埋藏较深，对地表影响不大，有良好的灌溉条件；农业利用方面，主要为高产稳产田。

可见，在平原内部，由于地势高低不同，地下水埋藏深度不同，土壤、植被、农业利用发生相应变化，形成有规律的更替。

任何高大的山系，也都不可能在其延伸的全部距离上保持一成不变的海拔、相对高度和完全一致的山体特征。因此，发生地势地貌分异，并导致其他自然地理要素的分异也是必然现象。我国的许多山系，如阿尔泰山、天山、祁连山和昆仑山等，都具有海拔向东递降的趋势。这一地势地貌分异最终导致了山地东部和西部许多自然地理要素、山地垂直带谱结构和整个自然景观的显著差异。以祁连山为例，东祁连山海拔较低(除个别山峰达到 5000m 以上外，多在 4500m 左右)，尽管年均降水量远高于西祁连山，但山岳冰川发育很少；西祁连山山体高大宽厚，高海拔造成的低温效应却使有限的固体降水转变为冰川，成为祁连山山系最大的冰川作用中心。

大盆地内地貌分异也可导致盆地整体自然景观的分异。例如，柴达木盆地地势西北高东南低；盆地内的油沙山、赛什腾山、绿梁山等，在盆地内部形成了若干盆中盆，如尕斯库勒盆地、苏干湖盆地、大柴旦盆地等；柴达木西部的近期抬升，则使新近系地层遭受到强烈风蚀，发育形成了中国最大规模的岩石雅丹地貌。这表明构造-地貌因素与气候因素组合，强化了整个柴达木盆地自然景观的地域分异。

总之，任何大平原、大高原、高大山地和大盆地内部都存在因构造-地貌差异而导致的海拔、相对高度和山体特征的不同，进而出现地势地貌分异，并最终导致其内部的自然地理要素和整个自然景观的分异现象。垂直带性分异，也属于典型的因山地内部构造-地貌分异导致的非地带性地域分异现象，因其相对特殊性，将在 3.6 节予以详细论述。

2. 地方性气候差异引起的地域分异

地方气候介于大气候和小气候之间，是在自然和人类活动下形成的特殊下垫面的气候。水平范围为几十千米到几百千米，如海岸气候、湖区气候、城市气候、森林区气候、灌区气候和地方风等，都属于地方性气候。地方性气候主导分异因素主要是地方特殊的下垫面影响盛行风的作用，通过风力进行热量、水分的交换，形成了与周围不同的景观特征。地方气候差异可以引起地方其他自然地理成分及自然综合体的地方性分异，有时甚至会起主导作用，可形成地方特殊的自然地理环境。

(1)海岸气候。由于海水蒸发，海岸气候比较温暖湿润，形成一个带有偏低纬度特征的地方气候。我国沿海的亚热带气候，特别是福建、浙江沿海地区的气候特点都是偏南的。理论上整个福建从南到北应属中亚热带气候，但福建东南部，从莆田以南表现出南亚热带特征，甘蔗产量高，可种植荔枝、龙眼，且品质非常好。因此，南亚热带气候在福建沿海向北延伸可至莆田一带。浙江东南部温州一带，气候也偏暖，所以榕树长势良好。

海岸气候的特点是相对湿度较高。海岸气候在有些地方比较特殊。例如，非洲大陆西岸位于信风带内，东北信风是离岸风，不能带来降水，因此热带荒漠可以一直分布到海边。但是，在热带大陆西岸沿海地带，当信风吹到海洋，把表面的海水吹走，深海冷水上升，促使气温降低，在海面上形成一个冷空气层，上空则有一个逆温层，因而可形成相对湿润的特殊海岸气候。

(2)湖区气候。湖岸也可形成带有偏低纬度特征的地方气候。由于湖泊水体特性而造成的异于周围陆地的局地性气候，称为湖区气候。水体比热容大，使湖面气温变化和缓，空气湿度大，多夜雨；湖泊和陆地间的温差，还可形成以昼夜为周期变化风向的湖陆风。例如，太湖沿岸山地背风坡处的气候具有偏南(偏暖)的气候特征。湖泊效应提高了冬季最低气温，避免或减轻了冻害，使柑橘可大面积种植，成为中国东部地区商品柑橘的种植北界。例如，1976年12月28日和1977年1月5日两次寒潮过境，苏州市东山气象站所在区域因有太湖调节，最低气温分别为-4.7℃和-5.9℃，而周围陆地上的吴县(现吴中区、相城区)、吴江、无锡等8站所在区域，因无湖泊调节，最低气温为-8.3~-6.8℃，相对偏低2.1~2.4℃。

(3)城市气候。城市气候主要是因为城市下垫面变化而产生的一种地方性气候。城市下垫面自然的天然植被大部分被建筑物、不透水的硬化地面代替；密集的人类生产和生活活动使城市热源大幅度增加；城市生产生活产生的大量烟尘和微粒进入城市大气。这就形成了城市气候具有气温偏高、湿度低、风速小、太阳辐射弱、能见度差、降水多的特点。

①气温偏高。城市建筑物和硬化下垫面，白天吸收大量太阳辐射能量，夜间释放，使城市夜间较郊区温暖；城市硬化地面和完善的排水设施，使降水形成径流被迅速排走，蒸发热量消耗减少；城市生产、生活等人类活动大量使用各类能源释放巨大热量，中高纬城市冬季人工热量与太阳辐射净收入热量之比更大。例如，日本东京人工热量已占城市太阳辐射热量净收入的12%，日本东京新宿区、

美国纽约曼哈顿区及莫斯科市等人工热量已超过太阳辐射净收入热量。此外，城市空气的气溶胶等污染粒子和二氧化碳气体等的被覆作用阻挡了地表夜间长波辐射扩散，提高了城市气温。城市比郊区温暖，使城市边缘等温线呈封闭、密集状态，形成所谓的"热岛效应"。通常，城市气温要比郊区高 1～2℃，年均最低气温约高 2℃。冬天晴朗无风夜晚，数百万人口的大城市城郊温差为 5℃，最高达 11℃；数十万人口的中等城市城郊温差为 3～5℃；几万或十几万人口的小城市城郊温差为 2～3℃。因而城区的严寒、霜冻日数均比郊区少，无霜期比郊区长，以致发生市区降雨而郊区降雪的情况。

②湿度低。由于气温高和地面蒸发少，城市空气相对湿度比郊区低。例如，日本东京、英国伦敦等市区年平均相对湿度比郊区低5%，在中国贵阳该数据则低4%。

③风速小。城市建筑物密集、高度大，下垫面粗糙度大，导致风速减小。通常城区年平均风速比郊区低 20%～30%，阵风风速低 10%～20%，静风频率增加 5%～20%。例如，贵阳市区年平均风速比郊区小 16%，大风日数少 38%。在特大城市，常出现"热岛效应"引起自农村吹入的"乡村风"，其原理与海陆风相同。但当自然风速达 3～4m/s 时，"乡村风"将被破解。

④太阳辐射弱。城市生产生活排放的烟尘等污染粒子吸收和散射阳光，可使城市年平均太阳辐射总量减少 15%～20%。在高纬度冬季阳光斜射的情况下，甚至可使紫外线比郊区少 30%～50%。20 世纪 50 年代末，中国上海市区大气污染使太阳辐射强度减弱 6.28J/(cm^2·min)，至 20 世纪 70 年代中期则达 12.56J/(cm^2·min)。

⑤能见度降低。大气中大量烟尘粒子散射吸收光线，使城区大气能见度降低；大气中凝结核浓度增大，使城市雾日增多，能见度降低。

⑥降水增多。城市大气凝结核多、"热岛效应"强、下垫面粗糙、上升气流强等，都有利于增加城市的降水，产生"雨岛效应"。根据欧洲和北美洲的资料，许多大城市降水量比郊区多 5%～10%，下风方向甚至可以超过 15%。

(4) 森林区和灌区气候。森林区和灌区气候同海岸气候类似，可使相对湿度和温度发生变化。虽然不一定增加降水量，但是森林和灌区可通过保持水土、调节河流流量及保护自然环境等而在自然地域分异方面起到重要作用。

(5) 地方性风。地方性风也影响地方气候。一个区域在平流天气影响下，受到地形影响，可以产生特殊的地方性风。地方性风对自然地理环境的地域分异有特殊的影响，如焚风、布拉风、峡谷风等。地方盛行风对风沙地貌和城市大气污染的扩散具有很大的影响。强风区则促使风压增大，增强风沙的吹蚀作用，对建筑物的荷载承压和交通运输也有一定影响。例如，鄂尔多斯的毛乌素沙地，大部分沙带呈西北至东南方向排列，而西南部转变为西偏南的方向，沙带和洼地的排列方向也受地方风的控制。华北平原冬季的盛行风应该是西北风，夏天则应为东南风，但因受太行山的影响，东麓的一些城市盛行风向发生变化，冬天刮北风，夏天刮西南风。又如，河北邯郸市东部左漳河谷地中固定沙丘呈东西向排列，反映了北风与南风曾经势均力敌，而流动新月形沙丘弧形北突，则说明当前北风较强。

有些地方的地方性风特别强。例如，新疆的阿拉山口，位于两山之间的谷地呈西北—东南向，长100km，宽30km，地势西北高，东南低，高差150m，两侧山地高度为2000～3000m，谷地两端分别为阿拉湖和艾比湖。特殊的地形，使阿拉山口成为冷空气入侵新疆的重要通道。该地区每年八级以上的大风日可达150d，每一次大风持续时间可达5～8d。风向为稳定的西北风，是全国著名的风口。在强风的影响下，该地区东南部的风蚀区发育成最典型的风蚀地貌——风蚀城堡（又称为"乌尔禾魔鬼城"）。罗布泊地区和西柴达木地区风蚀地貌的强烈发育，也与地方性风有密切关系。罗布泊以北、以东直到敦煌三垅沙、土梁道一带，由于强烈地方性风的影响，第四系湖相地层被吹蚀形成形态多样的陡峭土丘状风蚀地貌——雅丹地貌（又称为"白龙堆"）。西柴达木新近系湖相地层在盛行西北风吹蚀下，形成了中国分布最广、最密集的雅丹地貌群。可见，地方气候差异可以引起其他自然地理成分及自然景观整体的地方性分异，有时甚至可以起主导作用。

3.5.3 小尺度的非纬度地带性地域分异

由于局部地势起伏、地貌部位、小气候、岩性、土质、地表水和潜水排水条件差异，乃至不同程度人类活动的影响下形成的局部性小范围的自然景观分异，是最普遍的地域分异现象。虽然这些因素都在一定程度上互相作用、互相联系，但在小范围的不同分异背景的具体情况下，它们各具有不同的演进方向和强度，其中的某一方面成为主导的分异因素，支配着局部地区自然地理环境分异的特点。因为其作用一般只发生在小范围内，属于小尺度的非纬度地带性地域分异。

1. 地貌部位——小气候变化引起的地域分异

在小地域内，由于地势的高低、陡缓等微小起伏而形成的各个地段，称为地貌部位或地貌形态组合单元。例如，一个河谷内，沿横剖面从河谷到分水岭，地貌部位将逐次发生变化，垂直更替依次为河床→河漫滩→阶坡及多级阶地→山麓面→谷坡→山坡→山顶，这些小地貌形态内部还可以进一步细分出一些不同地貌面，如存在多级阶地，阶地可分为阶坡与阶面；谷坡也可以是复式的，如谷中谷便有两个以上的谷坡。所有这些地貌形态在河谷中通常都被称为地貌部位。

地貌部位的差别是小尺度地域分异的重要因素，因为不同的地貌部位可以导致水热条件的重新再分配，形成不同的局地小气候。地貌部位不同，其日照、排水、通风条件不同，从而热量和水分出现空间再分配，导致局地小气候的差异；地表排水条件和地下潜水埋藏条件有较大差异，可加剧或延缓地表的侵蚀、搬运和堆积作用，进而造成地面地貌部位的局部差异；不同地貌部位的地表组成物质、小气候和潜水条件的差异，以及不同人类活动的影响形成了不同的土种和土壤变种、不同的生物群落，进而导致小地域内自然地域（土地自然综合体）有规律的变化。例如，具有天然大堤的平原地上河，从河谷经天然堤到河间洼地的自然环境变化具有如表 3-6 所示的相互关系。

表 3-6　冲积平原地上河的小尺度地域分异

地貌部位	地貌特点	土质-土壤性状	水文状况	植被类型	土地利用特点
河谷	低凹状谷地，由河床、河漫滩和河堤阶地等地貌部位组成	河床由砂砾冲积物组成，河漫滩冲积物有二元结构	常年或季节性流水	河漫滩上有少量湿生或中生性植物	河漫滩阶地可适当开垦作季节性耕地
天然堤	地势高出河床数米至数十米，有时有风沙地貌	偏沙性或沙壤质土	排水良好	人工植被或沙生植被	适合种花生、棉花，沙荒地宜封育造林，常为居民点集中地
堤外平地	低平地	壤土为主	排水中等	人工植被	可开垦为耕地种植作物，但应注意排水系统建设
河间洼地	低洼地	淤泥质或偏黏性，无水淹部分，盐碱化严重	潜水位高，接近地面，或常年积水	沼泽、耐盐碱植被或水生植被	可改良盐碱土或开沟排水，发展台田、水稻田，或发展芦苇与水产养殖

小气候反映了局地近地面层的光、热、风和水分等方面的综合状况，通常以光照、温度、湿度和风等来表示。地貌部位对小气候的影响主要表现在坡向、通风条件、排水条件和霜冻等方面。坡向、坡度不同可使光照条件和温度发生差异，进而影响蒸发能力，影响土壤含水量，最终造成植被、土壤发育的差别。例如，在华北山地的阴坡，由于太阳辐射量低，水分条件湿润，多生长乔木，并与中生、旱中生灌丛结合，植被生长茂密，总覆盖度一般大于 50%；而在阳坡，由于阳光照射充足，水分容易蒸发，反而造成局部气候干燥，乔木少，植被多为旱中生、半旱生、旱生及草本群落，植被相对稀疏，总覆盖度一般小于 50%。山顶集水面较小，排水条件良好，光照充足、土层浅薄，易形成相对干燥的局地环境，不利于植被生长。

地貌部位对通风条件、排水条件也有影响。例如，丘陵迎风坡的风向垂直于等高线，建筑物宜平行或斜交等高线布置；顺风坡气流沿等高线分布，建筑物宜斜交等高线布置；背风坡可能产生涡风，可布置不需通风的建筑物；高压坡气流密集，风压较大，不宜建高楼；山顶风速较大，冬季要注意防风等。

山谷风虽然由地貌引起,但其影响并不限于某一地貌部位。山谷风的风向和风速受地貌影响很大。较长的或发源地较高的支谷,以及主支谷交汇处气流畅通,风速较大,夜间的山风风速差别更大。

　　霜冻与地貌部位也有关系,但一次霜冻范围并不一定局限在某个地貌部位内,通常低洼部位霜冻比较严重。例如,中国云南西双版纳山区的低洼地区霜冻严重,山地气温较低,不宜种植橡胶。因此,橡胶分布在从三级阶地经缓丘、低丘到高丘这个范围,重点分布在"坝子"北部大阳坡的缓丘和低丘之间。

　　影响小气候的因素主要有地貌部位、植被类型、土壤性质、周围环境和人类活动等。地貌部位的差别对小气候的影响较为重要,地貌部位与小气候结合,可以使不同坡向和坡度地貌部位的气温、降水、日照、通风条件和霜冻等出现显著差异,并形成相对应的土壤和植被类型。地貌部位对小气候的影响,在北半球中纬度地区的南、北坡的分异较为显著,可通过南、北坡植被分布的差异表现出来。另外,山地迎风坡和背风坡由于水分条件的不同,形成不同植被类型,因此其差异亦可通过植被表现出来。

　　虽然小气候引起的地方性分异不如地貌部位明显,但其对地域分异的影响却更为直接。因为日照、降水、通风条件直接影响局部地段成土母质的风化程度,使土壤质地、土层厚度、土壤水分、土壤发育方向和速度等出现地域差异,从而选择局部植被,使植被表现出小尺度的自然地域分异,同时也造成了土壤微生物数量、组成结构和局部动物群落结构的变化,对动植物种类、群落结构和局地生态系统产生影响,造成生态景观上的差异。从景观生态学角度讲,地貌部位和小气候的不同组合构成不同的局地生境条件,决定了不同的干湿状况,并最终演变形成了不同生境的生态系统,并具有不同的土壤、植被类型等。例如,以覆盖森林的切割丘陵区为例,根据干湿度差别可以把其地貌部位分为下列五类。

　　(1)障谷(窄 V 形谷)。这类河谷两岸狭窄,岸壁几乎呈垂直状态,若为常流水河谷,水分蒸发后不易扩散,加之日照时间短。因此空气相对湿度高,雾气重,两岸崖壁经常受水分浸润,易形成最阴湿的谷地环境。

　　(2)峡谷和洼地底部。峡谷中水分蒸发后较易扩散,日照时间也较长,但仍比开阔地面更易维持阴湿环境。洼地底部潜水位高,可接近地面,实际水分蒸发量大,也能维持较阴湿的环境。

　　(3)阴坡。日照时间短,土壤水分蒸发较少,环境比较阴湿,植被一般比较茂密。

　　(4)阳坡。日照充足,水分蒸发强烈,排水良好,易形成干燥环境。

　　(5)山顶峰脊。峰脊日照充足,蒸发强烈,地表积水面积有限,且土壤浅薄,不易保持水分,排水良好,环境更为干燥。

　　此外,小气候造成的分异还可通过邻近环境(如小湖泊、水库、水塘、林地、高大建筑等)的影响而引起。例如,小湖泊、水库、水塘等水体对邻近地区的影响,由于两者增温、冷却速度不同，造成局地空气定向流动，且使空气水汽含量不同，使邻近地区小气候发生一定的变化。

2. 岩性、地表组成物质和排水条件引起的地域分异

同一地貌部位内的岩性、地表组成物质(土质或沉积物)和排水条件差异也是一种小尺度的地域分异因素。岩石自身物理化学性质深刻影响其风化产物的粗细程度、酸碱程度等特性，乃至土壤理化性质。土壤中的矿物质主要来源于岩石的风化产物(成土母质)。岩性差异导致风化产物(成土母质)理化性质的差异，从而影响了土壤的机械组成、矿物质组成结构、土壤酸碱程度等。土壤对植物具有一定的筛选作用，从而引起生物生境的差异。例如，中国北方的一般酸性岩风化后生长松树(油松)，碱性岩(包括石灰岩)风化后多生长柏树；西南喀斯特地区植被普遍具有嗜钙性和低生物量特性，贵州茂兰喀斯特顶级森林群落总生物量仅为168.62t/hm^2(杨汉奎和程仕泽，1991)。

地表组成物质(沉积物分相)的粗细主要受岩性、风化壳性质及侵蚀条件的影响，土壤成土母质和土壤理化性质则因沉积物分相的不同而不同。平原沉积物包括阶地相、冲积或洪积相、风成相、古河床相等。它们具有各自不同的地表物质(沉积物分相)机械组成、排水条件、地下水矿化度和理化性质，最终影响局地土壤发育、植被生长，形成不同的土壤类型和植被类型。例如，黄河下游的泛滥冲积平原，其中沙丘、沙垄地段，排水良好，地表堆积的细粉沙在冬季常随风移动，自然植被是稀疏的旱生沙生草类；而在浅平洼地上，潜水接近或出露地表，排水条件差，常有滞水现象，土壤潜育化和盐碱化明显，自然植被多为水生草本植物和耐盐碱的草类或灌木丛。这样的沙丘、沙垄地和滞水盐碱洼地是黄河下游泛滥冲积平原两种突出的地方性景观。

荒漠区沉积相不同，因而地表组成物质粗细不一，影响自然地域分异的现象同样显著。根据地表组成物质不同，荒漠可以分为岩漠、砾漠、沙漠、泥漠和盐漠五类，后四类均由沉积相不同造成。例如，砾漠，即荒漠戈壁，砾石多为洪积相，多分布于洪积扇地形中上部；沙漠为风成相，多分布于地势较低处。砾石与沙孔隙度大，渗透性强而持水性极弱，常处于干燥状态，植被多难生长。泥漠富含细粒物质，多为冲积-洪积相，在有水源保证时，就成为适宜植被生长的沙漠绿洲。

排水条件虽然或多或少与地貌部位的差别有关，但也具有相对独立的分异意义。例如，低洼的地貌部位一般说来潜水埋藏很浅，本应分布湿生植物，但是当潜水处于流动通道上时，低湿环境亦可生长中生植物。毛乌素沙地的很多沙丘间低地，当其潜水埋藏浅、流动性大，矿化度低，氧气供应比较充足时，不仅低湿的丘间低地，甚至浅水沼泽，也生长中生植物，如沙柳、乌柳、酸刺等灌木，土壤的潜育化和沼泽化程度也较低。这种土地类型称为柳湾，是该区的优良牧场。

潜水的排水条件与沉积物分相有关，古河道河床相常常是潜水流动性大的潜流通道。因此，毛乌素沙地柳湾的分布常反映古河道的流路和沉积物的特点。

此外，随着生产力的发展，人类对自然地理环境的影响日益深刻，尤其是工业化、城镇化和农业的迅速发展，人类活动已成为改变自然地理环境的重要因素，在部分地域，人类活动的影响已远远超过自然环境的影响。例如，人类农业生产对耕地、道路等局部环境的改造；农田生态系统已成为人工控制的生态系统；在人类活动控制下，其土壤、植被和生态系统几乎都受人类支配。总之，人类活动已成为局部自然环境分异的重要影响因素。

3.6 垂直带性分异、高原地带性分异和三维地带性分异

3.6.1 垂直带性分异

1. 垂直带性概述

垂直带性是指自然地理环境各要素及其所组成的自然综合体大致沿山地等高线方向延伸，沿垂直方向随地势高度发生带状更替的规律。垂直带性分异是山地特有的自然地域分异现象。

垂直带性分异发生需要同时具备足够高的海拔和相对高度两个前提条件。一般情况下，温带山体海拔应大于800m，热带山体海拔应大于1000m，才可能有垂直带的出现；如果山体高度达不到，就不会有垂直带出现。足够高的海拔使垂直带性分异得以充分表现，足够大的相对高度则使山地垂直带谱更为完备和复杂。当山地具有足够的海拔和相对高度时，气温随高度的增加而递降(0.6℃/100m)，降水量在一定高度内随地势增高而增加，导致不同高度带水热组合发生变化，形成气候垂直带，使土壤、植被、水文特征、地貌特征等相应发生垂直变化，最终形成自然景观垂直带，这就是垂直带性分异。

造成山地隆起的能量来自地球内能，因此垂直带性分异本质上是非纬度地带性分异。但它与纬度地带性分异和非纬度的干湿度分异都有非常密切的关系，是地带性因素与非地带性因素相互影响、相互作用综合形成的地域分异规律。热量平衡随高度而改变是垂直地带性的起因。任何一地的垂直自然带都是纬向、海陆位置和高度变化因素对自然环境共同影响的结果(郑度等，1997)。垂直带性分异的特点，则集中体现于山地所有垂直带的总和及其按特定顺序的排列，即垂直带谱上。

2. 垂直带谱特征

山地所有垂直带的总和叫作垂直带谱。垂直带谱是山地垂直带的更替方式，它反映了自然综合体在山地的空间分布格局，是地域结构的一种特殊形式。垂直带谱中的每一垂直带都不是孤立的地段，而是通过普遍存在的能量传输和物质循环联系起来的整体。

垂直带底部第一个自然带称为基带。一般来说，山地所处的纬度和干湿度地带就是垂直带的基带。在整个垂直带谱中，基带担当了十分重要的角色。从赤道到极地和从沿海到内陆腹地，基带不同，整个垂直带谱也会出现差异。同样海拔和相对高度的山地，在低纬、中纬和高纬的基带不同，不同纬度的垂直带谱的基带不会出现水热条件比基带纬度偏低的带。例如，基带处于较高纬度，就将排除出现类似中低纬度水平带的垂直带的可能性，从而限制垂直带数。因此，基带的性质限制了垂直带数目。山地纬度越低、海拔越高和相对高度越大，垂直带性越显著，垂直带谱也越完备。亚热带高山通常有8或9个垂直带，高纬度区高山若以针叶林或苔原为基带，则至多有2或3个垂直带。

基带与山地所处的水平地带的水热条件是相适应的，自基带往上各垂直带的组合类型和排列序次也表现出与所在水平地带往高纬方向的更替方式存在极大的相似性。基带类型决定了整个带谱的性质，也决定了一个完整带谱可能出现的结构。垂直带谱的性质取决于基带性质，除极低纬度和高纬度山地外，垂直带谱均有海洋性垂直带谱与大陆性垂直带谱之分。

垂直带谱的基带为海洋性纬度地带时，整个垂直带谱都将具有海洋性特征，即各类森林带在垂直带内占据绝对优势，故又被称为森林型带谱。例如，喜马拉雅山南坡垂直带谱的基带为山地常绿阔叶林带，山地常绿阔叶林带和山地针叶林带（3100~3900m）占据了一半以上高度；马来西亚的京那巴鲁山垂直带谱的基带为山地热带雨林和季雨林，海拔600~3700m依次发育山地热带雨林、山地季雨林带、山地常绿阔叶林带、山地苔藓林带和亚高山矮林带，其中只有3700~4101m为高山灌丛带（带幅仅占整个山地的1/10）。以常绿阔叶林带为基带的四川峨眉山，整个垂直带谱均为山地常绿阔叶林、山地常绿阔叶混交林、山地针阔叶混交林和亚高山针叶林。此外，具有海洋性垂直带谱的山地如果发育有现代冰川形成的高山冰雪带，其冰川也必然为海洋性冰川。

垂直带谱的基带为大陆性非纬度自然带时，山地垂直带谱将具有显著的大陆性带谱特征，具体表现为垂直带谱中山地荒漠带可上升到很高的高度，森林带退居次要地位或者完全消失，山地草原、高山草原带带幅较为宽阔，出现高山寒漠带等。如果存在雪线，则会出现高山冰雪带，其冰川也必然为大陆性山岳冰川（图3-6）。

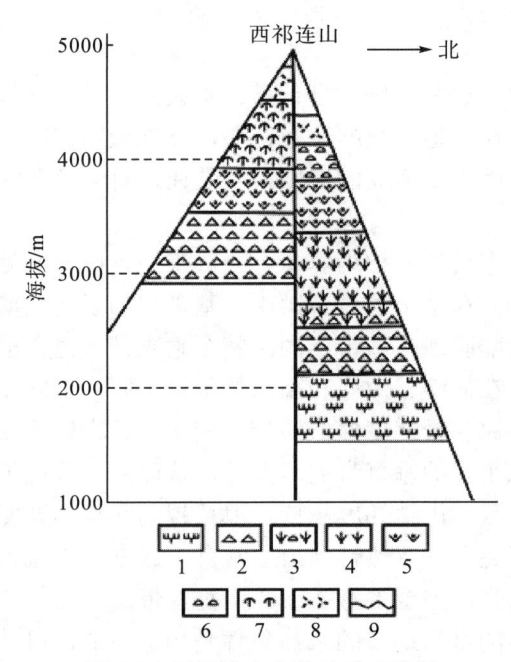

图 3-6 西祁连山大陆性垂直带谱

1.稀疏灌木荒漠；2.盐柴类半灌木荒漠；3.山地荒漠草原；4.山地草原；5.高寒草原；6.高山垫状植被；7.高寒荒漠；8.高山亚冰雪稀疏植被；9.高寒冰雪带

顶带是指某一山地垂直带谱中最高的垂直带。它是垂直带谱结构组成是否完整的重要标志。一个完整的垂直带谱，顶带应是高山冰雪带。如果山地没有足够的海拔和相对高差，顶带的高山冰雪带则被与其高度及生态环境相应的其他垂直带所代替。

垂直带谱中另一条重要的标志性界线是雪线。雪线是高山冰雪带的下边界。其海拔受温度与降水量两个因素共同影响。一般情况下，同等降水条件下气温高的山地雪线较高，而同等温度下降水多的山地雪线较低。因此，雪线高度是山地水热条件组合的综合反映。例如，喜马拉雅山南坡虽然日照和温度均高于北坡，但由于有丰富的降水，南坡雪线高度明显低于北坡。

森林带上限是垂直带谱中一条重要的生态界线，常称为树线。这条界线以下发育着以乔木为主的郁闭的森林带，而界线以上则是无林带，发育着灌丛或草甸，常形成垫状植物带，在海洋性条件下有的可发育成高山苔原带。树线对环境临界条件变化的反应十分敏锐，其分布高度主要取决于温度和降水，强风的影响也很显著。树线通常与最热月平均气温 10℃的等值线相吻合。在干旱区，树线受水分条件影响较大，林带高度与最大降水带高度基本相当。一些低纬山地的顶部，其海拔和水热条件远未达到寒温性针叶林的极限，仍然出现森林上限，这是由于山顶部经常受到强风作用。例如，粤北南岭山地海拔不超过 2000m，树线出现在 1800m 处，其下是已明显矮化的常绿阔叶林，其上为灌丛草甸植被。

干旱山地森林带能否出现，决定于不同高度带的水热组合特征。干旱区山地，在气温直减作用和降水量在一定范围内随高度升高而增加这一规律的共同作用下，往往必须在比湿润山地更高处才能获得适宜森林生长的水热条件。因此，干旱山地森林带分布界限总是高于湿润区山地。

3. 影响垂直带谱的基本因素

垂直带的形成取决于山地热量及其与水分的组合情况。对水热组合状况起着深刻影响的山地位置和山体性质是决定垂直带谱性质和结构的基本因素。

首先，相同海拔和相对高度的山地在不同纬度具有不同的垂直带谱类型。垂直带谱基带的水热条件与山地所在纬度自然带一致。山地所处纬度变化将导致山地垂直带谱基带的变化，以及带谱性质、结构的变化。相同海拔和相对高度的低纬度高山具有比高纬度高山更复杂的垂直带谱。例如，喜马拉雅山南坡垂直带谱的基带是低山热带季雨林，基带往上依次为山地亚热带常绿阔叶林带—山地暖温带针阔叶混交林带—山地寒温带暗针叶林带—高山寒带灌丛草甸带—高山寒冻风化带—高山冰雪带。随着山地所处纬度的增高，垂直带谱结构由复杂变为简单，垂直带数目由低纬向高纬减少，同类型垂直带的分布高度也逐渐下降。在冰原地带，垂直带谱与水平带谱已融为一体。

影响垂直带谱的山体性质主要包括山体海拔、相对高差、山脉坡向与走向以及局部地形等。山体高度是垂直带谱完备性的先决条件。山地海拔也决定着垂直带谱的完备程度。海拔越高，意味着相对于基带的高差越大，垂直带数目可能越多，带谱也就越完备。高逾雪线的山体才可能产生完整的垂直带谱。例如，在喜马拉雅山、天山等高耸的山体中可以观察到由山麓基带一直到高山冰雪带渐次更替的壮丽景观。

山地坡向存在阳坡与阴坡、迎风坡与背风坡的差别。一般同一山体阳坡拥有较多的热量，迎风坡得到较多的降水。因此，山坡的性质可以改变山地不同坡向的水热组合状况，甚至同一山体不同坡向也可形成性质截然不同的带谱类型。例如，喜马拉雅山南坡向阳，有较充足的热量，又与来自印度洋的西南气流相交，承受大量降水，形成海洋性森林型垂直带谱；北坡截然相反，背阳，面向干冷的高原寒漠，西南气流受山脉屏蔽，水汽显著减少，故北坡形成大陆性草原荒漠型垂直带谱。两者形成鲜明对比。

山脉的走向和排列方式与大气环流系统相互作用引起水热分布的改变。例如，地处西风带的天山，来自大西洋和北冰洋的湿润气流，一方面沿山地北坡爬升，形成降水；另一方面顺山脉走向向东运移，使降水逐渐分散，形成天山北坡由西往东逐渐变干的湿润状况。在垂直带谱上表现为大陆性由西向东增强,垂直带高度由西向东逐渐升高的特征。地处天山山系西段内部的伊犁河谷,因为山地向西开口并呈喇叭形排列,西来湿润气流受阻于盆地南北两侧及东部山地,产生了大量降水,降水向东递增,形成了以森林和草原为特征的湿润结构类型。

山地的距海度(指距水汽来源地的远近)不同,垂直带谱的性质和结构也有区别,这是由沿海向内陆湿润状况的变化造成的。地处海洋性水平自然带的山地产生海洋性森林型垂直带谱,而大陆内部产生大陆性草原荒漠型垂直带谱。森林型垂直带谱以多种山地森林带为主体,雪线较低,如喜马拉雅山南坡所见。草原荒漠型垂直带谱以草原或荒漠占优势,常以荒漠或草原为基带,向上由于降水增多,局部出现森林垂直地带。天山的垂直地带是典型的大陆性草原荒漠型。以中段北坡(玛纳斯山区)为例,自基带山地荒漠草原带开始,往上依次为山地草原带—山地针叶林带—亚高山草甸带—高山草甸带—永久积雪带,形成一套十分完整的温带大陆草原荒漠型垂直带谱。在其他生态条件满足的前提下,水分充足的山地可以形成更为复杂的垂直带结构。一般地,随着距海度增加,带谱的性质由湿润趋向干旱,带谱的结构由复杂趋向简单,同类型垂直分带的分布高度则有上升的趋势。

4. 垂直带与水平地带的相互关系

垂直地带与水平地带有不少相似之处。①带谱相似,垂直带从山麓到山顶的变化与纬度地带性从低纬到高纬的变化规律一致。在热带或亚热带地区的高山常可见在水平距离不足100km的范围内,从基带向上的几千米高度上,重现从低纬到极地的几千公里的水平距离上相似的自然景象的变化。例如,珠穆朗玛峰南坡从低到高为山地季雨林带、山地常绿阔叶林带、山地针叶林、山地灌丛带、亚高山草甸带、高山寒冻风化带、山地冰雪带,而从珠穆朗玛峰所处基带开始的低纬到高纬为热带雨林带、亚热带森林地带、常绿阔叶林带、针阔叶混交林带、针叶林带、冻原地带、冰雪地带。②成因相同:两者都是随气温的递变而变化,一个是自山下到山上的递减,一个是低纬到高纬的递减。

然而,绝不能因此把垂直地带与水平地带二者的性质混为一谈,认为前者是后者在垂直方向上的重现(缩影或拷贝)。两者之间存在明显的差异。

(1)带幅宽度。垂直地带的带幅宽度比水平地带的带幅宽度狭窄得多。水平地带的带幅宽度可达500km以上,只在其尖灭处才较窄,且最窄也在100km左右;而垂直地带的带幅宽度最窄的只有几十米(以基带或顶带常见),一般为300~1000m,最宽也不超过2000m。例如,秦岭山地的垂直地带,南坡基带的凉亚热带常绿阔叶林和落叶阔叶林黄褐土带(海拔500~800m)、顶带的高山灌丛草甸带(海拔3200~3700m)、山腰的山地棕壤桦木林带(海拔2200~2600m)及山地黄棕壤栓皮栎林带(海拔800~1300m)等,其带幅宽度变动于300~500m。由于带幅窄,便可在仅数千米的高差范围内出现多个垂直自然地带更替的现象，可见垂直地带递变之急剧。造成上述特征的主要原因，显然是气温沿山坡的垂直递减率远大于其在平地上的水平递减率。

(2) 水热对比。水平地带的湿度变化主要决定于大气环流和海陆对比的关系，而垂直带的湿度变化是由山地的降水量在多雨带以下呈现由下向上递增的规律来决定的。背风坡由于焚风作用，一些地区的降水量递增甚微，而且在同一高度上，背风坡降水量往往少于迎风坡。这些特殊的山地降水分布状况与山地热量分布状况相结合，便形成了种种特殊的水热对比关系。此外，山谷风、焚风、逆温层、云雾层等因素也加深了其特殊性。因此，垂直地带与那些外貌类似的水平地带存在着本质的差别，而且垂直地带谱并不完全重现水平地带的序列，许多水平地带在山地并没有相应的垂直地带，而一些高山垂直地带在平地上也不呈带状。例如，大陆性草原荒漠垂直地带谱中不出现高山苔原带，而高山草甸带也没有相应的水平地带。

(3) 带间联系。水平地带之间虽然可以通过多种物质循环形式相互联系、相互作用，但由于带幅较大，与垂直自然带相比，其带间联系则逊色多了。垂直地带由于带幅狭窄，同时重力效应显著，所以带间联系密切。在大规模、大范围的物质循环和能量转换的基础上，通过特殊的山地气流(如山谷风、焚风等)、山地地表水和地下水的径流、植物花粉飘落、动物季节性的上下迁移等过程，都进一步加强了垂直地带之间的联系。加之在山地经常发生突发性的自然作用过程，诸如洪水、泥石流、滑坡、山崩、雪崩和冰崩等，使垂直地带的带间联系更为密切。这些重力参与的过程在水平地带之间的联系中则是微不足道的。

(4) 微域差异。复杂多变的山地地貌使得山地小气候复杂化，因而使垂直地带微域差异十分明显。常可观察到同一垂直地带中在很短的距离内，由于地貌的局部变化，气候、土壤、植被相应发生变化。如果加上山区第四纪堆积物类型众多、泉水和风化壳类型复杂等因素的影响，则垂直地带的微域差异比平原地区的微域差异更为明显。

(5) 节律变化。水平地带由于带幅广，跨越地域宽阔，各地带之间的昼夜节律和季节节律有很大的差别。而在同一山体的各垂直地带的节律变化则是基本一致的。由此可知，垂直地带的时间结构与那些外貌类似的水平地带的时间结构是完全不同的。

山地的垂直带谱都有其独特性，其带谱组成、各垂直带之间的关联，各垂直带占据的海拔上下限和分布面积比例存在差异。这些差异取决于山地所处经纬度、山坡方位及其与风向的关系、山脉高度、山体形态结构特征及基带的绝对高度等。不同纬度地带具有不同的垂直带谱，垂直带谱中基带所在的纬度位置最为重要，决定了垂直带谱的组成及发育特征，基带把垂直带与水平地带联系起来。

П.С. 马克耶夫(П.С. Макеев)(1963)认为，水平地带与垂直带的关系可以分为海洋性和大陆性两种情况。只有在海洋性情况下，垂直带才可能基本上重复水平自然地带系统(图3-7)。而中纬度内陆山地具有特殊干旱、半干旱大陆性垂直带谱，其基带从草原或荒漠开始，向上由于降水增加，局部转变为森林带，因此称为草原荒漠垂直带谱(图3-8)。

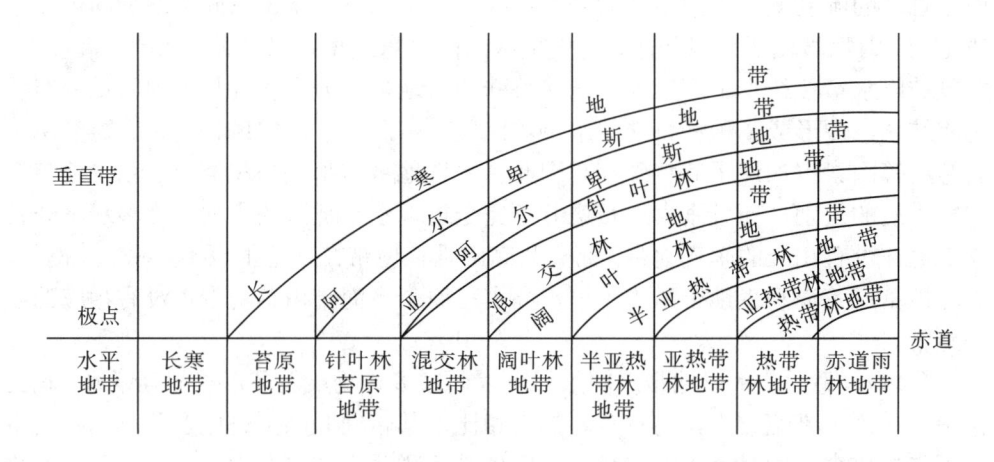

图3-7　海洋性水平自然地带系统中的垂直带理想图式

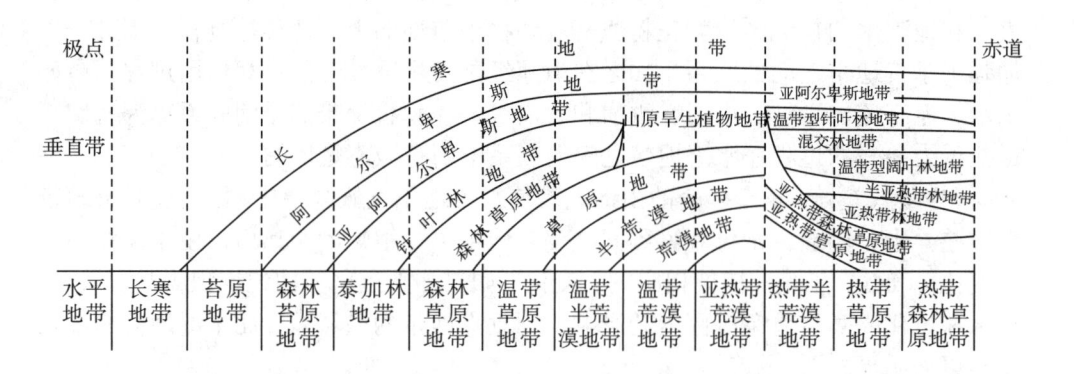

图3-8　大陆性水平自然地带系统中的垂直带理想图式

3.6.2　高原地带性分异

任何高原，只要具有足够的海拔和广阔的面积，垂直带性规律就会使其自然景观具有独特性，并形成尺度够大的自然区域。而高原内部的自然地域分异，则是一个更为复杂的问题。纬度地带性、干湿度地带性和垂直带性分异在广大的高原上具有独特的表现形式，水平地带性与垂直带性规律之间通过某种方式相互结合，表现出不同于同纬度平原地区的自然景观。

某些自然环境要素在许多高原上发生水平分异的现象。例如，青藏高原的年均温、活动积温（≥10℃积温）等呈现出从南向北递减的现象，年平均降水量也从东南向西北递降，植被和土壤则在同一方向出现地带性更替，雪线和冰雪带、森林带、高山草甸带等垂直带界线的高度也自南向北降低等。这些都说明纬度地带性和干湿度地带性规律在青藏高原上都有鲜明的表现。但青藏高原的自然带与低海拔区相应的水平地带有着质的差别。

水平地带应该有绝对高度限制，即限定在获得该纬度海平面或一定高度范围内的光、热与水分条件的那些地方。张新时（1978）建议热带应限制在1500m以下，中纬度区为1000m以下，60°以上高纬度区为500m以下。他借用地貌学术语，把青藏高原的植被地带称为"准平原"式植被垂直带，虽然并不确切，但正确指出了青藏高原植被地带是水平地带与垂直带性相结合的产物，并建议称为"高原地带性"。郑度等（1979）认为，青藏高原自然地带的水平分异是亚欧大陆东部低海拔区相应水平地带在巨大高程上的变异，其水平地带乃是山地垂直带基带或优势垂直带在高原上连接、展布而形成的，青藏高原自然地带存在南北方向依纬度变化，东西方向依环流形式变化，垂直方向依海拔变化的"三维变化"。

高原地带性与同纬度低海拔水平地带性、干湿度地带性、垂直带性相比具有显著的特性，正是这些特性导致其自身特殊的自然带分异。其特性可从以下几个方面进行观察。

（1）热量背景。高原地带与同纬度低海拔水平地带的本质差别在于两者具有完全不同的热量背景。同纬度低海拔地区水平地带热量状况决定于该地带所处的地理纬度，而高原地带的热量特征则同时取决于高原的海拔和纬度位置。因此，高原地带较之同纬度的低海拔自然地带，总是具有"偏向极地"的热量特征。高海拔造成的辐射和热量条件的差异性，甚至亚热带高原上可发育现代冰川，且寒冻风化过程增强，化学风化作用减弱，地表物质粒度粗，土壤发育差，土层浅薄，主要植被多为适应寒冷生境的类型等。植物区系也必然同样表现出偏向极地的性质。一般认为位于亚热带青藏高原的植物区系本质上属于温带性质。

（2）地形地貌形态。高原地带乃是高原边缘山系某个上部垂直带水平扩展，地貌形态由山地带状转变为高原面、宽广山间盆地或谷地而极大范围扩展后的一种平面表现形式。因此，地貌形态由山地转变为高原面是形成高原地带性的前提。例如，藏南谷地垂直带中的灌丛草原地带，无非是雅鲁藏布江两侧谷坡垂直带中的灌丛草原带在这个纵谷中的扩展；藏北那曲和青海玉树、班玛、久治一带的高寒灌丛草甸地带，可视作横断山系北部怒江、澜沧江、金沙江、雅砻江、大渡河等河流两侧谷坡上，作为山地垂直带的高寒灌丛草甸带在海拔4000m以上高原面上的扩展；青海东部的山地草原和针叶林地带，实际上是祁连山地和黄南州各山地相应垂直带横向扩展的结果；内蒙古高原、黄土高原和云贵高原边缘，也都有该类边缘山脉存在，并同样存在地貌形态由山地向高原面转变的现象。

(3)高原内部垂直带谱的基带。高原边缘山系山地带状边线扩展转变为面积广阔的高原面。由于高原面积广阔,高原内部温度、降水等随纬度不同而出现变化,因而表现为水平地带,并成为高原内部山地进一步发生垂直分异的基础,即高原内部山地垂直带谱的基带。

垂直带在山地中的空间位置,通常仅仅以占据某一高度范围而不是以占有多少面积来表示。在任何自然区划系统中,垂直带都不作为一个等级单位对待。因为在山文结构复杂的山地,如在块断山、山结、侵蚀切割强烈且主山脊线曲折的山地、多列山脉平行排列并被纵谷和山间盆地所分隔的山系中,同一个垂直带往往是分离和不连续的,因而反映在任何分布图上都不免具有假定性。但当某个垂直带占据的高度范围正好由山地转化为高原面时,这个垂直带即有可能大大扩展,不仅占据了广阔的面积,而且尤其重要的是获得空间连续性。这是一种质变。此外,被这种水平地带所占据的高原上仍有山地隆起,当起伏拥有足够的相对高差使水热条件在垂直向上发生显著变化,在垂直带性规律将再次发生作用时形成高原内部垂直带性,高原地带就成为高原内部垂直带谱的基带。例如,青海南部高寒草原带是唐古拉山北坡、东昆仑山南坡和长江源区其他山地垂直带的基带,藏南谷地灌丛草原带是喜马拉雅山北坡垂直带的基带,柴达木山地荒漠带是祁连山南坡和东昆仑山北坡垂直带的基带。

(4)高原地带的判定。高原地带在本质上是由山地垂直带在高原面上扩展而成,那么,除了低海拔平原区的纬度地带和干湿度地带之外,任何处于垂直带谱自下而上的第二带及其以上各带,只要有可能扩展成为面积广阔的水平地带,就可被视为高原地带。也就是说,低海拔区水平地带的最大海拔上限,实际上也就是高原地带的最低海拔的下限,但在实际中由于其他环境因素的影响,同纬度低海拔水平地带的上限存在差异,应通过实际考察确定每一具体地区的水平地带厚度,即高原地带的海拔下限。例如,一般认为中国黄土高原中西部高原面(一般海拔超过 1500m,甚至 2000m),其自然地带应属高原地带而非通常所谓的水平地带。

(5)高原内部的水平向分异。高原面的定义意味着广大高原上的高原地带从产生就具有垂直带的烙印,由于高原面水平范围广大,内部必然发生水平方向的分异,呈现不同的纬度地带和干湿度地带。这种水平方向分异的主要影响因素是高原面纬度辐射因素和降水量的地区分布差异,而不是高原起伏造成的温度差别导致的。青藏高原大部分地区的地带性分异都属于这一类型。青藏高原特殊的地貌-气候条件决定了除柴达木盆地这个异型景观外,北羌塘高原既是最高的高原面,又是最突出的干旱中心。因此,青藏高原东部地带界线呈南西—北东方向延伸,向西北更替;高原南部的地带界线呈近似东西方向延伸,向北方更替;西南部的地带界线呈北西—南东方向延伸,向东北更替。整体上,青藏高原地带分异尽管受到内部山地起伏造成的影响,但仍大致指向北羌塘高原。

既然高原地带是边缘山脉垂直带多向扩展而成，则不会只在单一方向上发生更替。它们必然表现为自高原边缘向高原内部地理(几何)中心辐合的趋势，是高原带规律之一，但在实际考察中，高原中心辐合并不明显。这是因为高原面广阔并具有较大的地表起伏度，形状一般都不呈圆形，内部山脉走向不一致，地势屏障影响作用不同，大气环流系统也存在区域差异等，所有这些因素共同导致高原地带分布图式的复杂化，地带辐合中心不一定正好是高原的地理(几何)中心。

3.6.3 三维地带性分异

德国学者 C.特罗尔(C. Troll)在对喜马拉雅山系气候-植被带变化研究中，从南北向、南东—北西向和自低处向最高峰三个方向的变化，阐述了喜马拉雅山系在亚洲气候带和植被带的地位，并按照劳登塞斯(Lautensach)的"中心—外围""行星的""垂向的"概念，提出了三维地带性(three-dimentional zonality)的概念，被许多学者视为地域分异理论的最新概括。

特罗尔认为喜马拉雅山系的植被类型不能用地图和剖面图表示，只能用三维结构图示说明。

(1) 南北向的地带性变化。喜马拉雅山系分隔了印巴次大陆北部平原与中国青藏高原，阻隔了北上的印度洋温暖季风，并削弱了南下的干冷气流，山系南部山脉和南坡受印度洋温暖季风影响，降水丰富，森林茂密，而在青藏高原一侧，降水稀少，气候寒冷干旱，具有典型的大陆性高原气候特征，森林被亚洲中部高寒草地所取代。同一方向上，喜马拉雅山山地森林线高度自南部外缘山脉的 3400~3800m 上升到中国西藏一侧的 4400~4600m；雪线由南坡的 4500~4600m 上升到西藏中部的 6400m。因此，喜马拉雅山系植被自南北向划分为三个带：繁茂的季雨林带(外喜马拉雅带)、湿润的针叶林带(内喜马拉雅带)、干旱的高寒草原带(北喜马拉雅带)。

(2) 南东—北西向的变化。喜马拉雅山系穿越了不同的水平气候带。喜马拉雅山南坡山前植被从南东—北西穿越了不同的植被地带：热带常绿雨林带(孟加拉国、印度阿萨姆邦)、向西为热带湿润的落叶季风林带(尼泊尔、印度锡金邦)、半干半湿的亚热带落叶阔叶林带(自尼泊尔西部至萨特莱杰河的山前带和台拉登盆地)、半干旱草原带(旁遮普地区)、半荒漠带(山系西北边缘兴都库什、喀喇昆仑—吉尔吉特、罕萨河谷和印度河谷)。喜马拉雅山系西北边缘带当海拔上升到 2000m 左右时垂直带才出现干草原，该地区未出现外喜马拉雅带的湿润季风林。

(3) 自低到高的垂向变化。喜马拉雅山系东西两端山地气候类型和自然植被垂直更替的差别十分明显。在同一高度上，阿萨姆喜马拉雅是低山丘陵最湿润的森林气候，而印度河喜马拉雅却处在整个山系最干旱的地带。特罗尔从山口与干旱河谷、坡向、雪崩的影响等方面详细讨论了喜马拉雅山系的气候垂直分异，以及植物覆盖下的土壤、小气候分异。他认为喜马拉雅山系真实的植被类型不能用地图和剖面图表示，只能用三维图示说明。

三维空间也被称为三维结构，一般以三维的坐标轴表示自然地理空间系统分异三维结构的概念函数式：

$$S = f(W, J, G) \tag{3-1}$$

即任何一个地点的自然地理景观(S)，应该是纬度变化因素影响(W)、干湿度变化因素影响(J)和高度变化因素影响(G)三者的函数。在平原地区，G为常数或接近常数，函数式改写为

$$S = f(W, J) \tag{3-2}$$

在面积不大的山地，W和J为常数或接近常数，函数式又可改写为

$$S = f(G) \tag{3-3}$$

这个函数式的解，将是一个庞大复杂的过程。因为上述三个变量(W, J, G)本身已是多种复杂因素的综合。按目前的研究水平，用数学公式来准确求出这些因素及其变化尚有困难。然而，三维地带性或三维结构是自然地理环境的客观存在。

青藏高原的研究成果表明，地势高度对高原自然景观分异有深刻的影响，纬度地带性和干湿度地带性也有明显反映。青藏高原的自然地带南北方向依纬度变化，东西方向依环流形式变化，垂直方向依海拔变化(郑度等，1979)(图3-9)。郑度等创造性地构建了高原山地垂直自然带结构类型系统及其分布模式，揭示高海拔地域分异的三维地带性规律、高原植物区系地理的地域分异，阐明了高原独特的生态现象及其空间格局，揭示了高海拔区域的自然地域分异规律(吴绍洪等，2016)。宽广的高原面上纬度地带性与干湿度地带性相互作用、相互影响，构成了青藏高原上从东南向西北由森林地带到荒漠地带的水平地带性变化。青藏高原内部的山地垂直带，又以高原面水平地带为基础分异，具有强烈的高原特色。

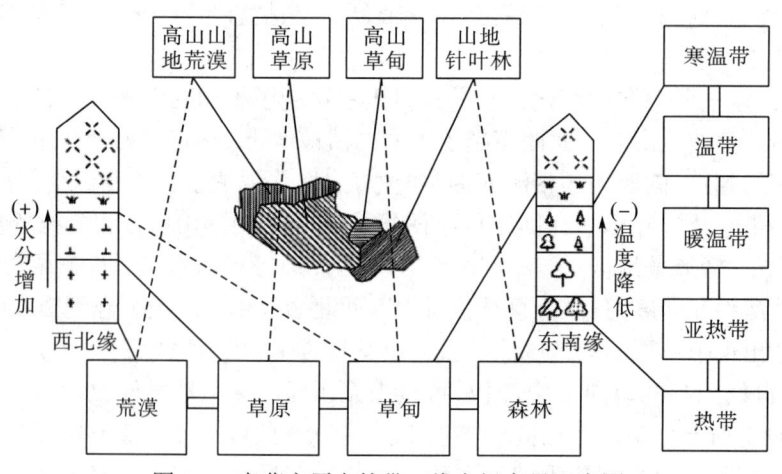

图3-9 青藏高原自然带三维空间变异示意图

3.7 地域分异规律的相互关系

3.7.1 大陆水平地带的平面结构

实际上，中低海拔区的自然地带很难被截然划分为纯粹的纬度地带或非纬度地带，这类同时具有纬度地带性和非纬度地带性分异综合特征的自然地带，称为水平地带。通常假定大陆是一个方形或卵形的理想大陆，以理想大陆各水平地带的相互分布关系，探讨研究大陆水平地带的分布规律和平面结构。

马克耶夫(1963)提出了一个比较复杂的理想大陆自然地带分布图式（图 3-10）。这一图式把地带性谱分为海洋性地带谱和大陆性地带谱两类。海洋性地带谱分布于暖流经过的沿岸带，大陆性地带谱分布于大陆内部和寒流流经的海岸（如西北信风带）。

马克耶夫共划分了27种自然地带类型，并且归纳出自然地带更替的下列几条规律：①南北两半球地带性谱基本对称。②环球分布的自然地带只限于极地、高纬和赤道，其他纬度出现了所谓干湿度地带性变化，即自沿岸森林，经草原到内陆荒漠的变化。③大陆两岸除寒流流经的地方外，基本上分布着各种森林地带，并向北过渡到草甸草原地带。这种更替方式属于海洋性地带谱。④大陆内部分布大陆性地带谱，自荒漠地带开始，经草原、针叶林和苔原地带过渡到极地冰雪长寒地带。针叶林作为寒温带大陆性气候条件下生长的森林，在西岸发生尖灭，在东岸变窄。⑤在寒暖洋流发生分支的沿岸，出现特殊的海洋性地带——地中海地带。这里具有冬雨夏干的地中海气候及与之相应的常绿灌丛和夏季落叶的灌木混交林，并发育典型褐土。

A.N.斯特拉勤和 A.H.斯特拉勒 1983 提出一种理想大陆的植物群系示意图（图 3-11），并明确指出植物群系与气候型、土壤水分收支、土壤类型间存在重要联系，并把植物群系视为"具有生物有机过程和自然过程的气候综合体"，认为其可以显示出理想大陆水平地带的平面结构。在图 3-11 中，北半球的苔原、针叶林、热带稀树干草原、森林和草地、赤道和热带雨林具有横贯大陆东西的特点。北半球中纬度落叶林分布于东西海岸，常绿阔叶林分布于东海岸，硬叶林分布于西海岸，草原、半荒漠和干旱沙漠则共同占有大陆中央部分并在北回归线两侧直逼海岸线。南半球由于陆地面积相对狭小，赤道和热带雨林在东海岸可抵达 30°S，热带、亚热带内陆主要为热带稀树干草原、森林和草地，半荒漠、旱生林、旱生灌丛仅分布于理想大陆的西南一隅。

本质上，大陆水平地带更替是纬度地带性和非纬度地带性综合作用结果的呈现。纬度地带性主要决定了区域热量分布状况，非纬度地带性主要影响区域水分状况。因此，大陆水平地带更替变化与大陆水平的水热系数的变换密切联系，即水热对比关系是大陆水平地带更替的主要驱动力。

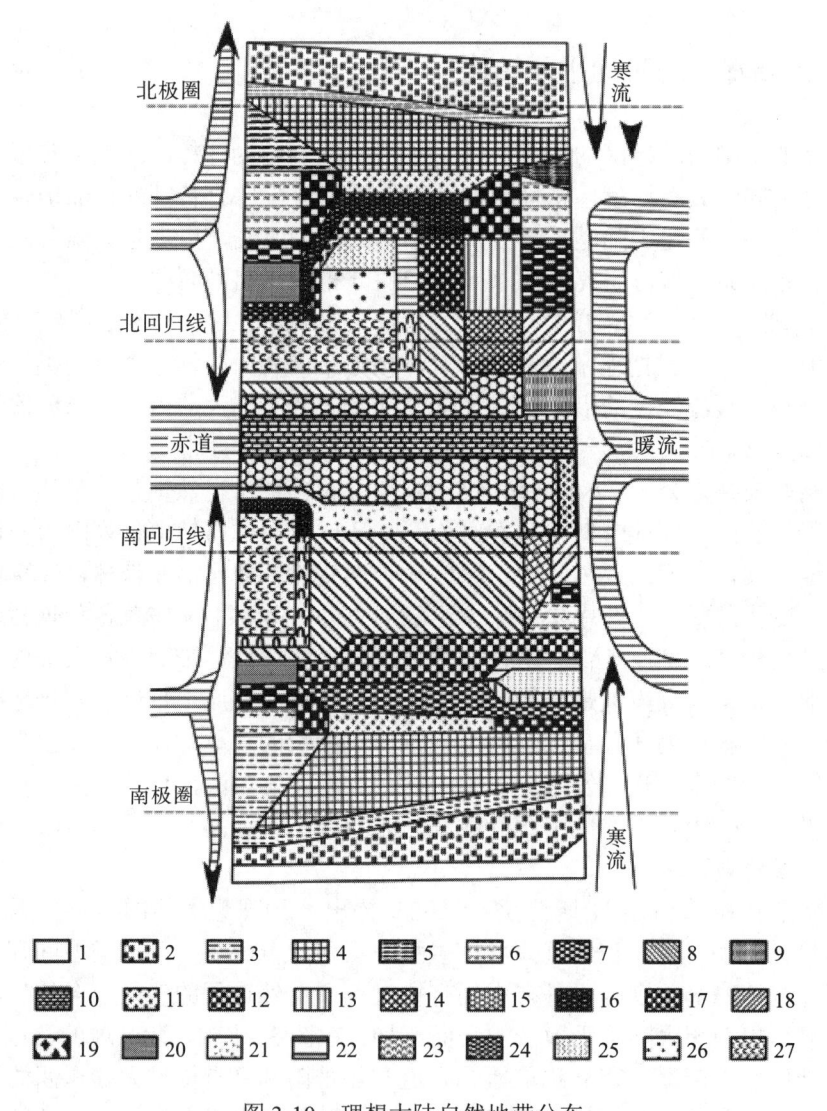

图 3-10 理想大陆自然地带分布

1.长寒地带；2.苔原地带；3.森林苔原地带；4.泰加林地带；5.混交林地带；6.阔叶林地带；7.半亚热带林地带；8.亚热带林地带；9.热带林地带；10.赤道雨林地带；11.桦树森林草原地带；12.栎树森林草原地带；13.半亚热带森林草原地带；14.亚热带森林草原地带；15.热带森林草原地带；16.温带草原地带；17.半亚热带草原地带；18.亚热带草原地带；19.热带草原地带；20.地中海地带；21.温带半荒漠地带；22.半亚热带半荒漠地带；23.亚热带半荒漠地带；24.热带半荒漠地带；25.温带荒漠地带；26.半亚热带荒漠地带；27.亚热带荒漠地带

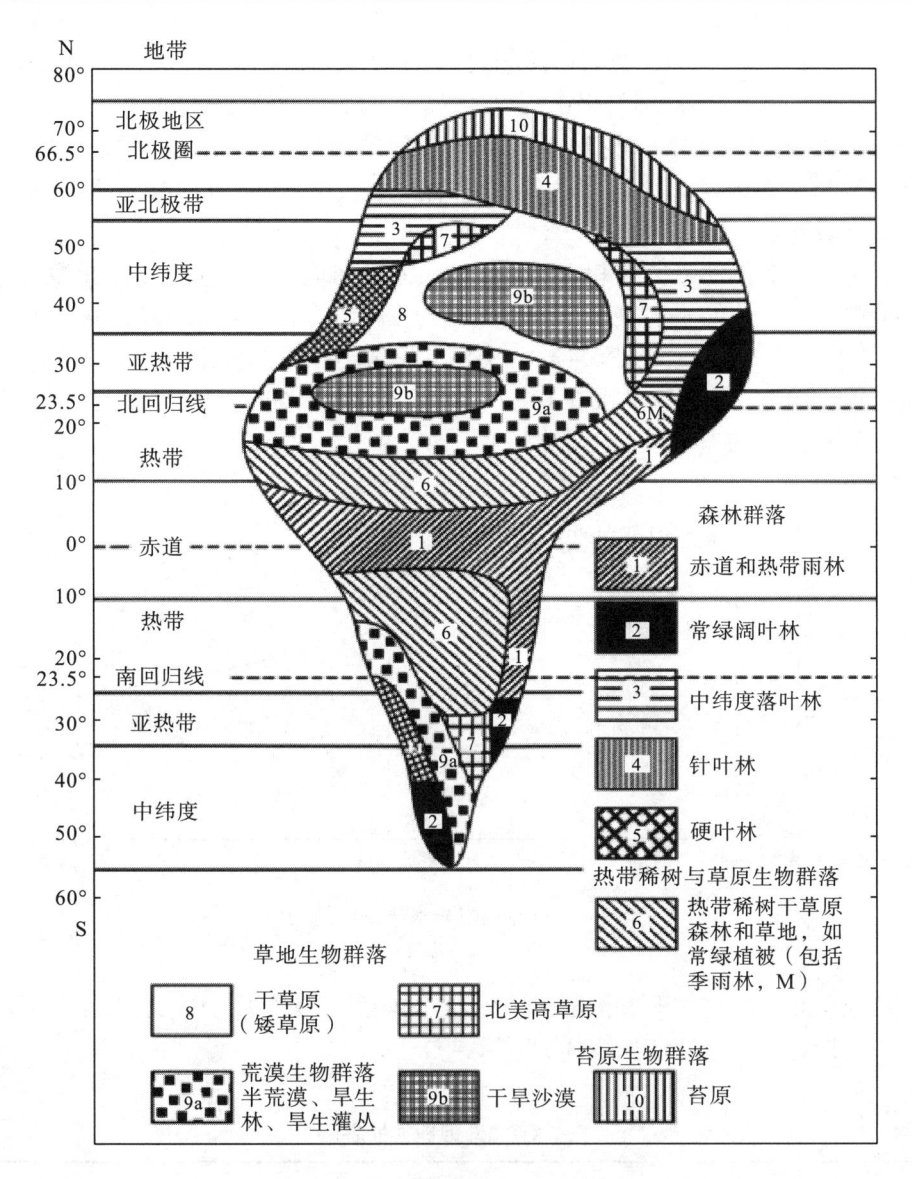

图 3-11 理想大陆植物群系示意图

注：M 代表季雨林

自然地理学特别关注有关水平地带性分异因素的研究，并常常把一些气候指标与实际自然地带进行比较，以确定这些指标等值线与地带分布的吻合程度，水热系数是最常用的指标。布迪科和格里高里耶夫提出了"辐射干燥指数"的概念，并且概括了全球陆地地理地带性的周期律。

辐射干燥指数的具体计算公式为

$$辐射干燥指数(A) = R/(L \cdot r) \tag{3-4}$$

式中，R 为年辐射差额(辐射平衡)；L 为蒸发潜热；r 为年降水量。

式(3-4)表明，辐射干燥指数是一地年辐射差额(辐射平衡)与用热量单位表示的年降水量，即蒸发该地年降水量所需的热量之比；也可以理解为蒸发力(R/L)与年降水量(r)之比。

为了阐明自然地带分布和水热对比的关系，布迪科采用辐射干燥指数来确定下垫面热量和水分的平衡关系，并将其作为指标划分苔原(<0.35)、森林($0.35 \sim 1.1$)、草原($1.1 \sim 2.3$)、半荒漠($2.3 \sim 3.4$)、荒漠(>3.4)的界限。同时，R 的绝对值也有很大的地理意义。从图 3-12 可以看出，森林景观的各种不同类型便是根据纵坐标 R 绝对值的差别区分出来的。

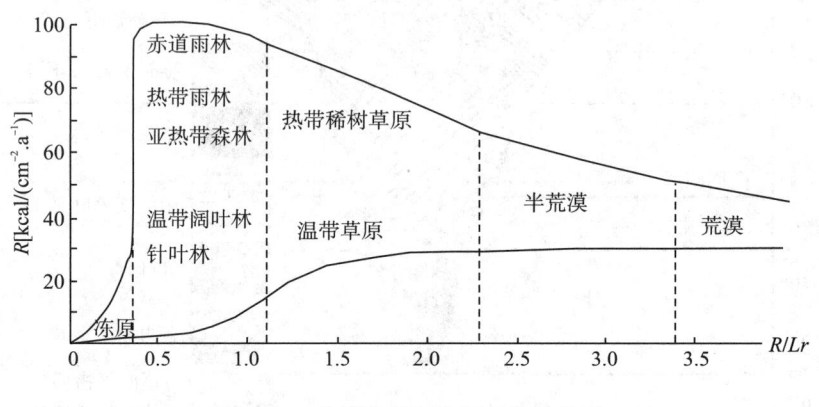

图 3-12　自然地带与水热条件的关系

布迪科和格里高里耶夫把辐射差额(R)与辐射干燥指数(A)结合起来，可以用地带性周期律加以概括，如表 3-7 所示。

表 3-7　地理地带性表

辐射平衡 (R)/(kJ·cm^{-2}·a^{-1})	<0 (极端过度湿润)	辐射干燥指数(A)					1~2 (中度湿润不足)	2~3 (湿润不足)	>3 (极度湿润不足)
		0~1							
		过度湿润			适度湿润				
		0~0.2	0.2~0.4	0.4~0.6	0.6~0.8	0.8~1			
<0 (高纬度)	I 多年积雪	—	—	—	—	—	—	—	—
0~209 (南极、亚北极和中纬度)	—	II a 北极荒漠	II b 苔原(南部有岛状疏林)	II c 北针叶林和中针叶林	II d 南针叶林和混交林	II e 阔叶林和森林草原	III 草原	IV 温带半荒漠	V 温带荒漠

续表

辐射平衡 (R)/(kJ·cm^{-2}·a^{-1}))	辐射干燥指数(A)							
	<0 (极端过度湿润)	0~1					1~2 (中度湿润不足)	2~3 (湿润不足)	>3 (极度湿润不足)
		过度湿润				适度湿润			
		0~0.2	0.2~0.4	0.4~0.6	0.6~0.8	0.8~1			
209~313.8 (亚热带纬度)	—	—	VIa 具有大量沼泽的亚热带半希列亚群落区	VIb 亚热带雨林			VIIb 亚热带草原 / VIIa 亚热带硬叶林与灌丛	VIII 亚热带半荒漠	IX 亚热带荒漠
>313.8 (热带纬度)	—	—	Xa 赤道沼泽占显著优势区	Xb 强度湿润(强度沼泽化)赤道林	Xc 中等湿润(中度沼泽化)赤道林	Xd 过渡为明亮热带森林和多林萨瓦纳的赤道林	XI 干旱萨瓦纳	XII 荒漠萨瓦纳(热带半荒漠)	XIII 热带荒漠

注：表中辐射平衡是代表湿润下垫面条件的，干旱区实际的辐射平衡要小得多；据布迪科和格里高里耶夫1962年的研究。

辐射干燥指数与自然地带之间的关系密切，地带界线和辐射干燥指数等值线比较吻合，可以用来表示不同自然地带的空间排序和相互关系。辐射平衡是地表自然地理过程的基本能量来源、决定自然过程的强度、年降水量及其与辐射平衡的比例关系，对自然综合体的发展有决定性作用。

表 3-7 不仅反映了地带性因素的作用，也反映了非地带性因素作用下的自然地带分布。水热条件对比关系不同是水平地带更替的主要驱动因素。但在实际自然地理环境中，水热条件的影响作用差异显著。有些地方热力分异具有更大决定性影响作用，因此水平地带具有更强的纬度地带性质，如亚欧大陆中部的南北地带性变化；有些地区水分分异则具有更显著的决定影响作用，使得水平地带具有更强的干湿度地带性质，如美洲大陆的东西纵向变化；有些地方水热条件的影响"势均力敌"，水平地带则表现出过渡状况，水平地带界线斜交于纬线和经线，如北半球大陆西岸的中纬度偏北地区和大陆东岸的中纬度地区等经常出现斜向水平地带更替现象。

当然，表 3-7 中也存在需重新审视之处。例如，在辐射平衡与辐射干燥指数均为负值的高纬度区，以极端过度湿润评价其湿润条件，并命名为多年积雪带。根据辐射干燥指数计算公式，当辐射平衡小于零时，无论年降水量为多少，辐射干燥指数都必然小于零。实际上，地球南北极极圈内，是全球按纬度划分年降水量最少(约173mm)的地区，依据降水量来分析，其特征不是极端过度湿润而是干燥少雨；但实际上由于极端低温效应的存在，南北极极圈内形成了多年积雪，甚至存在大陆冰盖。

3.7.2 地域分异规律的相互关系

1. 地带性分异与非地带性分异规律的相互关系

纬度地带性分异规律和非纬度地带性分异规律是两种最基本的、最普遍的地域分异规律。目前，对地域分异规律认识的主要分歧是对地带性与非地带性广义和狭义的认识问题。狭义的地带性认为地带性就是纬度地带性；广义的地带性是指自然景观呈带状分布，既包括纬度地带性，又包括干湿度地带性、垂直带性。狭义的非地带性是指大地构造、地势地貌分异、岩性等引起的非带状分布或分异的特性，甚至只指自然省以内的地貌、地质构造与岩性，以及土壤温度与土壤水分的变化；广义的非地带性既包括狭义的非地带性，又包括干湿度地带性、垂直带性。本书认同并采用狭义理解地带性和广义理解非地带性的观点。而实际观察到的自然地带，总是以热量分带为基础的纬度地带与以干湿度分带为基础的非纬度地带的综合表现，即水平地带。

纬度地带性分异和非纬度地带性分异各自具有不同的能量来源基础，一个来自地球外部(主要是太阳辐射)，另一个来自地球内部(地球内部核能)，两者之间不存在从属关系。但是自然地理环境中地带性分异和非地带性分异又是相互制约和相互影响的，并同时作用于地表自然地理环境，只不过是一些地区地带性更显著，另一些地区非地带性更为突出而已。因此，任何地带性区域中都可发现由非地带性分异形成的次级自然区域，任何非地带性区域中同样可以观察到地带性分异的烙印。

自然地理环境各要素的特征及整体景观特征同时是地带性的和非地带性共同作用形成的，同时是地带性和非地带性的成分之一。例如，地貌的成因是非地带性，但地貌特征也具有两重性，与大地构造有关的地貌带有非地带性特点；但地貌形成后自身受到外营力作用，对地貌进行了再塑，外营力地貌又主要反映了地带性规律。岩石分布不受地带性规律制约，可以说完全是非地带性的；但同时大面积的碳酸盐岩石在不同气候条件下发育的喀斯特地貌具有显著的差异，在热带、亚热带湿润炎热气候条件下的地貌表现非常典型，而中高纬度，由于水热条件变化幅度较小，其表现却不够典型，以上这些都反映了纬度地带影响作用的差别。同为砂砾岩层，湿润地区流水作用较强，发育成丹霞地貌，而在极端干旱多风环境中则发育成为雅丹地貌，这种地貌外动力的差别实质上又是非地带性的。又如气候是地带性的，是太阳辐射因纬度不同而分布不同造成的；但又是非地带性的，是地势起伏、海陆分布影响的结果。

2. 地域分异规律的等级划分及相互作用关系

地域分异规律根据作用范围空间尺度的不同,可划分为不同的空间等级规模:大尺度(行星尺度)、中尺度(区域尺度)和小尺度(局地尺度)三种尺度;全球、全大陆和全大洋、区域性、中尺度和小尺度五个规模等级。自然地理环境是一个不可分割的整体,组成要素间具有内在联系的整体性特点。但自然地理环境的整体性可分为由各级之间的等级从属和制约关系构成,高级或是大尺度的分异规律是低一级或次尺度分异规律的背景和基础,低级或小尺度分异是高级(大一级尺度)分异的进一步分化,小尺度的分异规律受大尺度分异规律的制约和影响。

全球尺度的规律包括热力分带性、海陆起伏、海陆分异,是地球表面第一级分异规律,是受基本的分异因素(地带性和非地带性)制约的。全大洋分异规律和全大陆分异规律是第二级分异规律,大陆纬度地带性和大洋表层纬度地带性是在热力分带基础上在大陆和大洋上的进一步分异。大陆干湿度地带性、大洋底部非纬度地带性是海陆分异和海陆起伏(地表形态起伏与分异)基础上大陆和大洋的进一步分异。水平地带性是大陆的纬度地带性和干湿度地带性的综合表现。

区域性分异是地带性和非地带性分异因素相互作用形成的,带段性和省性是地带性和非地带性分异因素互为条件、互为因果、共同作用的产物。带段性是非地带性区域单位内的地带性分异,省性是地带性条件下的非地带性分异,如区域性大地构造地貌分异、高原、平原、山系分异。

中尺度分异指中地貌(高原、平原内部)、地方气候和垂直带性在地带性和非地带性共同作用下规模更小的分异规律。垂直地带性是叠加了地带性影响的非地带性。在这里,非地带性因素(地势起伏)起了主导作用,它使地带性产生了垂直方向上的强烈畸变,从而产生了垂直地带性分异。但是,垂直地带谱的基带仍在地带性因素的控制之中。

小尺度分异指地方性的分异规律,是在地带性和非地带性相互作用背景下,由于个别因素在小范围内起了主导分异作用而形成的局部地域差异。

3. 显域性地域与隐域性地域

一般情况下,把反映地带性特征为主的地域称为显域性地域,而把反映非地带性特征为主的某些低平地域(如沼泽、草甸、盐碱地等)称为隐域性地域。隐域性地域分异固然受非地带性分异规律控制,但同时也受地带性分异规律制约。如沼泽在不同地带的具体属性各不相同(有热带沼泽、温带沼泽和寒带沼泽的差别),在一定程度上也反映纬度地带性分异规律的影响。因此,隐域性可看作是水平地域分异中派生的规律,是叠加了地带性因素影响的非地带性或隐地带性现象。据此,垂直带性也可视为一种隐域现象,垂直带性本身是非地带性现象,但垂直带谱又可以反映水平地带性分异的规律。可以认为,凡是由地势高低(相对高度变化)而导致水平地带性发生变异的现象都可称为隐域性(intrazonality)。

陈传康等(1993)提出的大陆空间地理规律性相互关系如图3-13所示,揭示了地域分异规律的综合表现,基本地域分异规律、派生地域分异规律及其间的主要联系与次要联系。

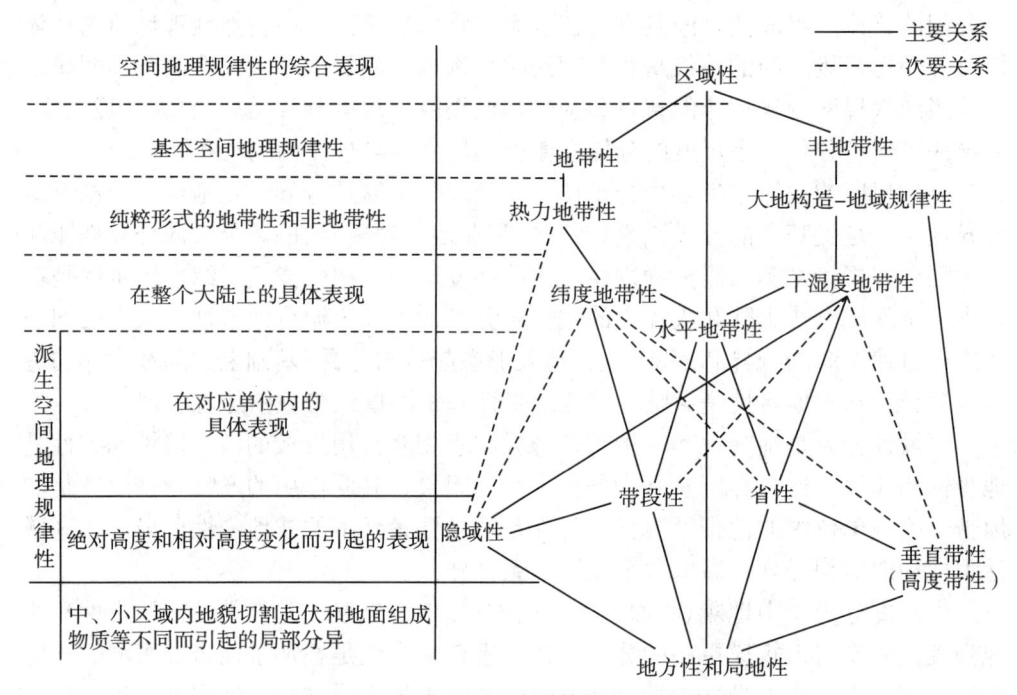

图 3-13　大陆空间地理规律性相互关系图

3.7.3　自然地域分异规律研究的实践意义

地域分异规律是客观存在且不以人的意志为转移的。人类只有正确认识、掌握地理环境的客观分异规律,遵循因地制宜的原则,在不违背客观规律的前提下,充分发挥人的主观能动性,促进地域分异向着有利于人类生产和生活的方向转变,才能合理利用自然条件和自然资源,实现经济社会的可持续发展。

各种尺度的地域分异规律都有实践意义。大尺度地域分异规律可为国家制定规划、发展农业生产提供依据;中尺度的地域分异规律可为各省区制定全面的生产建设规划、合理布局工农业生产、确定各地区农业发展方向提供重要依据。大、中尺度地域分异规律也是进行国家、省级自然区划的理论基础,换句话说,自然区划是地域分异规律的实际应用;小尺度地域分异规律是划分土地类型、分析评价小区域土地资源的基础工作及土地科学研究的理论基础。

地带性规律曾是我国农业发展纲要为不同地区规定不同粮食产量的主要根据之一。自然区划工作与农业生产、交通和工程建设等关系密切，已为地域分异规律的实践应用所证明。

国家实施西部大开发战略时，制定了在风沙区、水土流失严重区和山地陡坡实施退耕还林还草的决策，提出了西北地区山川秀美工程。但我国西部地域辽阔，自然景观复杂多样，何处还林，何处还草，必须遵循地域分异规律，因地制宜，才能达到保护和恢复生态的目的。

平原地区集约化农业地域类型的形成都考虑到了土地类型的组合状况与大农业的相互配合关系。例如，在珠江三角洲水网洼地，人们对原有地貌进行改造，修建台田(当地称为"基")和池塘，形成了桑基鱼塘、蔗基鱼塘、果基鱼塘、菜基鱼塘和花基鱼塘等；利用基田种桑、甘蔗、果树、蔬菜和鲜花，而利用池塘养鱼，并使这两种土地利用方式有机配合起来，实现了经济效益与生态环境效益的统一。

山地利用必须考虑整个垂直带谱系列，每一垂直带的利用都只是合理利用山地的一个环节。任一垂直带都不能充分反映整个山地自然条件和资源的多样性，只有垂直带谱系列才能充分反映这种多样性。山地立体农业的发展充分体现了明显的垂直带分异规律。山区的某些背风谷地比较干旱，而中山带的夷平面降水量增多，可能相当湿润。上下垂直带在降水上的这种差别，可以互相调节。干旱年份上部垂直带丰收，丰水年份下部垂直带丰收，因而可以互相平衡，减轻旱涝灾害对总产量的影响。

牧业地区，处境的镶嵌结合有利于倒场放牧。毛乌素沙区的牧民，便普遍有"天旱滩地，雨涝梁地，夏牧滩地，秋牧梁地，冬天放巴拉(蒙语，指固定和半固定沙丘)、柳湾地"的放牧经验。这是因为天旱时梁地牧草生长不好，滩地牧草却较丰茂；夏季沙地气候干热，而滩地地形开阔，通风良好，是牲畜抓水膘的主要草场。梁地地势高，雨涝时一无水淹之患，二有雨水滋润，牧草生长旺盛；秋季牧草结籽，气候凉爽，是牲畜抓油膘的场所。冬季气候严寒，巴拉、柳湾地沙丘起伏，温暖避风，能保证牲畜安全越冬。根据不同处境的地貌、水文和牧草生长季节变化转场放牧，是当地合理利用草场资源的有效办法。

在实践中，不结合自然地域分异规律进行自然环境改造造成环境退化或事倍功半的教训应引起我们的警示。例如，为生产粮食开垦耕地，大规模开垦北方草原，造成草原沙化，迫使农牧交错带进一步北移西进，与自然地带严重错位，造成中国北方土地的大面积退化；长江上游地区，尤其是中国西南喀斯特地区大规模毁林开荒导致水土流失加剧，形成了大面积的土地石漠化，生态环境退化严重。此外，"三北"(东北西部、华北北部及西北广大地域)防护林建设中，因西北广大地域大多处于干旱半干旱环境，水分条件不足以支撑高大林木生长，大规模营造防护林，往往"劳而无获"。因此，在生态环境修复等建设中要坚持自然地域分异规律，采取因地制宜的形式，才能事半功倍。

第 4 章 综合自然区划

4.1 综合自然区划及其发展

4.1.1 区划的概念和类型

 区划是地理学的传统工作和重要研究内容,是从区域角度观察和研究地域综合体,探讨区域单元的发展、分异组合、划分合并和相互联系,是对自然地理各要素发育过程和自然地理要素类型综合研究的概括和总结。

 受地域分异规律作用,地球表面各部分自然地理特征具有明显地域差异,整个地表不存在自然条件绝对相同的两处地点。然而,自然条件的空间地理分布具有逐渐过渡的性质,必然出现某些自然条件差异性较小而相似性显著的区域。按照区域的内部差异,把自然特征显著不相似的部分划为不同的自然区,并确定其界线,按其区域从属关系,建立一定的等级系统。这种地域系统研究法,就是自然区划。显然,自然区划本质上是一种方法论。

 自然区划因对象不同而有综合自然区划和部门自然区划之别。综合自然区划从自然环境的综合特征,即各自然地理成分相互联系的性质和特点出发,依据整体景观差异进行地域划分。部门自然区划依据某一个组成要素,如地貌、气候、水文、土壤、植被等的差异进行区域划分。自然环境是一个统一的整体,因此部门自然区划应以环境的综合特征为背景,而综合自然区划又必须以各自然地理要素特征为依据。这两种区划具有互补性。也可以为了一定的生产目的而进行区划,如农业自然区划、公路自然区划、建筑自然区划、自然资源区划、生态功能区划等,均可称为应用性自然区划。

 综合自然区划是自然地理学的重要组成部分,自然区划是全面认识自然环境的重要方法之一,是自然地理研究发展到一定阶段的产物,具有重要的理论和实践意义。进行综合自然区划研究需要对自然综合体有全面的认识,不仅要认识各自然要素的空间分布特征,还要深入分析组成要素间的相互关系;不仅要掌握区域的地理现状,还要了解区域的自然历史过程。因此,综合自然区划代表着一定区域自然地理研究最后的综合成果,是反映对自然地理环境认识程度、衡量自然地理研究水平的重要标志之一。准确反映客观存在的自然区划，不仅可以深化自然地理研究理论，而且可为全面评价、合理利用自然条件和自然资源提供科学依据。

4.1.2 国外综合自然区划的发展

国外综合自然区划工作的历史可以追溯到 18 世纪末期到 19 世纪初期。近代自然区划始于欧洲。洪堡在 19 世纪初首创了用等温线表示全球气温分布状况的方法，揭示了气温与纬度、海拔的关系及气候与植被分布的关系，由此产生的气候分类在一定程度上奠定了自然区划的基础。道库恰耶夫提出的自然地带学说形成了不完备的、最初阶段的自然区划。而开创现代自然地域划分研究的则是 19 世纪初的霍迈尔(H. G. Hommeyer)。他提出了地表自然区划和区划单元内部逐级分区的概念，真正赋予自然区域以等级意义，并具体提出 4 级区域名称：大区、区、地区和小区。1898 年，梅里安(C. H. Merrian)对美国的生物带和农作物带进行了详细划分，这是世界上第一个以生物作为分区指标的区划。1899 年道库恰耶夫根据土壤地带性发展了自然地带学说。1905 年，英国生态学家赫伯森(A. J. Herbertson, 1865~1915 年)首次提出了世界自然区的方案，并开始注意到"主要自然区域"的综合特征及人类活动对其的影响。罗士培(R.M.Roxpy)、翁斯台(J.F.Unstead)提出"类型"和"区域"两类区划概念，丰富了自然区划理论。1939~1949 年，苏联科学院完成了自然历史区划工作。

由于认识的局限性和调查研究不够充分，加上早期的区划工作主要停留于对自然界表面的认识，缺乏对自然界内在规律的认识和了解，区域划分的指标也只采用气候、地貌等单一要素。这种根据单一要素进行区划的状况一直持续到 20 世纪 40 年代。

20 世纪 40 年代以后，应政府和农业部门的要求，苏联学者开展了综合自然区划研究，对综合自然区划的理论和实践做了比较系统的研究总结。格里高里耶夫和布迪科提出了辐射干燥指数的概念，并概括出全球陆地的自然地带周期律。1968 年莫斯科大学地理系编著出版了《苏联自然地理区划》。

与此同时，生态区划研究也有了较大发展。美国学者贝利(R.G.Bailey)将地图、尺度、界线和单元等工具和概念引入生态区划中，并于 1976 年首次提出了生态地域划分方案(美国的生态区划方案)。贝利的工作引发了各国学者对生态区划原则、指标、等级、方法的关注和探讨。

纵观国外区划研究工作，多数研究以自然生态系统的地域划分为研究对象，很少考虑到人类这一主体在生态系统中的作用。近 20 多年来，国外区划研究呈现出两种趋势：一种趋势是继续深入探讨有关的区划理论与方法，构建更为严谨完整的区域划分理论体系，完善、深化对人地系统及其地域分异规律的认识。另一种趋势则是在区划研究中越来越重视人文因素,人口、资源、环境和发展问题对区划工作提出了更高要求(郑度等,2005)。

4.1.3 国内综合自然区划的发展

我国的区划思想最早萌芽于春秋战国时期。公元前 5 世纪的《禹贡》不仅是中国,也是世界最早的区划著作之一。该书带有清晰的区划思想,依据自然环境中河流、山脉和海洋等自然界线,把当时全国的领土分为九州:冀(今晋、冀、辽南)、兖(鲁西)、青(鲁东)、徐(鲁南、苏北、皖北)、扬(苏南、皖南、浙北、赣北)、荆(湘、鄂)、豫(豫)、梁(川)、雍(陕、甘),并简述了各州的自然条件、人类活动及典型物产。该书从山川布局、自然景观、土壤分布、物产田赋、交通路线等方面指出了不同区域的特征及彼此间的联系。战国时期(公元前 3 世纪前后)的《管子·地员篇》则是我国古代关于土地类型划分的著作,书中内容涉及世界上最早的土地分类和分等,该著作兼具综合思想、等级系统和简要说明等优点。

1. 自然区划研究初创时期

我国是世界上较早开展现代区划研究的国家之一,我国学者早在 20 世纪 20~30 年代便开始区划研究工作。1929 年,竺可桢利用有限的气候资料,完成《中国气候区域论》一文,并在泛太平洋学术会议上宣传。该文于 1930 年用中文发表,标志着我国现代自然地域划分研究的开始(竺可桢,1930)。黄秉维于 1940 年首次对我国植被进行了区划。李旭旦于 1947 年发表的《中国地理区域之划分》在当时已达到了较高的研究水平。其间国内外学者也从区划的地域分异规律等方面对我国的自然区划发表了见解。

20 世纪 20~50 年代为我国自然区划研究的初创时期。在该时期,区划研究主要有 4 个特点(郑度等,2005):①缺乏对区划理论与方法的深入探讨,没有按照自然综合体的发生、发展与区域分异规律,拟定比较严密的原则和方法,并据此进行综合自然区划工作,鲜有相关学科研究人员的共同参与;②受客观条件和基础资料的限制,所拟定的区划方案大多比较粗略,多为专家集成的定性工作;③以统一地理学思想为指导的地理区划的研究工作较多;④以单要素为主的部门自然区划较多。虽然用今天的眼光来审视,这一时期有关区划的研究可能存在诸多不足,但其所做的开创性研究为我国区划工作的进一步发展奠定了必要基础。

2. 自然区划研究全面发展时期

20 世纪 50 年代以来,我国学者对综合自然区划的方法论、区划的应用实践进行了全面系统的研究。随着国民经济建设的迅速发展，迫切需要对全国的自然条件和自然资源有更为全面的了解，并因地制宜地发展工农业生产及其他建设事业，明确提出区划要为农业生产服务。我国曾把自然区划工作列为国家科学技术发展规划中的重点项目，并组织相关人员进行了三次全国综合自然区划方案拟定和研究工作，形成了一批重大成果。林超、罗开富、黄秉维、任美锷、侯学煜、赵松乔、席承藩等先后提出了全国综合自然区划的不同方案，探讨了综合自然区划的方法论问题，满足了社会生产实践的需求。这些综合自然区划都是为了配合当时的国家需求而开展的，其投入的力量、延续的时间、波及的范围以及所达到的水平，在世界上是罕见的。

与全国综合自然区划研究相对应，20世纪50年代以后，各省（区、市）以及一些典型区域和流域（如河西走廊、珠江流域、青藏高原、横断山区、黄土高原、西北干旱区等）均进行了综合自然区划工作。我国区划工作的普遍开展，促进了对区划内涵认识的提高和理论方法的发展。

20世纪80年代初期，中国地理学家开始将生态系统引入自然地域系统的区划研究中，并将生态学的理论和方法应用到区划中。生态区划是综合自然区划的深入，是用生态学的视角来诠释区划。20世纪末开始了生态地理区划研究的新阶段，郑度、傅伯杰等学者相继提出了各自不同的中国生态（地理）区划方案。在全国尺度生态区划研究日趋成熟的背景下，国家环境保护总局（现生态环境部）于2002年要求全国各地在完成生态环境现状调查（2001年）的基础上开展生态环境保护与建设方面的一项重大基础性工作——生态功能区划。生态功能区划率先在西部的甘肃、内蒙古和新疆等地开始试点，随后在全国各地普遍展开（罗怀良等，2006）。

在我国区划研究全面发展时期，区划工作主要有以下5个特点（郑度等，2005）。①众多区划方案的提出都有其深刻的历史背景，既是科学的总结，又与我国当时经济发展水平和需求有着千丝万缕的联系。20世纪后半叶，区划研究主要服务于农业生产；20世纪80年代起，区划为农业生产与经济发展服务；20世纪90年代起，区划的目的转向为可持续发展服务。②区划工作多是静态的，不能反映变化了的自然和人文要素。③区划工作以自然区划为主，现有区划工作未能将自然区划和经济区划很好地结合起来，这对区域可持续发展的研究有很大的限制性。④区划工作多集中在陆地系统，对海洋系统的关注要弱得多。⑤在区划方案的认定上，没有制度化的保障，并未真正为各级地方政府的经济建设规划所吸纳，未能达到为社会经济可持续发展服务的预期目的。

4.2 综合自然区划的原则与方法

4.2.1 综合自然区划的原则

综合自然区划原则是指依据自然界地域分异规律对综合自然区域进行划分时必须遵循的准则，确定合理而实用的区划原则是综合自然地理区划成功的关键。郑度等(2008)通过对各类自然地理区划原则进行分析后指出，确定区划原则的基本思想是"从源、从众、从主"："从源"是指必须考虑成因、发生、发展和共轭关系，"从众"是指必须考虑综合性和完整性，"从主"是指应考虑其典型性、代表性。一般来说，发生统一性原则、相对一致性原则和空间连续性原则是进行任何区划都必须遵循的基本原则，而综合自然区划还应考虑综合分析与主导因素相结合原则。

1. 发生统一性原则

任何区域单位都是历史发展的产物，因而在对自然区域进行划分时，应当深入分析区域分异产生的原因及区域分异发展的过程，并以此作为区划的依据，这就是发生统一性原则，又称发生学原则。有的学者将发生统一性原则理解为同一区域单位其地貌发展史或地质发展史具有同一性，另一些学者则将区域单位中个别景观要素的同一性视为发生统一性原则的体现，这些观点不免具有片面性。实际上，发生统一性原则是将形成区域单位整体特性的发展历史作为区划依据，是指作为整体的自然区域单位最基本和最本质特点的形成原因与发展历史具有共同性，失去这一共同性，就不能称其为一个区域(伍光和和蔡云龙，2004)。

为了进一步理解发生统一性原则的含义，伍光和和蔡运龙(2004)从区域等级与区域发展历史、区域发生统一性的相对性质、区划对象的现时性等角度对发生统一性原则做了进一步论述。

(1) 不同等级区域单位发展历史长短不同，因为低等级区域单位是由高等级区域单位分化而来，因而等级越低的区域，发展历史越短。例如，我国东部季风区，自青藏高原隆升到 3000m 以上，东亚季风建立，即开始形成现代自然特征；但东部季风区内的华北平原，其北京—石家庄—新乡一线以东露出海面不过 7400 余年。

(2) 区域的发生统一性是相对的，这一相对性亦是从发生学角度进行地域划分的依据。如果一个区域具有完全的、绝对的发生统一性，其自然特征也应处处相同，因此不可能进一步划分次级区域。

(3) 在追溯区域单位发展历史的同时应认识到,区划的对象是现阶段的自然地理综合体,与现阶段自然地理环境关系最为密切的是晚更新世和全新世以来的环境变迁,以及工业革命之后人类活动对地球环境的影响。因而在进行自然区划时,要特别注意某一区域现代自然地理特征的最本质影响因素,每次区划不一定均要追溯该区域地质历史时期的地貌成因。

2. 相对一致性原则

相对一致性原则强调每个区域单元内部的自然地理特征具有一致性,同时需要注意的是,这种一致性是相对而言的,如果把一致性看作是"绝对一致",综合自然区划将无法进行。不同等级的区域单元内部,自然地理特征一致性的标准是不同的。例如,我国东部季风区,虽然水热条件基本一致,但下垫面性质(即地貌条件)存在较大差异,既包括隶属我国第二级地势阶梯的黄土高原、云贵高原、横断山区,又包括隶属第三级地势阶梯的东南沿海平原和丘陵地区,导致同属东部季风区内部的不同区块在气候条件、土壤类型、植被分布等方面存在较为明显的差异。反之,等级越低的区域单元,所考虑的地域分异因素越多,因而其内部更接近"完全"统一。但即使在最低等级的区域单元内部,其自然地理特征也不可能处处相同。地球表面不可能存在两个完全相同的区域,即使是生长在同一块稻田里的水稻,不同的稻株也不可能收获同样数量的稻谷,因为同一稻田的不同区块,光照、气温、水分、土壤状况等外部条件和每一粒稻种本身的质量都可能存在微小差异。一般而言,自然带(高级单位)的一致性体现于热量条件的大致相同,地区(次一级单位,根据降水量和蒸发量的对比关系,我国被划分为湿润地区、半湿润地区、干旱地区、半干旱地区)的一致性体现在热量条件大致相同的情况下,湿润干旱程度也大致相似。例如,分布在我国秦岭—淮河一线以南的广大湿润地区,干燥度一般都小于1.00,降水量在800mm以上,空气湿润,蒸发量较小,自然植被以森林为主,耕地以水田为主等。区域单元内部特征的一致性具有相对性质,表明自然区域本身是一个等级系统。高等级区域可以划分为若干低等级区域,同时,若干低等级地域单位也可以合并为高等级地域单位。

3. 空间连续性原则(或区域共轭性原则)

每个区划单位(无论是高等级区划单位还是低等级区划单位)都必须是一个连续的区域,不能存在独立于连续区域之外而又从属于该区划单位的地域单元,区划的这一属性,称为空间连续性原则(或区域共轭性原则)。空间连续性原则决定了同一区划单位中不能存在彼此分离的"飞地"。山间盆地与周缘山脉在自然地理特征上可能存在明显差异,但根据区域共轭性原则,两者应同属更高一级的区划单位。例如,四川盆地之所以被称为"盆地",是因为成都平原及川中丘陵被周缘的龙门山、大巴山、大凉山等山脉所环绕，没有周缘的一系列山脉，也就无法显示四川盆地的盆地特征。同理，若自然界中两个自然地理特征类似的区域彼此分离，也不能将其划分到同一个区划单位中。关于区域共轭性原则的争论，集中体现在对这一原则的具体应用上。例如，柴达木盆地究竟应该归属于西北干旱区还是青藏高原区。李世英等(1957)强调应把柴达木盆地划归西北干旱区，原因是柴达木盆地具有西北干旱区的温带荒漠特征。但柴达木盆地的东北边缘和西北边缘被西祁连山和东阿尔金山(祁连山和阿尔金山都从属于青藏高原)所环绕，该盆地东南和西南边缘也被青藏高原众山脉所包围，如图 4-1 所示，根据区域共轭性原则，应将柴达木盆地划入青藏高原内部。

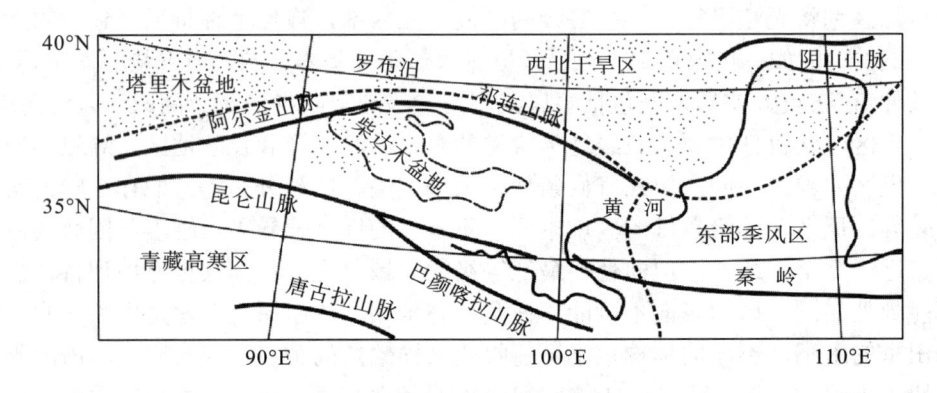

图 4-1 柴达木盆地位置图

4. 综合分析与主导因素相结合原则

任何区划单位都是由多种自然地理要素组成的自然综合体，各要素间相互联系、相互制约，一种要素因外部或内部原因发生变化，可能会引起与之相联系的其他要素发生相应变化，从而改变区域单位的整体特性。因此，在进行综合自然区划时，必须综合分析各自然地理要素的特征及其相互作用的方式，才能较为客观地认识地域分异规律并进行自然区域的划分。

组成自然综合体的各自然地理要素在自然综合体特征表现方面所起的作用存在较大差异。在进行自然区划时需充分考虑对区域特征的形成有重要影响的主导性或关键性因素，并赋予较大的权重。主导因素的变化可能导致区域单元内部结构发生质的变化，从而影响区域的整体特征。例如，对我国三大自然区的划分中，东部季风区采用温度指标，西北干旱区采用水分指标，青藏高原区重点考虑垂直地带分异指标。从表面上看，存在同级异指标现象。但进一步分析可知，在对三大自然区进行划分时，实际上是把海陆分布形式与大地构造单元的差异，集中体现到水热对比差异上，并将其作为划分三大自然区的主导因素。从这一角度看，东部季风区湿润，西北干旱区干燥，青藏高原区高寒。

综合分析原则与主导因素原则并不矛盾。由于各区域单位中自然地理要素众多，在具体进行地域划分时，必须在全面考虑组成自然地理环境各要素及其相互关系的基础上，选取能反映区域单位整体特征的某些主导因素作为确定区界的主要依据。但反映地域分异主导因素的往往是两三个密切关联的指标，如果仅用某一种指标对区域进行划分而忽视其他指标，将违背综合性原则，使综合自然区划下降为部门自然区划。例如，在进行综合自然区划时，如果仅用降水量等值线去确定边界，而不考虑地貌、土壤、植被等其他环境条件，所划分出的区域界线必然存在片面性，综合自然区划就成为单一的降水区划。某一主导标志与地域分异的关系不可能是严格的函数关系（伍光和和蔡运龙，2004），用单一指标来确定区界，不能保证区域单位内部的自然地理特征都具有相对一致性。基于上述认识，许多学者把这一原则合称为综合分析与主导因素相结合的原则。

4.2.2 综合自然区划的方法

在具体区划工作中，无论采用哪种区划方法，实质上都是对区划原则的体现。因而，综合自然区划方法是贯彻区划原则的手段。

1. 古地理法

不同等级的区域单位具有不同的历史背景。如前所述，低等级区域单位是由高等级区域单位分化而来的，因此等级越低的区域，发展历史越短。另外，同一等级的不同区划单位，其各自的发生条件也存在差异。古地理法是阐明区域分化历史过程最有效的方法（刘南威等，2009），也是贯彻发生统一性原则的主要方法。古地理法主要通过标准化石年代测定、放射性同位素分析、古地磁测量、深海岩心采样等技术手段，研究和重建地质历史时期自然地理环境的形成与演变过程，并借鉴相关地质历史研究资料，探讨区域分异产生的原因及区域逐级分异的历史过程，据此划分出不同等级的区域单位。

目前应用古地理法进行区域研究仍缺乏成熟的经验，而且要确定区域的年龄和发展历史，需要对每一区域进行实地考察，并利用地质学方法获取反映区域发展历史的古生物和地层证据、地球物理和地球化学证据等。目前许多区域的古地理资料还不完备，因而一般把古地理法作为综合自然区划中的辅助方法。

2. "自上而下"分类法和"自下而上"聚类法（又称顺序划分和合并法）

"自上而下"分类法主要通过对各种尺度地域分异因素的分析，依据相对一致性原则，将高级别地域单位逐级划分为低级别地域单位，如图 4-2 所示。例如，根据水热对比差异这一主要分异因素，将我国划分为东部季风大区、西北干旱大区、青藏高寒大区三个大区，然后根据地貌、水文、土壤、植被等因素又将这三个大区划分为若干地区、亚地区。

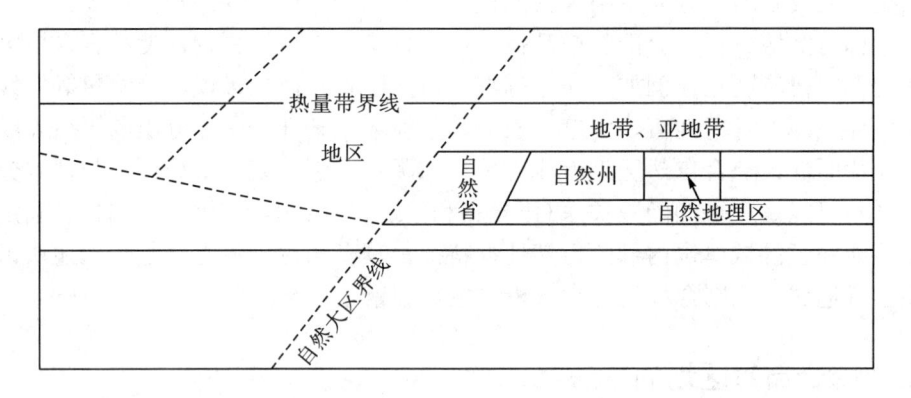

图 4-2　"自上而下"划分自然区域的方法图式

注：据伍光和和蔡运龙(2004)改绘

"自下而上"聚类法主要依据相对一致性原则，通过对低等级地域单位连续组合、聚类，将低等级地域单位逐级归并为高等级地域单位。在实际工作中，"自下而上"聚类法通常应用于土地类型制图。自然界中的土地是一些级别不等、内部结构有明显差异、彼此交错重叠的自然综合体，通过对最小图斑指标的分析，首先合并出最低等级的区划单位，然后在低等级区划单位的基础上逐步合并出较高级别的单位，直至得到最高级别的区划单位。图 4-3 是根据土地类型"自下而上"划分自然区的方法图示。

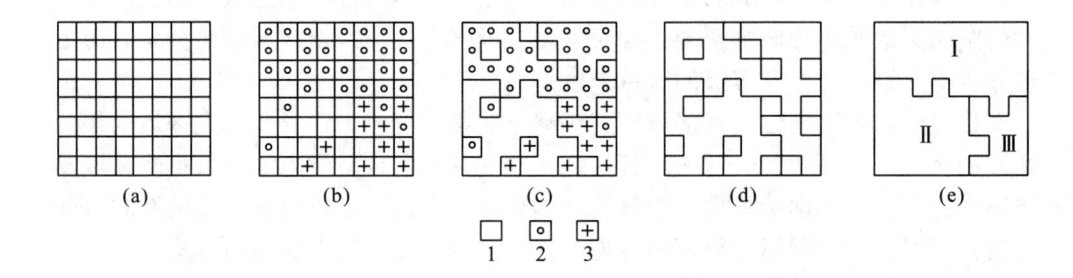

图 4-3　根据土地类型"自下而上"划分自然区的方法图示

注：据伍光和和蔡运龙(2004)改绘

3. 部门区划图叠置法

部门区划图叠置法是通过部门区划图的叠合来划分综合自然区域单位的方法。运用这一方法来确定区域单位边界时，首先将该区域的各部门自然区划图(气候区划图、土壤区划图、植被区划图、地貌区划图、水文区划图等)转换为同比例尺图幅，并相互叠合，在充分比较和分析各部门区划轮廓的基础上，以相重合的网格界线或它们之间的平均位置作为综合自然区划的界线，如图 4-4 所示。

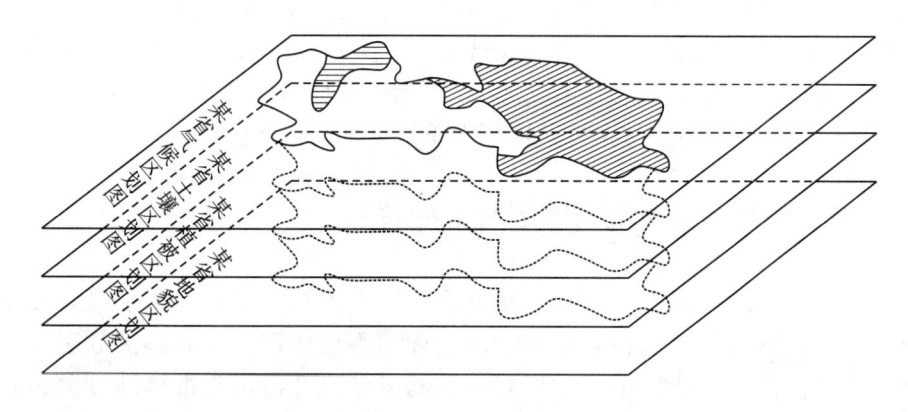

图 4-4　部门区划图叠置法示意图

该方法是在部门自然区划研究成果基础上进行地理相关分析的方法，简单易行。但各部门自然区划所依据的指标各不相同，原始资料的来源和质量各不一样，各部门自然区划的详细程度也不一致，因而各部门区划的网格界线往往不同，如果机械地运用部门区划图叠置法会出现较大的误差。因此，用此方法对某一区域进行划分时，一定要对通过部门区划图叠置所获取的区划界线进行地理相关分析和适当修正。

4. 地理相关分析法

地理相关分析法主要以各种专门地图、各类统计资料所提取的自然地理要素为基础，分析各自然地理要素之间的相互关系，并依据这一系列相关关系，对选定区域进行区划。首先，将从专门地图及其他资料中提取的同自然区划相关的材料标注在画有坐标网格的工作底图上，然后对上述材料进行地理相关分析，通过对相关系数的计算与检验来测定各自然地理要素之间相互关系的密切程度，并按照其相互关系的密切程度编制出具有综合性的自然要素组合图。最后，以此为基础，逐级进行综合自然区域的划分。地理相关分析法常与部门区划图叠置法配合使用，是目前区划工作中运用较广泛的一种方法。

5. 主导标志法

通过对所选区域各自然地理要素的综合分析，选取在区域分异中起主导作用的某些指标，作为划定区域界限的依据，这一区划方法被称为主导标志法。主导标志法强调对同一等级区域进行划分时，原则上运用同一主导标志。例如，依据水热对比差异这一主导标志，将我国划分为东部季风区、西北干旱区、青藏高寒区三大自然区；依据积温条件，将我国划分为热带、亚热带、暖温带、中温带、寒温带、青藏高原区六个温度带。应该指出，当运用主导标志法对区域进行划分时，如只考虑某一种指标(如等降水量线)，而完全忽略与之相互联系的其他指标(如气温、地貌、土壤、植被、水文等)，不运用其他指标对区域界线进行适当修正，那么，如前文所述，综合自然区划就下降为部门自然区划。

4.2.3 综合自然区划原则与区划方法的关系

综合自然区划的原则与方法紧密联系，区划方法的实施通常以区划原则为指导，区划原则的贯彻以相应区划方法的使用得以体现。在具体区划工作中，应根据实际情况，灵活运用各种区划原则和方法，才能较为准确地划分出各级区划单位。

自然界的地域分异是在历史发展过程中形成的，自然综合体是历史发展的产物，不同等级的区划单位以及同等级的不同区划单位应体现出不同的历史发展背景，古地理法是阐明区域发展历史、贯彻发生统一性原则的最主要方法。古地理法能体现客观存在的地域分异状况最本质的成因，但由于许多区域古地理资料的缺乏，因而要确定区划单位的发展历史还需加强区域地史学方面的研究工作。目前，在许多区域都采用其他区划方法来弥补古地理资料的不足。

在进行具体区划时，无论是对每一个自然地理区域"自上而下"分类，还是"自下而上"聚类，从本质上都是对相对一致性原则的贯彻。相对一致性原则的"相对性质"表明，某一级自然区划单位中各自然地理要素的一致性是相对的，同一自然区划单位中的不同区域，其自然特征仍然存在差异，这一差异性也是进一步"自上而下"分类和"自下而上"聚类的基础。如果某一自然区域单位中的自然特征绝对一致，自然区划工作也无法进行。例如，我国东部季风区，由于夏季受海洋季风影响，冬季受北方冷气流影响，因而区域内部水热条件较为一致，夏季普遍高温多雨，冬季大部分地区寒冷干燥；但在东部季风区内部，不同区域干湿程度仍然存在较大差异。因而，东部季风区又可分为东北湿润半湿润温带地区、华北湿润半湿润暖温带地区、华中华南湿润亚热带地区、华南湿润热带地区4个地区。根据不同区域的不同植被条件，这4个地区又可进一步划分，如华中华南湿润亚热带地区可划分为北亚热带秦岭大巴山混交林区、中亚热带四川盆地常绿阔叶林区等9个更低等级区域。

部门区划图叠置法和地理相关分析法是贯彻综合性原则的主要方法，任何区划单位都是由地貌、土壤、植被、水文等多种自然地理要素组成的自然综合体。部门区划图叠置法是将气候区划图、地貌区划图、土壤区划图、植被区划图等相互叠合，以相重合的网格界线或它们之间的平均位置作为综合自然区划的界线。但是，不同的部门区划所依据的指标体系不同，区划的方法也存在较大差异，不同的部门区划图相互套合时，各部门区划的界线往往不一致。因而，用部门区划图叠置法确定区域边界时，并非机械地追求被叠置图幅网格界线的完全重合（事实上，数个部门区划图幅完全重合的网格界线几乎是不存在的），而是通过分析和比较各部门区划的轮廓，以确定综合自然区划的边界。必要时还需用地理相关分析法对各自然地理要素之间相互关系的密切程度进行比较，以确定与地域分异主导因素具有最大相关关系的划分指标，并结合部门区划图叠置法，逐级划分出不同等级的综合自然区域。

主导标志法是贯彻主导因素原则常用的方法。需要注意的是，这里所提及的"主导因素"和"主导标志"是两个不同的概念。主导因素是自然界中决定地域分异的"因素"，而主导标志是划分某一等级自然区域边界的"标志"。具体来讲，主导因素主要指地带性因素和非地带性因素，主导标志是气候、地貌、土壤、植被等能确定区界的具有指标意义的标志。反映某一区域主导因素的主导标志往往是几个相互关联的指标，因而需要运用地理相关分析法对各自然地理要素进行比较和分析，以确定自然区划的边界。

在实际区划工作中，区划原则、区划方法的使用都是相互补充的。应用其中一个原则和方法，并不排斥其他原则和方法。区划原则具有一定的专属性，不同原则应有不同的适应范围。总原则和局部原则、大原则和小原则之间也应有一定的从属关系。一般来说，发生统一性原则、相对一致性原则和空间连续性原则作为区划的基本原则，是进行任何区划都必须考虑的。综合分析原则是使自然区划真正实现综合的重要保证，而主导因素原则不过是在某种情况下的权宜手段，通过它可以比较容易地划分出区域单位。其他原则如生物气候原则、省性原则等，都是上述诸原则的具体体现（伍光和和蔡运龙，2004）。

4.3 综合自然区划单位的等级系统

地表自然综合体从其外貌到内在的实质都是异常复杂的，需要经过多级划分才能反映区域分异的实质。等级系统的研究是自然区划方法论的重要内容和不可或缺的工作步骤。而确定分级单位并给予明确定义，则是进行等级系统研究的基础。世界各国最早的自然区划基本上属于无级别区划，但后来都无例外地逐步建立了区域等级系统。

地域分异的结果使地表自然界分化为一系列不同等级的区域。地域分异规律是受地带性因素和非地带性因素共同作用形成的。由于两者彼此矛盾、互不从属，所以一部分区域单位的分化主要取决于地带性因素，另一部分则主要取决于非地带性因素。因此，地表自然界存在着两类区域单位，区划也有两种等级单位系统，即地带性等级单位系统和非地带性等级单位系统，区划专家称为双列系统。由于地带性因素和非地带性因素同时作用于地表自然界，而上述两类区域单位各自反映其中一种地域分异因素，因此它们是不完全的综合性单位，其等级系统也是不完全综合性的区划等级系统。地表自然界还存在着同时反映这两种分异因素的完全综合性单位，其等级系统就是一般所说的单列系统。

4.3.1 双列区划单位等级系统

1. 地带性区划单位等级系统

在自然区划工作中，根据地带性分异规律可以划分出一系列区划单位，它们按照地带性联系形成一定的区划等级系统，这就是地带性区划单位等级系统。

地带性区划单位具有鲜明的地带性特征，这些特征主要表现在4个方面：①地带性单位主要根据区域的地带性属性来划分。地带性单位起因于地带性因素(太阳辐射能以及与之有关的自然景观沿纬度发生有规律的变化)。因此，地带性单位主要是根据区域的地带性属性划分，或主要根据平亢地上的气候、植被和土壤来划分。②地带性单位是不完全的综合单位。区域的地带性属性不仅表现在气候、土壤和植被上，在其他组成成分乃至整个区域综合特征上都有一定程度的表现。因此，地带性区划单位在地带性方面是综合单位。只是由于其内部在地质基础和地貌方面往往存在着很大的差别，即缺乏这些方面的发生统一性和相对一致性，因此这些单位的综合性是不完全或不充分的。③地带性单位在空间分布上具有大致沿纬线方向伸展，并呈带状延伸的特点。但由于非地带性因素影响，地带性单位空间分布的具体表现颇为复杂，绝不能简单地认为它们是环绕整个地球、呈完整几何图形的连续环带。实际上，地带性单位不具有环球分布的特点。除在北极、亚北极和赤道附近外，其他纬度的地带性单位都在一定程度上偏离了纬线方向。它们的界线因受海陆分布、洋流、大地构造和地势起伏的影响而发生变化。④地带性单位的空间分布具有非可逆性和南北半球大致对称分布的特点，彼此逐渐更替，没有鲜明的界线。这种过渡的模糊性为确定其等级系统带来了困难。

目前普遍认同的地带性单位等级系统是(自然)带、(自然)地带、(自然)亚地带、(自然)次亚地带。

(1)(自然)带。(自然)带在气候区划、植被区划、土壤区划和综合自然区划中经常被视为最高级区划单位。在自然区划中划分(自然)带的必要性、科学意义和实际应用价值尚存在争议。但大多数学者认为,(自然)带应该是自然区划的高级单位。1959年出版的《中国综合自然区划(初稿)》指出,(自然)带"按地表热量的分布及其对整个自然界的影响划分"。热量是自然界中变化较小而且不能大规模改变的因素。在同一(自然)带中,某一地的水分状况如果发生变化后与另一地水分状况相近,则两地的土壤、生物发展方向以及土地利用方向亦将大致相似,即同一个带中的土地自然生产潜力相差不大。有学者指出,土壤生物气候带是土壤地带根据辐射热力条件相似及其对成土作用、风化和植被发育影响共同特点的组合,明确表达了带是由地带组合而成的观点。

(自然)带既非单纯的热力气候带,也不仅仅是一个类型单位,而应该是自然带或景观带,即地带性区划单位的最高级单位。因此,带的划分必须遵循综合自然区划的原则和方法。(自然)带主要是依据热量条件划分的,而热量是植物生长的必要条件,太阳辐射是地表诸多自然过程的基本能源,是自然地理环境发生地带性分异的根本原因。按热量条件对地表进行带的划分,对了解自然界中物理、化学、生物等方面的现象和过程是必要的。将热量条件相近的区划单位合并为一组,可以帮助我们认识其他条件对自然界、对土地生产力的作用,以及改变它们所产生的后果。

总之,每个(自然)带除具有一定的辐射平衡值外,还具有与其温度特征相适应的地理过程(如地貌过程、水文过程、生物地球化学过程)及植被、土壤特征等。划分作为综合单位的"带"应该使用综合标志,至少应以"建立在地理相关分析基础上的主导标志法"作为确定带界的依据。实际工作中常常以气候指标为主导标志,因为气候过程和气候特征对带的形成起着决定性作用。东西走向的山地经常成为带与带之间的"界山",这是因为这类山地低纬一侧的山坡(如北半球东西走向山地的南坡)对"带"的分异起着强化作用。我国热带与亚热带的界线位于南岭山地南坡,亚热带与暖温带界线位于秦岭南坡,温带与暖温带界线西段位于天山南坡,就是东西向山地强化了纬度地带性分异的结果。所以带界与某个地貌界线相符乃是正常现象。依据植被和土壤特征表述气候特征,更表明"带"具有气候-植被-土壤一致性。

关于(自然)带的具体划分,最早是将地球分为五(自然)带:热带、南北温带和南北寒带,后来又划分出一些过渡带。目前公认的(自然)带的划分方式是:寒带、亚寒带、寒温带、中温带、暖温带、亚热带、热带和赤道带。然而关于全球(自然)带的划分仍存在着不同见解,如表4-1所示。

表 4-1　不同（自然）带划分的比较

中国综合自然区划	格里高里耶夫	马克耶夫	苏联土壤生物气候区划	《苏联地理简明百科辞典》
—	北极带	寒带	寒（极）带	极寒带
				亚寒带
寒温带	亚北极带	寒温带	寒温（北方）带	
温带	温带	暖温带	温（亚北方）带	温带
暖温带		半亚热带	暖温亚热带	
亚热带	亚热带	亚热带	亚热带	亚热带
热带	热带	热带	热带	热带
赤道带	赤道带	赤道带	—	亚赤道带
				赤道带

地带性区划单位具有逐渐过渡的性质，因此可以适当划分一些过渡带。但必须注意带的等价性。某些区划所划分的带实质上只是亚带，甚至是比亚带更低一级的单位。这些过渡单位的范围过窄，不与带等价。为了反映地带性区划单位的过渡性质，与其把它们提升到带一级，不如把它们视为更低一级的区划单位如亚带，甚至是地带。例如，亚热带和暖温带是我国各带中生物、气候状况最复杂的两个带，其所占面积也最大。可把它们细分为南亚热带、中亚热带、北亚热带和南暖温带、北暖温带等。

划分（自然）带首先应对比各国自然区划方案，使其彼此协调，易于比较各国的各大陆的自然特点。其次，应对比综合和部门区划方案，这有助于彼此推广各带的农作物和农业生产经验。可见，（自然）带的划分具有理论和实践意义。

（2）（自然）地带。一般认为，（自然）地带是最基本的地带性区划单位，也是研究得最多的单位，地带性规律就是通过地带集中表现出来的。区划工作者公认（自然）地带的实在性和把它确定为区划单位的必要性。关于地带的理论问题主要有下列 4 个方面：①地带的定义及如何把这一定义应用于山地区划；②划分地带的标志及地带界线的确定；③过渡地带问题；④地带内部的进一步划分。

《中国综合自然区划（初稿）》将"地带"定义为：每一地带包括一个可以代表自然界水平分异特征的土类和植被群系纲。所谓代表性土类，是指正常发育于平地上的自型土。代表性植被群系纲指生长于排水良好、土壤机械组成粗细适中的平地上的天然植被。具有这样特征的土类和植被群系纲的地域，在气候上必然具有一定的热量和水分组合。同一地带内还应有相似的隐域性土壤、植被和垂直带结构。同一地带地貌外营力、化学元素迁移、潜水与地表水、动物界等自然过程与自然现象亦应相同。每一地带还应该有相应于植被和土类的景观型，但由于地形起伏变化，从属的景观型和垂直带与平地的显域景观有所不同，分布也不占优势。地带的这一定义也适用于山地，但山地应根据垂直带谱的基带来确定其所属地带。

总之，每一个(自然)地带都是以一定类型的自然景观占优势的地域，但在同一自然地带之内，还存在着一定的隐域性景观和垂直带性结构，它们与优势景观类型具有发生学联系，带有该地带影响的痕迹。

目前，划分(自然)地带切实可行的方法是建立在地理相关分析基础上的主导标志法。具体划分(自然)地带时必须解决确定地带界限的标志问题。一般根据土壤和植被特征划分地带。由于每一地带都有相应的植被型和土类，通常可以根据植被型和土类先确定应划分出哪些地带。但植被型和土类的分布与变化并非完全一致，必须具体分析才能正确地划分地带。

通常采用土类、植被型和景观型的分界线作为确定地带界线的标志，但由于目前大、中比例尺土壤和植被类型图仍不完备，实际区划工作中还需借助某些气候指标。气候指标与地带虽具相关性，但不呈严格的函数关系。因此，对当前常用的某些气候指标要做具体分析。温度指标(如生长季积温)、水热指标(如辐射差额、降水和蒸发的比例等)，与土壤、植被和景观有直接联系，地带界线常与上述指标的一定数值相匹配。在具体确定这一数值后，利用外延法确定地带界线，其效果较好。某些间接反映景观特征的气候指标如年平均温度和水热系数，则只具有参考价值。总之，各指标都只能反映景观某一方面的性质，不存在万能指标。某一个指标与景观不同方面的关系不相同，甚至可以呈负相关。指标与景观性质的关系还决定于另外一些自然地理因素。例如，确定我国南方的地带界线时，温度指标意义显著，其地带界线呈东西方向伸延；而华北和东北由于受夏季风和冬季高压影响，水热指标的意义更大，地带界线呈东北—西南向伸延。

基本(自然)地带之间常存在着过渡地带，一般有两种情况：①各自然地理成分和地理综合体本身彼此镶嵌结合而互相过渡，如我国荒漠草原地带和典型草原地带的过渡区域；②两个基本地带的成分特别是植被成分混杂于一过渡带内，各森林地带间的过渡情况便是如此。

对过渡地带的处理办法通常也有两种：①把过渡带平分为两半，但界线如何确定则需要深入研究；②把过渡带划作独立地带或亚地带，此时地带范围大小的定量指标具有一定的参考意义。一般来说，范围大的可视为地带，范围小的则是亚地带。例如，大多数学者把半荒漠和森林草原视为地带，而把森林苔原作为亚地带。

地带内存在着南北差异，可以进一步细分。理论上有两种划分方法，基本地带通常可划分为南、中、北三个亚地带，如泰加林地带包含三个亚地带。过渡地带通常只划分为南、北两个亚地带。

(3)(自然)亚地带与次亚地带。(自然)亚地带是自然地带内再划分的地带性单位。次亚地带被认为是最低级的地带性单位，它不是普遍存在的自然区域，在某些(自然)亚地带内自然地理综合特征或自然地理要素发生局部的和更次一级的地带性分化才构成次亚地带。

关于(自然)亚地带、次亚地带等低级地带性单位的定义及划分标志等理论问题，至今仍缺乏系统研究和科学概括。

一般认为，(自然)地带更替是由自然带内整体特征的重大质变造成的。(自然)亚地带更替则只需少数组成成分出现地带性质变，而其他组成成分发生量变即可实现。(自然)次亚地带则是各组成成分和整个亚地带自然特征的局部的、更次一级的地带性变化。例如，俄罗斯苔原地带，根据植被、气候等标志可分为北极苔原、典型苔原和森林苔原三个亚地带。典型苔原又可再分为藓类地衣苔原和灌木苔原两个次亚地带。

2. 非地带性区划单位等级系统

在自然区划工作中，根据非地带性规律可以划分出一系列区划单位，根据不同区划单位的非地带性联系形成一定的区划单位等级系统，这就是非地带性区划单位等级系统。

非地带性单位具有鲜明的非地带性特征，这些特征主要表现在以下方面。①非地带性单位主要根据区域的非地带性属性来划分。非地带性单位起因于非地带性因素(地球内能对地表的影响)。因此，非地带性单位主要是根据区域的非地带性属性划分，这主要包括两个方面：一是与海陆分异有关的气候干湿度变化；二是与地壳运动有关的地质构造和地貌差异。②非地带性单位是不完全的综合单位。一方面这些单位都是自然综合体，在非地带性方面具有发生统一性；另一方面，由于它们在地带性方面还缺乏发生统一性和相对一致性，即在非地带性单位内部可以容许不同的地带性单位存在。因此这些单位的综合性是不完全或不充分的。③非地带性单位往往"切断"大致沿纬线延伸的地带性单位，而呈块状分布。非地带性单位在高纬度和低纬度不具有明显的更替规律，而在中纬度地区存在着从沿海向内陆更替的特征。④非地带性单位具有较为鲜明的界线。非地带性单位的界线因受构造地势的影响，因而表现出相对明显的特征。

目前普遍认同的非地带性单位等级系统是(自然)大区、(自然)地区、(自然)亚地区、(自然)州。

(1)(自然)大区。(自然)大区是最高级的非地带性区划单位。它是大陆的巨大部分，与基本的地质构造单位紧密相关，并具有决定于区域地理位置的大气环流特征和纬度地带性结构。

在大地构造方面，(自然)大区相当于古地台或巨大的造山运动带。因其地理位置和地势特点的影响，每个大区在全球大气环流系统中都占有特殊地位。各个不同(自然)大区上空具有不同的气压条件，作为大气作用的中心，存在着引起气团移动和变性的特定条件。因此，(自然)大区之间在地质地貌基础、热量带性质以及大气环流特征等方面都存在明显差异。并且在每一个大区的内部都发育有一套独特的地带谱。

我国陆地主要位于东亚大区和中亚大区的范围内。东亚大区具有湿润的季风气候，地带谱由从南向北连续更替的各个森林地带构成。中亚大区具有干燥的内陆气候，地带谱由依次更替的荒漠-草原地带构成。两个大区存在着明显的构造地貌分异，东亚大区平原、丘陵和低山占优势，中亚大区主要分布高大的山原和台地。这两个大区的界线主要取决于地质构造界线，两区的界线从北部的蒙古高原东缘延伸至南部的青藏高原东缘。青藏高原位于中亚大区的南半部，具有独特的高寒自然景观。《中国综合自然区划(初稿)》将我国划分为三个(自然)大区：东部季风大区、西北干旱大区和青藏高寒大区。这个区划方案已经被我国地理学界广泛接受，各个大区的主要特征见表 4-2。

表 4-2　中国三个大区的主要特征［据：席承藩和丘宝剑(1984)］

大区	东部季风大区	西北干旱大区	青藏高寒大区
占全国总面积的比例/%	47.6	29.8	22.6
占全国总人口的比例/%	95.0	4.5	0.5
气候	季风，雨热同季，局部有旱涝	干旱，水分不足限制了温度发挥作用	高寒，温度过低限制了水分发挥作用
地貌	大部分地面在 500m 以下，有广阔的堆积平原	高大山系分割的盆地、高原，局部窄谷和盆地	海拔 4000m 以上的高原及高大山系
地带性	纬度地带性为主	东西向或作同心圆状	垂直为主
水文	河系发育，以雨水补给为主，南方水量充沛，北方稀少	绝大部分为内流河，雨水冰雪融水补给为主，湖泊水含盐	西部为内流河，东部为河流发源地，冰雪融水补给为主
土壤	南方酸性、黏重；北方多碱性。平原有盐碱，东北有机质丰富	大部分含有盐碱和石灰，有机质含量低，质地轻粗，多风沙土	有机质分解慢，作草毡状盘结，机械风化强
植被	热带雨林、常绿阔叶林、针叶林、落叶阔叶林至落叶针叶林，草甸草原	干草原、荒漠草原、荒漠，局部山地为针叶林、荒漠草原	高山草甸、高山草原、高山荒漠，河谷中有森林
农业特征	粮食生产为主，干鲜果类，林、牧、渔业	以牧为主，绿洲农业	沟谷及较低海拔高原面有农业，高原牧业

(2) (自然)地区。(自然)地区是比(自然)大区次一级的非地带性单位，通常被认为是最基本的非地带性区划单位，又被叫作"自然国""自然历史国""地理国"。(自然)地区是大区的一部分，大区的标志在地区范围内得到了具体、明显的表现。(自然)地区在地势-构造方面具有很大的确定性，同时它具有显著的发生统一性和比较鲜明的界线。简要表述(自然)大区和(自然)地区的主要差别在于划

分地区时把平原区域同山地区域分开。

(自然)地区的范围一般相当于第二级大地构造单元，并具有明显的地貌组合特征。海拔是地区最重要的标志之一。有无垂直带性存在和垂直带谱性质如何，是划分(自然)地区的重要标志。在平原区域，纬度地带性结构(地带谱)是划分(自然)地区的重要标志；在山地区域，纬度地带性因叠加了垂直带性，其特征发生了显著变化，垂直带的性质是划分山地(自然)地区的重要标志。因此，尽管(自然)地区的划分主要以地质地貌基础为依据，但每个(自然)地区仍有自身的植被、土壤和景观的共同特征。

目前国内关于(自然)地区的研究还比较缺乏。东部季风大区大致可以划分为东北地区、华北地区、华中华东地区、华南西南地区等。西北干旱大区可分为内蒙古地区、甘新地区等；青藏高寒大区大致可以分为青藏高原西北部地区和青藏高原东南部地区等。

(3)(自然)亚地区。(自然)亚地区是非地带性区划单位等级系统中的第三级区划单位。它是(自然)地区的一部分，主要是在地质历史时期最近阶段的新生代，在非地带性因素(构造运动、海侵和气候省性等)影响下分化出来的。(自然)亚地区范围内具有最明显的地势起伏与地质构造一致性，每个(自然)亚地区的地质构造、地貌形态、地表沉积物性质等基本相似，气候、土壤、植被以及土壤类型的组合等也具有明显的共同性。

在地势构造-地貌分异清晰时，地质地貌仍是划分(自然)亚地区的标志，其大致与大地构造的三级单位相对应。我国地表中尺度的山地、高原、丘陵、盆地和平原等都是典型的(自然)亚地区，如山西高原、四川盆地、柴达木盆地、阿拉善高原、准噶尔盆地、塔里木盆地、阿尔泰山山地等。

当地势构造-地貌分异不清晰，或大地构造分异在地貌分异上表现不明显，而且对植被和土壤分异影响不大时，(自然)亚地区的划分必须考虑山系和盆地的组合状况。综合自然区划中的亚地区不一定与地貌区划中相应单位完全符合，因为亚地区的划分有时还考虑到气候的非地带性差异。

(4)(自然)州。(自然)州是低级的非地带性区划单位，也称(自然)次亚地区。对(自然)州的研究远不够深入，目前尚未见到真正按非地带性地域分异规律划分的(自然)州的实例。(自然)州的划分主要以(自然)亚地区内的地质地貌差异，以及由此差异引起的其他自然条件的变化为依据。一般来说，(自然)州的范围大致与第四级大地构造单元相当，但这种相当不是绝对的。

在山地划分(自然)州时应特别注意山系的组合状况；而在平原区域则应注意沉积物的分布状况，气候差异也可作为划分州的依据。

主张采用双列系统的学者以伊萨钦科为代表，其观点如下：综合自然区划的等级系统应当反映客观存在的两类起因不同、互不从属的地域分异规律。由于地表自然界存在着反映这两类分异规律性的地域，所以综合自然区划也就应有双列等级系统。两个互不依存和没有从属关系的系列只有在景观中才完全结合起来。由于自然区域不是经常都分到景观，因此需要一种特殊的"联系单位"把两个等级系统联系起来。这种联系单位是在地带性单位和非地带性单位叠置后获得的，而且只有等级相对称的单位叠置才是合理的。地带性单位和非地带性单位是基本的，而联系单位是次要的(蒙吉军，2020)。根据伊萨钦科的观点，把地带性单位和非地带性单位分别作为纵横坐标轴，其等级对称的单位交叉叠置所得的联系单位如图 4-5 所示。

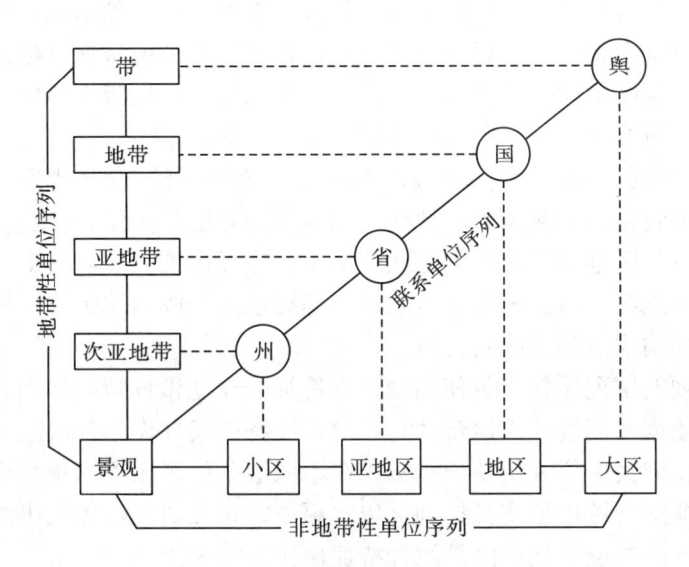

图 4-5　双列系统相叠置的联系单位序列

注：据蒙吉军(2020)

4.3.2　单列区划单位等级系统

地域分异规律包括地带性规律和非地带性规律。因此，反映地域分异规律的区划等级系统便出现了双列系统(地带性单位系统和非地带性单位系统)。在双列系统中，地带性区划单位等级系统和非地带性区划单位等级系统都是不完全的综合性区划单位等级系统。仅按地带性原则进行的区划不能反映决定于非地带性因素的景观地域联系，按照非地带性原则进行的区划不能反映地带性地理规律。

地带性和非地带性因素作为影响地表自然景观发展的外部条件，尽管起因有别，但它们共同作用于地表自然界，并使之同时具有地带性和非地带性属性。同时，这两种属性虽然在空间分布上具有不同的规律，但地表自然界地域差异的规律性是两种因素交织作用的综合表现。因此，可以根据这两种属性的综合特征来设置综合性区划单位，并按其从属关系建立统一的等级系统，这就是单列区划单位等级系统。这种区划单位又被称为综合性区划单位。

单列系统可以分为统一单列系统、交叉单列系统和叠置交替单列系统。

(1) 统一单列系统。统一单列系统是将地带性和非地带性两种规律在较高级区划单位中统一起来，从而更全面地反映出区域各客观实体的本质特征。任美锷等在《中国自然地理纲要》中提出的等级系统：自然区—自然地区—自然省—自然州，以及赵松乔在《中国自然区划新方案》中提出的等级系统：自然大区—自然地区—自然区—自然亚区—自然小区，都属于这种统一单列系统。统一单列系统采用同级单位综合指标法进行区域划分，是地带性和非地带性指标的有机结合，每一级区划单位既不完全是地带性单位，也不完全是非地带性单位，它是一种更能全面反映区域客观实体本质特征的综合性区划单位。

(2) 交叉单列系统。交叉单列系统实际上是双列系统(交叉排列)的单列形式，其等级系统大致为：大区—带—地区—亚地区—亚地带—州(小区)—次亚地带。《中国综合自然区划(初稿)》创造性地运用了交叉排列方法，提出了"自然区—热量带—自然地区—自然地带—自然省"等级系统，成为地带性单位和非地带性单位交叉排列构成单列系统的典范。

交叉排列的单列系统交替使用地带性特征与非地带性特征作为各级区划单位划分的主要依据，交替使用地带性与非地带性特征指标作为各级区划单位划分的主导标志；在同级单位采用统一指标、在不同级单位采用不同指标进行区划；地带性单位与非地带性单位交叉排列，依次更替，相互切割，体现出综合划分的特点；区划的下限单位自然小区是综合特征最一致的单位。

(3) 叠置交替单列系统。叠置交替单列系统是从地带性和非地带性两列区划单位入手，在地理相关分析基础上交替运用主导标志法进行两类区划单位的界线网格叠置，使地带性区划单位内有非地带性差别，非地带性区划单位内有地带性差别，从而相应形成省性单位和带段性单位。这为单列系统在带内划分地区、地区内划分地带，提供了理论依据(陈传康，1964)。

根据上述观点，理论上可以建立一个"通过双列系统区划单位叠置交替而得出的"综合性单列系统(图4-6、图4-7)。这样得出单列系统的综合性区划单位有带段、国、地带段、省、亚地带段、州、次亚地带段、区(景观)。这些单位可以"自上而下"逐级划分，也可以"自下而上"逐级合并。

叠置交替单列系统具有下列特点：①交替使用主导标志法进行区域划分；②每个单位都是其高级单位的一部分；③它是带段性单位和省性单位相间排列的系统，只有自然区(景观)才是最综合的单位。

总之，目前对自然区划单位的等级系统尚有争议。主张双列系统的学者认为，只有双列系统才能更充分地反映地域分异规律，区划界线的争论较少，既可按照山地、平原等非地带性单位划分，又可依据地带性特征划分出地带，对自然综合体的认识较为便捷。而主张单列系统的学者则认为，单、双列等级系统不是互相排斥和截然对立的，从一定意义上说，双列系统中的联系单位正是单列系统的基本区域单位。联系单位不是次要的，而是主要的。

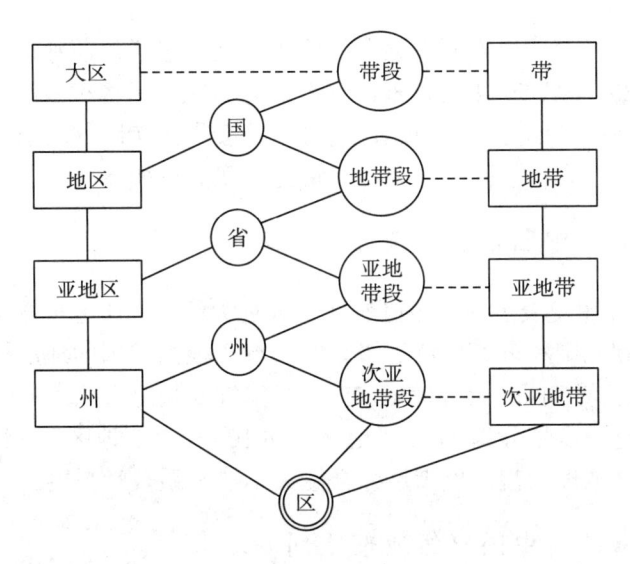

图 4-6 叠置交替单列系统及各单位间的相互关系示意图

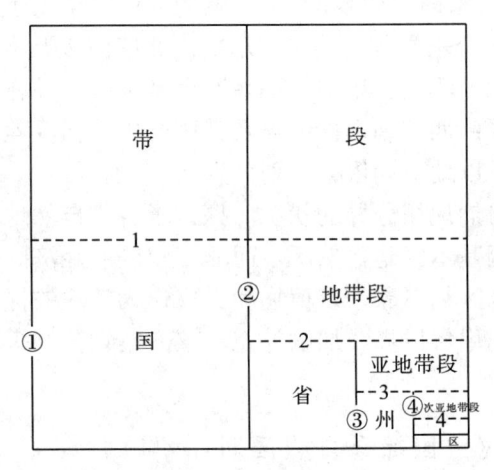

①大区界线；②地区界线；③亚地区界线；④州界线
1.带界线；2.地带界线；3.亚地带界线；4.次亚地带界线

图 4-7 单列系统逐级划分示意图

注：据蒙吉军(2020)

4.4 中国综合自然区划方案简评

我国在自然区划研究方面有悠久的历史,区划思想的萌芽最早可以追溯至春秋战国时期。20世纪50年代以来,学者们先后完成了多种中国自然区划方案,探讨了综合自然区划的方法论问题,满足了社会生产实践的需求。过去几十年发表的一些主要的综合自然区划方案各具特色。现简述如下。

1. 林超的《中国自然地理区划大纲》

1954年,林超发表了《中国自然地理区划大纲》。该区划方案借鉴阿尔孟特的自然地理区划原则和分类单位等级系统,首先根据我国的地形构造将全国划分为4个部分(北方、南方、西北和西南),根据气候状况再分为10个"大地区",最后根据地形进一步划分为31个"地区"和105个"亚地区"。该区划基本上反映了全国的自然地理面貌,也满足综合性大学地理系教学需要。

2. 罗开富的《中国自然地理区划》

1954年,由罗开富主编的《中国自然地理区划》出版。此区划方案首先将全国分为季风影响显著的东部区域和季风影响微弱或完全无季风影响的西部区域,然后将全国划分为7个基本区。其中,东部由北向南按温度递增及其在土壤、植被上的反映分为东北、华北、华中、华南四个基本区,并将垂直分异突出的康滇单独划为一个基本区;西部则根据地势及其所产生的温度差异,划分为蒙新、青藏两个基本区。最后以地形为依据,划分为22个副区。

该方案注意到自然地域分异的状况,探讨了各类自然地理现象之间的相互关系与相互影响。强调基本区是自然区,而非行政区或经济区。方案明确提出以自然综合体或景观作为区划对象,以植物和土壤作为景观的标志,即区划标志;在标志不确定处,则选用气候界线加以补充。该方案划分的多数区的名称一直沿用至今。

3. 黄秉维的《中国综合自然区划(初稿)》

从1956年开始,中国科学院自然区划工作委员会开展了一个较大规模的综合自然区划工作。在各个部门自然区划工作的基础上,比较全面地总结了以往的区划经验,集中了许多中外专家学者的意见,并由黄秉维主编,于1959年出版了《中国综合自然区划(初稿)》。1965年和1989年两次对区划方案进行了修改和完善。

1959年的方案初稿将全国划分为三大自然区、6个热量带、18个自然地区和亚地区、28个自然地带和亚地带、90个自然省。阐述了第四级自然州、第五级自然县和生物气候类型的划分，系统说明了全国自然区划在实践中的作用及在科学认识上的意义。1965年补充修改了原方案，明确将热量带改为温度带。1989年简化了区划体系，重申温度与热量的不同，划分12个温度带、21个自然地区和45个自然区。

该方案比较全面地总结了以往经验，揭示了地域分异规律，明确规定区划的目的是为广义农业服务。该方案第一次在区划等级系统中充分反映出地带性区划单位，成为我国综合自然区划的典范。第一次将我国划分为三大区，充分反映出我国自然条件的分异特点。这是我国最详尽且系统的自然区划方案，一直是农、林、牧、水、交通运输及国防等部门作为查询、应用和研究的重要依据，影响巨大，有力地推动了全国和地方自然区划工作的深入。

4. 任美锷的《中国自然地理纲要》

1961年，任美锷在《中国自然地理纲要》一书中对黄秉维1959年中国综合自然区划方案提出了不同的见解。在区划指标应否统一，对指标数量分析如何评价、区划的等级单位如何拟定、各级自然区域如何命名等问题上，发表了简明扼要的看法。方案依照自然情况差异的主要矛盾以及改造自然的不同方向，将全国划分为8个自然区(东北、华北、华中、华南、西南、内蒙古、西北、青藏)、23个自然地区和65个自然省。方案把大兴安岭南段划入内蒙古、把辽河平原划入华北区、把横断山区划入青藏区、把柴达木盆地划入西北区等，曾在地理学界引起热烈的讨论。

1963年，任美锷再次论证了中国自然区划问题。强调区划单位应是综合性的单位，区划单位等级系列只能唯一，没有地带性单位与非地带性单位之分；并强调发生统一性的区划原则。1979年，他又对上述方案进行了补充和较为详细的阐述，方案在较高级单位中把地带性规律和非地带性规律统一起来。1992年，任美锷等在《中国自然区域及开发整治》一书中，对该方案再次进行修改，修订后的区划方案将全国划分为8个自然区、30个自然亚区、71个自然小区，按自然阐述资源利用与环境整治问题。在区划指标是否统一、指标如何评价、区划等级单位的拟订和各级自然区域命名等方面提出了与黄秉维方案不同的见解。

该方案在综合分析的基础上，突出了各区域的主要分异因素；突出了发生学的区划原则，即现代地理特征的发生；方案中的区域单位都是综合性单位，没有地带性与非地带性单位之分；该方案各区域单位的命名均采用地理位置或与地貌类型相结合的方法，与人们习惯上用的区域概念有许多相近之处，便于记忆与掌握。

5. 侯学煜等的全国自然区划方案

1963年，侯学煜等综合研究了以发展农、林、牧、副、渔为目的的全国自然区划。该方案首先按温度指标把全国从北到南划分为6个带和1个区(温带、暖温带、半亚热带、亚热带、半热带、热带及青藏高原区)，各气候带具有一定的耕作制度和一定种类、品种的农作物、木本油粮植物、果树、用材林木等。然后根据大气水热条件结合状况不同把全国分为29个自然区，各自然区的划分一般与距离海洋远近和一定的大地貌有关。该方案从发展大农业的角度进行综合研究，对各个自然区的农业生产配置、安排次序、利用改造等方面提出了轮廓性意见。与前述方案相比，目的更为明确，更加偏重于实用。

6. 赵松乔的综合自然区划方案

1983年，赵松乔在《中国综合自然地理区划的一个新方案》一文中提出了三条明确的分区原则：综合分析和主导因素相结合、多级划分、主要为农业服务。在此基础上，根据我国自然地理环境中最主要的地域差异，把全国划分为三大自然区(东部季风区、西北干旱区、青藏高寒区)。再按温度、水分条件的组合及其在土壤、植被等方面的反映，划分出7个自然地区。然后按地带性和非地带性因素的综合指标，划分出33个自然区。

7. 席承藩等的《中国自然区划概要》

1984年，席承藩等在《中国自然区划概要》中首先把全国划分为3大区域(东部季风区域、西北干旱区域和青藏高寒区域)，再按温度状况把三个区域依次划分为9、2、3个带，共14个带，然后根据地貌条件将全国划分为44个区。方案强调为农业服务，与1959年黄秉维方案比，部分更新了资料，简化了区划系统。三大区域的划分与赵松乔方案互为借鉴，并被普遍沿用至今。

8. 侯学煜的自然生态区划方案

1988年，侯学煜在《中国自然生态区划与大农业发展战略》一书中提出自然生态区划方案。该方案将全国分为20个自然生态区及若干小区。每一个生态区都归属于一定的气温带(区)，但气温带(区)不是自然生态区的单位级别。其目的是要根据自然生态规律性，合理地开发、利用、保护自然资源，从各地自然生态因素考虑因地制宜、扬长避短，合理规划各地区发展农牧渔多种经营的方向、布局和国土整治问题。以植被分布的地域差异为基础进行了全国自然生态区划，并与大农业的发展策略相结合进行了探讨，具有很强的实践指导价值。

9. 郑度等的中国生态地域划分方案

1999 年，郑度等提出了生态地域划分的原则和指标体系，构建了中国生态地理区域系统，这是近期我国自然区划的代表性研究。该方案将全国划分为 11 个温度带、21 个干湿地区和 49 个自然区。在研究方法上考虑了全球环境变化对生态地域划分的影响，按照先水平地带，后垂直地带的方法来反映广义的地带规律，采用"自上而下"的演绎途径与"自下而上"的归纳途径相结合，界线拟定方面则是将传统的专家智能判定，与建立模型、采用数理统计、GIS 的空间表达等相结合。该方案的主要特色是详细确认了中国生态地理区域的关键界线(暖温带/北亚热带、南亚热带/边缘热带、中温带半湿润/半干旱)，并探讨气候变化趋势对我国自然地带界线的可能影响。

10. 傅伯杰等的《中国生态区划方案》

傅伯杰等(2001)提出《中国生态区划方案》。该方案以我国宏观尺度上的生态系统(生物和环境)为对象，在充分考虑我国自然生态地域、生态系统服务功能、生态资产、生态敏感性以及人类活动对生态环境胁迫等要素的基础上，将全国生态区划分为 3 个生态大区(1 级区)、13 个生态地区(2 级区)和 57 个生态区(3 级区)。该方案特别关注生态环境的敏感性、胁迫性和脆弱性问题，对一些生态环境敏感和脆弱的区域进行划分，这是该方案的一个显著特色。

第5章 土地分级与分类

在综合自然区划的下限单位——景观内部还存在明显的地域差异。当按照某一分异因素对景观内部再进行地域的划分时，就会发现所划分的地域个体数目呈现爆炸性增长，并且存在许多属性相似但空间并不相连的地域个体。这使得以强调个性研究的区划方法的应用受到制约，因此需要采用分类的方法，将存在于个体的属性抽象出来，通过归纳概括，进行分类，以把握所划分的地域个体特征。采用分类方法对地域进行研究，即土地类型学，这是综合自然地理学的一个重要组成部分。

5.1 土地的概念和土地科学

5.1.1 土地的概念

在原始社会，人们对其生存生活环境的认识非常模糊，仅仅根据直观感觉把无边无际的环境空间的上方称为"天"，下方称为"地"，人类就是生存生活在所谓的"天地"之间。因而，普天之下的"大地"就是最原始的"土地"概念。这时的土地概念只涉及土地的空间位置。

到了农业社会，人们把具有土壤且能够生长植物的地表称为土地。《尚书·大传》道："土者，万物之所资生，是为人用。"管仲认为："地者，万物之本原，诸生之根菀也。"《说文解字注》中写道："地以土生物，故从土""土，吐也，吐生万物者也"。这时的土地概念的内涵是指能够生长植物，外延仅限于有土之地。

随着农业生产经验的积累，人们在利用土地种植农作物时，不仅仅只考虑土壤或地貌等单一因素，而是综合考虑光、温、水、土、地形地貌和基岩性质等自然要素以及这些自然要素相互作用而产生的综合特征。随着人类社会的发展和科学技术的进步，人们对土地的认识也在不断加深和完善。

从英语词源上看，"land"一词源自古英语"lond"，意为"地面"（ground）、"土壤"（soil）。牛津词典中"land"的含义包括：地球表面、地区、农村或农地、国家或区域。中文语境下，《辞海》中"土地"指土壤和田地、领土、测量地界等；中文维基百科中"土地"可以指土壤、陆地、地皮、领土等。这些表述分别反映了地质学、地理学、法律和国家主权等视角下的土地。这些名词术语中，"土壤、陆地"等指代的是客观存在的实体；而"地表、地皮、地区、国土"则是观念和规则的建构，如"地皮"就是观念性存在的，而非实体性存在；"地区"和"国土"不过是人为定界的某个区域土地而已。可见，在一般性认识中，土地存在两种基本的指代：一是指代作为实体存在的某个区域、某块土地；二是指代作为观念存在、知识和经验的土地概念。

赵松乔等(1979)认为，"土地是一个综合的自然地理概念，它是地表某一地段包括地质、地貌、气候、水文、土壤、植被等多种自然因素在内的自然综合体。每个自然因素在整个自然地理环境中以及农、牧、林业生产中，各有其重要作用，但只有全部自然因素的综合作用才是最重要的。土地的性质，也取决于全部组成要素的综合特点，而不从属于其中任何一个单独要素。陆圈、气圈和生物圈相互接触的边界——大致从植被的冠层向下到土壤的母质层，是各种自然过程最活跃的场所，有人称之为'活动层'，这也就是'土地'的核心部分"。林超等(1980)认为，"土地是由其相应的相互作用的各种自然地理成分(地质、地貌、气候、水文、土壤、植被等)组成的自然地域综合体，是地球表层历史发展的产物"。石玉林(1980)指出，"作为农业自然资源的土地是一个自然综合体，它是由气候、地貌、岩石、土壤、植物和水文等组成的一个垂直剖面，并且也是人类过去与现在生产劳动的产物"。李孝芳等1980年的研究则指出，"土地是地球表面一定范围内，由岩石、地貌、气候、水文、动植物(包括微生物)等各要素相互联系、相互作用的自然综合体。这个综合体受到人类过去和现在长期活动的影响，所以说土地是人类生活和生产劳动的空间。无论是从农业生产，还是从工矿业开发、城市交通建设等方面来说，土地都是生产的基本资料，人类生存不可缺少的条件之一"。

1972年，联合国粮食及农业组织(Food and Agriculture Organization of the United Nations，FAO)在荷兰瓦格宁根召开了讨论土地评价的国际专家会议，与会学者达成共识，提出"土地包含地球特定表面及其以上或以下的大气、土壤及基础地质、水文和植物，它还包括这一地域范围内过去和现在人类活动的种种结果，以及动物就目前和未来利用土地所施加的重要影响"。1976年，FAO公布的技术性文件《土地评价纲要》接受了这一定义的基本观点，提出"土地是比土壤更为广泛的概念，它包括影响土地用途潜力的所有自然环境如气候、地貌、土壤、植被和水文以及人类过去、现在的活动结果"。对于土地的概念应从其自然属性和社会属性角度加以界定。

上述关于土地的定义中尽管由于研究角度和认识的不同，尚未有一个公认的定义。但下述4个关于土地概念的内涵和外延的定义基本上是一致的。

(1) 土地是指地球陆地表层的特定空间系统。海洋和陆地是地球表层的两大组成部分，有着明显区别的自然地理特征。土地仅指地球表层突出于海洋面上的陆地部分，包括陆地上的河流、湖泊等水体以及沿海的滩涂和海洋上的岛屿。

(2) 土地具有一定的垂直厚度(土地概念立体观)。土地不仅仅指地球的陆地表面，它也包括了地球陆地表面以上和以下的一定范围，它向上、向下的范围是现今人们利用土地的技术所能达到的范围。

(3) 土地是其空间范围内所有自然要素相互作用而形成的一个自然综合体。组成土地各要素(地貌、土壤、岩石、水文、气候和生物等)，在一定的时间和空间内，相互联系、相互作用、相互依存而组成具有一定结构和功能的有机整体。土地的性质和用途取决于全部构成要素的综合作用，而不取决于任何一个单独的要素。

(4) 土地包括人类过去和现在的土地利用活动对土地的影响结果。土地是自然的产物，不是人类劳动的产物，但人类活动可以引起土地有关组成要素的性质变化，从而影响土地的性质和用途的变化，这种新的性质和用途，与人类的活动成果密不可分，没有这些成果，土地就不具有这些用途。从这一意义上讲，这些人类的活动结果也是土地的重要组成部分。土地具有负载、养育、仓储、提供景观、储蓄和增值等功能，是宝贵的自然资源和资产。

把握土地的概念，还需要理解土地与土壤、土地与土地资源、土地与生态系统、土地与国土等概念的区别。

土地与土壤是两个不同概念。土壤是指地球陆地能够生长植物的疏松表层。尽管早在19世纪初，道库恰耶夫就已指出土壤是自然界的一面镜子，但它仍不能与土地概念等同。因为从发生学观点看，气候、地貌、母质、生物等是土壤形成的环境因素，土壤只是反映了这些因素的综合作用，只是这些因素相互作用的产物。土地则是在一定地段内把全部自然因素(包括土壤在内)作为它本身的组成部分，并通过这些成分的相互作用构成一个整体，从而具有综合自然特征。对农业生产而言，土壤和土地都有肥力特征，但土壤肥力只涉及作物生长所需要的养分和水分，而土地肥力除包括土壤肥力外，还包括气候肥力——光、热、湿度、空气，以及生物肥力等。土地和土壤的功能不尽相同，如图5-1所示。

土地资源是指在一定的技术条件和一定的时间、地点内可以被人类利用的土地，是人类主要社会经济活动的空间载体。而土地包含了能够被人类利用和不能被人类利用的土地。因此土地的范畴比土地资源范围广，土地包含土地资源。

土地与生态系统的概念也不相同。生态系统是以生物群落为中心，以直接影响生物群落的各环境因素的整体作为生境，并不涉及环境的间接影响因素，如地貌部位、根系层下的岩性和潜水条件、间接的气候条件等。这些间接影响因素的整体称为处境，乃是决定生境特征分异的一个重要因素。生物群落、生境、处境三者相结合，构成比生态系统更高一级的系统，即自然地理系统。土地是自然地理系统的低级单位，是它在具体地段的表现，可称为土地系统。

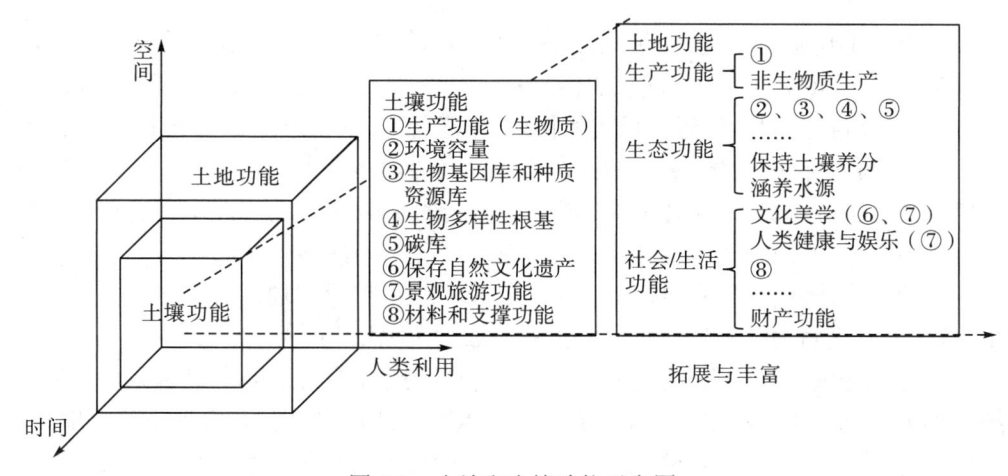

图 5-1 土地和土壤功能示意图

注：图中①～⑧为土壤功能

土地与国土是两个不同的概念。国土是一个政治概念，是一个国家主权范围内所有地域空间的总称，包括领土、领空、领海。土地是一个学术上的概念，它不包括领海和领空。

5.1.2 土地科学

以土地为研究对象的土地科学发轫于对土地类型的认识，并以土地类型学为基础。土地科学(landology)是面向人类利用，研究土地要素结构功能、空间关系、演变机理，揭示土地系统变化及其规律，研究土地资源管控与运营理论与方法，探求土地系统健康运行途径与工程技术的综合性、交叉性学科。

在人类社会由原始社会进入农业社会后，农业生产必须根据不同地段的土地特征，因地制宜安排生产措施和选择作物种类。农民在农业生产活动中，根据长期以来对土地的综合认识，区分出一些在自然条件和天然资源方面不相同的土地地段，于是逐步形成了土地类型概念。

早在两千多年前的春秋战国时期，《周礼》便记载了当时劳动人民关于土地分类的系统知识，将全国土地分为山林(高山峻岭之地)、川泽(江河湖泽之地)、丘陵(丘陵之地)、坟衍(水湿与低平之地)和原隰(高而平坦的低湿地)五类。

战国时期，《管子·地员篇》以土地和作物的关系作为基础，论述各种土地对农业生产的利弊，并对全国土地做了系统的划分和详细的描述。它把土地按地势分为渎田(大平原)、丘陵和山地三大类，在各大类之下又划分出 25 个小类。

渎田：①息土(生息之土)；②赤垆(疏历、刚强、肥沃之土)；③黄唐(黄色虚脆的盐碱土)；④斥埴(盐质黏土)；⑤黑埴(黑色黏土)。

丘陵：①坟延(坟衍，介于丘陵与原隰之间，相当于蔓坡地)；②陕之芳(塝，即狭隘之塝)；③祀陕；④杜陵(土陵，即大的土埠)；⑤延陵(比土陵更广大的土埠)；⑥环陵(丘陵回环接近，丘梁相接)；⑦蔓(峦)山(蔓延的石质低山)；⑧付山(即小土山)；⑨付山白土(覆盖白土的小土山)；⑩中陵(中等丘陵)；⑪青山(覆盖青色土的石山)；⑫磝山赤壤(多石而具有赤土的小山)；⑬垈山白壤(多垒石覆盖白壤的山)；⑭陡山；⑮高陵土山。

山地：①悬泉(有泉水自上流下的山)；②复吕(重山的顶巅)；③泉英(有泉的重山)；④山之材(具有杂木林的山地)；⑤山之侧(山下)。

除上述全国性土地分类之外，各地还有许多地方性的土地类型名称和分类系统。例如，北京山区有活山(水土流失较严重的山地)、死山(基岩裸露的山地)、软山(覆盖有较厚疏松堆积物的山地)、梁地(河谷旁的长条状厅陵)、台地(二级阶地)、川地(一级阶地)、滩地(河漫滩)；在贵州有坝地、槽田、冲田、垌田、坡度、土山、石山等；黄土高原区除塬地、梁地、峁地、川地等大类外，还有肴、畔、壕、塌、城、塌、塔、滩、坪、台、沟、渠、槽、盆等次一级类型；这种地方性土地分类是相对系统的。遗憾的是这些可贵的科学思想，在长期社会历史条件和科学发展水平的限制下，没有得到进一步发展并形成一门科学。

现代土地类型学产生于20世纪30年代。在国外，对土地进行综合研究最早是从景观学开始的。"景观"一词来自德文"landschaft"，S.帕萨格(S.Passarge)在1919年出版了《景观学》一书，认为地理学主要研究地表各区域或地段的特征，小至小地段的识别。现在世界上所有土地研究的思想根源，都是直接或间接地受他的思想影响。苏联景观学说源于道库恰耶夫的自然综合体思想。贝尔格对苏联景观学说的发展起了重要的作用。20世纪40年代以后，其景观学说逐渐形成了一个体系。他们认为，陆地表面可以区分出一些自然条件的综合特征非常一致的地段，这样的地段若给予相同的经济利用措施，其经济效益也是相同的。因此，在土地利用规划上也应给予同样的利用。20世纪30年代，欧美各国也有类似苏联景观学的思想。之后，欧美各国的土地类型学理论开始形成。特罗尔开始把生态学的观点引进土地类型学，后来发展成为景观生态学(landscape ecology)。1946年，澳大利亚联邦科学和工业研究组织(Commonwealth Scientific and Industrial Research Organisation，CSIRO)特设立土地资源研究部，对全国近三分之一的国土进行大、中比例尺的土地类型划分与制图。之后，在澳大利亚发展起来的土地研究的理论与方法，在欧美其他国家得以运用于实践，并有了进一步的发展。由于土地资源调查和土地利用制图的重要性，欧美国家早就开始重视土地利用分类体系的探索和制定，先后出现了许多不同的分类系统。

我国把土地类型作为一门科学进行系统研究，是中华人民共和国成立以后才开始的。从20世纪50年代后期起，在自然区划工作的推动下，许多高等院校和地理科研单位，分别在华南、华北和东北地区开展了不同比例尺的土地类型调查和制图工作。尽管各地所使用术语最初颇不一致,如景观形态研究、地方型、土地类型等,但实质上都是对作为地方尺度自然综合体的土地的系统研究。以后,逐渐统称为土地类型。1963年,在中国地理学会召开的学术会议中,涌现了一批土地类型研究的重要成果。

20世纪80年代以来,土地类型研究作为一种"自下而上"的地域划分,与"自上而下"的自然区划加强了联系。在土地类型研究的理论方面,形成了景观生态和环境地貌两个各具特色的方向。土地类型学的理论和方法已被广泛应用于土地资源评价、土地利用规划、地籍管理等领域中。为适应我国经济建设的需要,在全国普遍进行自然资源考察和农业区划工作,并把1∶100万土地类型图、土地资源图、土地利用图的调查和编制列为重点。迄今,全国和各省、市、县甚至基层单位,都进行了大、中、小比例尺土地类型、土地利用、土地资源的调查工作,并成为各地土地管理信息系统中的基本数据。

20世纪40年代后,特别是60年代以后,随着人口、资源、环境、发展问题的突出,在土地类型学的基础上,围绕土地资源开发利用和行政管理,逐渐形成了一门综合性学科——土地科学。由于研究的侧重点不同,土地科学包含土地类型学、土地资源学、土地利用学、土地经济学、土地管理学、土地信息技术6个分支领域,每个分支领域又包含若干个相对独立的学科。

进入21世纪,土地利用/土地覆被变化(LUCC)研究成为综合自然地理学研究的热点领域。围绕LUCC的特征、过程、机理、后果及未来情景等,国内外学者在动态监测、驱动机制、生态效应、情景模拟等方面开展了大量研究。作为综合自然地理学的重要组成,LUCC研究以土地系统为核心,聚焦土地系统变化的结构与功能耦合、多尺度特征与尺度推绎过程以及可持续发展目标。

5.2 土地分级与基本土地分级单位

5.2.1 土地分级概述

区划研究和类型研究是地理研究中最常用的两类地域系统研究方法。类型研究的前提条件必须要有独立的个体和个体之间应处于统一组织水平。但由于土地分布的连续性和土地特征差异的无限性,在进行土地分类时,必须对连续分布的土地划分出内部复杂程度相对一致的土地个体。这种按照内部复杂程度进行的土地个体的划分与合并称为土地分级。

土地分级实质是小区域内的地域划分。土地作为一个自然地域综合体,是由一些范围不同、等级不同、内部复杂程度有差别、彼此交错重叠的系统所组成的多级镶嵌系统，为揭示其地域组合规律，有必要进行详细的调查研究和制图。由于调查地区的范围不同和研究任务所要求的精度差别，制图比例尺也不一样，针对这种情况，必须根据所划分出的地域个体内部的复杂程度的相对一致性确定调查和制图对象。根据地域个体内部的复杂程度的相对一致性所确定的地域单位，与综合自然区划单位相类似，但为了与自然区划单位相区别，称为土地分级单位。

　　土地分级的理论基础是地域分异规律，尤其是中、小尺度的地域分异规律。大尺度的自然地域分异常表现为气候差异，但气候界线一般是逐渐过渡的，而叠加有地貌差异时，界线就比较分明，所以地貌界线常常成为划分不同自然区域的标志。中、小尺度的自然地域分异则主要由地势和地貌差异引起，地貌差别引起水热条件和地面物质的重新分配，因而相应地有不同的生物群落和土壤，所以地貌成为划分土地单位的主导标志。由于地势和地貌特征具有清晰的遥感图像，所以基于遥感图像解译的地貌分析为土地单位划分提供了可靠的依据和方便的手段。

　　土地分级单位的划分一般应考虑以下几个方面。①土地单位内部相对一致，与其他个体有明显差异。而个体单位的不同级别应有不同的相对一致性和差异性标准。这样划出的土地界线才能符合客观实际，也才能为使用土地数据库存储土地信息提供合适的格架。②划分的土地单位必须易于识别。不仅在野外易于识别，在航空相片、地形图和土地类型图上也能识别；不仅专家能够识别，普通用户也能够识别。这样，划分者才能明确分类对象，划准类型界线；使用者才能在成果图上找到所关心的土地范围，查询到有关的土地单位信息。③土地单位系列应当简明。自然界土地单位的变换是连续的，但仍有从量变到质变的转折点，只要能区别它们的本质特征，就可确定基本分级，这样才能使成果图具有可读性。

　　20世纪40年代以来，有不少地理学家对土地分级和土地分级单位做过研究。他们根据自己研究区域的具体情况，曾区分出一些复杂程度不同的土地地段，并给出了不同的名称，按地域系统研究法进行科学加工，提出各种分级单位。

　　目前，学术界一致认可土地三级分级系统。苏联景观学派的分级系统"自下而上"分为相(Фация)、限区(Урочище)和地方(Местнсомъ)；澳大利亚及英美国家分为立地(site)、土地单元(land unit)、土地系统(land system)；1966年，英国牛津军事工程实验站、澳大利亚联邦科学和工业研究组织以及南非国家道路研究所的代表在一份联合报告中提议采用一个新的分级单位系统，其中低级地域单位是：土地元素(land element)、土地刻面(land facet)、土地系统。这些术语后来为澳大利亚学者所采用。

　　对比上述土地分级单位的定义，除地方与土地系统有一定的差异外，相与立地、土地元素的定义和限区与土地单元、土地刻面的定义是比较一致的。表5-1对主要学派的土地分级单位进行了对比。

表 5-1 主要学派所用土地单位系列的比较

主要学派	比例尺						
	1:3000万 1:1500万 1:1000万	1:500万 1:300万	1:200万 1:100万	1:25万	1:10万 1:5万	1:2万	1:1万 1:1000
澳、英、南非协议	土地带 (land zone)	土地地区 (land province)	土地省 (land province)	土地区域 (land region)	土地系统 (land system)	土地刻面 (land facet)	土地元素 (land element)
苏联	地带 (зона)	地区 (Обласмь)	省 (лровинцдл)	景观 (Ландщафт)	地方 (Местносмъ)	限区 (Урочище)	相 (Фация)
加拿大生态土地分类	生态地带 (ecozone)	生态省 (ecoprovince)	生态区域 (ecoregion)	生态区 (odistrict)	生态地段 (ecosection)	生态立地 (ecosite)	生态元素 (ecoelement)
ITC*			土地区域 (terrain region)		土地系统 (terrain system)	土地单元 (terrain unit)	土地成分 (terrain component)
英国生物自然土地分类		土地带 (land zone)	土地区域 (land region)	土地区 (land district)	土地系统 (land system)	土地型 (land type)	土地相 (land phase)
法国生物自然土地分类		生态带 (zone ecologique)	生态区域 (region ecologique)	生态区 (district ecologique)	生态系统 (system ecologique)	生态型 (type ecologique)	生态相 (phase ecologique)
CHRISTIAN 与 STEWARL (澳)				土地系统 (land system)	土地单元 (land unit)	土地型 (land type)	立地 (site)
VEATCH (美)		自然土地地区 (natural land divisions)		土地区域 (land region)	分区 (major division)	土地型 (land type)	小单元 (minor unit)
TROLL (德)			景观组合 (landshaft mosaic)		景观单元 (landshaft unit)		景观元素 (landshaft element)

注：根据 Wiken E B 关于 the role of national and international coordination in ecologocal land classification 的研究，改编补充；*航天与综合调查国际训练中心。

中国科学院地理科学与资源研究所的赵松乔最先进行了土地类型的划分，但不强调分级与分类的差别，直接划分不同等级的分类单位，也没有要求为不同比例尺的土地制图规定相应的制图单位。北京大学和中山大学地理系受伊萨钦科指导的自然地理进修班的影响，比较注意分级和分类的差别，采用为不同比例尺地图规定相应级别的制图单位的方法，把类型单位看作是一定级别的个体单位的分类等级系统。他们采用的土地分级单位"自下而上"分别为相、限区和地方。陈传康、蔡运龙等认为，相、限区和地方是外来语，不易在国内广泛推广，推荐采用地块、地段和地方进行替代。但有学者认为地块、地段太过于俗语化，与日常用语不易分开，应当采用相、限区和地方比较妥当。

由于土地分布的连续性和性质差异的无限性，在基本的土地分级单位之间存在一些过渡性的分级单位。相与限区之间的过渡分级单位有相组/环节，限区与地方之间的过渡分级单位有超限区/复杂限区和亚地方，在地方与景观之间有复杂地方和复合地方，如图 5-2 所示。

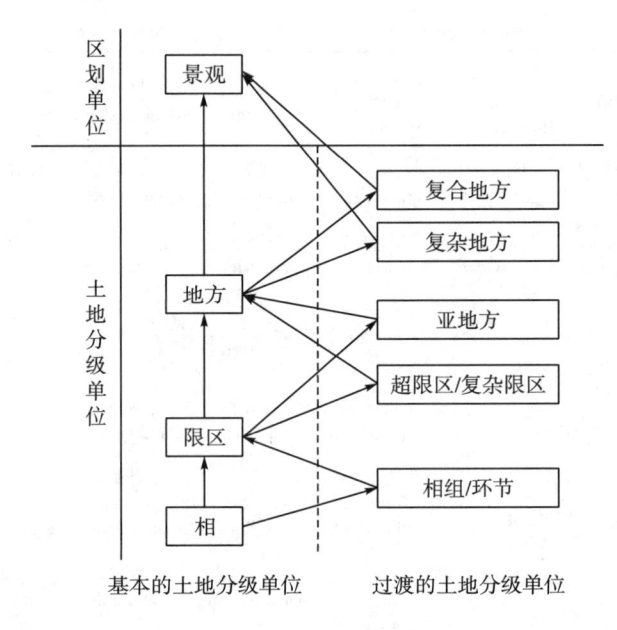

图 5-2 土地分级单位示意图

5.2.2 基本土地分级单位的识别

1. 相

1) 相的定义及特点

相，澳大利亚联邦科学和工业研究组织称为"立地"(site)；维多利亚土壤保持管理局将其叫作"土地成分"(land component)；英国学者则称为"土地素"(land element)；德国学者帕沙格曾称为"景观部分"(landschaft steile)，现在叫作"生态环境综合体"(ecotone complex)；美国学者称为"地形元素"(topographic element)；日本学者将其叫作"土地型"(land type)。尽管名称不一致，但实质均指自然界中自然特征最一致的地段，是土地个体划分的下限单位。

H. H. 宋采夫认为，相是具有同一自然地理条件的地段，"在其整个空间内，应该具有相同的岩性，一致的地形，并获得相同数量的热量和水分。这样的条件下，在它的空间内必然会以一种小气候占优势，仅仅形成一个土种和仅仅分布着一个生物群落"。伊萨钦科认为"相显然应该相当于不同组成成分地域划分的最小分类单位，也就是在气候方面相表现出小气候，在生物方面相表现出个别的植物群落等"。贝尔格建议把最简单的、不能再分的景观部分称为相，认为相是地理学、生物地理学和地质学不能再分的单位。

　　澳大利亚和英国等国家的学者认为"立地"或"土地素"等术语的含义与"相"的含义基本一致。他们认为：在立地范围内部的地貌、土壤、植被以及在实践应用上具有同一性质，它为人类和生物提供了一个一致的环境，在土地利用上具有相似的利用可能性和存在相似的问题。A. B. 布克林等给"土地元素"的定义是：景观的最简单部分，其岩性、形态、土壤和植被都是一致的。维多利亚土壤保持管理局把土地成分定义为：最小的、最详细的和最基本的制图单位，在一个土地成分内，其气候、母质、地形、土壤和植被都是一致的，并有一定的土地利用方式。

　　根据上述定义，可把相的基本特点归纳如下。①相是最低级、最简单的地域个体单位，是综合自然地理学地域划分的下限。尽管在相的内部还存在着一定差异，但这种差异已经不是自然综合体的差异，而仅仅只是自然综合体内部的某一组成成分的差异，并不影响自然综合体的整体性质。②在相的空间范围内，各自然地理组成成分具有最一致的性质，即相当于组成成分的最小基本单位。③相是综合自然特征最一致的土地地段，其范围内土地利用的适宜性和限制性基本相同。④与其他土地分级单位相比，相存在的历史最短，抵御外部影响，特别是人类活动影响的稳定性最小。

　　综上所述，在相这个基本单位里具有一致的处境条件（地形剖面位置、相对高度、坡地的坡向和坡度）、一致的基质（母岩）、一致的小气候和水文状况。实地观察中不难发现，在陆地表面一定土地范围内，不仅综合自然特性非常一致，而且各自然地理组成要素的特征也一致。相这样的土地范围若采取相同的利用措施，若用于种植业可获得相同的产量，其经济效益也相同。然而相内部还可能存在差异，所谓"一尺之捶，日取其半，永世不竭"（编注：引自《庄子·天下》）。但如果再往下划分，其结果已不再是自然地域综合体，也不再是综合自然地理学的研究对象。

　　如何在实地识别和划分相并进行制图，乃是土地分类中必须关注的重要问题，寻找简单和可靠的划分标志是在野外划分地块的关键。为此，必须解决三个问题：首先，因为相相当于各自然地理组成要素的最小基本单位，只有确定这些最小基本单位，才可以划分相。因此，在野外划分地块，不仅要确定各组成要素的最小基本单位，还应确定其识别标准。其次，自然地理组成要素最小基本单位的分布区界线，并非都是完全吻合的。因此，需要处理组成成分分布区与相的关系。最后，各组成要素的最小基本单位内仍可能存在差异，这种差异可作为划分相的一种标志。

　　2）自然地理成分的最小单位和相的划分

　　要在连续的土地上划分出相并进行制图，首先需要明确自然地理组成成分的最小基本单位，确定识别标准。

(1) 地貌的最小单位。陆地表面形态万千，但都是由一系列坡度、坡向不同的地形面构成。因此，具有相同坡向和坡度的地形面称为地貌面，是地貌的最小单位。

在野外，地貌面是最明显也是最易于识别的地貌形态。一般情况下，在坡度或坡向发生变化的地方均会出现坡折线。在大比例尺的地形图上，表现为等高线由疏变密或由密变疏及等高线发生转向。对于一些坡度和坡向是逐渐变化、没有明显的坡折线的情况，在坡度方面，可以根据地貌部位的差异进行划分；在坡向方面，可以采用东西南北四方位或八方位进行划分。例如，在我国西南岩溶地区的锥状峰林和残丘，坡向变化呈现逐渐变化的特点，没有明显的坡折线，因此在划分地貌面时，可采用四方位或八方位进行划分。

在垂直方向上，从河谷到分水岭可分为河床面、河漫滩面、阶坡面、阶地面、山麓面、谷坡面、山坡面、山脊面等一系列地貌面，如图 5-3 所示。

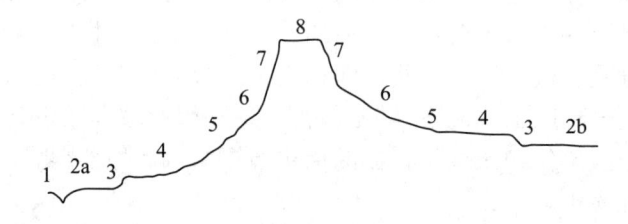

图 5-3 地貌面的划分示意

1.河床；2a.河漫滩；3.阶坡；4.阶地面；5.山麓面；6.谷坡；7.山坡；8.山顶；2b.平地面

相既然是自然地理特征最一致的土地地段，因此一个相只能存在于一个地貌面中。在一个地貌面内，如果其他自然地理组成成分一致，则为一个相；如果其他自然地理组成成分不一致，则在一个地貌面内，根据其他自然地理组成成分的差异划分为两个或两个以上的相。由此可见，划分地貌面是划分相的基础。

(2) 岩性和土质的最小单位。岩性和土质最小单位的划分，需从土地分级角度拟定标准。在基岩接近地面的地域，应着重考虑基岩对上覆风化物质的影响，特别是对土壤的机械组成、酸碱性的影响来划分。在有古近-新近系和第四系厚层松散沉积物覆盖的地域，则应详细考虑沉积相，并依据沉积年代和固结程度的差别进行划分。

当划分出地貌的最小单位——地貌面之后，应进一步考查每个地貌面内的岩性和土质，如果岩性或土质相同，在未受人类或自然灾害强烈干扰的一般情况下，就会发育一个土种(变种)，生长一种植物群丛，这样就可以划为一个相。由此看来，如果说划分地貌面是划分相的前提条件，那么，岩性和土质的异同则是划分相的地表根据。

(3) 土壤、植被的最小单位。土壤的最小单位是土种(变种)。从理论上说，土壤是自然界的"镜子"，可以作为划分相的标志。因此，可以根据土种(变种)来判定是同一个相还是几个相。但目前还没有完善的方法在野外准确地区分两个土种(变种)的界线。因此，无法依据土种(变种)的分布来确定相的界线。

植被的最小单位是群丛。植被对自然条件的变化具有灵敏的反应。植物群丛的外貌和界线比较清晰，可以作为划分相的界线。但植物群丛对自然条件的变化过于灵敏，特别是人类的樵采、放牧、割草等活动，使其经常与所处的自然条件不相符合，采用植物群丛来划分相的边界应充分考虑这种变化。因此，根据地貌面和岩性土质等所构成的多种处境划分相仍属最可靠和最简单的办法。

(4) 水文和气候的最小单位。水文的最小单位，国内学者一般认为主要根据排水条件的差别来区分其最小单位。排水条件包括潜水深度和流动性，它对土壤水分状况有较大的影响。流动性大的地下水更替快，氧气含量多，土壤潜育化较弱；反之，更替慢，氧气含量少，潜育化强。潜水埋深大，土壤较干燥；埋深小则较湿润。排水条件决定着土壤水分状况。因此，土壤水分一致的范围，排水条件应相同，这一点可作为划分相的参考标志。

小气候是气候的最小单位。但小气候的定义并不严格，一般理解为一定范围内，由于下垫面性质的差别而引起的具有相同表现的近地面层气候。小气候的范围与地貌面可能一致，也可能不一致。一致的就是一个相，不一致则划分为几个相。但目前绝大部分地区缺乏小气候资料。因此，很难根据小气候划分相。

3) 组成成分分布区与相的关系

相对应各自然地理成分的最小基本单位，因此，确定这些最小基本单位是划分相的基础。但并非意味着相的大小要与各组成成分分布区大小都一致，实际上常见的多是不完全吻合的情况。因为在地表自然界里常有这样的情况，某一成分的分布区内自然特点是一致的，但由于另一成分出现分异而导致其他几个成分也随之变化，从而造成各组成成分分布区大小不一致。在这种情况下应分析各组成成分在相分异中的作用，才能使所采用的划分标志是可靠的。因此，对各组成成分分布区大小一致和不一致的关系问题，可归纳为如下要点。

(1) 各自然地理成分的最小基本单位分布区大小一致，应该划分为一个相。如果不一致，可能要划分为几个相。

(2) 在不一致的情况下划分相，不能简单采用各成分最小单位分布区相叠置的方法来确定，而应对分异因素进行相关分析，按一定步骤来划分。

(3) 根据各组成成分在相分异中的作用，划分相的步骤一般是先划分地貌面，在一个地貌面内，若其他条件都相同则可作为一个相；若不相同，应首先考虑岩性和土质的差异可能要划为几个相，然后考虑其他组成成分的差异，最后确定划分相的个数和界线。

(4)作为划分相最可靠和最简单的标志,通常是界线较明显和稳定的地貌面和土质岩性,以及对自然环境反应较灵敏和全面的土壤与植被,而水文和小气候一般只作为划界的辅助指标。

4)相的内部结构与界线性质

相是自然地理条件最一致的土地范围,这只是指其组成成分和作为地域个体单位。在相的内部仍有差异,有时甚至相当复杂。尽管这种差异不再是地域单位的分异,只是某一成分的个别要素和组分的差异。但它们的特征对相的性质和界线的确定,仍有较大的意义。而形成这种差异的主要标志,是相的形态结构和边界性质的不同。

(1)相的形态要素和形态结构。相内部的明显独立部分,称为形态要素。按其形态差别可分为三类。①点要素:如植株、植丛、陷穴、蚁堆、巨砾等;②线要素:如侵蚀纹沟和细沟、裂缝、风成波浪、灌溉渠、田埂等;③面要素:如大片基岩、田块等。

这些形态要素的组合构成相的形态结构,主要有下列三种。①均匀分布:各种形态要素均匀分布。②镶嵌分布:两种或两种以上的形态要素镶嵌分布。例如,在同样坡度的地貌面上修筑的梯田,田面和田埂就是两种形态要素镶嵌分布。③斑点状分布:一种形态要素呈斑点状分布于相内。

(2)相的界线性质。相的界线性质主要有下列五种。①明显边界:界线清楚。通常是地貌面的交界线,有时由水文因素决定的边界也较明显。②锯齿状边界:界线明显,但呈锯齿状过渡。例如,被悬沟切割的阶面相和阶坡相之间的边界便属于这种边界。③镶嵌边界:彼此镶嵌过渡。例如,两个群丛的要素在边界呈镶嵌过渡,有时两种沉积物也可形成这种边界。④断片边界:因崩塌或陷穴等原因使某一相的断片分布到另一个相内,往往形成这种边界。⑤补缀边界:两个相之间的过渡带,因具有一种特殊小生境而出现两个相都没有的植物种类,但又未形成独立的相,便形成这种边界,如小水体边缘的狭窄条带。

(3)相的内部结构和界线特征与相的鉴别。相的内部结构和界线对划分相具有一定意义。例如,形态要素的研究就有助于弄清它与相的质的差别从而加以区分。自然界有两种形成物:一种是形成物受本身性质决定,其个体不可能太大,如植株、草丛、陷穴、纹沟等,应属于形态要素;另一种形成物的大小不受本身性质的影响而可大可小(如森林、湖泊等),它们不能称为形态要素而是相当于相或比相更高级的单位。事实上,某些形成物虽由本身性质决定,但其大小相当于初级或中等地貌形态,如冲沟、沙丘、残丘等,这类形成物显然也不能称为形态要素。研究相内部的形态结构有时可以作为划分相的主要依据,例如,在黄土崖边缘部位,地貌面和土质等条件都相同,应视为一个相。但这里常出现陷穴这一形态要素，若陷穴呈斑点状分布，可把有陷穴和没有陷穴分布的范围分别划为两个相。

研究相的边界性质对于确定相也有很大的意义。一般认为在野外具体划分相时，可以根据相的界线类型，分析出制约相分异的主导成分。当地貌是主导因素时，界线一般是比较明显的，水文界线也较明显；地貌面过渡不明显时，其界线具有过渡性质。由植物群丛分异决定的相分异，其界线通常不大明显。明显的边界给野外划分相带来方便，而过渡边界则往往只能推断或假定划分边界，但如能对边界性质进行分析，仍能较准确地划分相的边界线。

无论以何种标志为依据，划分的相都应是具有综合自然特征、内部性质非常一致的土地范围。每一个相都有一定的水平分布范围，但由于不同区域自然地理条件的差异，相的大小可有较大差别。例如，平原的相通常面积较大，而山区则较小。相的面积通常为数百平方米至数千平方米。每个相除有水平分布范围外，还有一定的垂直厚度。

2. 限区

1) 限区的定义和特点

限区，英国、澳大利亚学者多称为"土地单元"或"土地刻面"，加拿大、美国学者多称为"土地型"或"生态立地"，均指土地分级的中级单位。

限区这级土地单位的划分来自生产实践。人们进行土地利用时，如果只注意每个相的特征，不考虑与其相邻的相的关系，可能导致不良后果。因为地表自然界中的每个相并非孤立存在，相邻的相总是存在着某种联系。必须考虑到它们的联系，并根据这种联系的特征，区分出一定的地段，按整个地段的特点，合理地利用土地。例如，一个阶地限区至少由两个相——阶面相和阶被相所组成。当人们利用阶面耕种或进行工程建设时，除考虑阶面本身的自然特征外，还应注意到阶坡的特征及两者之间的相互关系。阶坡容易受到河流的侧蚀和切沟侵蚀，故利用阶面，必须同时考虑阶坡的保护等问题。这种内部联系明显又相对独立的地段，就是限区。

伊萨钦科将限区定义为：主要同单个凸状或凹状的地形形态或同基质一致的平坦河间地段相联系的，并且由水的运动、固体物质的搬运和化学元素的迁移等过程的共同方向联结起来的各个相的综合体。

澳大利亚 C.S.克里斯钦将土地单元定义为：土地单元是一组相联系的土地，它们在土地系统内和某一特定的地形有关，在该土地单元出现的地方总是相同的立地的组合，其简单或复杂一部分决定于作为被研究单元的地形的复杂性，另一部分则决定于反映在土壤或植被变化上的发生因素，但不是地形本身的变化。

根据以上定义,限区具有如下基本特征:①限区是某些相按地域分异规律组合成的自然地域综合体,其级别比相高,也比相更为复杂;②尽管限区内部各个部分存在一些差异,但由于各个部分之间有密切的相互联系,因此其整体的综合自然特征仍是相对一致的,是具有一定综合特征的地段;③限区内部自然特征的一致性还表现在它有相应的彼此相互联系的各个自然地理组成成分,一个初级地貌形态、一个气候组合、一个相同的潜水条件、一个土壤变种组合、一个植被群丛组合等;④在其自然地理组成成分中,初级地貌形态是其分异的主导因素。一个限区的分布区常常相当于一个初级地貌形态的范围,凸形的(如小丘、沙丘、蛇形丘等),凹状的(如冲沟、浅平洼地等)和过渡的(如阶地)初级地貌形态,通常都是一个限区;⑤限区的界限明显,且有简单和复杂之分,主要取决于初级地貌形态的特征及其复杂性;⑥在限区范围内,水的运动、固体物质的搬运和化学元素的迁移等过程有共同方向。这是与高级土地单位(地方)相区别的重要特征。

2) 限区的界线和鉴别

尽管初级地貌形态是限区形成的重要因素,但并不是唯一的因素。划分限区除根据地貌形态之外,还应考虑岩性及土质差异所引起的排水条件、湿润状况和土壤、植被等变化。一般来说,初级地貌形态在形成限区的作用时,通常是在地表切割显著的情况下,和在具有正负初级地貌形态交替分布及阶梯性地形条件下,表现得最明显。例如,太行山和燕山山前洪积台地,由于被切割,表现为小残丘和丘间地、土质岗地和岗间地等正负初级地貌形态交替分布的状况,则每一个初级地貌形态便相当于一个限区。又如北京山区河谷中,地形的阶梯性很明显,从低到高有河漫滩、一级阶地、二级阶地、三级阶地、谷坡呈阶梯分布,这些初级地貌形态,通常都应形成一个限区,如图5-4和图5-5所示。

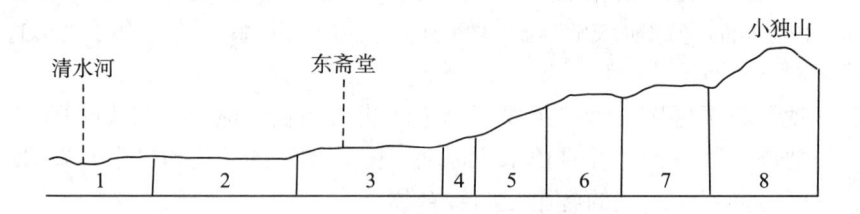

图5-4 北京斋堂附近的限区划分

1.裸露和生长稀疏旱生草本植被的干河床砂砾石滩地限区;2.滩田化砾沙土滩地限区;3.分布作物和稀疏果木中度熟化的川地限区;4.分布作物和稀疏果木中度熟化局部轻度熟化的黄土台地限区;5.梯田和畦田化的覆盖黄土的砾页岩谷旁山脊限区;6.分布作物和果木的覆盖黄土的砂页岩平顶山脊限区;7.局部为耕地鳞片状剥蚀的砂页岩斜降山脊限区;8.旱中生和旱生植被的鳞片状剥蚀的中性碛出岩残丘限区

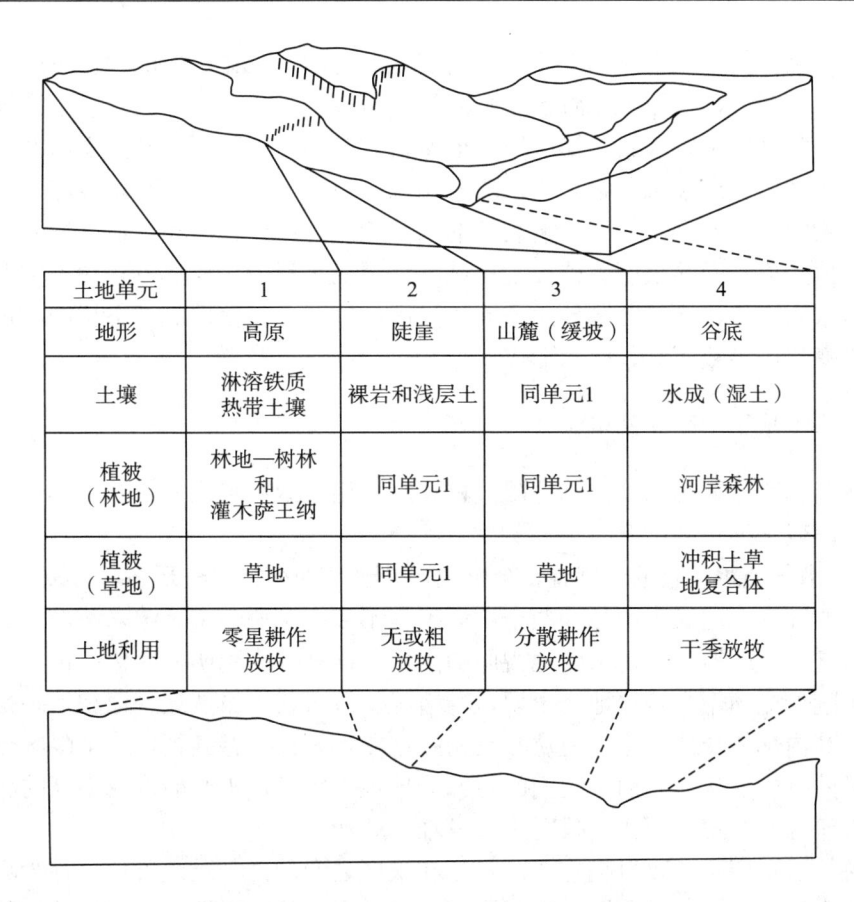

土地单元	1	2	3	4
地形	高原	陡崖	山麓（缓坡）	谷底
土壤	淋溶铁质热带土壤	裸岩和浅层土	同单元1	水成（湿土）
植被（林地）	林地—树林和灌木萨王纳	同单元1	同单元1	河岸森林
植被（草地）	草地	同单元1	草地	冲积土草地复合体
土地利用	零星耕作放牧	无或粗放牧	分散耕作放牧	干季放牧

图 5-5　限区的立体显示、描述和剖面

注：据林超(1980)

在另一些情况下，地貌形态在划分限区中的作用就不一定明显，有时各种不同的限区可能在相同的地貌形态中出现。在切割微弱的平坦分水岭、广阔的平原地面或地表形态单一的河间地段，其地貌形态基本一致，但实际上却存在几个不同限区。显然，在这种情况下，不应从地貌形态，而应从影响限区形成、分异的其他因素，寻找划分标志。

俄罗斯平原西北部冰碛地区的平坦的或波状起伏的低地内，常可观察到冰碛沉积物和机械组成不同的湖相沉积物呈现复杂交替现象，但地貌形态上实际并无反映。在这种情况下，应该考虑地面组成物质(沉积相)变化及其对其他自然地理成分的影响来划分限区。又如，在俄罗斯泰加林地带的平坦河间地中，地貌形态相同但却分布有森林限区和高位沼泽限区，这些限区的形成主要由森林的沼泽化或湖泊泥炭化的影响所致，实际上是与地面排水条件有关。

据此，许多研究者认为，限区的形成除与初级地貌形态有密切关系外，还应考虑土质水分的理化性质和营养特征的变化，考虑埋藏在松散沉积物下面的基岩深度和性质(蓄水性、pH、碳酸盐含量等)，以及离河谷远近所决定的潜水埋深和天然排水条件等影响因素。初级地貌形态在许多场合对限区分异的作用并不十分重要。例如，在地表沉积物和下伏岩石相同的情况下，由于岩石埋藏深度不同，即覆盖物的厚度不同，可能影响表层的水分状况、成土作用和其他过程表现出差异，以致形成不同的限区；植被定居某一地域的过程中，伴随着各种植物群丛为争夺地域而竞争，往往会分异出不同的限区。因此，即使地貌形态相同，也可能因植被变化而导致不同限区的形成。

3) 雏形地貌形态和复杂初级地貌的处理

在用初级地貌形态作为划分限区标志时，由于地貌形态发育的连续性和复杂性，会出现下述三种情况。

(1) 由于地貌发育的连续性，会出现一些雏形的初级地貌形态。例如，一个刚刚形成的冲沟，沟底不明显，两个沟坡也差不多；又如一个因湿陷而形成的黄土碟，它是一个凹地，但内部的地貌面和土壤、植被等均无明显变化；再如在岩溶地区刚刚形成的一个浅洼地。出现这种情况，既可认为虽然这些地貌形态是刚刚形成，其内部差异还很小，但从其是初级地貌形态论，将其视作一个限区还是符合定义的。也可认为，由于它们的内部分异很不明显，未必能构成不同的相，只能将其作为一个相而不作为限区，造成难于处理。

对于这种情况，可以把它看成是相和限区之间的一个过渡单位，称为环节。可以把它视为限区并在制图时用超比例大符号表示其分布范围，或与其他限区一起进行分类。

(2) 无论一个初级地貌形态的各地貌面是一个或几个相，都可视为一个限区。在过去，把在每个地貌面上由一个相占据的限区，称为简单限区。如果一个限区中的每个地貌面由几个相所占据，则称作复杂限区。例如，由两个沟坡相和一个沟底相组成的冲沟限区，是简单限区。如果一个冲沟的沟底因距沟床远近不同而导致土壤分异并形成两个相，两个沟坡的上下部因土质或土壤水分条件的变化分为 2 个或 3 个相，这种限区便是复杂限区，但现在统归为简单限区。

(3) 在自然界中，还会出现一个初级地貌形态叠加分布有另外一个小的初级地貌形态，形成一个限区范围内又叠加有一个小限区。例如，在河流阶地中发育有小冲沟。对于这种情况，称为复杂限区(超限区)。

由于初级地貌形态有雏形、简单和复杂之分，因此限区亦有雏形限区、简单限区和复杂限区(超限区)之分。应以简单限区作为这一级的基本单位，而雏形限区应视为相和限区间的过渡单位，复杂限区则是限区向更高一级土地单位(地方)过渡的单位。

3. 地方

1) 地方的定义和特点

地方，英国、澳大利亚学者称为"土地系统"，是指比限区高一级的土地分级单位。土地研究者在实践中常常遇到比限区更复杂的情况。例如，一个面积较大的阶地，最初只是一个简单限区，后来在其上发育了冲沟，原来的简单限区变成复杂限区，冲沟进一步发展下切，演变成小河谷，小河谷本身又形成阶地，其上又发展冲沟，形成具有多级切割阶地的特别复杂的地貌形态。这样一来，相应的土地分级必将特别复杂。因此，有人把这种面积较大的复杂限区进一步遭受切割形成多种限区叠置的地域单位，称为"特别复杂限区"或"复杂超限区"。又如，在贵州山区，地质构造对土地分布有明显的控制作用，在同一大地构造小区内，褶皱构造的每一个褶曲决定了土地分布和空间组合，而若干褶曲的组合又使相同的土地空间组合重复出现。这样，每一个褶曲所决定的土地空间组合就具有一种特殊的意义。再如，一个沙质地面，刚形成时可能只是一段废弃河床，或是沙质沉积物组成的河流天然堤；河床可视为一个相，河流天然堤则是一个限区。后来经过风力作用，该地变成一个沙丘带，沙丘作为初级地貌形态，相当于土地分级的限区，而沙丘间凹地也是初级地貌形态，即又一个限区。这两种限区在沙丘带内经常重复出现，已不再是限区的内部组合而是复区。沙丘带内的物质运动，如水的运动、固体物质的搬运和化学元素的迁移已不保持共同方向；带内有高地和凹地，存在正负两种地貌形态，沙丘物质向下移动，而沙丘间凹地则是物质停滞地段。沙丘带也不是土壤变种或植物群丛组合，而是土壤或植被复区。因此，这种沙丘带已不是组合型而是复区性土地单位，把它视为限区已不恰当，于是就有人称为"地段(限区)复合体"。

基于上述情况，目前大家已公认这一些土地分级单位应作为基本的土地分级单位，并命名为"地方"或"土地系统"。

伊萨钦科认为"地方应该合理地理解为在地形剖面上具有明显独特性的和彼此共轭的限区综合体"。宋采夫认为"地方是一定限区型的有规律的结合""地方的成因在于一个景观范围内地质地貌基础发生了某些变化，因而在每一个这种地质地貌基础变形上的全部限区都获得了自己的特征"。林超则认为"地方是一定限区的有规律的组合，是各个限区有规律地彼此交替重复出现或复域分布的地域，或者是面积较大的限区因遭受切割而复杂化的地域，在其形成过程中，往往是因岩性和地貌组合特点的变化，使这一地域中的各土地地段具有自己的特征"。

澳大利亚学者给土地系统下的定义是"土地系统是土地单元的集合，这些土地单元在地理和地形上有相互的联系，在这个土地系统中，地形、土壤、植被重复出现""土地系统是在景观中重复出现的地貌和地理联合形成的一种格局，这一格局的界限一般是和可以辨认的地质或地貌特点或作用的界限相符合的。在一定格局之中，同样的土地单元重复出现；在另外一个不同的土地单元群开始的地方，便是另一个不同的土地系统了"。

根据上述定义，地方具有如下特点：①地方是由有一定地域联系的各种限区所构成，具有明显独特性的自然地域综合体，在土地分级中是级别最高、复杂程度最大的基本土地分级单位；②地方内部具有复区(复域)特点，是与前两个低级土地分级单位的重要差别；③地方范围内水的运动、固体物质搬运和化学元素迁移等过程不具有共同的方向；④地方土地系统相当于一个初级地貌形态综合体(多级初级地貌形态或几种初级地貌形态重复出现或彼此叠加)，并与一个地方气候、水文复区、土壤复区、植被复区相对应联系。

2) 地方的复杂性

英国、澳大利亚学者认为，土地系统在各地表现不是都一样的，因地区不同而自然条件有差异，土地系统在面积上有大小之分，大者可达数千平方公里，小的仅有几十平方公里，在内部结构的复杂程度上也不同。因此，土地系统可分为三种。

(1) 简单土地系统。它是由一些可以清楚划出界限的土地单元所组成，这些土地单元重复出现构成一个简单的复区性格局的组合。它的面积不大，所具有的土地单元也不多。例如，一个带有古代排水洼地遗迹的古准平原，它仅限于一个水热气候条件的范围，故不能包括由于气候因素而发生的主要植被或土壤的变化。

(2) 复杂土地系统。它是两个或两个以上简单土地系统的组合，其面积比较大，发育时间也较长。例如，一个上升的平原，原为一个简单的土地系统，后经切割在其范围内形成新的河谷，河谷本身又是一个简单土地系统，于是新、旧两个不同的简单土地系统便构成了一个复杂土地系统。这些简单土地系统在地貌成因上是相关联的，这是复杂土地系统与下述复合土地系统之间的主要区别。

(3) 复合土地系统。它也是由两个或两个以上简单土地系统构成的，但各种简单土地系统在地貌成因上无联系。例如，在沉积岩分布范围中有一些孤立的火成岩侵入体，因岩性不同，便形成两种地貌，也就相应成为两种土地系统。它们在一起构成了一个复合土地系统，但彼此在地貌成因上是无关的。

根据俄罗斯学者的看法，地方是有不同复杂程度的。因此，有人将简单地方叫作"亚地方"，复杂地方称"地方"，而地方的复杂程度往往与组成它的限区本身的复杂程度有关。因此，实际上可以区分出一些复杂程度不同的地方。①由限区组成的地方，如冰碛丘陵带、沙丘带；②由限区、超限区组成的地方，如覆盖沙丘的墚地；③由超限区组合成的地方，如冰碛丘陵带和滩地所组成的复杂冰碛丘陵带；④由超限区和亚地方组成的地方，如多级切割又覆盖复杂沙丘带的墚地方；⑤由亚地方组成的地方，如特别复杂而面积大的分水岭或丘陵带。

5.2.3 土地分级的过渡性单位

土地分级单位作为自然地域综合体，是自然历史发展的产物。它是在不断发展变化的，且由于地表自然界各自然地理组成成分以及由它们相互联系所组成的土地单位，总是由简单向复杂逐渐发展的。因此，土地分级有连续性，即客观自然界存在的土地分级单位是多级的，而三个基本分级单位，只是土地分级的固定性的表现。显然，这三个基本分级单位并不能全面反映客观自然界中土地分级的多级特点。随着土地分级研究的深入，陆续发现现在三个基本分级单位之间，还存在一些过渡性分级单位。

俄罗斯学者的意见是在相和限区之间有两种过渡性单位。①环节指某些相在进一步发展的过程中，其内部出现一些不明显的分异，因这些分异还未形成一个单独的相，其组合又够不上一个限区。因此它仅仅是由相发展成为限区过程中的一种过渡单位，如一个刚刚形成的冲沟、黄土碟和岩溶漏斗等。②相组指同一地貌面中各个相的组合。宋采夫称其为"亚限区"，其定义是"亚限区是指占有一个中等地貌形态中某一地形要素的相的复合体，其全部相的形成不仅由地形部位的共同性，而且也由统一的起源方式和相同的现代动态特征联系起来的系统"。

关于限区与地方之间、地方与景观（自然地理区）之间是否也存在一些过渡单位的问题，这是肯定的。如前所述，限区有雏形限区、简单限区、复杂限区之分。简单限区即作为基本分级单位，则其余两个都是过渡单位。雏形限区就是环节，作为相与限区间的过渡单位；那么复杂限区则是限区与地方间的过渡单位。地方又有简单地方与复杂地方之分，那么简单地方又是限区与地方的另一过渡单位，相当于亚地方或限区综合体。至于地方与景观之间的过渡单位，目前研究成果还相对较少。

5.3 土地分类与土地类型

5.3.1 土地分类的基本问题

1）土地分类的概念

土地分级和土地分类是一对相互联系又相互区别的概念。土地分级是根据复杂程度的相对一致性进行土地个体的划分或合并；土地分类是以某一分级土地单位的若干个体为对象进行类型抽象。简单来说，土地分级是对土地的纵向划分，土地分类则是对土地的横向(即同等级内)类群归并。由于土地个体单位是多级的，而且土地分类又只能在同一级别的土地单位上进行，因此土地分类显然也应是多系列的，如图5-6所示。

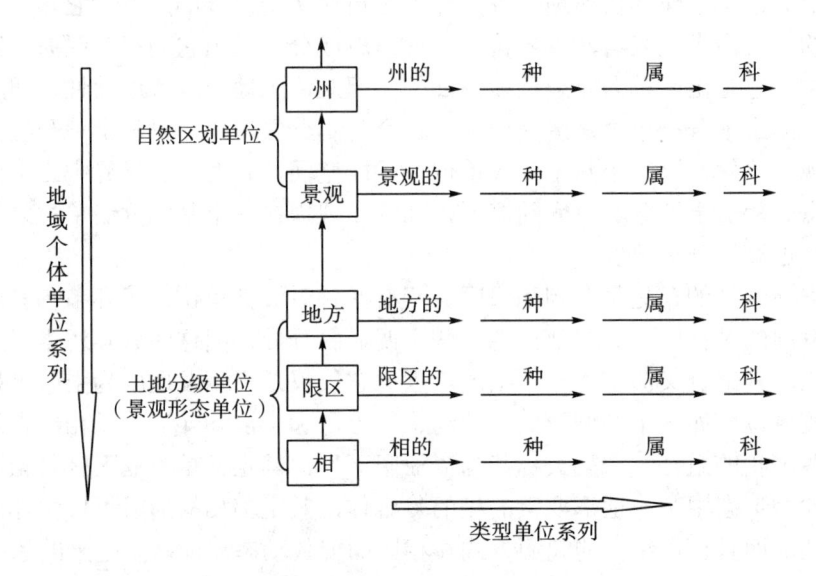

图 5-6　多系列的土地分类单位

对土地进行分类研究是土地类型学的主要任务和重要研究课题。通过对土地类型的划分，不仅能正确认识土地现状，指出利用和改造的方向及途径，而且有助于扩大综合自然地理学的研究领域。

2) 土地分类的原则

关于土地分类原则，主要有以下三点：①综合性原则。由于土地是由多种土地组成要素相互作用、相互制约所形成的自然综合体。因此在进行具体分类时，应注意各组成要素共同作用下所形成的土地综合体的外部形态和内在特征，而不是只注意某个个别因素的形态和特征。②主导因素原则。在对土地各组成要素进行综合分析的前提下，必须考虑某些要素的主导性作用。③目的性原则。在进行土地分类时，在不违背作为自然综合体的土地类型的前提下，分类依据、分类指标和分类系统的拟定应尽量照顾到土地类型调查与制图的目的和任务。

3) 土地分类的步骤与表示方法

(1) 土地分类的步骤。土地分类的步骤有：①明确分类的土地分级单位；②确定分类依据或指标体系；③建立分类系统。

分类的依据或指标力求客观反映研究区的土地分异规律，因此要对所有土地分异因素进行仔细分析。在土地组成要素中，气候中的水热条件以及植被、土壤和水文等明显地体现地带性分异规律。因此，在一个较大地域范围内进行土地分类，尤其是对高级土地单位进行分类，必须对这类要素的地带性分异给予足够的注意。

(2) 土地分类系统的表示方法。土地分类系统的表示方法有顺序排列法和两列指标网格法。

① 顺序排列法。顺序排列法是按科、属、种的顺序直接列出各层次的类型。例如，可用罗马数字表示科，用英文字母表示属，用阿拉伯数字表示种。最后按科、属、种依次组合为 IA_1、IIA_2、$IIIC$ 等，便能表示其分类级别和所属关系。例如，北京门头沟斋堂地区的土地分类系统(限区)可以表示如下：

I 裸露或生长旱中生稀疏灌丛草被的干河床砾石滩(科)
  IA 裸露或生长滩地植被的干河床砾石滩(属)
    IA_1 宽河床砾石滩(种)
    IA_2 窄河床砾石滩(种)
II 分布栽培作物和稀疏果木乔木的阶地(科)
  IIA 砾质黄土轻度熟化和局部中度熟化的滩田一级阶地(属)
    IIA_1 面积大的大河滩田一级阶地(种)
    IIA_2 面积小的小河滩田一级阶地(种)
  IIB 中度熟化和局部轻度熟化的黄土二级阶地(属)
    IIB_1 大河二级阶地(种)
    IIB_2 小河二级阶地(种)
  IIC 轻度熟化的黄土二级阶地(属)
    IIC_1 大河三级阶地(种)
III 生长旱中生灌丛草被或沟底梯田化的冲沟(科)
  IIIA 大冲沟(属)
    $IIIA_1$ 沟底梯田化的黄土质大冲沟(种)
    $IIIA_2$ 沟底梯田化的石渣质大冲沟(种)
    $IIIA_3$ 未进行农业利用的砂页岩大冲沟(种)
  IIIB 小冲沟(属)
    $IIIB_1$ 沟底梯田化的黄土质小冲沟(种)
    $IIIB_2$ 砂页岩沟坡的黄土质小冲沟(种)
    $IIIB_3$ 沟底梯田化的石渣质小冲沟(种)
    $IIIB_4$ 未进行农业利用的砂页岩小冲沟(种)
IV 分布旱中生灌丛草被和栽培作物，稀疏果木乔木的山脊(科)

IVA 斜降山脊（属）
　IVA₁ 局部梯田化，顶部覆盖有黄土的斜降山脊（种）
　IVA₂ 重或中度鳞片状剥蚀的砂页岩斜降山脊（种）
　IVA₃ 轻度鳞片状剥蚀的火成岩斜降山脊（种）
IVB 谷旁山脊（属）
　IVB₁ 梯田和畦田化的覆盖黄土砂页岩谷旁山脊（种）
　IVB₂ 下部具有局部黄土梯田的砂页岩谷旁山脊（种）
IVC 平顶山脊（属）
　IVC₁ 覆盖有黄土的梯田化和畦田化的平顶山脊（种）
　IVC₂ 鳞片状剥蚀的砂页平顶山脊（种）
V 生长稀疏旱中生灌丛草被和栽培作物的剥蚀残丘（科）
　VA 剥蚀残丘（属）
　　VA₁ 覆盖黄土的梯田和畦田化残丘（种）
　　VA₂ 鳞片状剥蚀的砂页岩残丘（种）
　　VA₃ 鳞片状剥蚀的中性喷出岩残丘（种）

②两列指标网格法。两列指标网格法是用纵横两列系统交叉后构成的网格表示土地类型。通常以纵列表示地貌类型，以横列表示土壤和植被特征。地貌是自下而上按部位由低到高排列，土壤和植被则从左至右按湿润到干燥和湿生到旱生的顺序排列。纵横两列交叉后构成网格，理论上每个格子就是一种土地类型，但实际的土地类型只集中在一条对角线及其两侧。因为一般情况下，图左上角、右下角及其附近的地貌面，不可能形成与其类型特征相矛盾的土壤和植被种类。例如，在高的分水岭部位就很难形成过分湿润的土壤和湿生植被；在低凹地貌部位上也不应出现干旱土壤和旱生植被。北京门头沟斋堂地区的土地分类系统（限区）如表 5-2 所示。

表 5-2 北京门头沟斋堂地区的土地分类系统

地貌类型	土壤和植被特征			
	裸露或滩地植被	栽培植物	旱中生灌丛草被	
	砾石滩	黄土	砂页岩	火成岩
剥蚀残丘		VA₁	VA₂	VA₃
平顶山脊		IVC₁	IVC₂	
斜降山脊		IVB₁	IVB₂	
谷旁山脊		IVA₁	IVA₂	IVA₃
小冲沟		IIIB₁IIIB₂	IIIB₃IIIB₄	
大冲沟		IIIA₁	IIIA₂IIIA₃	

续表

地貌类型	土壤和植被特征			
	裸露或滩地植被	栽培植物	旱中生灌丛草被	
	砾石滩	黄土	砂页岩	火成岩
三级阶地		IIC_1		
二级阶地		$IIB_1 IIB_2$		
一级阶地		$IIA_1 IIA_2$		
河床	$IA_1 IA_2$			

4) 土地类型的命名

土地类型的划分还包含类型的命名，恰当的土地类型名称既要正确体现其科学涵义，又要便于应用。土地类型的命名方法主要有以下两种。①序列命名法：序列命名法是指在土地类型命名中采用土地分级的主导因素顺序排列命名。最常见的是"植被+土壤+地貌"或"土壤(植被)+地貌"的"三名法"或"二名法"，如"马尾松酸性紫色土丘陵""黄壤中山地山坡"。采用序列命名法的优点是能反映土地综合特征，条理性强，但名称太长。②地方类型命名法：采用当地群众的称谓进行土地类型的命名。它虽然简单生动，但具有强烈的地方性，不便于不同区域对比，同时也体现不出土地类型分类级别。

5.3.2 相的分类

1. 相分类的标志

相是地表自然界中自然特征最一致的地段，相当于各自然地理成分的最小单位或其一部分。因此，地貌面、岩性土质、潜水及排水条件、土壤变种、植被群丛等都可作为相的分类标志。然而，要做好相的分类，必须根据相的最稳定和最普遍的标志。一般认为处境就是这样的标志。因为在相同的水热气候条件下，自然地理条件的多样性主要取决于处境，处境不同就会形成不同的生境，相应就会发育适宜于这种处境的土壤变种和植被群丛。地貌面和岩性土质以及潜水条件是构成一定处境的主要因素，其中尤以地貌面的作用最大。因此，地貌面的某些数量指标(如高度、坡向、坡度等)以及岩性和土质的机械组成、厚度、分层性等特征，潜水埋深和排水条件，都是相分类的重要标志和指标。

因此，相的各分类级别的划分标志如下。①相种：地貌面、岩性或土质、土种(变种)、植物群丛等都相同的一些相。②相属：同一种地貌面上的相种的概括合并。③相科：在地形剖面上有一定相互联系，特别是水文和外动力条件具有共同性的相属的概括合并。

2. 人类活动影响的处理

由于相抵御外部影响的能力比其他土地单位小。因此，在相分类中处理人类活动所引起的变化，是一个既复杂又重要的问题。多数学者研究认为，应首先区分三种相的类型。①原生相。原生相是指天然条件下所形成的相。②衍生相。由于人类活动或自然现象的影响，使原生相的某些组成成分(水文、气候和生物)发生变化，而主导成分(地貌和基质)实际上未发生变化，它们在外部影响停止后，在自然发展的情况下，又可以恢复为原生相。③人为相(文化相)。由于人类经济活动的影响，使得原生相的岩源基础(岩石、土质、地貌形态)也发生改变，致使其综合自然特征与原生相有很大的差别的相。

对于上述三种相在相分类中的处理方法，多数人认为，原生相和衍生相仍可划归同一个类型，但其中的衍生相应作为变型处理。人为相由于其特征已发生根本的变化，应作为新的类型处理。

3. 相分类系统的拟定

对相进行分类之后，应拟定一个分类系统，可采用顺序排列法和两列指标网格法表示。

5.3.3 限区的分类

1. 限区的分类标志

限区是相在初级地貌形态范围内的组合，并在物质运动方面具有共同方向。因此，在一定区划单位内对限区进行分类，应首先研究地表切割和起伏的规律，区分初级地貌形态。在强烈侵蚀的石质山地，具有正负地形交替分布的特征，在进行限区分类时必须把正负地形分开来处理。对负地形、大河谷、小河谷以及各级沟谷，发育阶段不同，导致其地貌形态的复杂程度及其规模均有较大差异。地貌形态及所处的地貌部位，又决定了其物质组成的水文条件，甚至影响土壤和植被。另外，多级切割使河谷、河间地等正负地形的地貌形态复杂化，表现为各种山坡和山脊的形态，加上复杂的岩性、土质和风化壳的影响，土壤和植被也多样化。这些差异和联系正是限区分类的重要标志和指标。在堆积地形的区域(如沙漠区、冲积平原区)，地面起伏不如山区大，但仍可分出正负地形，如沙漠区的河谷湖盆地属负地形，沙丘则可视为正地形。因此，采用初级地貌形态作为科的分类标志，岩性和土质的组合作为属的分类标志，土壤类型的组合和植被群丛组合作为种的划分标志。

2. 具有垂直带性分异的区域的限区分类处理

限区是一个中等尺度的土地分级单位。在西南山区进行以限区为分级单位的土地类型调查与制图时，往往会出现垂直带性分异。如贵州省仁怀市面积约为 1800km²，但海拔高差较大，在其整个市域内出现了三个垂直带：山地黄棕壤落叶阔叶林带、中亚热带黄壤常绿阔叶林带和具有南亚热带特征的干热河谷红壤常绿阔叶林带。在进行土地类型划分时，在分类系列上增加土地纲这一级分类单位，将同一垂直带的限区归为同一个土地纲中。

3. 限区分类系统的拟定

限区分类系统的拟定，仍可采用顺序排列法和两列指标网格法表示。

5.3.4 地方的分类

目前，国内外关于地方的分类虽多，但由于研究者各自的观点以及所做研究区域自然状况的不同，看法差异较大。地方的分类应根据地方的定义来限定，应根据限区(地段)在一定地域内的结合情况，即复区分布或彼此叠加的规律，从中找出其共同性作为分类标准。山区因受垂直带性影响，在对个体地方(垂直亚地带)进行类型概括时，应考虑垂直带的特点。地方各分类级别的划分标志分别如下。

(1) 地方种：中等地貌形态组合、岩性、土质、土壤、植被的组合等自然特征相同的地方的归并。在山区则是个体垂直亚地带的归并。

(2) 地方属：同一地貌类型或土壤植被特征相同的地方种的归并。在山区则是把同类型的垂直亚地带概括为垂直地带。

(3) 地方科：根据地方属的地貌或岩性土质特征进一步归并。

(4) 地方目：按地方科的地貌特征做高一级概括，以地貌类型作为划分地方目的主要标志。在山区则相当于垂直带。

(5) 地方纲：以更高一级的地貌类型作为主要分类标志，一般分为平地纲和山地纲。

(6) 地方门(型)：按地带性进行分类。

中国科学院地理科学与资源研究所主持，中国1:100万土地类型图编委会拟定的《中国1:100万土地类型分类系统》是我国首次拟订的全国土地分类系统。该分类结合中国的特点，将土地类型分为土地纲、土地类和土地型三级。根据≥10℃积温、干燥度、无霜期及熟制(青藏高原和黄土高原主要根据地貌条件)将全国划分为12个土地纲，用大写英文字母表示。土地类依据引起土地类型分异的大、中地貌类型划分(山区为垂直地带)，在其英文字母右下角用阿拉伯数字表示。土地型是根据引起次一级土地类型分异的植被亚型或群系组、土壤亚类划分，在英文字母右上角用阿拉伯数字表示。我国首次拟定的全国土地分类系统(土地纲和土地类)如表 5-3 所示。

表 5-3 我国首次拟定的全国土地分类系统

A 湿润赤道带	E_5 沟谷河川与平坝地	I_6 冈台地
A_1 岛礁	E_6 冈台地	I_7 丘陵地
B 湿润热带	E_7 丘陵地	I_8 低山地
B_1 岛礁	E_8 低山地	I_9 中山地
B_2 滩涂	E_9 中山地	I_{10} 高山地
B_3 低湿河湖洼地	E_{10} 高山地	I_{11} 中山地
B_4 海积平原	F 湿润半湿润暖温带	I_{12} 高山地
B_5 冲积平原	F_1 滩涂	J 半干旱温带草原
B_6 沟谷河川与平坝地	F_2 低湿河湖洼地	J_1 滩涂
B_7 台阶地	F_3 海积平原	J_2 低湿河湖洼地
B_8 丘陵地	F_4 冲积平原	J_3 海积平原
B_9 低山地	F_5 沟谷河川与平坝地	J_4 冲积平原
B_{10} 中山地	F_6 冈台地	J_5 沟谷河川与平坝地
C 湿润南亚热带	F_7 丘陵地	J_6 冈台地
C_1 滩涂	F_8 低山地	J_7 丘陵地
C_2 低湿河湖洼地	F_9 中山地	J_8 低山地
C_3 海积平原	F_{10} 高山地	J_9 中山地
C_4 冲积平原	F_{11} 中山地	J_{10} 高山地
C_5 沟谷河川与平坝地	F_{12} 高山地	K 干旱温带暖温带荒漠
C_6 冈台地	G 湿润半湿润暖温带	K_1 滩涂
C_7 丘陵地	G_1 滩涂	K_2 低湿河湖洼地
C_8 低山地	G_2 低湿河湖洼地	K_3 海积平原
C_9 中山地	G_3 海积平原	K_4 冲积平原
D 湿润中亚热带	G_4 冲积平原	K_5 沟谷河川与平坝地
D_1 滩涂	G_5 沟谷河川与平坝地	K_6 冈台地
D_2 低湿河湖洼地	G_6 冈台地	K_7 丘陵地
D_3 海积平原	G_7 丘陵地	K_8 低山地
D_4 冲积平原	G_8 低山地	K_9 中山地
D_5 沟谷河川与平坝地	G_9 中山地	L 青藏高原
D_6 冈台地	G_{10} 高山地	L_1 滩涂
D_7 丘陵地	H 湿润寒温带	L_2 低湿河湖洼地
D_8 低山地	H_1 低湿洼地	L_3 海积平原
D_9 中山地	H_2 低平地	L_4 冲积平原
D_{10} 高山地	H_3 针叶林灰化土低山地	L_5 沟谷河川与平坝地
D_{11} 极高山地	I 黄土高原	L_6 冈台地
E 湿润北亚热带	I_1 滩涂	L_7 丘陵地
E_1 滩涂	I_2 低湿河湖洼地	
E_2 低湿河湖洼地	I_3 海积平原	
E_3 海积平原	I_4 冲积平原	
E_4 冲积平原	I_5 沟谷河川与平坝地	

根据陈传康的观点："这是我国首次拟订的全国性分类系统，是我国土地分类的一次总结。这个分类系统基本上是成功的，但以区划单位来控制'土地纲'的划分对山区未必合适。该分类系统对垂直带的处理办法是在相当于一定区划单位的'土地纲'内，按垂直地带划分出'土地型'，使特征基本相似的某些'土

地型'在不同'土地纲'中多次出现。这势必导致分类单位增加，显得烦琐。作为同一级别分类单位'土地型'中的每种类型，是不应该重复的。合理的做法应该是：在具有垂直带性的山地划分'土地型'时，不受区划单位控制，而是在根据垂直地带划分出'土地型'后，把性质相同的土地型都视为同一种类型。按其共性归为同一种类型既符合分类原则，又可简化分类系统。"

5.4 土 地 结 构

5.4.1 土地结构的概念

人类总是在一定区域内同时利用各种土地，除了要按照土地的各种自然特性和生产潜力来因地制宜地确定合理的土地利用方式外，还必须根据各种土地之间的相互关系，建立起具有一定物质能量联系的土地利用组合，以使土地利用的总效益达到最优。土地的自然属性及各种土地之间的相互关系称为土地结构。

土地结构包括土地要素组成结构、土地演替结构、土地空间组合结构和土地单位内部类型结构。

土地要素组成结构是指各要素间的相互关系及其对土地分类和各类土地综合特征的影响。分析土地要素组成结构，一般要在综合分析的基础上找出主导因素，从而不仅突出了土地的主要自然特征，同时反映了其他要素，而且也明确了土地利用中的关键问题。显然，这对于将土地分门别类地进行研究，并确定适于各类土地类型的土地利用方式和改良措施，都是至关重要的。

土地演替结构是指土地演替过程中不同阶段之间的相互关系。研究土地演替结构，有助于预测土地动态，确定合理、持续的土地利用方式，主动地促进土地走上良性循环，防止土地退化和破坏。

土地空间组合结构就是土地类型在一定区域内的空间分布规律和组合形式，即土地类型质和量的对比关系。所谓质的对比关系，是指在一定范围内有哪些土地类型，它们的差别和关系如何。所谓量的对比关系，则是指每一种土地类型在该范围内所占的绝对和相对面积比。土地空间组合结构是综合自然区划的重要依据，还是影响区域发展战略的重要因素。

一定级别的土地单位内包含若干较低级别的土地单位，后者在前者内的质和量对比关系就是土地单位的内部结构。土地单位内部结构研究可以深化对土地类型的认识，使土地利用规划从宏观走向微观，从总体调控走向具体设计。

5.4.2 土地要素的组成结构

土地是由其空间范围内的所有自然要素相互作用而形成的一个自然综合体，但在不同的地段，各种自然要素的相互作用不仅包含陆地表层一定厚度内的全部自然要素，也包含它们的相互作用过程和结果。各要素在自然地理整体环境中和土地利用中各有不同的作用。但是，只有全部要素的综合作用才是最重要的。因此必须研究各要素之间的相互关系，这正是土地研究作为一种综合或整体方法的特点和长处。

一般采用地理相关分析法来进行土地要素组成结构分析。现在已建立起的若干交叉学科，如地形土壤学、植物地貌学、地形气候学、地形水文学等，标志着地理相关分析已有深入的发展。但在实际工作中，由于各要素的研究常不平衡，资料常不齐全，要进行完整的要素间地理相关分析是有困难的。另外，由于各要素在土地综合体中的作用并非均等，常能在分析各要素的相互关系时找到一个或少数几个起决定作用，并因其变化而引起其他要素变化的主导因素。因此，有必要也有可能通过主导因素法来贯彻地理相关分析法。

例如，在分析贵州省的土地要素组成结构时，发现地貌(包括垂直高度)和基质是土地形成和分异的主导因素，它们的性质对土地的其他要素如气候、排水条件、土壤、植被、人类生产活动等都有直接或间接的影响。所以，以地貌和基质为线索，并把土壤和植被作为各要素相互作用的综合反映，就能较全面地分析贵州省的土地要素结构，从而抓住土地分类的主导标志，拟定明晰的土地分类系统，明确各类土地的基本特征并做出土地评价。

5.4.3 土地演替结构

土地演替结构是指一种土地类型被另一种性质不同的土地类型所取代，相互替代的土地类型按时间的先后次序相互联系的组合关系。

土地的时间演替结构远比植被的演替结构要复杂。除了植被演替外，尚有地貌变化和土壤变化等。从演替过程来看，既有节律性演替，又有非节律性演替。从演替的原因来说，既有自然原因，如新构造运动、滑坡、崩塌、侵蚀等；又有人为原因，如砍伐植被、不合理开垦以及由此引起的水土流失、土层变薄、沙漠化等。从演替方向来说，有正向与逆向演替。前者指在顺应自然规律和合理开发利用土地的情况下，土地类型向维护生态平衡方向发展的一种良性演化；后者指不合理开发利用土地，造成土地类型向破坏生态平衡方向发展的一种退化性演化。研究土地类型演替，就是要阐明土地类型演化的规律及其原因，在不违背自然规律的前提下施加人为影响，排除和防止土地类型的退化性演替，促进其进化性演替。

如果仅考虑土地类型的演替(在一定时段内，一种土地类型向另一种土地类型转化的过程)，可分为可逆演替与不可逆演替(或正向与逆向演替)。研究土地类型不可逆演替结构，除了研究其演替方向与演替模式外，重要的是要研究其演替条件与速率的相互关系。在土地类型的可逆演替研究中，则首先是研究其演替条件与方向之间的关系，其次才是研究演替条件与速率的关系。而且土地类型演替过程中的各种结构之间又存在相互联系，彼此制约。其中一种结构的变化，必将导致其他结构发生相应的变化，因此用动态的观点来研究土地类型各种结构之间的相互关系，便成为土地结构研究的另一重要方面。

土地类型的形成发展是中、小尺度地域分异规律作用的结果，地貌与地表组成物质是土地形成与地域分异的主导因素，土壤和植被是全部要素相互作用及其分异的综合反映。因此，研究土地类型的演替，在全面了解自然地理环境整体性的基础上，有必要对同土地类型形成与分异关系密切的地貌、植被、土壤形成发展的方向性与类型演替进行深刻的剖析。

由于土地与环境之间不断地进行着物质能量的交换，或由于土地不断受到人类活动的改造，各种土地上都发生着特有的演替过程。然而物质能量交换或人为干扰的强度在不同地段会有差别，于是同种土地的演替可能不同步，在一定范围内就会同时存在处于演替过程中不同阶段的土地类型。可以把它们按照演替的顺序联系起来，再现土地演替过程，这就是土地演替结构分析。

例如，贵州省的原始土地类型多是各种常绿阔叶林黄(红、黄棕)壤(或石灰土、紫色土)山(丘、岗、沟、坝)地，这些土地类型的植被物种繁多、结构复杂。其枯落物不断补充着土壤养分，改善着土壤性质，使土地上所含水分也比较丰富、稳定。这样，多种绿色植物能充分地将太阳辐射能和大气水分纳入土地生态系统。按照耗散结构理论的解释，进入系统的负熵流足以抵消系统内部产生的熵，使系统的总熵不增加，甚至减少，这样的开放系统就能够形成一种在时间上、空间上和功能上的有序结构。因此，贵州省的原始土地在当时都是相对稳定的顶级土地类型。当人类活动介入土地演替过程后，河川沟谷平坝地与部分宜农岗台地、丘陵地被逐步改造为农田。其地貌形态逐渐平整或梯化，耕层逐渐加深，土壤理化性质不断改善，熟化程度也逐渐加强。由于有不断的人为投入，这些土地成为与外界物质和能量交换最频繁强烈、生产能力最高且较为稳定的农田土地类型。今后，随着投入的增加和农业生产技术的改进，此类土地还可不断提高生产能力。然而在广大的山地、丘陵地，人类活动则主要是砍伐、樵采、放牧、垦荒，并常引起山火；其强度越来越大，甚至超过了土地本身的生产能力所能弥补的程度。于是，土地上的植被日稀、物种渐少、结构趋于单一，生境变得干旱，水土流失逐渐加剧，土层愈见浅薄，土壤日渐贫瘠。这种趋势发展到极点，将使土地上岩石裸露，寸草不生。土地类型的这种发展过程称为逆向演替。但是，如果能制止不合理的人为干扰，或者加以人为的保护和改善，在贵州优越的光、热、水条件下，经过长期的休养生息，这些土地类型也会经若干阶段后朝常绿阔叶林黄(红、黄棕)壤(或石灰土、紫色土)山(丘陵)地类型发展，这一过程称为顺向演替。

土地演替结构分析使我们对各类土地的发展趋势有了明确的认识，这对于建立合理的土地利用结构很有参考价值。在贵州，至少有两个带有普遍性的土地利用规划问题可以从土地演替结构分析中得出结论。①关于广大荒山和灌丛草坡的开发利用方向问题，长期以来有主张作林地用与主张作牧地用的争论。通过上述土地结构分析，可见作林地用符合土地顺向演替规律，作牧地用则使土地继续陷入逆向演替过程，所以应以林为主。②关于林业用地中针叶林与阔叶林的比例。从土地演替角度看，针叶林是演替过程中的不稳定阶段，只有促其顺向演替为地带性植被——常绿阔叶林，才能达到相对稳定的平衡状态。当然，这个问题还应当从经济效益及其他有关角度来分析。大多数阔叶树材质优于当地针叶林优势树种——马尾松，某些甚至优于杉木，阔叶树中也不乏速生树种。阔叶林中物种繁多、结构复杂，保持着多样的生物群落，因而病虫害少，副产品多，产值高；而针叶林种群单一、结构简单，病虫害易于扩散蔓延。阔叶林的枯落物量大且易分解，养分含量丰富多样，可不断增进土地的肥力；而针叶林残落物少而单调，分解缓慢，养分释放不多反而多酸性物质，不利于促进土地肥力，对本来已偏酸性的湿润亚热带地带性土壤有不良影响。因此，在确定林业内部用地结构时，应给予阔叶林充分重视。

5.4.4 土地空间组合结构

土地的分布组合在垂直方向和水平方向上都表现出一定的规律性，可分别称为土地垂直组合结构和土地水平组合结构。

1. 土地垂直组合结构

随地形起伏，土地类型随地势发生变化，形成土地垂直组合结构。土地垂直组合结构对合理确定大农业生产结构有决定性影响。根据土地垂直组合结构可以合理确定大农业生产结构、作物结构和品种结构。

2. 土地水平组合结构

土地水平组合结构分析包括土地类型分布组合图式和土地类型统计两方面。土地类型统计在自然区划单元内进行，对各种土地类型进行面积量算，得出它们的绝对面积数量和相对面积比例。这就是区域单元内的土地类型质和量对比关系，它是因地制宜地决定区域开发方向的自然基础和确定区域产业结构的重要依据。例如，在贵州省的相关研究中，从土地类型的质和量对比关系出发，分析资源特点和区位条件，与开发现状进行对应变换分析，从而制定出贵州省各自然小区的开发方向和战略重点(蔡运龙，1990)。

3. 土地类型质和量对比关系的统计分析

以区域内土地类型面积量算的数据为基础，可以进行多种统计分析，由此把土地空间组合结构的研究引向深入。目前，可用于研究土地空间组合结构的统计分析方法有以下几种。

(1) 频率：表示某种土地在区域内出现的频率。其计算公式为

$$P_i = \frac{f_i}{F} \tag{5-1}$$

式中，P_i 为第 i 种土地类型出现的频率；f_i 为第 i 种土地类型的图斑个数；F 为区域内全部土地类型的图斑总数。

频率可以定量地表示土地类型在区域内的分布均匀程度，是合理配置适宜于该类土地的利用方式的依据。

(2) 面积比：表示某种土地类型的面积在区域土地总面积中所占比例。其计算公式为

$$K_i = \frac{S_i}{S} \tag{5-2}$$

式中，K_i 为第 i 种土地类型的面积占区域总面积的比例；S_i 为第 i 种土地类型的面积；S 为区域土地总面积。

面积比精确地表示土地类型在区域内的相对数量，是该种土地类型能否建立商品生产基地和确定土地适宜经营规模的依据。

(3) 多度：表明一个区域内某种土地类型在区域内的相对数量。其计算公式为

$$D_i = \frac{n_i}{N} \tag{5-3}$$

式中，D_i 为第 i 种土地类型的多度；n_i 为第 i 种土地类型的个体数；N 为区域内全部土地类型的个体总数。

多度可以定量表示土地类型在区域内的分布状况，也是合理配置适宜于该土地类型的利用方式的依据。

(4) 重要值：多度与面积比的综合表示。其计算公式为

$$I_i = D_i + K_i \tag{5-4}$$

式中，I_i 为第 i 种土地类型的重要值；D_i 为第 i 种土地类型的多度；K_i 为第 i 种土地类型的面积占区域总面积的比例。

重要值可以定量地表示土地类型对区域的重要程度，是确定区域土地利用专业化方向的重要依据。

(5) 复杂度：表示一定区域内土地类型在高一级区域内的相对复杂程度或多样

化的程度。其计算公式为

$$C_i = \frac{n/S_i}{N/S} \tag{5-5}$$

式中，C_i 为某区域内土地类型的复杂度；n 为某区域内土地类型数；S_i 为第 i 种土地类型的面积；N 为高一级区域内土地类型数；S 为该高一级区域土地总面积。

复杂度是确定区域土地利用方式多样化的重要指标。

(6) 区位指数：表示区域内某种土地的区际意义。其计算公式为

$$L_i = k_i - K_i \tag{5-6}$$

式中，L_i 为第 i 种土地类型的区位指数；k_i 为第 i 种土地类型在区域内的面积比；K_i 为第 i 种土地类型在高一级区域内的面积比。

区位指数若为正值，则表示该种土地有区际意义；若为负值，则说明它不具备区际意义。区位指数也是确定区域土地利用专门化方向和配置商品生产基地的依据。

此外，还可以以自然区划单元为样本，以各土地类型在该区内的面积比为变量，构造数据矩阵。用这种数据矩阵可以进行多种相关分析、优化分析和预测分析。

土地单位有不同尺度，高级土地单位内包含若干低级土地单位，也就是说高级单位具有低级单位的组合结构。因此土地结构也应当是多级的，可分别称为大结构、中结构、小结构。

5.4.5 土地结构研究的应用

1. 通过土地结构研究进行综合自然区划

土地类型的分布组合在一定区域范围内表现出一定的规律性。每个区域都有其独特的、反映该地区生物气候条件和主要自然地理过程的土地类型，称为显域性(或地带性)土地类型；每个区域又有一些受局部因素(如母岩)影响，但仍与该地生物气候条件有联系的土地类型，称为隐域性(或非地带性)土地类型。每个区域都有各种显域性土地类型与隐域性土地类型的特定分布组合形。因此，应在一定的区域框架内论述土地类型的空间组合结构。

贵州省土地类型分布组合图式在整饰后的土地类型图上有明显的表现。通过与部门要素图的对比分析，发现它们主要受地质构造单位、地貌发育阶段、水系格局和地层出露格局的控制。因此，根据土地类型图上的图斑组合，结合分析地貌、地质、水系格局，可以明确土地类型分布组合图式相对一致的范围，从而划定自然区划起始单位(自然小区)的界线。采用这种方法，在贵州省土地类型图上划分了 32 个自然小区；再参照更大尺度的地域分异规律，将自然小区依次组合成

自然亚区和自然区。这样，就把土地类型和自然区划两种研究统一起来，同时也把省区的自然区划系统与全国乃至全球的自然区划系统衔接起来。

2. 土地结构与大农业生产布局

区域大农业生产构成方向和农业专门化方向构成有密切关系。一个区域的农业构成方向首先决定于自然区域的水热条件。区域水热状况主要包括：①温度条件，主要与纬度地带性有关；②水平地带性所决定的水分条件或湿润条件，包括降水、蒸发、水热指数、干湿状况等特征；③区域的海拔，影响农业构成方向，包括作物种类、家畜种类等。上述三个条件决定了各地的大农业生产布局，包括栽培作物组合、家畜种类组合、灌溉农业的方向和可能性等。

每种土地类型都有最适合的土地利用方式和耕作制度。同时，农业既要求综合发展，也要求注重专业化。综合发展的大农业可为畜牧业提供精饲料，又可利用畜牧业提供的肥料和畜力，林业可以维持生态平衡，这是综合发展的特点。农业专业化可以提供商品，区域农业若没有商品生产，就没有资金来源，无法进一步发展。自然界中有多种土地类型，而农林牧渔又要求综合发展，两者结合，就使一个区域的农业有一定的构成方向。这个构成方向可以是综合发展的，也可存在一定的专业化方向。农业集约化程度越高，越是迫切要求考虑这种构成方向。

即便在粗放耕作地区，土地利用方式的有机结合，也有利于大农业的发展。毛乌素沙区有排水良好和排水不好的多种土地类型。旱年，排水良好的土地类型可能欠收，排水不良的土地类型可能产量高。湿年相反，排水良好的土地类型可能丰收，排水不良的土地类型可能欠收。将排水良好和排水不良的土地互相调剂，可减少农业年产量的波动性。贵州高原面的喀斯特丘陵区也有类似情况，这里坡地易旱，岩溶洼地易涝，两者的生产起着互相平衡作用。

一个区域的农业内部构成包括：①农林牧渔的组合构成与相互关系；②土地利用方式构成，即农业地域类型的组合；③农作物和牲畜种类构成，以及它们各自的品种构成；④农田水利措施和田间工程构成；⑤农业机械化配套构成等。土地结构对上述农业构成要素都有影响。

5.5 土地类型调查和制图方法

土地类型调查与制图是土地研究的重要手段。和地理学其他学科一样，其也有三个基本阶段，即室内准备、野外考察和室内总结。但由于学科性质的不同，这三个阶段的任务和内容有所差别。

1. 室内准备阶段

室内准备阶段包括制定工作方案、资料收集和整理分析、土地分异分析和土地类型图(草图)绘制、确定野外考察路线和方法等内容。①制定工作方案。首先根据调查和制图的目的、任务和服务对象，确定工作范围、调查和制图精度、采用的土地分级单位、调查方法等内容。②资料收集和整理分析。进行文献资料和图件的收集，并加以分析研究，以了解研究区域的地域分异规律和拟订土地单位分异的调查因素。③土地分类系统方案的制定。在收集和分析资料的基础上，拟订土地分类的初步方案。

2. 野外考察阶段

野外考察阶段是整个土地类型调查和制图工作最重要的环节。野外考察阶段的主要任务是查明制图区的土地分异因素和所要研究的土地单位即制图对象的特点，并在此基础上进行土地分类，在地图上标示出各类型单位分布区的轮廓界线，绘制土地类型图。这一阶段的工作包括几个连续的过程，即大路线调查、路线调查、定位或半定位调查。

(1) 大路线调查。大路线调查是野外考察阶段必经的一个过程。因为调查和制图人员不一定都到过制图区，在室内准备阶段根据文献和地图得到的认识比较抽象，绘制的草图也未必切合实际。因此，需在正式进行调查和制图前，对制图区进行一次大路线踏勘，以便在实地初步了解制图区的自然和社会经济概况，对草图和航片、卫星图像的室内初判做必要校对，订正分类系统并选定调查路线和拟订工作计划。

(2) 路线调查。路线调查工作是野外考察阶段的重点，也是大比例尺土地类型制图的基本方法。路线选择是否得当，对制图质量有直接的影响，因此这是一项很重要的工作。选择路线应注意以下事项：①路线的密度应满足制图比例尺和制图任务的要求，并符合制图区土地类型组合的复杂程度；②在整个制图范围内路线的分布应比较均匀，既要避免路线疏密不同造成调查深度不一致，又要遵循土地类型制图对路线走向的要求；③路线应尽可能穿过各种土地类型的分布区，只有当路线穿越同一地势剖面上的各种地貌形态，如河谷、阶地、不同朝向的谷坡、山坡和分水岭等，才能达到这个要求。

路线选定后，即可正式开展路线调查。主要内容是绘制综合剖面图，航片和卫星图像实地解译，填绘和订正土地类型草图，记录土地类型的自然特征和利用特征。

(3) 定位或半定位调查。随着土地类型研究的深入，定位或半定位调查的作用日益重要。定位或半定位调查的内容包括土壤剖面、植物样方、土地利用的投入-产出比、沉积物测年、树木年轮分析等第一手数据的采集、实验室测量和分析、处理。这些数据对深入认识土地类型的特性及其动态有重要意义，尤其是在土地变化研究中，更是不可缺少的证据。

3. 室内总结阶段

这一阶段的主要任务是成图和编写研究报告。成图主要以野外订正和填绘的原图为根据，结合航片和卫星图像的进一步解译，确定制图轮廓和图例，同时还要按土地类型制图的原则，进行清绘的整饰、量算各类型的面积。

研究报告的内容主要包括：①调查区的地理位置和行政区划；②自然和社会经济概况；③地域分异规律和土地单位分异因素；④土地类型划分依据和分类系统；⑤各土地类型特征描述；⑥土地结构和自然分区；⑦土地合理利用及区域生产建设方针；⑧其他内容。

若调查和制图具有特定目的，还应在阐明土地类型的一般情况后，以土地类型结构的研究为依据，着重探讨某些与调查任务有关的问题。例如，水土保持、山区综合开发利用、荒地利用、土地退化和荒漠化治理等。

第6章 土地评价

土地评价是土地利用规划和合理利用土地资源的重要前提。土地评价不仅关注不同土地类型的数量，而且日益重视土地的质量。土地评价涉及的内容广泛，需要自然、经济和技术等多学科知识的融合进行综合研究，根据不同的评价目的，土地评价的内容也有所差别。

6.1 土地评价概述

6.1.1 土地评价的概念

土地评价又称为"土地资源评价"，是依据科学的标准，在土地资源调查、土地类型划分、土地各构成因素及综合体特征认识的基础上，以土地合理和可持续利用为目标，对土地自然属性和社会经济要素的综合鉴定，阐明一定的技术经济条件下，土地的适宜性程度、生产潜力、经济效益和对环境的影响，确定土地生产能力和价值大小的过程(刘黎明，2010)。因此，土地评价的基本特征是比较土地利用的要求和土地质量的水平，其实质是对土地生产力的鉴定(如农业用地等)和对土地使用价值的鉴定(如城镇用地等)。土地评价包括土地潜力评价、土地适宜性评价、土地质量指标评价、城市土地评价和农用地评价等内容。

土地评价是根据具体的生产目的对土地的自然属性、经济价值及生产性能进行评定的过程。土地评价的基础是土地分类，土地类型是土地评价的对象。

6.1.2 土地评价的目的和任务

1. 土地评价的目的

土地评价是土地资源调查的重要组成部分。土地资源调查的基本任务是查清各类土地资源的数量、质量、属性、空间分布状况、随时间的动态变化规律、构成要素的特性及它们之间的相互联系和相互作用。其中，摸清土地资源的质量就需要通过土地评价。

土地评价是土地利用规划的依据。土地利用规划的作用在于对土地利用做出合理的决定，把用地需求与土地质量协调起来，安排好各种土地用途的数量与空间布局，以取得土地利用最佳的经济效益、社会效益和环境效益。因此，规划必须以对土地质量和土地利用需求的了解为依据。土地评价的作用之一就是根据土地利用要求与土地条件比较来确定土地适宜性等级和生产力等，揭示土地在各种用途时的质量状况。因此，土地评价是土地利用规划的基础，它提供了有助于规划决策的最客观的依据。

土地评价是土地资源管理的依据。土地评价不仅能揭示土地的生产潜力和适宜性，而且能识别影响土地质量的主要限制因素。因此，基于土地评价结果，土地改良就会有较高的针对性。根据土地的适宜性和土地改良的经济效益分析，进行成本和收益的比较，确定土地利用的变更和土地改良的决策以及投资水平。此外，土地评价为土地质量动态监测提供了基础数据，便于掌握土地质量等级以及不同土地利用类型的动态变化和规律，为土地资源管理提供依据。

土地评价是土地税费征收的依据。土地税收标准、征地补偿费以及土地交易价格的确定等，主要依据土地的用途和土地对该用途的适宜等级，或土地在该用途条件下的生产力与价值的大小。土地评价的成果之一是提供了土地对某一用途的适宜等级。因此，通过土地评价能科学地为制定土地税收标准、征地补偿费以及土地交易价格提供基础资料。

2. 土地评价的主要任务

土地评价需要指出土地的潜在能力。对于不同的土地利用方式，土地资源的潜在能力表现不同。对农业用地而言，通过土地评价，指出在某种利用条件下土地所具有的潜在生产能力；对城镇用地而言，则要通过土地评价指出某种利用状况下土地所具有的潜在承载能力，或者按照最佳用途的要求，发挥土地资源的集约利用潜力。

土地评价需要阐明土地的适宜性。土地适宜性是指在一定条件下，土地对特定用途的适宜程度。通过土地评价，指出土地针对设定利用方式是否适宜，如果适宜，则要指出适宜性等级，提出土地改良的途径和措施。土地适宜性是一个相对概念，没有绝对的数量化指标来衡量，这是它与土地利用潜力的不同之处。在土地评价中，经常在土地适宜性研究的基础上评价土地利用的潜力。

土地评价需要揭示土地的利用效率。土地利用效率是指在一定管理水平下，某种土地类型对选定利用方式的综合效益，表现为经济效益、生态效益和社会效益。长期以来，土地评价重视土地质量的经济效益，而忽视对生态效益和社会效益的评价。随着土地可持续利用管理思想的深入，生态效益和社会效益日益受到广泛关注。

土地评价需要识别土地利用的可持续性。土地可持续利用是指既能满足当代人的需求，又不会对后代满足其需求能力构成危害的土地资源利用方式。这意味着土地的数量和质量要满足不断增长的人口和不断提高的生活水平对土地资源的需求。土地是可更新的资源，利用得当则可永续利用；利用不合理则会造成土地生产能力部分或全部丧失。对土地利用持续性的评价，旨在关注土地利用方式是否长久，土地利用的效益是否能持续增长及生态环境是否能不断改善。

6.1.3 土地评价的原则

土地评价应遵循以下 6 个原则。

(1) 土地适宜性和限制性原则。土地适宜性既指在土地属性不致恶化或退化的前提下，土地适宜采用一种或多种利用方式的广度，也指土地对各种利用方式适宜的程度。土地限制性则指在某些限制性因素作用下，土地不适宜某种利用方式，若利用非但不能获得高效益，反而将导致不良后果。一般来说，适宜性和限制性均针对某种特定土地用途而言。适宜性大而限制性小的土地应评定为好地，适宜性小而限制性大的土地则应评定为较差的土地。

(2) 效益与投入相比较的原则。土地评价要求对不同类型的土地上获得的效益与投入的劳动、物力、资金进行比较。好地和劣地的区别往往不在于生产水平的差异，而在于投入及经济效益的不同。投入少而获得的经济效益高的土地就是好地，反之则是差地。

(3) 对多适宜性土地的多用途比较及综合评价原则。土地评价要求在不同用途之间进行比较，如果土地有多种适宜性，应通过比较以得出多项综合评价。

(4) 可持续利用原则。土地的适宜性着重利用的可持续性，注意保护土地生产力和生态服务功能，使其在利用后不致退化。

(5) 因地制宜原则。土地评价既要考虑各地的自然条件(即制约土地质量的自然方面的因素，如地貌、气候、土壤、植被、水文等)，又要考虑当地的劳动力、资金、市场和现代化水平等社会经济条件。

(6) 多学科综合性原则。土地评价既需要进行多学科综合研究，又需要建立综合观点。土地评价涉及自然、经济、社会等诸多方面，仅从某一个角度衡量土地的质量是不合适的。

6.1.4 土地评价的类型

1. 按评价目的分类

按评价目的，土地评价可分为土地潜力评价、土地适宜性评价、土地利用可持续性评价、土地生态评价和土地经济评价等类型。

(1) 土地潜力评价。土地潜力评价是对土地固有生产力的评价，是一种一般目的的、定性的和综合的大农业评价，并不针对某种土地利用类型而进行。而是从气候、土壤等主要环境因素和自然地理要素相互作用表现出来的综合特征来评价，反映了土地生物生产力的高低和土地的潜在生产力。

(2) 土地适宜性评价。土地适宜性评价是评价土地对特定用途的适应性。土地的适宜性程度和限制性程度通常是土地适宜性评价的主要依据。

(3) 土地利用可持续性评价。土地利用可持续性评价源于土地适宜性评价，它是对土地适宜性在时间方向的延伸趋势进行的一种判断和评估，是可持续发展思想在土地评价领域中的体现。

(4) 土地生态评价。土地生态系统对人类和社会经济发展具有很大的依赖性。土地生态评价是在一般土地评价的基础上，选择对环境最有意义的生态特性进行补充评价，尤其是着重土地生态价值和功能的评价，它直接服务于土地生态设计和土地生态规划。

(5) 土地经济评价。土地经济评价是从社会和经济的角度，利用经济的可比指标，对土地的投入-产出的经济效果进行评定，或对土地适宜性评价和潜力评价结果进行经济上的可行性分析。其实质在于体现在不同自然条件和社会经济条件下，不同质量土地生产消耗与提供产品的对比关系，或在相同投入水平下取得的不同产品量的经济效益。

2. 按评价途径分类

按评价途径，土地评价可分为直接评价和间接评价两种类型。①直接评价。直接评价是通过试验去了解土地对于某种用途的适宜性或生产潜力。其优点是比较可靠，但严格来说，这种准确可靠性只限于试验地点和试验区，如果将这类试验方法外推使之代表整个土地评价单位，可能会出现较大误差。②间接评价。间接评价是通过分析土地各组成要素的属性对土地利用的影响，然后加以综合，去评定土地的等级。其理论依据是土壤、地形、气候等土地组成要素对任何一种土地利用方式的效果均有深刻的影响，而且这些影响是可以量度或估计的。

3. 按评价方法分类

按评价方法，土地评价可分为定性评价与定量评价两种类型。①定性评价。定性评价是根据土地的自然条件和自然生产力进行评价，评价时只把社会经济条件作为背景，用定性的语言描述土地的质量特征，确定土地适宜性或潜力的高低（如最适宜、中等适宜、勉强适宜等）。②定量评价。定量评价是在定性评价的基础上对自然条件和社会经济诸方面的数据进行准确分析，计算不同土地利用方式下投入产出的指标，包括经济效益、生态效益和社会效益方面的指标，并对这些评价指标进行量化。通过比较不同土地利用方式下的产投比，考虑维持或改变其土地利用方式，以便用最小的投入获得最大的收益，再根据评价指标与结果之间的关系，通过土地组成要素的质量指标与特定土地利用类型对土地性状要求的比较来确定土地的质量等级，用数理方法（如回归分析法、层次分析法、聚类分析法、判别分析法、模糊数学方法等）计算出某块土地能够反映土地质量的综合指标值和对研究土地进行对比。

4. 按服务目标分类

按照服务目标不同，土地评价可分为单目标评价与多目标评价两种类型。①单目标评价。单目标评价是针对某一特定利用目标进行的土地评价。单目标的土地评价目标十分明确，评价因素的选择和评价指标的确定也很具体。所以单目标的土地评价有较强的生产实践应用性，适宜性评价就是单目标评价。②多目标评价。多目标评价也称为综合性评价，是指评价目标的范围较宽、适用面较广的土地评价。相对于单目标评价来说，多目标评价的评价因素和评价指标的确定一般都比较系统。

6.2 土地评价研究进展

6.2.1 国外土地评价研究

在古希腊、古埃及、古罗马的文献史料中，曾有关于土地划分成各种等级的记载，但定量的土地评价研究仅有半个多世纪的历史。根据土地评价发展的特点，土地评价可分为以下四个阶段。

1. 20世纪60年代以前的土地评价

1834年，英国成立了主要从事土地评价和测量的土地测量师协会。土地研究发展大致可分为土地分类定级、土地潜力评价、土地适宜性评价、土地资源可持续利用评价等阶段。早期的土地评价主要基于赋税目的，如法国财政部1934年提出了《农地评价条例》，德国在20世纪30年代提出了土地指数分等，美国1933年提出了斯托利指数分级。这一阶段的土地评价以研究土地对于某种单项技术目的的适宜性为主（张雁和谭伟，2009）。1931年，英国学者R.波纳在《区域调查和大英帝国农业资源估计的关系》一文中提出自然界存在三种不同等级的土地单位。

20世纪20年代，美国产生和发展了以合理利用土地为目的的土地评价研究，尤其是美国中西部严重的土壤侵蚀和水土流失，有必要根据自然环境特征，提出合理的土地利用和土地管理系统。基于土地利用不导致环境退化的原则，美国提出了以土壤分类为基础，按土壤、坡度、侵蚀类型和侵蚀强度划分的8个土地利用潜力级，目的是为水土保持服务（傅伯杰，1990）。1961年，美国农业部土壤保持局正式颁布了土地潜力分类系统，将土地潜力分为潜力级、潜力亚级和潜力单位三级。这是世界上第一个较为全面的土地评价系统。该系统以农业生产为目的，主要从土壤的特征出发来进行土地潜力评价，客观地反映了各级土地利用的限制性程度，揭示了土地潜在生产力的逐级变化，便于进行所有土地之间的等级比较。该系统自发布以来，在美国、加拿大、英国、印度、中国、巴基斯坦等许多国家得到了广泛应用。继美国之后，加拿大、英国、澳大利亚和日本也制定了自己的土地潜力分类系统。其中，加拿大的土地潜力分类系统适用于农业、林业、牧业、旅游和自然保护等用地评价。

总之，这一阶段土地评价主要结合土地清查而开展，以合理利用土地、发展农业生产为目的，以美国的土地潜力分类系统为代表，评价侧重土地自然属性的变化，未涉及社会经济条件和技术因素的变化。这种评价针对广泛的、标准化的土地利用，未能指出土地对特定作物的适宜性和土地的最佳利用方式。

2. 20世纪60~70年代的土地评价

20世纪60年代末和70年代，随着大量资源调查数据的积累和遥感数据的获取，土地研究开始从土地清查转向土地评价，从一般目的的土地评价过渡到有针对性的专门评价，土地评价研究进一步深化。美国、加拿大、澳大利亚等国家都发展了自己的土地评价系统，采用了不同的分类和评价体系，因此也很有必要通过国际讨论来达成规范形式。各国在进行土地评价和调查的过程中，借鉴生态学思想提出"土地生态单元""土地生态分类"等概念；70年代对土地资源利用研究的深入，土地资源调查、评价的广泛开展标志着土地资源优化配置研究进入真正的实质性阶段（Anderson，1977）。

为弥补美国农业部土地潜力分类系统的不足，1972年10月联合国粮食及农业组织、荷兰瓦格宁根农业大学和国际土地垦殖及改良研究所合作，在荷兰瓦格宁根召开专家会议，对土地的概念、土地利用类型、土地评价的方法与诊断指标等进行了讨论，并于1976年颁布了《土地评价纲要》，将土地的适宜性分为纲、类、亚级和单元四级，从而弥补了土地潜力分类系统的不足，反映了土地的适宜程度、限制性因素和改良措施。这一系统在国际上影响最大、使用也最广泛，使各国的土地评价在形式上得以标准化，为进行土地资源分析及优化配置奠定了基础，也极大促进了国际上土地资源的研究。联合国粮食及农业组织又组织了农业生态区计划的研究，从气候和土壤的生产潜力分析入手进行土地适宜性评价，并在非洲、东南亚和西亚实施应用。联合国粮食及农业组织的"农业生态区法"提供了确定世界农业土地资源生产潜力的途径，是一种综合探讨农业规划和发展的方法。它将气候生产潜力和土壤生产潜力相结合，来反映土地用于农业生产的实际潜力，并考虑了对土地的投资水平，在此基础上决定土地的适宜性。这一方法使土地利用与发展的需要相配合，对人口、资源、环境和发展之间的关系进行定量评价，为规划工作者和开发研究人员提供了具有实际意义的报告。

总之，这一阶段以联合国粮食及农业组织的《土地评价纲要》为代表，明确提出了土地评价为土地利用规划服务的目的。土地评价从一般目的的土地评价转向特殊目的的土地评价，评价结果不仅揭示了土地的生产潜力，更重要的是针对某种土地利用方式来进行，并进行经济效益的比较分析，反映了土地的最佳利用方式、适宜性程度及改良利用的可能性。但该系统只是一个纲要，有待于在进行专项土地评价时完善和补充。

3. 20世纪80～90年代的土地评价

20世纪80年代，土地评价的理论方法不断改进和完善，向着综合化、精确化的方向发展。1981年，美国农业部土壤保持局提出了土地评价和立地评价系统，该系统由土地评价子系统(包括土地潜力分类、重要农田鉴定和土壤生产力)和立地评价子系统(主要是对土壤以外的其他自然和社会经济因素的评价，如土地的分布、位置、适应性和时间性等)构成。1983～1986年，联合国粮食及农业组织针对灌溉农业、雨养农业、林业、畜牧业等不同的土地利用类型，在《土地评价纲要》的基础上，建立了系统、全面的土地评价体系，陆续拟定了相关文件，对土地评价起到了明显的促进作用，形成了土地评价历史上具有里程碑意义的土地评价体系。澳大利亚联邦科学与工业组织等机构在进行土地类型调查与制图时，也开展了大量的土地评价研究，并与土地利用规划结合起来进行。

1993年，联合国粮食及农业组织颁布了《可持续土地利用评价纲要》，确立了土地可持续利用的基本原则、程序和评价标准(即土地生产性、土地的安全性和稳定性、水土资源保护性、经济可行性和社会接受性)，并初步建立了土地可持续利用评价在自然、经济和社会等方面的评价指标体系，提出的土地可持续利用评价的基本思想和原则，成为指导各国土地可持续利用管理的纲领。1997年8月，在荷兰恩斯赫德召开可持续土地利用管理和信息系统国际学术会议，各国专家认为土地利用可持续衡量数据的现成性、灵敏性和可量化性，并认为土地可持续利用评价指标有三类：环境和技术指标、经济指标和社会指标。

20世纪90年代以来，土地质量指标体系研究已成为土地评价研究的一个新热点。在世界银行（World Bank，WB）、联合国粮食及农业组织、联合国开发计划署（United Nation Development Programme，UNDP）、联合国环境规划署（United Nations Environment Programme，UNEP）等一些国际组织的倡议与积极推动下，在某些地区开展土地质量指标体系研究，并与以往的土地评价的研究成果结合，取得了一些可以借鉴的成果。例如，世界银行为热带、亚热带及温带主要农业生态带的人工生态系统（农业及林业）建立土地质量指标体系；加拿大开展的农业土壤健康项目的研究。另外，经济合作与发展组织（Organization for Economic Co-operation and Development，OECD）与联合国环境规划署共同提出的"压力-状态-响应"（pressure-state-response，PSR）模型，以及欧盟统计局和欧洲委员会欧洲环境局（European Environment Agency，EEA）建立的"驱动力-压力-状态-影响-响应"（driving-pressure-state-impact-response，DPSIR）模型，都在区域土地质量评价中发挥了重要作用。由于科学技术的飞速发展，特别是计算机的广泛应用，以及遥感技术（RS）和地理信息系统（GIS）的应用，带动了土地资源研究的发展，产生了土地资源信息系统，比较典型的有加拿大国家土壤信息系统、英国的土地资源信息系统等。这些系统都将土地评价和土地规划过程结合，并用于土地管理，具有综合性和适用性（孔垂思等，2006）。随着3S技术、自动制图技术等新技术的发展和应用，在数据更新、评价精度等方面取得了很大的进步。随着景观生态学研究的迅速发展，土地生态评价已成为土地评价研究的热点。在全球生态系统已普遍出现退化的背景下，生态系统健康评价成为当前生态学最有活力的一个前沿研究。基于遥感技术、专家系统（expert system，ES）与地理信息系统技术的土地资源评价、规划和管理，也取得了重要的进展。

4. 21世纪以来的土地评价

进入21世纪，科技的发展也使得各国在土地适宜性评价研究方面有了更深层次的探索，理论方面更强调持续发展观；实践应用方面，将模型分析与数学运算相结合的评价方法得到更加广泛的应用；土地适宜性评价向着更客观、更科学、更全面的方向发展。由于土地评价在土地利用和规划中的主要决策依据作用，随着研究方法的革新和理论体系的完善，在土地评价手段不断更新的同时，模型方法如层次分析法（analytic hierarchy process，AHP）、模糊数学法、神经网络等智能控制技术得到了广泛的应用，使得评价结果的精度和准确性有了很大的提高。

6.2.2 国内土地评价研究

土地评价在中国有着悠久的历史。土地资源在夏禹（公元前 2100 多年）已作为财产进行调查统计。据《禹贡》记载，当时全国疆域划分为九州，按各州的土色、质地和水分将土地评为三等九级，依其肥力制定贡赋等级（倪绍祥，1999）。这是我国最早的为规定赋税而进行的土地评价工作。战国时期的《管子·地员篇》系统地总结了土地资源评价的经验，按土色、质地、结构、孔隙、有机质、盐碱等肥力因素，并结合地形、水文条件，对土地生产力进行分等定级，并指出每种土壤适种的谷类。这是世界上最早的为合理利用土地而进行的土地评价工作。此后，在漫长的封建时代，历代都有土地资源的评价，但大都由行政部门负责，并未开展科学研究。

中华人民共和国成立以后，为适应国民经济发展的需要，先后开展了不同规模的土地资源调查和评价，使我国土地评价研究得到迅速发展。我国土地评价科学研究大致可以分为以下四个阶段。

(1) 20 世纪 50～60 年代，土地评价处于起步和尝试阶段。1951 年财政部为了确定农业税率，组织了土地自然条件和经营条件等评价工作，用发动群众民主评议、逐级平衡的方法对全国土地进行类别划分和级别评定，但评价方法比较简单。较系统的土地评价工作始于 20 世纪 50 年代的荒地资源考察研究。20 世纪 60 年代早期，农垦部成立了荒地勘测设计院。1962 年拟定的全国荒地分类系统和中国科学院资历综合考察委员会于 1963 年提出的土地类—土地亚类—土地等—土地组的四级分类系统是比较成熟的荒地评价分类系统。

(2) 20 世纪 70～80 年代，引入国外土地评价方法和系统，建立适合中国国情的土地评价系统。20 世纪 70 年代，土地评价进入了新的研究时期，在引入国外土地评价方法和系统进行研究性评价工作的同时，积极筹备建立适合中国国情的土地评价系统，评价范围也由荒地发展到整个农用地。20 世纪 80 年代初，参照联合国粮食及农业组织的《土地评价纲要》，结合中国实际，由中国科学院自然资源综合考察委员会石玉林主持拟订了《中国 1∶100 万土地资源图》分类系统。该系统分为土地潜力区、土地适宜类、土地质量、土地限制型和土地资源单位 5 个等级。这一系统的提出，推动了中国土地评价研究的迅速发展。与此同时，由中国科学院地理科学与资源研究所赵松乔和吴传均主持进行了《中国 1∶100 万土地类型图》《中国 1∶100 万土地利用图》研究，全国出现了前所未有的土地科学研究热潮，带动了一些区域性的研究。中国土地资源评价在 20 世纪 80 年代以前基本上还是参照美国的土地潜力分类系统和联合国粮食及农业组织的《土地评价纲要》并结合各地实际情况而进行的，基本上属于定性研究。

(3) 20世纪80~90年代，土地评价在理论、方法和研究手段上都有很大突破。20世纪80年代初，我国开展了大规模的资源调查和农业区划工作，在借鉴国际上比较成熟的土地评价经验的基础上，结合我国实际，制订了1：100万土地资源分类系统，分土地潜力区、适宜类、质量等、限制型和资源单元几个等级，并有计划地开展了大比例尺土地评价工作，重点在于评定农业用地的质量等级，为农用土地分等定级奠定了理论和方法基础。我国与联合国粮食及农业组织合作进行了中国土地承载力研究，使区域性的土地人口承载力研究广泛开展（石玉林，1992）。

中国土地评价研究重心从为大农业服务的土地评价转为非农业用地评价，特别是城市土地经济评价发展非常迅速。20世纪80年代，原国家土地管理局制订了《城市土地定级规程》和《城镇土地估价规程》，有力地推动了城市土地评价工作。20世纪80年代中后期，开展了全国范围的土地利用规划和耕地保护工作，在定性土地评价框架体系的基础上发展了半定量土地评价方法，主要利用数学和决策模型对土地评价因子、各因子权重和土地等级划分等环节进行定量或半定量处理；同时，基于遥感和地理信息系统等新技术以及融入景观生态理论和土地可持续利用理论的土地评价使我国土地评价理论全面深化，评价手段和对象多样化，表明我国的土地评价在理论、方法和研究手段上都有很大突破。中国土地评价更加重视综合考虑自然、经济、社会因素，并采用定性与定量相结合的方法，针对特定目标或对象的土地适宜性评价得到了更快发展。农业土地评价重视评价土地的生产力水平，对农用地开展分等、定级与估价，包括城市土地定级估价及地价动态变化在内的城市土地评价广泛开展。但林、牧业土地评价仍为薄弱研究领域。针对土地退化、土地整理等土地评价新的应用领域不断出现，以土地可持续利用的评价指标体系的构建和应用为核心的土地可持续利用，已成为土地评价的热门研究领域之一。GIS技术在城乡土地评价，尤其是土地适宜性评价中得到了广泛应用。

20世纪90年代，随着环境保护意识的提高，土地评价开始与生态学、环境科学等学科相结合，发展出了以生态学为基础的土地评价方法，并制定了相应的规范标准。

(4) 进入21世纪后，土地评价应用领域不断拓展，土地评价方法更加多样化。2003年，国土资源部（现自然资源部）颁布了《农用地分等规程》《农用地定级规程》和《农用地估价规程》。2012年，以国家标准颁布了《农用地质量分等规程》(GB/T 28407—2012)、《农用地定级规程》(GB/T 28405—2012)、《农用地估价规程》(GB/T 28406—2012)。随着城市化进程加速和土地资源紧缺问题的凸显，土地评价开始与城市规划、土地管理、区域发展等研究领域相结合，发展了城市土地评价、土地资源优化配置、土地利用变化与生态效应等研究方向。此外，针对土地退化、土地污染、生态风险、生态安全和土地利用冲突等的土地评价新应用领域不断出现。土地可持续利用评价、土地生态评价和土地多功能性评价等已成为土地评价的热点研究领域。在土地评价中，模糊综合评价法、灰色关联度分析法、人工神经网络模型、遗传算法等新方法不断引入。遥感、地理信息系统和全球导航卫星系统(global navigation satellite system，GNSS)等技术在土地评价中广泛应用。

6.2.3 土地评价研究发展趋势

随着人口、资源、环境和发展问题的日益凸显，基于土地资源合理利用的土地评价受到关注，目前土地评价的发展趋势可以概括为以下四个方面。

1. 动态化

土地动态评价以数据库和地理信息为核心，运用多种集成技术为数据的动态更新、决策支持提供更合理的判断，实现土地资源的动态评价。近年来，新的方法不断应用到土地资源评价中，增强了土地评价的定量化与动态性，从而使土地资源评价的结果既能反映土地资源质量的时间变异，又能表现土地资源质量的空间变化。新的计量方法、3S 技术、数学模型和数据库技术在国内土地评价中的应用日益广泛，把土地资源评价、规划与利用结合起来，为土地管理者或使用者提供良好的决策依据。在长期、连续观测资料的积累和科研工作者的不断努力下，建立土地资源信息综合管理系统，使对土地评价信息的收集、存储、处理乃至传输分析得到进一步加强，从而为建立区域土地动态监测及数字化作准备。

2. 定量化

土地评价的发展不仅体现在评价系统和理论的不断完善，而且也体现在评价方法和技术手段的更新。近年来，模型方法在土地评价中的应用，以及土地资源信息系统的建立与发展，使土地评价更加科学化。土地资源信息系统将土地评价和规划过程相结合，并应用于土地管理。该系统具有综合性和实用性，为土地评价和土地规划与管理开辟了广阔的前景。

总之，当前信息高速公路的快速发展，为土地资源评价研究注入了强大活力。RS 已成为土地调查的重要手段，GPS 的运用为土地资源研究提供准确、快捷的信息，使土地利用动态监测成为可能，GIS 的应用使土地评价研究进入了定量化阶段，使多元信息复合成为可能。数理方法和 3S 技术的应用，使土地评价研究向定量化方向发展。

3. 综合化

土地评价是一项综合的研究工作，它不仅涉及土地的自然属性，还需考虑土地利用的经济背景、土地立地条件、经济效益和社会效益；要进行一定的经济分析和计算，使评价成果既能反映土地的自然特征，又能衡量不同土地利用的收益水平，并使土地评价新方法更加简单、准确、动态；土地评价算法模型得到进一步的综合与优化。

土地评价算法和模型常用的加权求和法目前仍在使用，并得到进一步的探讨或改进。其中，模糊综合评价法、灰色关联度分析法应用较为广泛。近年来，土地评价方法不断创新，如人工神经网络技术，特别是多层反向传输算法在基准地价评估、土地复垦评价中得到越来越多的应用；遗传算法、退火算法及组合预测等一些新算法也开始在土地评价中得到应用；基于可拓展的理论和方法构建土地适宜性评价的物元模型也有尝试。

近年来，土地评价已从初期的自然土地评价逐步走向综合土地评价，在土地评价过程中，强调社会经济特征和经济效益的分析，或者进行土地经济评价，为土地利用规划和国土规划提供全面、综合的资料。另外，综合化也表现在针对人口、资源、环境和发展问题，开展土地承载力研究，确定人口增长对资源的需求和资源系统可支持或必须支持的程度。

4. 生态化和可持续化

随着人类活动对自然界扰动强度的不断增大，顺应全球化发展趋势，解决人口、资源与环境之间的矛盾，"生态化"表征为在土地科学领域里出现的一系列重大问题而产生的学术变革和范式转折，也是对传统土地评价研究视角和方法论的创新。土地评价的生态化，表现为生态学的关系型范式在土地资源评价中得到广泛应用，生态(生物)地理过程与地域划分研究在土地评价中的重要性不断提高。土地生态评价着重于土地生态系统的结构、功能及土地生态价值的评价；在一般土地评价的基础上，选择最有意义的若干生态特性进行专项评价；关注人类社会经济过程对土地生态系统的影响评价，以及对土地生态退化、生态健康与恢复、土地生态风险与安全、潜在危险进行评价。

随着人类对可持续发展问题认识的提高，可持续土地评价成为土地评价的新方向。土地可持续利用评价指标体系和城市集约利用评价也成为目前土地评价研究的热点，同时土地开发整治项目的经济和环境评价体系研究也开始被重视。随着土地可持续利用评价研究的深入，景观生态学研究方法的引入与融合，将传统土地评价(如土地资源潜力评价和土地资源适宜性评价)与景观生态学原理(如景观结构和过程、景观异质性)结合起来，这对土地可持续利用评价具有重要意义。

同时，探索适合中国的土地资源评价方法与种类是当今我国土地资源评价的首要任务，也是实现土地资源可持续利用、确保国内粮食安全，从而实现人口、资源和环境协调发展的基础。而土地资源生态经济适宜性评价的研究是当前新兴的综合土地评价方法，值得我们深入研究和尝试。

6.3 土地潜力评价

6.3.1 土地潜力评价的概念

土地潜力指土地利用的潜在能力。土地潜力的评价主要依据土地的自然性质及其对各种土地利用的影响，就土地的潜在能力做出等级划分。最早的土地潜力评价系统是美国农业部土壤保持局在20世纪30年代建立的，当时的目的主要是控制土壤侵蚀。20世纪60年代后这个系统被加以改进，用于评价土地对大农业利用的潜力。

6.3.2 美国农业部的土地潜力等级系统

美国农业部的土地潜力等级系统根据土地对作物生长的自然限制性因素的强弱程度，将土地分为若干等级。可耕土地的等级根据土地持续生产一般农作物的潜力与所受到的限制因素来划分，不宜耕种的土地分等还需考虑因经营不当所引起的土地破坏风险。该系统包括三个等级：潜力级(capability class)、潜力亚级(capability subclass)和潜力单元(capability unit)。

1. 潜力级

潜力级是土地潜力分类中最高的等级，根据土地对大田作物或牧草的限制性强度，把所有的土地划分为八个等级。Ⅰ～Ⅷ级，土地在利用时受到的限制与破坏逐级增强，作物选择条件逐级减小。Ⅰ～Ⅳ级在良好管理下可生产适宜农作物，Ⅴ～Ⅷ级不能用于耕作，如图6-1所示。各主要潜力级的具体含义如下。

Ⅰ等地为土地接近于水平，水蚀、风蚀的危险性小，土层厚、排水良好、易于耕作、土壤持水性良好、养分供应充足。土地不会遭到洪涝危害。土地利用几乎没有限制，可以安全地种植多种植物或作为草场、林地和野生动物保护区。

Ⅱ等地为土地利用有一定限制，因此减少了种植作物选择的余地，或者要有适度的保护措施。

Ⅲ等地为土地利用受到严格限制,耕作时的水土保持措施常较难实行和维持,受到的限制表现在耕作数量、播种、耕耘与收获的时间、作物选择等方面。

Ⅳ等地为对作物的选择有很严格的限制或要求很仔细谨慎的管理,适用于种植两三种常见的作物。

Ⅴ等地为土地具有难以排除的限制因素,它们大部分只能作为草地、林场或野生动物栖居地。

Ⅵ等地为土地具有难以改良的限制因素,一般不宜于耕种。

Ⅶ等地为只限于用作放牧、林地、野生生物区。

Ⅷ等地为只能用于娱乐、野生生物区、水源涵养,或用于观赏。

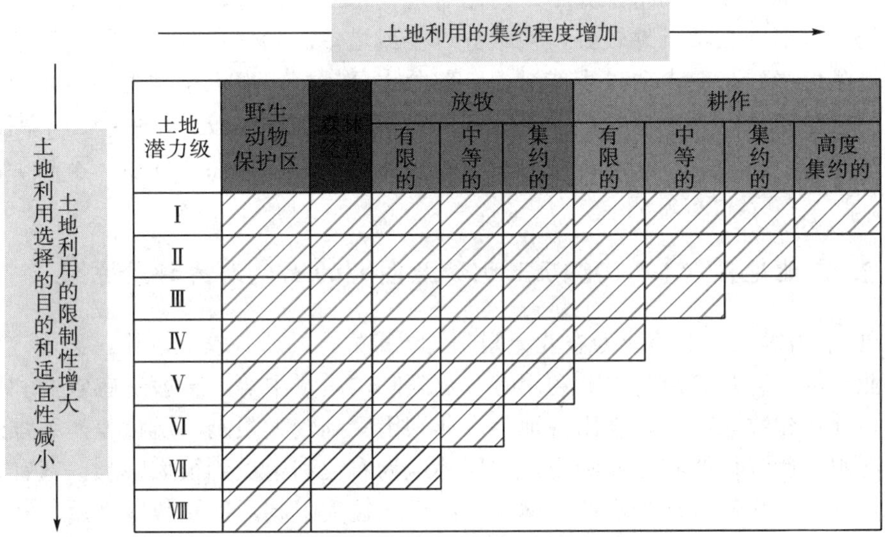

图 6-1 美国农业部的土地潜力等级

2. 潜力亚级

潜力亚级是潜力级内具有相同的限制因素和危险性的潜力单元的组合。根据限制性因素的种类分为四个亚级,分别表示侵蚀、水分、表层土壤和气候条件四种限制性类型,除气候因素外,侵蚀、水分、表层土壤等限制因素均可予以改良或局部改良。

3. 潜力单元

土地潜力单元是对于一般农作物和饲料作物的经营管理具有大致相同效应的土地组合。同一潜力单元的土地具有以下特点:在相同经营管理措施下,可生产相同农作物、牧草或林木；在种类相同的植被条件下，要求相同的水土保持措施和经营管理方法；具有相近的生产潜力。

6.3.3 我国的土地潜力评价系统

1. 毛乌素土地潜力评价

1963年，陈传康将土地类型根据水土特征及其对农业的影响，结合其适用性、限制性和利用现状，采取一定措施后土地好转的可能性和利用水利设施的可能性（干旱土地类型进行井灌以后土地质量将有所提高），以及区位关系等标准划分为五等。各等地的划分和特征如下：①一等地为水土条件好，是当地主要的农业基地；②二等地为土壤条件较好，但水分过少或过多，为优良牧场；③三等地为部分土壤条件尚好，但水分过少或过多，部分水分较好，但土壤肥力不足，或有一定程度的盐碱化，为主要牧场；④四等地为水、土条件都较差，生产力不高，为次要牧场的土地类型；⑤五等地为受流沙和盐碱危害，自然条件差，不利于农牧生产。

2. 东北地区《1∶100万土地资源图》的土地潜力评价系统

(1)潜力等。①Ⅰ等地为农业无限制，质量好，最适宜农业利用，又适宜林业和牧业利用。②Ⅱ等地为农业利用有一定限制，质量中等，一般适宜农业利用，也适宜林业和牧业利用。③Ⅲ等地为农业利用受到较大限制，质量差，勉强适宜农业利用，适宜林业和牧业利用。④Ⅳ等地为农业利用受到很大限制，适宜林业和牧业利用。⑤Ⅴ等地为农业、林业利用受到较大限制，适宜牧业利用。⑥Ⅵ等地为农业、林业利用受到很大限制，适宜牧业利用。⑦Ⅶ等地为农业、林业、牧业均受到很大限制。

(2)潜力亚等。①宜林地亚等：a.最适于造林；b.一般适于造林；c.临界适于造林。②宜牧地亚等：a.最适于牲畜饲养的草地；b.一般适于牲畜饲养的草地；c.临界适于牲畜饲养的草地。

(3)潜力组。侵蚀限制(e)、坡度限制(p)、土壤质地限制(m)、土层厚度限制(l)、水分及排水条件限制(w)、盐碱限制(s)、热量限制(t)、降水限制(r)、无限制(o)。

6.3.4 土地生产潜力评价模型

土地生产潜力是指土地在一定的自然条件或社会经济条件下，生产对人类有用的生物产品或经济产品的潜在能力。建立数学模型或作物生长动态模拟模型，是计算土地生产潜力的主要方法。目前，国内外常用的土地生产潜力评价模型包括光合生产潜力模型、净初级生产力模型、气候因子综合模型等。

1. 光合生产潜力模型

(1) Loomis-Williams 模型。1963 年，美国学者 R. S. Loomis（卢米斯）和 W. A. Williams（威廉姆期）利用量子效率等概念进行生物学产量的生产潜力计算，开启了定量研究光合生产潜力的先河。在假设日辐射为 500cal/cm^2、呼吸损失等于光合量的 33%时，利用量子效率概念推出生物学产量的光合生产潜力为

$$Y = 1.538Q \tag{6-1}$$

式中，Y 为生物学产量的光合生产潜力；Q 为总辐射。

(2) 黄秉维模型。1981 年，黄秉维综合多方面的研究成果，全面考虑作物群体对太阳能的利用、反射、漏射、吸收、转化和消耗等多种因素，在最大光能利用率为 6.13%的假设下，提出了大致适合作物生长盛期的光合生产潜力公式：

$$Y_p = 1.845Q \tag{6-2}$$

式中，Y_p 为生物产量光合潜力；Q 为太阳辐射。

黄秉维模型按作物全生育期考虑设计，具有相当的精确度，不同作物可以根据生育期的总光照不同加以区别，且从全生育期整体考虑，特别适合作物总生产潜力的估算，并仅需取太阳总辐射一个参数，容易获取。

2. 净初级生产力模型

植被净初级生产力（net primary productivity，NPP）是指绿色植物在单位面积、单位时间内所累积的有机物数量，表现为光合作用固定的有机碳中扣除植物本身呼吸消耗的部分，这一部分用于植被的生长和生殖，也称净第一性生产力。

(1) 迈阿密模型（Miami model）。迈阿密模型是由德国生态学家 H. Lieth（赖斯）根据世界各地作物产量与年均降水量和年均温度的关系，用最小二乘法建立的全球初级生产力模型。其计算公式为

$$\text{NPP} = \min(Y_t, Y_p) \tag{6-3}$$

式中，NPP 为自然净初级生产力；t 为年均温；p 为年降水量；Y_t 和 Y_p 分别为根据年均温和年降水量估算的生物生产量。

(2) 桑斯维特纪念模型（Thorthwaite memorial model）。桑斯维特纪念模型，也称蒙特利尔模型，是通过蒸散量模拟陆地生物生产量的一种方法，也是把蒸散量和生物生产量这两个参数结合的重要途径。其计算公式为

$$P = 3000\left[1 - e^{-0.0009695(E-20)}\right] \tag{6-4}$$

式中，P 为生物生产量；E 为年实际蒸散量。因蒸散量受太阳辐射、温度、降水和风等因子的综合影响，所以它比迈阿密模型更能反映实际情况。

(3) 格思纳-莱斯模型(Gessner-Lieth model)。格思纳-莱斯模型是由 F. Gessner 和 H. Lieth 提出的根据生物生产量与生长期长度之间的相关性来推测产量的一种方法。该模型是一个回归直线方程：

$$P = 5.17S - 157 \tag{6-5}$$

式中，P 为生物生产量；S 为光合作用季节的日数。

3. 气候因子综合模型

(1) 瓦格宁根模型。瓦格宁根模型(Wageningen model)通过模拟作物的光合作用和呼吸作用，叶和根生长量等因子的日变化以及碳水化合物的变化过程，来模拟在水分和营养充足条件下的作物光温生产力。在计算时综合考虑了作物种类、光合特性、群体叶面积及作物产量形成的动态过程和机理等。这一方法主要适用于小麦、玉米、高粱和苜蓿等作物产量的估算，其特点是比较准确，但适用性狭窄。计算公式为

$$Y = Y_0 \cdot \frac{ET_m}{e_a - e_d} \cdot K \cdot CT \cdot CH \cdot G \tag{6-6}$$

式中，Y 为潜在生产力；Y_0 为标准作物干物质产量；ET_m 为生育期内日平均最大蒸散量；e_a 为生育期内平均饱和水汽压；e_d 为实际水汽压；K 为作物转换系数；CT 为温度订正系数；CH 为经济订正系数；G 为总生长期。

(2) FAO 评价模型。FAO 评价模型，又称农业生态区(agro-ecological zones，AEZ)法，其基本思路与瓦格宁根模型相同，但比瓦格宁根模型适用的作物种类更多，是实际应用更为广泛的方法。该方法是根据特定地区的纬度、实际测量的日照持续时间，以及特定作物的生长周期、叶面积指数、生长起始月份、收获月份和全部生长季节的月平均气温，来计算该地区特定作物的潜在最高产量。其计算公式如下。

① 当 $y_m \geqslant 20 \text{kg}/(\text{hm}^2 \cdot \text{h})$ 时，

$$Y = CL \cdot CN \cdot CH \cdot G[F(0.8 + 0.01y_m)y_0 + (1-F)(0.5 + 0.025y_m)y_c] \tag{6-7}$$

② 当 $y_m < 20 \text{kg}/(\text{hm}^2 \cdot \text{h})$ 时，

$$Y = CL \cdot CN \cdot CH \cdot G[F(0.5 + 0.025y_m)y_0 + (1-F)(0.05y_m)y_c] \tag{6-8}$$

式中，Y 为潜在生产力；F 为每日云遮盖时间比率；y_m 是标准作物的干物质生产率；y_0 是全阴天标准作物的干物质生产率；y_c 是全晴天标准作物的干物质生产率；CL 为叶面积订正系数；CN 为净干物质产量订正系数；CH 为经济订正系数；G 为总生长期。

6.4 土地适宜性评价

6.4.1 土地适宜性评价的概念

土地适宜性评价是通过对土地的自然因素和社会因素的综合评定，阐明土地属性所具有的生产能力，以及它对农、林、牧等各业生物生长及其他用途的适宜性、限制性及其程度的差异。广义的土地适宜性评价是指评估土地对人类生产和生活活动的适宜性和限制性。目前，我国所进行的土地评价是为农业生产服务的。因此，评价的依据是对发展农业生产的适宜性和限制性，具有狭义性。

6.4.2 土地适宜性评价的依据

土地适宜性评价的主要依据是土地的适宜性和限制性。

1. 土地的适宜性

土地的适宜性是在一定的条件下土地类型对某种经济利用的适宜程度，或在正常条件下，土地的永续利用没有障碍（不受限制），对当地和邻近土地没有不利影响，包括适宜性的类别（如土地的宜农、宜林、宜牧等）和程度（如最适宜、中等适宜、勉强适宜）。土地的适宜性可分为多宜性、双宜性、单宜性和不适宜几种。

多宜性是指土地同时适宜农、林、牧等多种生产。一般来说，质量好的土地对农、林、牧的适宜性广，质量差的土地可能不宜农作物生长，而只适宜林、牧（双宜）或只宜林或只宜牧（单宜），特别差的土地可能暂时对农、林、牧利用都不适宜。按土地适宜于某种用途的程度，可分为最适宜、中等适宜和勉强适宜等几种。

2. 土地的限制性

土地的限制性是在一定条件下，土地存在的某种不利因素限制了土地的某种用途或影响了某些用途的适宜程度，按限制因素的可变程度，可分为难以改变的因素（稳定的限制因素）和容易改变的因素（不稳定的限制因素）。限制性指土地的某些不良质量，包含限制性类别（如土壤侵蚀、盐碱地）和程度（强、中度、弱）。

6.4.3 土地适宜性评价系统

土地适宜性评价系统是土地评价核心问题之一，也是最复杂的问题之一。针对不同的评价目的，评价系统不一样；针对同一评价目的，若采用不同的原则、指标，其评价系统也不同。不同评价系统的共同点是土地评价系统虽然多种多样，但有一点是大体一致的，即评价系统一般涉及适宜性类别、适宜性程度、限制性类别、限制性程度四个方面有反映。

高等级的评价单位表示适宜性类别，中等级的评价单位表示适宜性程度，低等级的评价单位则反映限制性类别和限制程度中量的差别。目前，国际和国内最有影响的土地适宜性评价系统有联合国粮食及农业组织(FAO)的《土地评价纲要》评价系统和《中国1∶100万土地资源图》土地资源分类系统(试行草案)。

6.4.4 联合国粮食及农业组织的土地适宜性评价系统

1. 产生背景

各国采用不同的土地评价系统，即使同一国家，也存在不同的评价系统，导致资料和成果难以交流，国际上围绕这一问题召开了多次会议，目的是通过国际讨论制定一个统一规范式的评价体系。1972年，联合国粮食及农业组织在瓦格宁根召开的农业土地评价专家会议上讨论了建立统一评价体系的问题。1975年1月，联合国粮食及农业组织在罗马召开会议制定了《土地评价纲要》。

2. 四级分类法

《土地评价纲要》中的评价系统采用逐级递降的四级分类法，即土地适宜性纲、土地适宜性级、土地适宜性亚级和土地适宜性单元。

(1) 土地适宜性纲。土地适宜性纲指适宜性的种类，表示土地对某种用途评价为适宜(S)或不适宜(N)两个纲。①适宜纲(S)是指在此土地上按所考虑的用途进行持久利用能产出足以抵偿投入的收益，而且没有破坏土地资源的危险。②不适宜纲(N)是指土地质量显示土地不能按所考虑的用途进行持久利用，即不适宜于某种用途。通常可分2级：暂时不适宜级和永久不适宜级。暂时不适宜级(N_1)是指土地受到的严重限制在将来是可以克服或改造的，但在目前的技术水平下不能改变这种限制性。永久不适宜级(N_2)是指土地限制性十分严重，目前和将来都难以克服。

(2) 土地适宜性级。土地适宜性级反映纲以内的适宜程度。在适宜性纲内按适宜程度从高到低依次递减的顺序分类，用阿拉伯数字表示。一般分3级，最多分

5 级。①高度适宜级(S_1)是指土地可持续利用而不受到重大的限制或限制很小,不会显著地降低产量或收益,也不需增加额外的投资和费用。②中度适宜级(S_2)是指长期用于某种用途时,受中等程度限制,因而产量和收益减少,投资与费用则增加,但仍有利可图,只是明显低于 S_1 级土地。③勉强适宜级(亦称临界适宜级)(S_3)是指持续用于某种用途时受到严重限制,产量与收益明显减少,投资增加,收支勉强达到平衡。

(3)土地适宜性亚级。土地适宜性亚级反映土地限制性类别的差异。在实际工作中如何设置亚级,可以遵循两条基本原则:亚类的数目越少越好,只要能区分开适宜类(级)内不同质量的土地(即经营管理条件有明显差别及针对限制因素进行改良的可行性不同的土地)即可;对于任何亚级而言,应尽可能少用限制因素。

(4)土地适宜性单元。土地适宜性单元反映土地适宜性亚级内在经营管理方面的次要差别,是亚级的再细分。

土地适宜性单元是土地适宜性亚级的细分,亚级内所有的单元具有同样程度的适宜性和限制性。单元与单元之间的生产特点、经营条件和管理要求的细节方面都有差别。适宜单元的划分对于农场一级土地规划有重要意义。

某些情况下还可能划分"有条件适宜",是指在研究区内可能有些小面积土地,在规定的经营管理条件下对某种特定用途而言是不适宜的,但如果实现了某些条件,这类土地又变为适宜。

在具体评价中,究竟划分到哪一等级,即全部评出纲、级、亚级和单元,还是只评出纲、级和亚级,取决于研究区的范围和研究目的与深度。

《土地评价纲要》既考虑了土地的自然属性,也考虑了土地利用方面的社会经济因素。《土地评价纲要》将土地适宜性分为:定性评价和定量评价、当前适宜性评价和潜在适宜性评价。

3. 《土地评价纲要》的特点

(1)评价的核心思想是在一个土地单元内对不同土地利用方式做出科学决策,不同土地利用方式对土地有不同的要求。

(2)评价时使用土地质量。同一土地性质对不同土地利用方式可施加不同的影响,甚至相反的影响;不同土地性质之间有相互作用,并可对土地质量产生叠加影响。

(3)评价时考虑了土地利用的管理水平。土地评价不能仅要基于土地自然属性,还要考虑土地利用的管理水平,特别是为克服土地固有限制性所需要的管理水平和可能性。

6.4.5 中国的土地适宜性评价系统

1981年拟定的《中国1∶100万土地资源图》土地资源分类系统(试行草案)是参照联合国粮食及农业组织和美国、澳大利亚土地分类系统，结合我国特点拟定的。

1. 评价系统

首先按土地生产潜力的区域性，将全国分为若干区。在区内，对土地资源作类、等、型、单元四级划分，共五级分类系统。

(1) 土地潜力区。以水热条件为划分依据，同一区内具有大致相同的土地生产潜力以及土地利用的主要方向和措施，包括适宜的农作物、牧草、林木的种类和组成、熟制和产量及土地利用的主要方向和主要措施，共划分9个土地潜力区。

(2) 土地适宜类。在土地潜力区内依据土地对于农、林、牧业生产的适宜性划分，在划分时尽可能按主要适宜方面划分，但对那些主要利用方向尚难明确的多宜土地，则做多宜性评价。共分9个土地适宜类：宜农、宜林、宜牧、宜农林、宜农牧、宜林牧、宜农林牧、宜其他用途、不宜利用的土地。

(3) 土地质量等。在土地适宜类范围内反映土地的适宜程度和生产力，是土地资源评价的核心。各土地适宜类，均可按农林牧适宜程度与质量高低划分，每个适宜类都包括三个质量等。

(4) 土地限制型。在土地等的范围内，按其限制因素及其深度划分。在同一限制型内，具有相同的主要限制因素和相同的主要改造措施。在同一等内，型与型之间只反映限制因素不同，而没有质的差别。

(5) 土地资源单元。表明土地的自然类型或利用类型，是由一级具有较一致的植被、土壤及中等地形或经营管理与改造措施上较相同的土地构成。

2. 评价系统的特点

(1) 划分土地潜力区，作为土地评价的"零"级单位。这种做法有利于解决不同地区、同一等土地之间的不可比性。

(2) 评价系统与联合国粮食及农业组织的《土地评价纲要》有许多相似之处。

(3) 评价与制图结合得较好。

(4) 采用土地类型与土地利用现状相结合的"土地资源单元"作为评价的基础，有利于将评价结果与利用现状进行比较，从而摸清现状土地利用的合理和不合理之处，有利于土地利用的调整。

6.5 土地生态评价

6.5.1 土地生态系统与土地生态评价

土地生态系统是指一定地域范围内，土地上生物与环境之间形成的一个能量流动和物质循环的有机综合体(蒙吉军，2011)，包括自然生态系统和人工生态系统。自然生态系统是指在一定的时间和空间范围内，主要依靠自然调节能力维持自身稳定的生态系统，如林地生态系统、草地生态系统、荒漠生态系统等。人工生态系统则是以人类活动为中心，为了满足人类社会的需求而建立起来的生态系统，如农田生态系统、城市生态系统等。与一般的生态系统概念相比，土地生态系统属于陆地生态系统，土地生态系统的研究更强调人地关系(吴次芳和徐宝根，2003)，目的是促进土地资源的可持续利用和人地关系的协调发展。它具有以下基本性质。

(1) 土地生态系统的整体性：任何一个土地生态系统都是由土壤、气候、地形、生物、水文等多个自然要素子系统所构成的，各个子系统并非独立存在，而是相互联系、彼此制约又协调一致地形成了一个复杂的网络结构，不断进行着能量流动、物质循环和信息传递。土地生态系统的整体性决定了土地资源的开发利用必须综合考虑各自然要素之间的联系，全面认识土地生态系统的结构和功能特征，才可能合理地开发利用。

(2) 土地生态系统的开放性：土地生态系统是远离平衡态的耗散结构，通过不断与外界进行能量和物质交换，维持系统自身的有序状态和发展变化。土地生态系统内部的大气循环、水分循环、地质循环和生物循环等生态过程都与外界紧密联系，人工生态系统还需要人类不断从系统外引入物质和能量来维持系统的稳定和发展，以不断满足人们的各项需求。

(3) 土地生态系统的动态性：土地生态系统是一个自然历史综合体，系统中各自然要素子系统之间存在动态联系，同时不断受到外界自然和人为因素的影响，土地生态系统处于动态变化过程之中。尤其随着社会经济的快速发展和科技水平的提高，人类的土地利用活动使土地生态系统的演化过程加快。

(4) 土地生态系统的区域性：土地生态系统位于陆地表层岩石圈、大气圈、水圈、生物圈的复合界面，在地带性和非地带性因素的共同作用下呈现出显著地域分异，同时土地生态系统包含了人类社会实践的成分，在长期的演化过程中，经济、制度、文化、科技等人文因素的地域差异更增强了土地生态系统的区域性。

随着人口增长和社会经济快速发展，人类社会正在显著改变着土地生态系统的结构和功能。人们越来越深刻地认识到社会经济发展对土地生态系统的强烈依赖，如何科学地评价土地生态系统服务功能、安全状况及其承载力，成为合理保护土地生态系统，维持人地关系可持续发展的重要依据。土地生态评价是指以土地生态类型为基础，根据研究目的选择最有意义的若干生态特征，评价土地生态系统服务功能和价值、安全状况以及承载力等，查明土地生态类型与土地利用方式之间的协调程度及其发展趋势。

6.5.2 土地生态系统服务功能评价

1. 生态系统服务功能的概念

人们很早就意识到生态系统对人类社会的支撑作用，Osborn(1948)指出"只要我们注意地球上可耕种及人类可居住的地方，就可以发现水、土壤、植物与动物是人类文明得以发展的条件"，认识到了生态系统对社会经济发展的重要意义。Leopold(1949)通过分析案例"牛仔赶走了狼群却没有意识到自己要替代狼群来控制放牧规模"，结果导致了植被退化和土壤流失，指出人类本身不能替代生态系统的服务功能。Marsh(1965)记述了破坏森林造成土壤被冲刷，灌溉饮用引起草地干枯和河水断流，同时还注意到了腐食动物作为分解者的生态服务功能，即"清除腐烂的动植物尸体"。Sabine(1970)首次提出"service"一词，同时列出了生态系统对人类的"环境服务"功能。Holdren 和 Ehrlich(1974)、Ehrlich 和 Ehrlich(1981)的研究认为生态系统服务功能丧失的速度取决于生物多样性丧失的速度，企图通过先进的科学技术来替代已失去的生态服务功能是不可取的。研究中首次提出了"生态系统服务"(ecosystem service)一词，此后生态系统服务功能及其价值的研究成为生态学领域研究的热点。

2005年，千年生态系统评估(millennium ecosystem assessment，MEA)指出：生态系统服务功能是指人类从生态系统获取的效益，生态系统服务功能的来源既包括自然生态系统，也包括人类改造的生态系统，包含了生态系统为人类提供的直接的和间接的及有形的和无形的效益。生态系统服务功能主要包括以下九个方面。

(1) 有机质生产。植物通过光合作用合成人类生存所必需的有机质及其产品，包括食物、木材、纤维、橡胶、医药资源、工业原料、能源等。

(2) 生物多样性保护。生物多样性包括遗传多样性、物种多样性和生态系统多样性三个部分。生态系统不仅为各类生物的繁衍生息提供丰富多样的环境，而且通过不断促进生物进化，成为农作物品种改良的基因来源，同时还是现代医药的最初来源。

(3) 气候调节。生态系统对大气候及局部气候均有调节作用，如通过固定二氧化碳来减缓地球温室效应，还通过植物蒸腾影响区域气候，亚马孙流域年降水量的 50%来自森林的蒸腾。

(4) 水源涵养。植被覆盖度高的地表有利于土壤蓄渗降水，同时通过冠层对降水的截留和枯枝落叶层对水分的吸收，降低地面径流量和水流速度，减轻洪涝灾害，增加河川枯水期径流量，缓解旱情。

(5) 土壤保持。一方面，植被发育好的地域，由于植物和凋落物的覆盖，减少了雨水对土壤的直接冲刷，阻滞了坡面径流，减轻了降水对土壤的侵蚀，缓解了湖泊、河流和水库的淤积；另一方面，生态系统中生产者、消费者、分解者和无机物之间的生态循环使土壤肥力得以保持和改善。

(6) 花粉传播。大多数显花植物需要动物传粉才得以繁衍。据研究，在全世界已记载的 24 万种显花植物中，有 22 万种需要动物传粉。如果没有动物的传粉，不仅会导致农作物大幅度减产，还会导致一些物种的绝灭。

(7) 有害生物控制。与人类争夺食物、木材、棉花及其他农林产品的生物，统称为有害生物。据估计农作物 99%的潜在有害生物能得到自然天敌的有效控制，从而给人类带来了巨大的经济效益。

(8) 环境净化。生态系统的环境净化作用主要体现在植物对大气、土壤、水污染等的净化作用，表现为以下几个方面：①吸收 CO_2，放出 O_2，维持大气成分的稳定；②在植物生理范围内能吸收空气、土壤、水中的硫化物、氮化物、重金属等有害物质；③森林和沼泽植物能够分别降低风速和水流速度，使空气和水中的大颗粒物质沉降，同时植物叶片也可以吸附一部分粉尘和杂质，从而起到净化空气和水的作用。

(9) 休闲娱乐文化功能。生态系统为户外休闲娱乐活动、艺术创作、教育等提供自然环境。

2. 生态服务功能的价值评估

(1) 生态系统服务功能的价值可分为直接利用价值和非直接利用价值。①直接利用价值：生态系统产品所产生的价值，包括食品、医药、其他工农业生产原料以及休闲旅游等带来的直接价值。②非直接利用价值：无法商品化的生态系统服务功能所带来的价值，如气候调节、生物多样性保护、水源涵养、土壤保持、花粉传播、有害生物控制、环境净化及文化教育等功能。

(2) 直接利用价值可用产品的市场价格来估计，非直接利用价值的评价常常需要根据生态系统功能的类型来确定，评价方法多种多样，常用的如条件价值法、费用支出法与替代市场法。①条件价值法：也称支付意愿法或假设市场法，通过直接询问人们对某项生态服务功能的支付意愿，以获得其经济价值。在实际研究中，通常以问卷调查的方式来获得人们的支付意愿，综合所有人的支付意愿来估算生态系统服务功能的经济价值。②费用支出法：以人们对某项生态服务功能的总支出来表示其经济价值。例如，对于自然生态系统的游憩功能价值，可以用游憩过程中所支出的费用总和(包括交通费、餐饮费、住宿费、门票费、设施租赁费、停车费等)作为游憩功能的经济价值。③替代市场法：也称影子价格法，在评价没有市场交换或者费用支出的生态服务功能价值时，可以先定量评估该生态功能的实际服务效果，然后根据这些效果的市场价格来评价其经济价值。例如，评价生态系统涵养水源价值，首先研究该生态系统的水源涵养量，然后根据同等蓄水量的水库建设成本确定其影子价格，进而计算其经济价值。

Costanza 等(1997)最先估算了全球各种生态系统的各项生态系统服务价值。谢高地等(2003)结合中国的实际情况，对 200 位生态学者进行问卷调查，制定出中国平均状态的不同陆地生态系统单位面积生态服务价值(表 6-1)。

表 6-1　中国不同陆地生态系统单位面积生态服务价值　　　(单位：元/hm^2)

生态服务价值	森林	草地	农田	湿地	水体	荒漠
气体调节	3.50	0.80	0.50	1.80	0.00	0.00
气候调节	2.70	0.90	0.89	17.10	0.46	0.00
水源涵养	3.20	0.80	0.60	15.50	20.38	0.03
土壤形成与保护	3.90	1.95	1.46	1.71	0.01	0.02
废物处理	1.31	1.31	1.64	18.18	18.18	0.01
生物多样性保护	3.26	1.09	0.71	2.50	2.49	0.34
食物生产	0.10	0.30	1.00	0.30	0.10	0.01
原材料	2.60	0.05	0.10	0.07	0.03	0.00
娱乐文化	1.28	0.04	0.01	5.55	4.34	0.01

6.5.3　土地生态系统安全评价

生态安全是近年来提出的新概念，是指人类在生存、生活和生产等方面不受生态破坏与环境污染等影响的保障程度。土地生态系统安全是保证其服务功能的前提，土地生态系统只有保持了结构和功能的完整性，并具备抵抗干扰和恢复能力，才能持续为人类社会提供服务。因此，土地生态系统安全是人类社会可持续发展的根本保证(蒙吉军，2011)。

生态安全评价是随着生态脆弱性评价、生态风险评价和生态系统健康评价发展起来的。它具有以下特点：①研究对象具有针对性，一般针对生态脆弱地区的生态系统；②评价指标具有相对性，不同区域和不同时间上的生态安全评价标准有所不同；③评价要考虑人类的能动性，目的是建立生态安全保障体系。

1. 生态脆弱性评价

脆弱性是事物易受不利影响的倾向或习性，包括对危害的敏感性或易感性以及应对和适应能力的缺乏(苑全治等，2016)。生态脆弱性是指生态系统在特定的时间和空间尺度下对外界不利影响所表现出的脆弱性。生态脆弱性与三个因素有关：①生态系统受到的干扰强度，这些干扰包括自然灾害及人类活动对生态系统的不利影响；②生态系统的敏感性，即生态系统对外界干扰的反应灵敏程度；③生态系统的适应能力，指生态系统在外界不利影响下的自我恢复能力。通常脆弱的生态系统会表现出对外界干扰的高度敏感性，且自身的适应和恢复能力差，对不利影响的抵抗能力弱，易于发生生态退化，甚至逆向演替，最终影响人类社会的可持续发展。

脆弱性评价是对某一自然、人文系统自身的结构、功能进行探讨，预测和评价外部胁迫(自然的和人为的)对系统可能造成的影响，以及评估系统自身对外部胁迫的抵抗力以及从不利影响中恢复的能力，其目的是维护系统的可持续发展，减轻外部胁迫对系统的不利影响和为退化系统的综合整治提供决策依据(刘燕华和李秀彬，2007)。目前，生态脆弱性评价的概念模型主要包括以下几种。

(1) 生态-社会-经济复合系统模型。应用系统论方法，分析区域生态-社会-经济系统及其各个子系统的特点，综合自然、社会、经济等因素，确定脆弱性评价指标体系。该模型能够较为全面地反映出区域生态-社会-经济系统的脆弱性。

(2) 成因-结果表现模型。选取导致生态系统脆弱的气候干燥度、人均水资源、耕地和建设用地面积、资源利用率、能源使用量等作为主要成因指标，再选取植被退化程度、空气和水污染现状、环境治理状况等结果表现指标对生态系统脆弱性进行评价，这种模型可以较好地反映出生态系统脆弱的主导因素。

(3) 压力-状态-响应模型。压力指标表示自然灾害、人类活动等对生态系统造成的压力；状态指标描述在自然和人为压力下生态系统结构和功能的状况；而响应指标则呈现人类社会为减轻、阻止和预防生态环境退化所采取的对策，以及对已经发生的不利于人类生存发展的生态环境变化进行补救所做的努力。

(4) 敏感性-恢复力-压力度模型。敏感性指标可选取地形、气候、土地覆被等因子；恢复力指生态系统受到外界不利影响时的自我修复能力，与其结构的稳定性相关，可用净初级生产力来表示；压力度指生态系统受外界扰动的压力大小，具体包括自然灾害强度、人类开发强度等。

2. 生态风险评价

生态风险是指一个种群、生态系统或整个景观的正常功能受外界胁迫，从而在目前和将来减少该系统内部某些要素或其本身的健康、生产力、遗传结构、经济价值和美学价值的可能性(Kelly and Levin, 1986)。生态风险评价是评估一种或多种外界因素导致可能发生或正在发生的不利生态影响的过程。其目的是帮助环境管理部门了解和预测外界生态影响因素和生态后果之间的关系，有利于环境决策的制定(U. S. Environmental Protection Agency, 1992)。它是对生态系统退化可能性的评价，评价过程一般包括四个方面：风险源分析、受体分析、暴露分析和危害分析。

(1)风险源分析。风险源是指对生态系统可能产生不利影响的化学、物理或生物风险来源。风险源分析就是对风险源进行识别、分析和度量。生态风险评价所涉及的风险源可能是自然或人为灾害，也可能是其他社会、经济、政治和文化等因素。

(2)受体分析。受体是指生态系统中可能受到风险源不利影响的部分。在进行生态风险评价时，可以通过经验判断或定量分析，选择对风险源较为敏感的，或者在生态系统结构和功能中起关键作用的物种、种群、群落或生态系统子系统作为风险受体。

(3)暴露分析。暴露分析是研究风险源的分布、流动及其与受体之间的接触暴露关系。例如，在水生生态系统的生态风险评价中，暴露分析可以研究水域附近主要工业污染源数量、空间分布、排污总量等以及耕地面积、农药和化肥使用量等。

(4)危害分析。危害分析是生态风险评价中的关键内容，其目的是确定风险源对生态系统及其风险受体的损害程度。例如，在工、农业污染对水生生态系统的危害分析中，可以采用毒理实验外推技术，研究重金属污染、水体富营养化等对生态系统及人类健康的危害。

3. 生态系统健康评价

生态系统健康包含两方面内涵：满足人类社会合理要求的能力和生态系统本身自我维持与更新的能力(Rapport et al., 1998)。一个健康的生态系统应该是稳定的、可持续的和不断向前发展的，不但能够维持它的组织结构和自我调节功能，还能保持对外界胁迫的恢复能力。目前被普遍接受的生态系统健康指标包括三个方面：活力、组织结构和恢复力(Costanza et al., 1992, 1997)。

(1)活力。活力指能量或活动性，可根据新陈代谢或净初级生产力等来测度，但活力越高的生态系统并不一定就越健康。例如，在一个水生生态系统中，由于工农业污染，水体富营养化，藻类大量繁殖，但并不能认为这个系统是健康的。

(2)组织结构。组织结构是指生态系统结构的复杂性，可根据生态系统组成的多样性及其各组分之间相互作用的复杂性来衡量。一般认为，生境越多样、物种越丰富及其相互之间的共生和竞争关系越复杂，生态系统的组织结构就越趋稳定。

(3)恢复力。恢复力，也称抵抗力，是生态系统在外界干扰减缓或消失的情况下逐渐恢复原来状态的能力，可根据生态系统在受威胁后恢复原状态的时间来测量。有研究表明，无威胁的生态系统恢复力强于受威胁的生态系统恢复力(Whitford et al., 1999)。

6.5.4 土地生态承载力评价

1. 生态足迹

生态足迹(ecological footprint，EF)也称生态空间占用，任何已知人口(个人、家庭、校园、城市或国家)的生态足迹是生产这些人口所消费的所有资源和吸纳这些人口所产生的所有废弃物所需要的生物生产土地的总面积(Wackernagel and Rees, 1996)。生态足迹可以形象地比喻为"一只负载着人类与人类所创造的城市、工厂……的巨脚踏在地球上留下的脚印"(Rees, 1992)。

生态足迹是人们所消费商品的生物生产土地的面积总和。它的计算是基于以下两个假设：人们能够确定自身消费的绝大多数资源及所产生的废物量；这些资源和产生的废物可以换算成它们所需的生物生产面积。所有这些生物生产面积之和即生态足迹。将生态足迹与区域生态系统能够提供的生产力面积相比较，如果两者之差为负，即生态赤字，表明人类对生态系统的压力大于其承载能力；反之，则是生态盈余，表明人类对生态系统的压力在其承载力范围内。

根据以上思想和方法，Wackernagel 等进行了 1999 年全球生态足迹的计算(表 6-2)。可见，1999 年全球平均每人的生态足迹为 2.32ghm^2，可提供的人均面积是 1.91ghm^2，生态足迹的赤字每人为 0.41ghm^2。

表 6-2　全球生态足迹(1999 年)

地类	当量因子 /(ghm^2/hm^2)	全球需求 总和需求 /(hm^2/人)	全球需求 标准化后的需求 /(ghm^2/人)	人均全球可提供的生产力面积 全球面积 /(hm^2/人)	人均全球可提供的生产力面积 标准化后的面积 /(ghm^2/人)
耕地	2.10	0.25	0.53	0.25	0.53
草地	0.50	0.21	0.10	0.58	0.27
林地	1.30	0.22	0.29	0.65	0.87
渔场	0.40	0.40	0.14	0.39	0.14
建筑用地	2.20	0.05	0.10	0.05	0.10
能源用地	1.30	0.86	1.16	0.00	0.00
合计	—	—	2.32	—	1.91

注：ghm^2 即 global hectare(全球性公顷)。1ghm^2 相当于 1hm^2 具有全球平均产量的生产力空间。

2. 生态包袱

生态包袱是人类为获得有用物质和生产产品而使用的没有直接进入交易和生产过程的物料，在物质流账户中又被称为隐藏流。例如，为了生产钢铁直接投入铁矿石，为了开采铁矿石又必须开挖许多巷道及剥离大量岩石，后者并未直接进入产品的生产过程和产品本身，故称为隐藏流，亦即生态包袱。生态包袱形象地表达出人类为获得有用物质而造成的附加生态压力，即每一件消费品实质上都背着一个消费者直接感觉不到的"沉重包袱"。生态包袱可以从输入端全面地揭示产品对自然资源的消耗和对生态环境的冲击。

一件产品的生态包袱等于其物质投入总质量与产品自身质量之差，其生态包袱系数则是其物质投入总质量与其自身质量的比值。计算物质总量时需要考虑涉及的所有物质，包括直接使用和间接动用的物质。产品的生态包袱计算方法如下：

$$R = \sum_{i=1}^{n} \gamma_i W_i - W \tag{6-9}$$

式中，R 为产品的生态包袱；γ_i 为产品生产中消耗的 i 种物质的生态包袱系数；W_i 为产品自身含有的和生产中消耗的 i 种物质质量；W 是产品自身的质量。

产品的生态包袱系数为

$$\gamma = \frac{1}{W} \sum_{i=1}^{n} \gamma_i W_i \tag{6-10}$$

式中，γ_i 为产品的生态包袱系数；其余符号含义同上。

生态包袱计算的关键是找出所有投入，如电力消耗也作为"物质"投入。"投入的投入"及其生态包袱也要考虑，如电力投入引起的煤炭投入和煤炭的生态包袱、钢铁投入引起的铁矿石投入和铁矿石的生态包袱等。

6.6 土地可持续利用评价

6.6.1 土地可持续利用评价概述

随着人口增长、土地退化和环境问题的日益加剧，土地利用可持续性问题已成为研究的焦点。土地利用可持续性评价是将传统的土地评价(如土地适宜性评价和土地潜力评价)与景观生态学原理(景观结构和过程、景观异质性)相结合，评价土地利用的可持续性(傅伯杰等，1997)。一般认为，土地利用可持续性评价源于土地适宜性评价，是对土地适宜性在时间维的延伸趋势进行的一种判断和评估。

土地可持续利用评价是一种基于土地资源为社会经济可持续发展提供支持的

评价类型，它考虑了土地利用有关的自然、经济和社会各个方面的因素，通过科学分析指出土地利用的可持续性。评价指标包括经济指标、生态指标和社会指标，这些指标用于确定土地利用的目标、方式和可持续性的因子。评价标准通常根据当地实际情况制定，用于判断土地利用的可持续性。

土地可持续利用评价的特点包括：在时间尺度上，考虑土地的长期利用而不仅仅是当前或短期内的利用；在空间尺度上，考虑不同尺度(如全球、国家、区域、局部)的土地利用以及不同尺度之间的相互影响；在区域性和利用方式的特定性上，考虑不同地区和不同类型的特定土地利用方式以及对环境和社会的影响；在系统的开放性上，考虑土地利用的外在影响因素(如气候变化、市场变化和政策变化等)以及土地利用对这些因素的反馈作用。

土地可持续利用评价可以为决策者提供科学的依据，以制定合理的土地利用规划和管理措施，从而实现土地资源的可持续利用。

6.6.2 联合国粮食及农业组织的土地可持续利用评价

1993年，联合国粮食及农业组织发布《可持续土地管理评价纲要》(Framework for Evaluation Sustainable Land Management，FESLM)，提出土地可持续利用的基本原则、程序和五项评价标准。该纲要还初步建立了土地可持续利用评价在自然、经济和社会等方面的评价指标，目的是综合评估土地资源的可持续利用性。在五项评价标准中，土地生产性(productivity)是指土地的生产能力，包括农业和非农业用途的物质产出；土地的安全性或稳定性(security)是指土地利用方式的可持续性，包括对主要环境条件的适应性和降低生产风险的能力；水土资源保护性(protection)是指对水土资源和其他自然资源的保护，以维护生态平衡和防止环境退化；经济可行性(viability)是指土地利用的经济效益，包括土地利用方式所产生的经济效益是否超过成本；社会接受性(acceptability)是指土地利用的社会可接受程度和社会承受能力，包括对人类健康和环境的危害程度。

联合国粮食及农业组织土地可持续利用评价采用网格法，将土地利用类型与可持续性因子相结合，通过权重赋值和综合评价得出土地可持续利用评价结果。评价过程考虑了土地利用的历史、现状以及未来土地利用的需求和可能的潜在变化因素。

联合国粮食及农业组织在《可持续土地管理评价纲要》中提出了详细的评价步骤：①确定评价目标；②分析土地本身因素的可持续性；③分析生物因素的可持续性；④分析经济因素的可持续性；⑤分析社会因素的可持续性；⑥环境效应评价；⑦综合分析判断持续性；⑧得出结论。如果评价结果为可持续性，还会确定可持续性的维持期限；如果不可持续，会提出改进措施。

联合国粮食及农业组织土地可持续利用评价在全球得到广泛应用，为各国制定土地资源管理政策和措施提供了有益的参考。然而，由于不同国家和地区的自然条件和社会经济情况各异，所面临的问题也各不相同，因此需要根据各国或地区的实际情况进行适当的调整和修改。

6.6.3 土地可持续利用评价的内容

土地可持续利用评价的内容包括生态评价、经济评价和社会评价等。

(1) 生态评价。生态评价是土地利用可持续性评价的基础，旨在评价一种土地利用方式在目前及较长时期内对土地的基本属性和生态过程的影响。生态可持续性与自然环境中的物质和能量循环(如水分和养分循环、能量交换)及物种丰度和多样性在生物种群动态中的作用密切相关。通常，生态评价从水分循环、养分循环、能量流动和生物多样性四种生态过程着手。评价强调土地利用对这些生态过程的影响，而非现状。这也导致评价中确定生态因子阈值更具挑战性。评估一种典型土地利用方式的经济效益相对简单，但评价其对水分和养分循环、生物多样性的影响则相当复杂。生态评价在土地利用可持续性中扮演关键角色，因为只有土地利用在生态上的可持续性才能确保土地利用在经济和社会方面的可持续性。

(2) 经济评价。经济评价用于测定土地利用方式所带来的经济效益。一般来说，土地经济评价依赖利润、成本、产量和商品率等定量指标。具体决策者会根据其个人认知和态度来权衡这些指标的重要性。此外，定性指标(如可行性和可接受性)则凸显了土地利用的不同层面。在实际决策中，即使某种土地利用方式在经济指标上表现良好，如果其在生态和社会方面不可行或不被接受，就需要进行调整。全球土地退化的主要原因之一是急功近利的短期行为。当区域居民收入的增长长期低于其对生产活动投入的增长时，土地利用就会面临巨大压力。这种情况下，人们往往会过度开发土地，加速土地退化进程。土地退化现象表明，仅追求土地经济效益而忽视其生态特征将无法保证土地的可持续利用。

(3) 社会评价。社会评价涉及判断一种土地利用方式是否符合社会的文化观和价值观，以及能否满足社会发展的需求。土地被视为一种可利用的资源，也是一个自然-经济-社会综合生态系统。土地利用的最佳方式需要综合考虑社会、经济、生态和美学等方面的因素。市场经济并不总能有效保护土地资源，以防止土地退化。人们在利用土地资源时，往往忽略了土地属性的变化以及对人类社会的反馈效应。社会评价通常表现为社会对土地利用方式的干预。当一个地区推行一些社会公认的具有生态可持续性的土地利用方式时，应考虑在土地税费方面提供减免，或提供资金补偿和技术支持(如生态补偿措施)。对于那些虽然满足经济指标，但不一定满足生态和社会标准的土地利用方式(如建设用地扩张)，需要采取必要的干预措施，以确保土地的可持续利用。

综合以上评价内容，可以对土地的可持续利用性进行综合评价。在实际评价过程中，还需要根据实际情况调整和修正评价指标和评价方法。

6.6.4 土地可持续利用评价的指标

(1)生态指标。生态适宜性是土地可持续利用的核心，涉及气候、土壤、水资源、立地和生物资源等多个因素。每个因素又涵盖了一系列细化的子指标。例如，气候指标包括太阳辐射、温度、降水和气象灾害等指标；太阳辐射指标又包括辐射强度、季节分布、日照天数及日均照射时间等指标。在评估土地利用可持续性时，需要特别关注土地利用对生态过程的影响。即使目前各生态因素未明显恶化，但随着时间推移，它们的变化可能会影响土地利用的长期稳定性。

(2)经济指标。土地利用可持续性评价的经济指标主要涵盖经济资源、经济环境和综合效益三个方面。其中，经济资源包括劳动力资源、资金资源、智力资源、动力资源及效率等；经济环境包括生产成本、产品结构、信贷环境、市场状况和人口环境等；综合效益包括经济收入、利润和消耗等。经济评价指标通常能够提供数量化的预测，以评估一种土地利用方式在近期和未来的经济表现。然而，我们必须认识到，人类活动所带来的生态和社会影响通常是隐蔽而潜在的，随着时间的推移，它们会对经济发展产生显著的影响。因此，在进行土地利用可持续性评价时，除了考虑经济评价指标外，还需要评估一种土地利用方式在生态和社会方面的可行性和可接受性。

(3)社会指标。影响土地利用可持续性的社会指标主要包括宏观社会政治环境、社会的承受能力、社会的保障水平和公众参与程度等。其中，宏观社会政治环境包括政策法规、总体规划与政策保障等；社会的承受能力包括个人接受能力、团体接受能力与美学价值等。评估社会影响的因素通常难以用数量来衡量，因此需要利用专业判断法和调查评估法，以进行比较分析和定量评估土地利用对社会环境的影响，以及社会因素对土地利用可持续性的影响。

另外，陈百明(2002)在研究区域土地可持续利用指标体系时，基于联合国粮食及农业组织"生产性-安全性-保护性-经济性-社会性"指标体系设计了包括准则层、因素层、元素层三个层次的结构框架，如表 6-3 所示。

表 6-3 区域土地可持续利用评价指标体系框架

准则层	因素层	元素层
生产性	农作物生产力指数	农作物潜在生产力、现实生产力
	草地畜牧业产值指数	区域及全国的平均单位面积产值
	林木生长指数	区域及全国的平均单位面积蓄积量、生长量
	农用地产值指数	区域及全国平均的单位面积产值
	建设用地产值指数	区域及全国平均的单位面积第二、第三产业净增加值

续表

准则层	因素层	元素层
保护性	土壤肥力指数	土壤有机质、速效氮、速效磷、速效钾指数
	水土保持指数	水土流失强度指数、水土流失面积指数
	沙化治理指数	沙地扩展面积、沙化土地总面积
	盐渍化指数	土壤盐渍化面积、耕地面积
	潜育化指数	水田潜育化面积、水田总面积
	水质指数	不同级别的水面面积、比例
	超载过牧指数	现实牲畜头数、理论载畜量
	水资源平衡指数	可供水量、实际需水量(75%保证率)
	土壤环境质量指数	受污染的耕地面积、耕地总面积
	基本农田保护指数	实际保护的基本农田面积、基本农田总面积
稳定性	农业生产稳定指数	有效灌溉面积、旱涝保收面积、旱涝抗逆指数
	粮食稳定性指数	单产年际变异系数
	草地畜牧业稳定性指数	产值年际变异系数
	森林稳定性指数	消长比、森林覆盖率
	建设用地稳定性指数	产值年际变异系数
经济活力	种植业收益指数	投入成本、产出量
	草地畜牧业收益指数	投入成本、产出量
	林业收益指数	区域及全国的林业产值与中间消耗值
	土地 GDP 指数	区域及全国的单位面积土地 GDP
可接受性	人口压力指数	土地的人口承载量、实际人口
	收入差异指数	区域及全国的基尼系数
	人均耕地指数	人均耕地、区域性人均耕地阈值
	土地案件指数	区域及全国平均的土地案件立案件数

注：引自陈百明(2002)。

总之，在土地可持续利用评价指标体系中，土地生产性指土地的生产能力，包括农业的和非农业的土地生产力以及环境美学效益。土地保护性关注水土资源和其他自然资源的保护，以维护生态平衡和防止环境退化。土地稳定性涉及土地利用方式的可持续性，包括对主要环境条件的适应性和降低生产风险的能力。土地经济活力涉及土地利用的经济效益，即土地利用方式是否具备经济可行性。土地可接受性涉及社会对土地利用的接受程度和社会的承受能力，包括对人类健康和环境的危害程度。这五个方面相互关联，构成了土地可持续利用评价的指标体系。在实际应用中，可以根据情况调整和修正这些指标，以更准确地评价土地的可持续利用性。

第 7 章　土地利用/土地覆被变化研究

7.1　土地利用/土地覆被变化研究的意义

历史发展进入工业文明阶段以来，人类对自然界的影响超越了以前任何历史时期，这也为地表自然景观带来前所未有的改变。第二次世界大战结束后，随着科技的再次飞跃，人类不断刷新对自然探索的广度和深度，自然资源以空前的规模被加以利用，世界文明进入崭新的时代。与此同时，森林面积锐减、土地荒漠化、雾霾等大气污染、生态功能退化、能源紧张、人口激增、气候变暖等问题逐渐出现，如图 7-1 所示。其中，土地利用/土地覆被变化(LUCC)表现得特别明显。

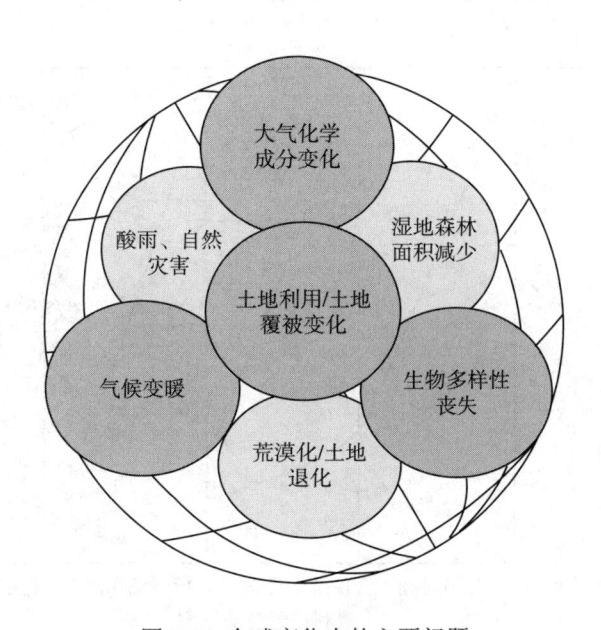

图 7-1　全球变化中的主要问题

自有农业活动以来，全球林地面积缩减了 15%。但草地面积在过去三百年来只减少了 10%，这是因为虽然有不少草地被开发成农地，但同时又有许多森林遭砍伐后变成了草地。近两百年来，全球最大的地表变迁是农耕地的增加，增加幅度为 392%～466%，相当于一个阿根廷或整个南美洲的面积，代价是大片森林、草地与湿地的消失。目前，西方国家的林地面积逐渐增加，耕作面积减少；而热带地区则因砍伐、耕作及畜牧等导致森林锐减，全球森林面积以每年 10 万～20 万 km² 的速度缩减。湿地面积的减少难以估计，大概有数百万平方千米。

全球变化是第二次世界大战后世界成为"地球村"以来人类共同面临的问题，其相关研究是近年来国际上最为活跃的研究领域之一。人类活动以空前的规模和速度不断地改变着陆地环境，土地利用所引起土地覆被的变化是全球环境变化的主要原因和重要组成部分。

土地利用/土地覆被变化研究在全球环境变化和可持续发展中占有重要的地位，可以增强对人类活动在全球变化中作用机制的认识。人类活动和自然因素对地球表层系统有重要影响，其中土地利用/土地覆被变化是最活跃的因素。土地利用/土地覆被变化与生物多样性降低、野生动植物生活环境破坏、大面积土地生产力退化以及区域气候变化乃至全球变暖都有一定的关系，如图 7-2 所示。上述变化引发的环境问题对人类可能产生灾难性影响。理解土地利用/土地覆被变化动力学机制对全球变化研究及地方、区域乃至全球尺度的环境与发展决策至关重要。

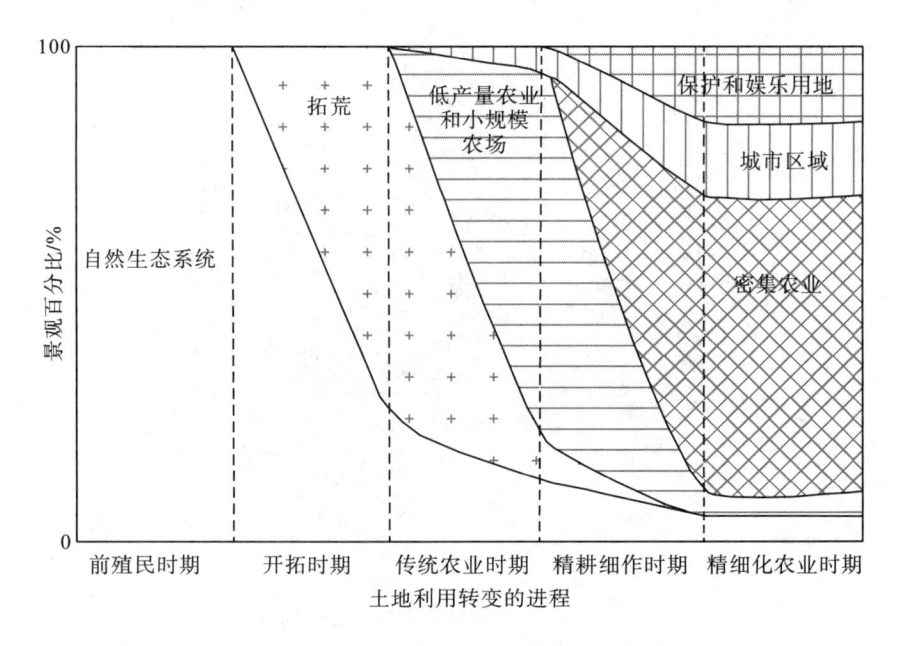

图 7-2 人类历史上因土地利用变化导致的土地覆被变化

同时，认识土地利用/土地覆被变化有助于推动跨学科综合研究的深入开展。地球系统科学、全球环境变化及可持续发展涉及自然和人文多个方面，是自然与人文过程交叉最为密切的问题。人类的土地利用是影响陆地系统演化的核心人文要素；现代生产力水平的提高导致土地利用的急剧变化，从而影响陆地生态系统不可逆的退化，构成全球环境变化的重要人文要素；局部和区域土地利用的调整，对于生态系统的功能恢复可以产生积极的作用；作为人类空间行为约束的重要内容，土地利用的有序调控是可持续发展战略的重要着力点。在这方面加强自然与社会科学的综合研究，已成为两大学科领域众多学者的共识。

因此，土地利用/覆被变化研究是国内外全球变化研究的重点领域。自 20 世纪末以来，国际地圈-生物圈计划(International Geosphere-Biosphere Programme，IGBP)和全球环境变化的人文因素计划(International Human Dimension Programme on Global Environmental Change，IHDP)开始实施全球合作研究计划。1990 年，IGBP 与 IHDP 开始筹划全球变化的综合研究项目；1992 年正式确立共同的核心计划——LUCC；1995 年共同拟定发表《土地利用/土地覆被变化科学研究计划》，将其列为全球环境变化的核心项目，掀开了土地利用/土地覆被变化不同尺度专题研究的序幕；1999 年，IGBP/IHDP-LUCC 推出《土地利用/覆被变化项目执行战略》；2001 年，IGBP/IHDP-LUCC 出版了 *What Drives Tropical Deforestation?* 和 *The Challenge of Meso-Level Integration*。

这些研究计划突出了土地利用/土地覆被变化的 5 个中心问题：①近三百年来人类利用(human use)导致的土地覆被变化；②人类土地利用变化的主要原因；③土地利用变化在今后 50 年如何改变土地覆被；④人类和生物物理的直接驱动力对特定类型土地利用可持续发展的影响；⑤全球气候变化及生物地球化学变化与土地利用与覆被之间的相互影响。

7.2 土地利用/土地覆被变化的基本概念

7.2.1 土地利用和土地覆被的含义

联合国粮食及农业组织对"土地"的定义是："土地是地球表面和近地面层，包括气候、地貌、土壤、水文和植被及过去和现在人类活动在内的自然环境综合体。它包含两层不同却又密切相关的涵义。"

土地利用是指人类对土地自然属性的利用方式和利用状况，包含人类利用土地的目的和意图，是一种人类活动。例如，联合国粮食与农业组织认为土地利用是由自然条件与人的干涉所决定的土地功能。一些学者认为土地利用是一种社会经济现象，是人类在漫长的历史过程中对土地资源进行持续开发和改造治理的结果，或是人类为了经济社会目的而进行的一系列生物和技术活动，对土地长期或周期性的经营活动。

综上所述，土地利用是人类根据土地的特点，按一定的经济和社会目的采取一定的生物和技术手段，对土地进行长期和周期性的经营活动。

土地覆被是随遥感技术的应用而出现的新概念，是指覆盖地面的自然物体和人工建筑物。它反映的是地球表层的自然状况，即具有一定的地形起伏，覆盖着植被、冰雪或水体，包括土壤层在内的陆地表层。例如，美国全球环境变化委员会认为土地覆被是覆盖着地球表面的植被及其特质。另有学者称土地覆被为地球表面当前所具有的自然和人为影响所形成的覆被物，包括地表植被、土壤、冰川、湖泊、沼泽、湿地及道路等。

IGBP 和 IHDP 则将土地覆被定义为地球陆地表层和近地面层的自然状态，是自然过程和人类活动共同作用的结果，并将全球陆地土地覆被划分为：耕地、草地、林地、湿地、冰雪和建筑等关键组分。我国土地覆被类型齐全，包括耕地、森林、草地、冰川永久积雪地、沙漠、戈壁、沼泽、盐碱地、寒漠、裸露地、湖泊水库等水域和建筑用地。

综上所述，土地覆被是指自然营造物和人工建筑物所覆盖的地表诸要素的综合体，包括地表植被、土壤、水体、沼泽湿地及各种建筑物（如道路、房屋等），具有特定的时间和空间属性，其形态和状态可在多种时空尺度上变化。

7.2.2 土地利用和土地覆被的相互关系

土地利用和土地覆被之间既关系密切又有明显区别。一般来说，土地利用是土地覆被变化最重要的影响因素，土地覆被的变化又反过来作用于土地利用。土地利用是指人类有目的地开发利用土地资源的一切活动，而土地覆被则是指地表自然形成的或者人为引起的覆盖状况。土地利用是发生在地球表面的活动过程，而土地覆被则是各种地表活动的产物。土地利用侧重土地的社会经济属性，而土地覆被则侧重土地的自然属性，两者共同构成了土地资源社会和自然的双重属性。由于土地利用与土地覆被之间存在着密不可分的关系，因此人们常把两者联系在一起，简称为 LUCC，也对它们所产生的广泛影响给予了越来越多的关注。

(1) 土地利用与土地覆被之间的关系可在很多地方表现出来。①从概念上看，土地利用侧重人类为获取所需的产品或服务而进行的土地资源利用活动，而土地覆被主要指土地利用作用的对象和土地利用的结果。②从类型划分的依据上看，土地覆被分类主要是依照植被（如群落类型、覆盖度）、地形（高程、坡度）、土壤等土地的内在自然属性；土地利用主要是按照利用目的、产品的性质、利用的规模、精细程度，以及土地的产权和经济价值等来划分。

(2) 土地利用变化表现有质变和量变两种基本形式。①以用途发生转移的方式表现为质变，即土地利用类型变更（或称为改造）。例如，林地转化为耕地和畜牧用地（放牧草场）；薪柴和木材砍伐导致林、灌地退化为荒草地、沙地；湿地转化为农业或其他用地；耕地（草地、林地等）转化为城镇、居民和工矿用地等。②内在属性发生变化，但基本类型未变则表现为土地利用的量变（或称为变异）。例如，土地利用强度增大情形下土地利用的集约化和专业化，以及生产率提高；再如，土地利用可能导致的土地退化（土地退化是指由于土壤侵蚀、酸化或过度放牧等原因，土地质量、土地生产率、利用价值降低）。此外，还有一种特殊形式——维护，维护是指让土地覆被保持一定的状态，也是人类活动影响土地覆被的一种形式。

7.2.3 土地利用/土地覆被变化的研究动向

LUCC 的研究内容涉及土地覆被与全球环境、土地利用与全球变化、土地利用变化的人为原因及可能驱动力、土地利用与土地覆被变化的关系等方面，具有很强的综合性和地域性。

1. 国外相关领域的主要研究动向

自 1993 年国际科学理事会与国际社会科学理事会联合成立了土地利用/土地覆被变化核心项目计划委员会以后，一些积极参与全球环境变化的国际组织和国家纷纷跟进，启动了各自的土地利用/土地覆被变化研究项目。

联合国环境规划署（UNEP）亚太地区环境评价计划于 1994 年启动了"土地覆被评价和模拟"项目，旨在调查东南亚地区土地覆被的现状和变化，确定这种变化的热点地区。该项目采用美国宇航局高分辨率雷达影像进行区域土地覆被制图和监测，目前已完成了对孟加拉国、柬埔寨、老挝、缅甸、尼泊尔和越南等国两个时段（1985～1986 年和 1992～1993 年）的土地覆被调查工作，下一步工作将拓展到斯里兰卡、巴基斯坦、中国、印度、伊朗等国。

国际应用系统分析研究所（International Institute for Applied Systems Analysis，IIASA）于 1995 年启动了"欧洲和北亚土地利用/土地覆被变化模拟"项目。旨在分析 1900～1990 年欧洲和北亚地区土地利用/土地覆被变化的空间特征、时间动态和环境效应，并预测在全球环境、人口、经济、技术、社会及政治等因素变化的背景下，该区域未来 50 年土地利用/土地覆被的变化趋势。

美国全球变化研究计划（U. S. Global Change Research Program，USGCRP）将土地覆被变化与气候变化、臭氧层的损耗，一起列为全球变化研究的主要领域，与欧洲航天局等国际组织合作开展了高分辨率雷达监测土地覆被变化和季节性植被状况项目。1996年重点开展北美洲土地覆被变化的研究，利用遥感方法分析北美自1970年以来的土地覆被空间变化。

日本国立科学院全球环境研究中心提出了"为全球环境保护的土地利用研究"，该项目着眼于亚太地区可持续的土地利用。第一阶段主要目标是预测2025年和2050年该地区土地利用/土地覆被变化状况（包括耕地、林地、城市用地及荒漠化土地）及土地第一性生产力的时空变化。

2. 国内土地利用/土地覆被变化的相关研究情况

20世纪80年代之前，我国以土地调查研究为主。之后，随着RS和GIS技术的发展以及IGBP和IHDP国际组织的推动，我国在该领域也不断地推进。近十年我国土地利用/土地覆被变化研究的热点如下。

(1) LUCC的集成技术。3S技术和空间分析技术的应用，推动了LUCC时空变换研究，探索LUCC的动态过程分析模型，使土地利用变化研究向较大尺度发展。开展了大城市、经济快速发展地区、农牧交错带等敏感地区土地利用变化的监测研究等。

(2) LUCC的驱动力研究。驱动力研究是LUCC研究的重点领域之一。土地利用变化的驱动力既有自然系统力，如气候、水文、地貌过程等，也有社会经济系统力，包括人口变化、技术发展、经济增长、政治经济政策、富裕程度和价值取向等。

LUCC的驱动力与土地利用变化之间普遍存在的非线性反馈关系等问题，为土地利用变化动力学研究提供了新的思路。不同区域具有不同的驱动力特征，在驱动力分析方面，目前主要有多元相关分析法、典型相关分析法、土地利用的基本竞争模型等。

(3) LUCC研究的景观生态学理念。景观生态学用于研究LUCC，主要在于研究基质、斑块、廊道等不同景观要素的相互作用和尺度转换特征。以空间镶嵌稳定性为基础，产生了"空间解决法"，为土地可持续利用评价开辟了一条新的途径。

7.2.4 土地利用/土地覆被变化研究的主要问题

全球性土地利用/土地覆被变化的研究计划IGBP与IHDP确立了共同的LUCC核心计划，其思想与认识的基础要点如下。

(1) 认识过去和未来土地覆被变化的影响是研究全球环境变化及其人类驱动力和影响的核心，主要包括气候系统、生物地球化学循环、生态复杂性和土地退化及其农业和居住地的影响。

(2) 土地覆被建模需要更新土地利用资料；没有确凿的土地利用和土地利用变

化因素的知识，就不可能预测未来土地覆被的状态。

(3) 土地利用的主要决定因子是人口(如人口的数量和密度)、技术、富裕程度、政治结构、经济因素等。

(4) 一个重要的基础研究是认识这些因子是怎样相互作用，从而驱动土地覆被变化的，或土地覆被的设计怎样才能用来规划将来的土地利用格局和土地覆被率变化的速率及状态。

以上内容涉及从自然到人文众多学科的研究内容，且主要锁定在四个目标上：①增进全球土地利用/土地覆被变化驱动力的知识；②查明并记录土地利用/土地覆被变化的时空动态；③揭示各种土地利用活动与可持续发展的关系；④探索土地利用/土地覆被变化与生物地球化学循环及气候变化的关系。

为了加深对土地利用变化及其对全球系统贡献的认识，应结合实例研究，对土地覆被变化及相关的社会-政治-经济条件进行分类。通过分类及实例研究所获得的知识，发展区域的和全球的土地利用/土地覆被变化模型。主要研究内容涉及土地覆被与全球环境、土地利用与全球变化、土地利用变化的原因及可能驱动力、土地利用与土地覆被变化的关系。

目前，LUCC 的研究侧重土地覆被变化状况的评估、全球土地利用与土地覆被变化的建模与预测、不同空间尺度(全球、区域和局地)土地利用和土地覆被变化的驱动力及其相互联系、全球环境变化与 LUCC 的相互作用，以及数据开发与数据信息系统方面。

在学科研究上，LUCC 提出了六大科学问题：①在过去 300 年间，人类的土地利用活动是如何改变土地覆被状况的？②在不同地区、不同历史时期，土地利用变化的人文因素主要有哪些？③在未来的 50~100 年，土地利用变化将如何影响土地覆被的状况？④自然和人文因子是如何直接影响土地利用方式及其可持续性的？⑤气候变化和全球生物地球化学循环与土地利用/土地覆被变化的相互作用如何？⑥土地利用/土地覆被变化对土地使用者的应变能力起什么作用，土地覆被变化又是如何加剧或改善环境脆弱性的？上述问题可以用图 7-3 小结。

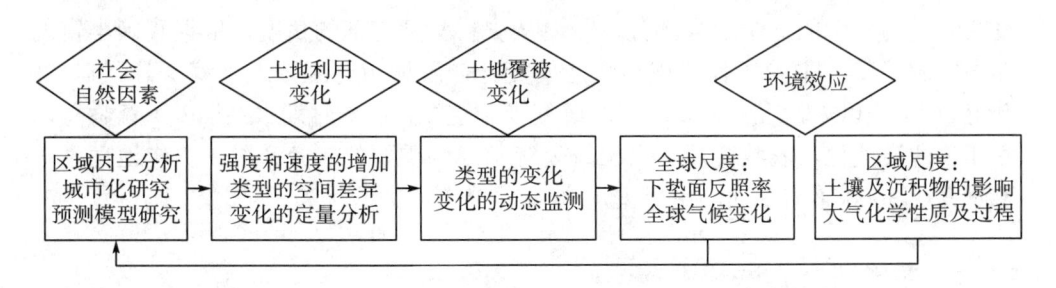

图 7-3　不同地区开展不同时空尺度和内容的 LUCC 研究

7.3 土地利用/土地覆被变化的研究方法

从最早英国的土地调查开始，土地利用/土地覆被变化的研究方法随着研究目标的变化和科技进步，呈现出多样手段。例如，按工作地点可分为室外调查和室内分析；按数据源，有基于经济统计和变更调查的，也有基于航片和卫片的，对历史时期的变化还引进了考古。近年来，多通过构建指标体系，用数理统计或者基于经济、生态学模型方法，或者以某种方法为主，综合几种方法来分析变化特征。

7.3.1 实地观测法

实地观测可获得第一手资料。实地观测法是通过建立地面观测网络或观测样带，定性、定量实地观察土地覆被的演变过程和演变趋势，建立土地覆被变化档案。通过实地调查、访问，查找土地利用变化的驱动力；实地测量地表植被覆盖的密度、高度、盖度、类型、长势等；调查生物多样性以及动物栖息地情况等，从而获得直观、细致的数据。例如，依据实地调查，分析西藏拉萨城区近50年的土地利用结果是：主要以布达拉宫和大昭寺为中心，沿拉萨河的主方向以及流沙河方向扩展，城区扩大了10.31倍，城市建设面积扩大近19倍。

7.3.2 历史地理法

在进行较长时间尺度的LUCC研究时，尤其是需要获得20世纪70年代之前的完整区域土地利用/土地覆被变化数据。由于一般没有现成的航空、遥感或地图资料可以利用，因此可以利用历史地理研究方法进行研究。历史地理学是研究历史时期地理环境、人类与自然关系的科学。我国历史地理学是沿革地理发展而来，最初只是历史学的一个组成部分，主要从史料文献考证的角度，依据我国丰富的方志文献，研究中国历代疆域和政区的变迁以及城市、经济地理演变等。自20世纪50年代以来，历史自然地理的研究受到重视，历史时期水系演变、森林草原变迁、沙漠演化、农牧变迁、水土流失等都成为重要的研究课题。历史地理学对于研究近3000年来土地利用/土地覆被变化具有很大的优势。

7.3.3 遥感研究方法

遥感技术在土地利用/土地覆被变化研究中已经是必不可少的方法，应用遥感技术对土地进行分类已经成为一种常规方法。遥感卫星数据可以定期更新，便于监测土地使用情况和了解土地变化，利于核查土地资源利用，实现动态管理土地利用。在重点地区或敏感地带采用无人机等实时影像可以及时发现滑坡、洪水淹没、虫灾蔓延等的格局、变化，可以有效监控和防止某些地区土地灾情或土地不合理利用。

遥感影像中每个像元所对应的地表，往往包含不同的土地覆盖类型，它们有着不同的光谱响应特征。若该像元仅包含一种地物类型，则为纯像元，它所记录的是该类型的光谱响应特征或光谱信号；若该像元包含不止一种土地覆盖类型，则称为混合像元，记录的是所对应的不同土地覆盖类型光谱响应特征的综合。混合像元的存在是传统像元级遥感分类和面积测量难以达到实用要求的主要原因。遥感分类是将影像中同一类型的像元识别出来，方法包括监督分类、最小距离法、马氏距离法、最大似然法、神经网络法、线性分解模型法，以及混合光谱分析等。以人工神经网络、贝叶斯网络和深度学习等机器学习算法为代表的人工智能技术，以云计算为代表的分布式网络并行计算与存储平台的快速发展与应用，为分析和挖掘土地科学大数据提供了两大关键支柱。

谷歌地球引擎(google earth engine，GEE)是专门应用于卫星影像及其他空间数据解译运算的开源智能云平台。GEE 提供全球范围的 Landsat TM/OLI、Sentinel-1/2、MODIS 和 DMSP/OLS 灯光数据等多尺度、多源遥感数据，包含超过 200 个数据集，超过 500 万张遥感影像，容量达到 PB 级别，并且每天都在增加。GEE 云平台改变了传统遥感软件下载收集数据、预处理、信息提取、分析与应用进而获取专题信息的固定模式。在 GEE 平台上用 JavaScript 或 Python 语言编程，消除了大尺度土地科学应用研究中数据收集难、数据量大及解译效率低下等弊端，时间、空间限制很小，能快速、批量处理数据，为土地数据获取提供了极大的便利。近年来，GEE 已越来越广泛地应用到农作物面积提取、水体提取、城镇面积动态监测、地表覆盖及其动态变化分析等方面。

7.3.4 模型方法

模型是基于客观实体及其相互关系和过程的正确表述，是一种对现象简单、抽象的表示。模拟模型是在计算机环境条件下对一些现象的复制。空间动态模型包含时间结构、空间结构和描述空间现象变化的行为规则。LUCC 模型是描述一定区域内土地变化的空间动态模型。为什么模型方法很重要？是由于它重组了已有的知识，使假设更加清晰，能够在近似或者隐藏因素对土地变化产生作用的条件下，对推测加以验证。一个模型是需要对问题做出响应的，如它需要回答：发生了什么变化，变化将在何时发生，在何地发生，为什么发生这些变化等。

建立土地利用模拟和解释模型是阐明土地利用变化与其社会、经济和自然驱动力之间因果关系的重要手段。按照模型的性质可分为定性解释模型和定量解释模型两类。早期研究以定性的概念模型为主，目前国内外多采用各种先进的定量方法对土地利用进行模拟和解释。在定量模型中，由于对土地利用变化机理的解释深度不同，可以将模型划分为诊断模型和系统动力学模型。按照模型是否具有空间特性，可分为数值模型和空间模型。目前国际的研究多倾向于发展空间明晰的土地利用变化模型，这种模型便于帮助土地利用决策者进行规划和管理。

按照解释和模拟的内容和方式的不同，可将主要的土地利用变化模拟和解释模型分为以下几类。

1. 概念模型

最早由 Ehrlich 等(1981)提出的环境变化驱动机制的概念模型为

$$I = P \cdot A \cdot T \tag{7-1}$$

式中，I 为各种驱动力对环境变化的影响；P 为人口；A 为富裕程度；T 为技术水平。

后来，人们对上述模型进行了扩充，提出了政治经济、政治结构和人类对环境变化(土地利用变化)的感知和态度等影响土地利用变化的因子。概念模型的提出为进一步进行定量化的研究提供了一定的依据。

2. 统计模型

统计模型是研究土地利用与各种社会、经济、自然驱动力之间关系的一种重要方法。它可以有效地模拟在各种驱动力作用下土地利用的变化，因此国内外在对于热点地区的土地利用变化研究中采用较多。统计模型具有使复杂问题简单化的特点，易于抓住复杂系统中矛盾的主要方面和系统内部重要的驱动机制。因此，该方法适用于对现有研究基础较弱的新热点地区的研究。

根据研究问题本身的性质和算法的不同，土地利用变化的统计模型可分为以下几类。

(1)回归模型。目前采用多元回归模型对土地利用变化进行拟合，分为线性模型和非线性模型。线性模型的一般公式为

$$y_i = B_0 + B_1 x_1 + B_2 x_2 + \cdots + B_m x_m + E \tag{7-2}$$

式中，y_i 为第 i 种用地类型的面积百分比；$x_1, x_2, \cdots, x_m$ 为 m 个解释变量(如人口密度、城市化水平等)；$B_0, B_1, \cdots, B_m$ 为回归系数；E 为随机误差。

线性模型计算量相对较小，作为对土地利用变化机理的探索性研究，被国内外广泛采用。

在许多实际问题中，变量之间的关系并不都是线性的，应该用曲线来拟合。确定解释变量与因变量之间属于哪种曲线关系，一般从两方面考虑：①根据专业知识

和经验确定曲线的类型；②通过观察散点图来确定。有些曲线模型可以通过对变量进行适当的变换化为线性模型，称为非纯非线性模型；有些模型无论通过怎样的变换都不能转化为线性模型，称为纯非线性模型。纯非线性模型的一般表达式为

$$y_i = f(X, H) + E \tag{7-3}$$

式中，$X = (x_1, x_2, \cdots, x_m)$ 为 m 个解释变量（如人口密度、城市化水平等）；$H = (H_1, H_2, \cdots, H_p)$ 为 p 维参数向量；E 为随机误差。

由于回归分析模型属于经验诊断模型，它并不能透彻地解释系统内部各种驱动力之间及其与土地利用变化的反馈机制和因果关系。因此，这种方法一般只适用于在系统相对稳定的短期内（一般为 5~10 年）模拟土地利用的变化，具有一定的时间局限性。

(2) 典型相关分析。典型相关分析是一种经典的多元统计分析方法，其基本思想是分别在两组随机变量中选取若干有代表性的综合指标，即典型变量，并通过对这两组典型变量（自变量组和标准变量组）之间相关关系的研究，代替对原来两组维数很多的随机变量之间的相关关系的研究。当标准变量组只有一个变量时，典型相关分析退化为多元线性相关分析问题。典型相关分析的一般过程为

$$\begin{cases} Y = (y_1, y_2, \cdots, y_i)' \\ X = (x_1, x_2, \cdots, x_j)' \end{cases} \tag{7-4}$$

式中，Y 和 X 为两个随机向量，如 Y 表示由 i 种用地类型组成的随机向量，X 表示由 j 种解释变量组成的随机向量。

考虑两组随机变量的线性组合：

$$\begin{cases} U = l' \\ Y = l_1 y_1 + l_2 y_2 + \cdots + l_i y_i \\ V = m' \\ X = m_1 x_1 + m_2 x_2 + \cdots + m_j x_j \end{cases} \tag{7-5}$$

式中，$l' = (l_1, l_2, \cdots, l_i)'$ 和 $m' = (m_1, m_2, \cdots, m_j)'$ 为任意非零常数向量。

希望求得 l' 和 m'，使得 U 和 V 之间的相关系数达到最大，即 $\mathrm{maxcov}(U, V)$。通过拉格朗日（Lagrange）乘数法，可求得 i 对典型变量和相应的 l' 和 m' 的解。

典型相关分析适用于有多个自变量和多个标准变量，而各标准变量之间具有较强的相关性的问题。在土地利用变化研究中，由于不同的土地利用类型之间相互影响、相互制约，因此典型相关分析方法也经常被国内外学者用来分析土地利用与多种自然、社会-经济驱动力之间的关系。

3. 系统动力学仿真模型

根据系统论的原理，通过分析土地利用的结构和系统内部各组成成分之间的反馈关系，可以建立反映土地利用变化的系统动力学仿真模型。该模型适用于对

内部各种反馈机制明确的系统的模拟。因此该种模型的建立相对困难，需要对所模拟的系统具有充分的研究基础。由于土地利用变化系统中有自然、社会、经济等多种驱动力的作用，因此建立系统动力学模型相对困难，该方法在土地利用变化研究中尚处于尝试性阶段。

4. 元胞自动机模型

元胞自动机模型为时间、空间离散模型，适合模拟复杂的、具有自组织结构的环境、社会、经济复合体系。它可以在空间上直观地再现土地利用的变化过程，在城市土地利用变化研究中多有采用。该方法的优点在于能够直观地模拟土地利用变化的过程，但对于分析土地利用变化的机理有一定欠缺。

通过对土地利用变化的各种驱动因子的预测，利用上述的土地利用变化解释和模拟模型可以预测近期的土地利用变化。通常采用的预测方法主要分为定性预测和定量预测两种。定性预测方法主要有德尔菲(Delphi)法；定量预测方法主要有回归预测法、时间序列预测法、马尔可夫预测方法、投入产出预测模型、灰色预测模型等。

在实际的案例研究中可以根据区域特点，综合上述若干种模型对土地利用变化进行模拟和解释，逐层深入地分析土地利用变化的内在规律和驱动机制。

7.3.5 常用的模型研究方法

下面重点介绍常用的 LUCC 模型方法。

1. 基于遥感影像的空间分析

基于遥感影像的空间分析主要通过遥感图像进行分析，了解过去 20～30 年土地覆被的空间变化过程和变化速率，诊断土地覆被变化的热点地区。这种方法主要从历史时期的遥感影像上获取不同时间序列土地利用/土地覆被变化图，从而得到土地覆被变化的速率，了解土地覆被变化的"热点"地区，其中包含从制图上获取快速变化的区域，以及重要的覆被类型，如森林、湿地、城市的变化速率。

可利用的遥感资料主要分为长、短两种周期的平台数据，短周期低分辨率类型主要有 NASA-EOS AVHRR、MODIS、NOAA GAC；长周期高分辨率的遥感数据常用的有 LANDSAT TM/ETM+(30m，或增强 15m)、SPOT(20m)、ERS-1、MOS-1 等。一般大区域的研究在建立解译标志后，采用机器自动分类和野外校验相结合的方式得到结果图。而特定范围的解译主要靠目视解译。

2. 研究土地利用变化的主要指数

通常，需要根据土地利用/土地覆被变化的情况，拟定描述动态变化的指数，用以刻画变化的类型、状态和速率。例如，采用变化率、土地利用综合指数来表示一个地类的面积变化或者区域土地的利用程度。常用马尔可夫链或者转移矩阵来揭示土地利用/土地覆被变化的方向，用邻接度、重心迁移和多度、重要度等景观指数来描述变化的空间形式，如表 7-1 所示。

表 7-1 土地利用变化的主要指数

研究目的	阐述的主要问题	相关指数
表现类型的变化	单一地类的面积变化	变化率
	区域土地利用程度	土地利用程度综合指数
	区域土地利用程度变化	土地利用程度变化综合指数
揭示变化的方向	地类间的面积转移	转移矩阵
	类型变化的去向或来源	地类变化的流向百分比
透视变化的空间形式	热点地区	动态度
	区域差异	相对变化率
	空间关系分析	邻接度
	空间格局变化	类型重心的迁移（方向与距离）
	变化的空间格局	多度、重要度、景观特征指数

采用土地利用转移矩阵，能够清晰地进行地类间的转移分析，易于发现土地利用/土地覆被在不同时期的变化方向。例如，对环渤海区域，在 1985～1995 年，土地利用中约有 $127.2\times10^4 hm^2$ 的林地、草地和水域被开垦，同时建筑用地占用了 $120.3\times10^4 hm^2$ 耕地，如表 7-2 所示。

表 7-2 1985～1995 年环渤海地区土地利用变化的转移矩阵 （单位：$10^4 hm^2$）

1985 年	1995 年					
	耕地	林地	草地	水域	建筑用地	未利用地
耕地	1106.0	109.4	73.7	30.9	120.3	10.6
林地	68.9	342.3	37.4	4.7	11.5	1.5
草地	43.1	64.2	37.4	12.1	5.4	7.6
水域	15.2	2.9	3.5	45.2	7.2	3.6
建筑用地	46.1	3.8	5.1	5.8	125.3	4.3
未利用地	11.3	1.5	1.8	7.2	2.2	14.4

描述单个地类面积的变化率为

$$K_T = \frac{U_b - U_a}{U_a} \times 100\% \tag{7-6}$$

式中，K_T 为研究时段(T)内区域某一种土地利用类型变化率；U_a、U_b 分别为研究时段开始与结束时该土地利用类型的面积。

反映整个区域土地利用变化的剧烈程度，在不同空间尺度上找出土地利用变化的热点区域，可利用综合土地利用动态度指数。它可描述区域土地利用变化的速度。土地利用的综合变化率为

$$LC_T = \left(\frac{\sum_{i=1}^{n} \Delta LU_{ij}}{\sum_{i=1}^{n} LU_i} \right) \times 100\% \tag{7-7}$$

式中，LC_T 为研究时段(T)内土地利用的综合变化率；LU_i 为研究期初 i 类土地利用类型面积；ΔLU_{ij} 为研究时段内 i 类土地利用类型转为非 i 类（j 类，$j=1,2,\cdots,n$）土地利用类型的面积。

区域相对变化率是将局部地区的类型变化率与全区的类型变化率相比较，用以分析研究区范围内特定土地利用类型变化的区域差异与特定类型变化的热点区域。

$$R = \frac{|K_b - K_a| \times C_a}{K_a \times |C_b - C_a|} \tag{7-8}$$

式中，R 为区域相对变化率；K_a、K_b 分别为局部区域某一特定土地利用类型研究期初及研究期末的面积；C_a、C_b 分别代表全研究区该类型研究期初及研究期末的面积。

绝对值的意义在于摒除变化方向带来的混乱，便于局部区域间的比较。该模型隐含的假设是 C_b 不等于 C_a，即研究期内区域用地类型面积发生变化，这一假设客观上是成立的。

地类转换的空间关系分析与邻接度可表示为

$$A_s = C_b / T_b \tag{7-9}$$

式中，A_s 为研究区内城镇用地与耕地之间的空间邻接度；C_b 为研究区内两地类所有共享弧段的长度之和；T_b 为研究区内城镇用地所有图斑周长之和。

空间格局的变化与重心转移可表示为

$$X_t = \frac{\sum_{i=1}^{n}(C_{ti} \times X_i)}{\sum_{i=1}^{n} C_{ti}}, \quad Y_t = \frac{\sum_{i=1}^{n}(C_{ti} \times Y_i)}{\sum_{i=1}^{n} C_{ti}} \tag{7-10}$$

式中，X_t、Y_t 分别表示第 t 年某土地利用类型分布中心的经纬度坐标；C_{ti} 表示第 i 个小区该类型的面积；X_i、Y_i 分别表示第 i 个小区几何中心的经纬度坐标；n 为图斑数。

在土地利用/土地覆被变化前期数据比较薄弱的区域研究中，统计分析是最常用的一个方法，即采用时间-要素单点标绘方法，利用线性回归或者曲线拟合的方法得到影响要素随时间变化的特征图，进行趋势分析(移动平均法)。例如，我国各年建设占用耕地面积的 5 年移动平均表明，近年来，建设用地占用耕地的幅度有上升的趋势，如图 7-4 所示。

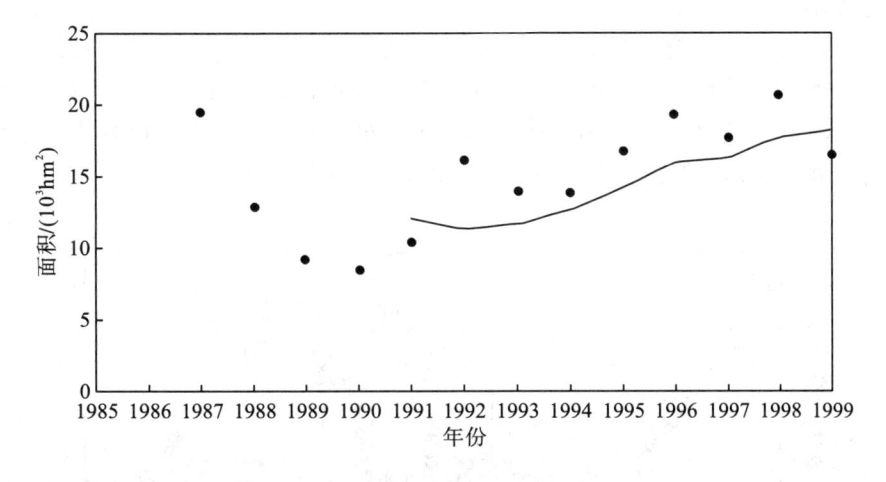

图 7-4　我国各年建设用地占用耕地面积的 5 年移动平均

通常采用最小二乘法进行回归分析，其中包含单要素的一元回归分析和多因子的多元回归统计。根据我国每年建设用地占用耕地的面积与 GDP 的增加值和人口增长作一元回归统计，表明二者呈较明显的正相关(1993~1999 年分省数据)，如图 7-5 所示。

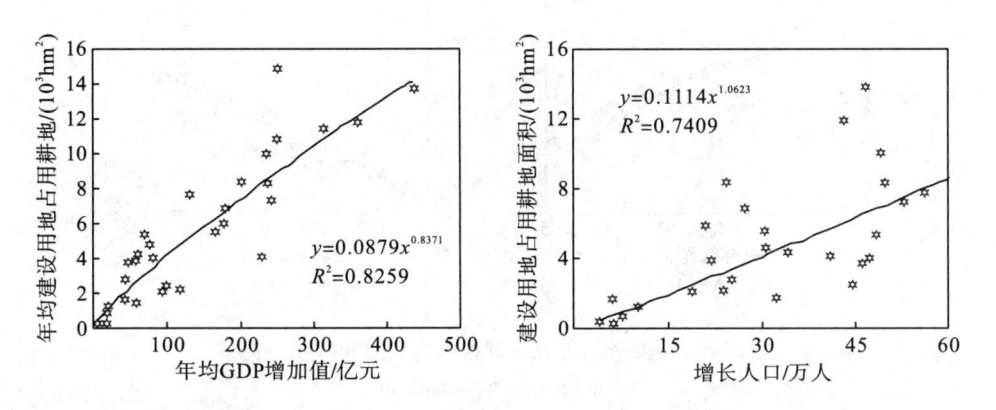

图 7-5　年均建设用地占用耕地的面积与 GDP 的增加值和人口增长回归分析

针对更加复杂的实际情况，需要采用多因子的多元回归分析进行综合分析。例如，同期我国建设用地扩张的多元回归模型为

$$B_y = 218.89 \cdot G_y^{0.7132} + 148.32 \cdot P_y - 1168.02 \cdot e_y^{-0.5956} \quad (R^2 = 0.94) \quad (7\text{-}11)$$

式中，B_y 为年建设用地扩张面积，hm^2；G_y 为年 GDP 增加值，亿元，1992 年不变价；P_y 为年人口增长量，万人；e_y 为建设用地效率指数，表示为每万人每亿元产值建设用地面积，hm^2。

空间位置和变化更能直观揭示土地类型的变化，一般结合遥感解译结果进行土地变化的空间统计分析。例如，对喀麦隆南部森林砍伐的空间分析说明，距公路越近，砍伐程度越严重，离森林边缘越近，砍伐越厉害。但是砍伐主要出现在距离村庄 4～8km，这个区域外都呈下降趋势，如图 7-6 所示。

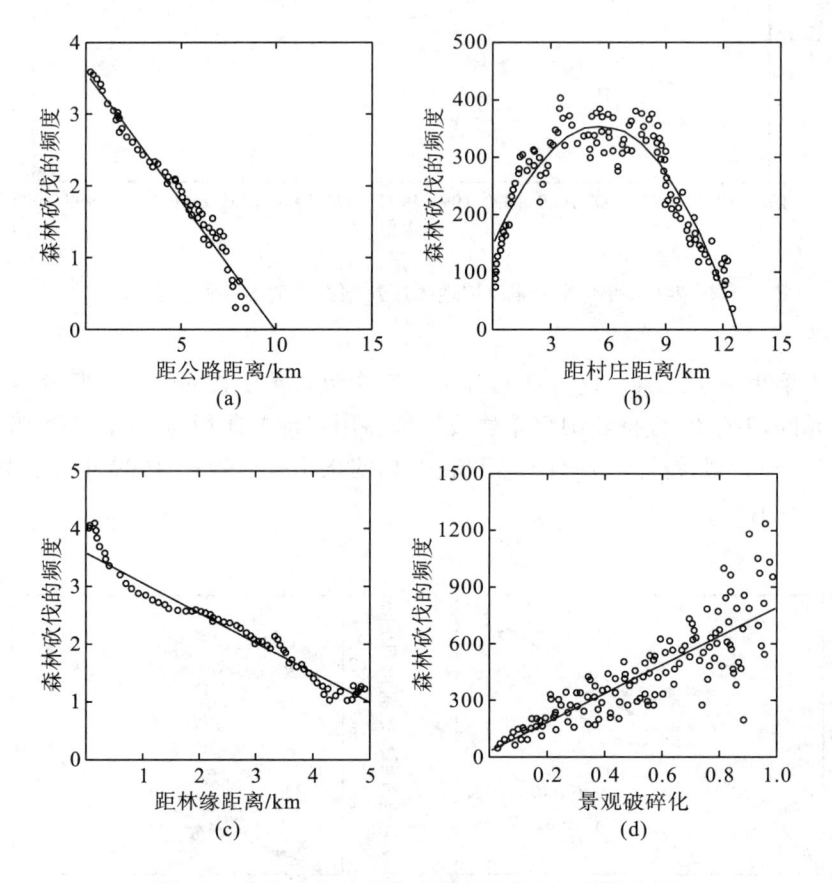

图 7-6　喀麦隆南部森林砍伐频度的空间统计分析

注：据 Mertens 和 Lambin(1997)

各种模型都有区域、尺度和可操作性等方面的优劣，而且随着理论和技术的进步在不断发展和完善。实际分析中，应根据研究需要、数据基础和时间消耗等情况，综合采用上述模型。土地利用/土地覆被变化现有主要模型对比如表 7-3 所示。

表 7-3 土地利用/土地覆被变化现有主要模型对比

模型	模型类型	应用	尺度	地理详尽化	存在问题
马尔可夫链模型	统计	通过内部样本转移预测未来变化，无解释	景观	否	只适用于平稳过程，只解释变化的可能性
逻辑函数模型	经验模型	通过外部变量预测未来变化	区域	否	模型应用的区域性很强
回归方程模型	多元统计	分析驱动因子	区域/全球	否	不一定反映真正的因果关系，不可外推
空间统计模型	RS/GIS/统计	景观格局变化的解释和预测	景观	是	需要大量的空间数据；只解释变化的可能性
生态系统动态模拟模型、生态系统空间动态模拟模型	微分方程	生态和经济效应：温室气体效应、草原生态	景观/区域	是/否	需要预先知道 LUCC 的机制
区域模型、一般均衡模型	经济学模型	政策效应，土地规划，城市土地利用变化	景观/区域/全球	是/否	价格和需求不易预测，非经济因素的影响

3. LUCC 模型的难点

迄今为止，一般还不能由一个模型来理想地表达实际情况的各个方面，供不同目的的领域所使用。模型的局限性可能由多方面的因素造成，如影响土地利用决策的因素（如政策体制、市场、资源等）之间的关系错综复杂，部分驱动力可预测性差（特别是技术、政策和体制等因素），自然和社会系统之间的互馈难以定量表达，驱动力的作用方式分属不同学科的研究对象。

不同驱动力作用的时间和空间尺度不同，即不同时空尺度上的 LUCC 具有不同的驱动力；而且全球、国家、地方尺度的驱动力之间的相互作用难以区分。

尺度是一个广泛的概念，包括空间、时间，甚至是测度一个现象时的分析维度。范围是指测度的幅度，而分辨率是指测度的粒度。从空间角度上看尺度，可用分辨率和范围进一步描述。从分辨率看，粗分辨率能够描绘全局模式，但对局部变化的表达比较模糊。细粒度能够呈现局部的变化，但很可能带来干扰的模式。从范围上看，大范围意味着能够包含不同过程所产生的不同的空间模式，小范围可能不会包含整个空间格局的信息。通常选择尺度时，考虑对空间的折中，如图 7-7 所示。

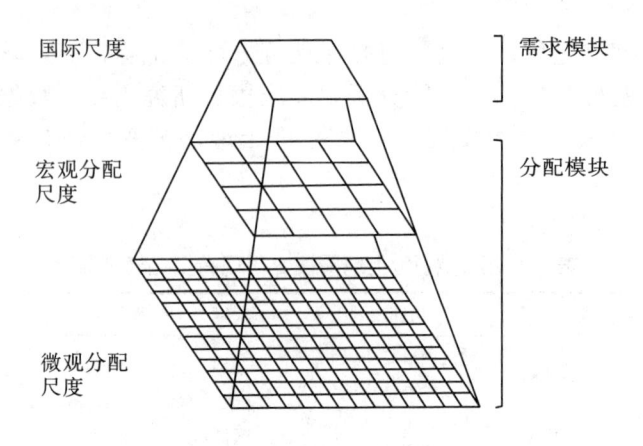

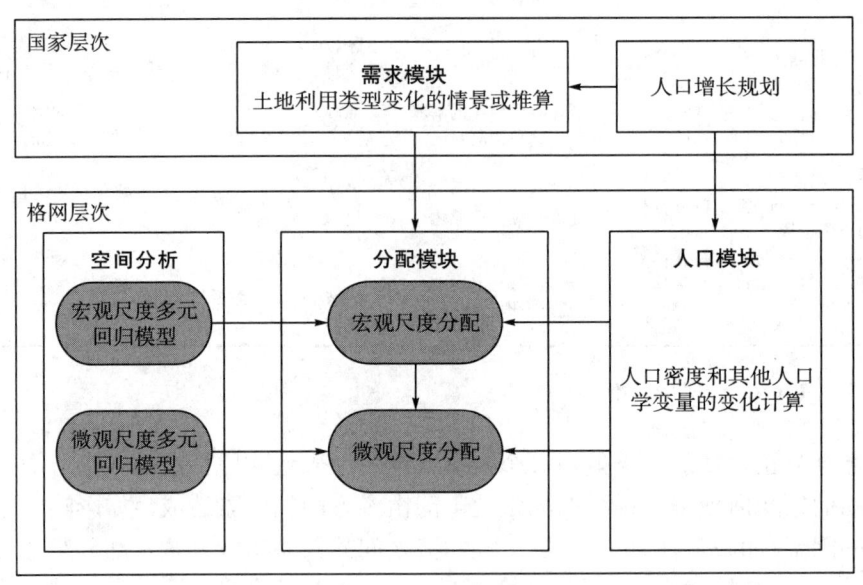

图 7-7　土地利用空间尺度

例如，对两种类型的森林砍伐构建 LUCC 模型可考虑区域和地方两种尺度。区域尺度对应大范围和粗分辨率，能够描述城市和农村的内部结构、道路和市场、年降水量等 LUCC 的驱动力；地方尺度对应小范围和细分辨率，能够描述家庭结构、农场边界、土壤湿度和土地经营方式等驱动力。

尺度选择的另一方面，是考虑对时间折中。每一种时间表示都有其范围和分辨率，时间范围指研究的时段，分辨率是指样本过程所发生的最小时间周期。通常土地利用/土地覆被变化的效果较驱动力在时间上滞后，这是由于存在土地利用对环境的影响难以与自然和人类活动因素的影响剥离开。从数据的可得性来讲，难以获取许多驱动力影响地理（或空间）的详尽化数据。

LUCC 研究的几个重要的时间尺度及其对应分析方法有：①过去 50～300 年，工业革命、非地理详尽化、历史地理学；②过去 50 年来，森林破坏、地理详尽化、RS/GIS；③未来 5～10 年，预测、RS/GIS、经验性诊断模型；④未来 30～50 年，情景分析、预测、系统动力学模型。

4. 模型方法研究 LUCC 的两个案例

1) 案例 1：环渤海土地利用变化分析

环渤海地区包括北京市、天津市、河北省、山东省、辽宁省 3 省 2 市的 24 个地级行政单位、152 个县级行政单位，土地总面积达 233630km^2，总人口为 9200 万人。

研究方法：遥感+地理信息系统+数学模型。

应用遥感图像的机助解译方法，把 1985 年和 1995 年的数字图像输入计算机后在计算机中直接解译，解译结果以矢量格式转入地理信息系统软件 Arc Info 中。再对两期图形数据进行空间叠置分析，获得土地利用变化的空间与属性数据，具体分析如图 7-8 所示。

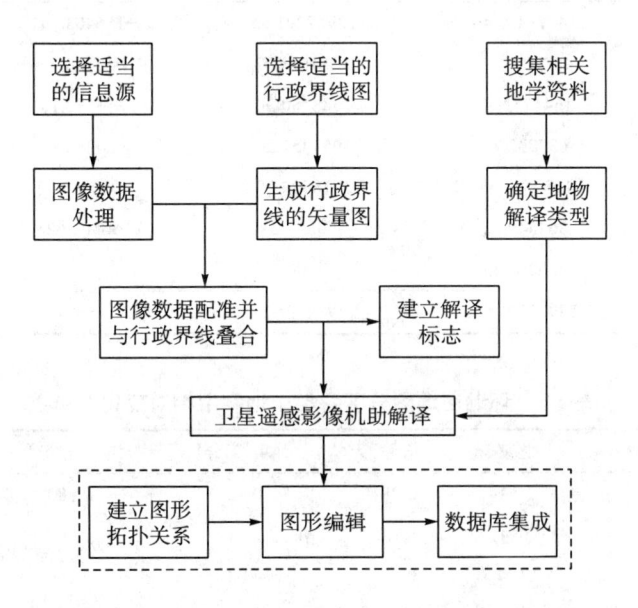

图 7-8 1985 年和 1995 年环渤海地区土地利用变化研究流程

在此基础上，引入数学模型，进行土地利用结构的动态分析。分别用土地利用变化的幅度、土地利用变化的速度、土地利用数量变化的区域差异、土地利用变化的空间分布特征、土地利用变化类型在区域内的个体数、土地利用变化的区域方向等指标来揭示分析时段内土地利用的变化特征，如表 7-4～表 7-7 所示。

表 7-4 10 年来环渤海地区土地利用变化分类面积表　　　　（单位：hm²）

土地利用类型	1985年土地利用分类面积	1995年土地利用分类面积	10年间土地利用面积变化
耕地	14771330.46	12907291.55	-1864038.91
林地	4639809.57	5240198.57	600389.00
草地	1641752.40	1588180.30	-53572.10
水域	637232.77	1057451.24	420218.47
城乡用地	1657564.37	2718527.70	1060963.33
未利用地	364549.62	420852.24	56302.62
不明地类	220262.39	0.00	—
总面积	23932501.59	23932501.59	—

表 7-5 环渤海地区土地利用的年变化率

土地利用类型（一级类）	1985 年土地利用分类面积/hm²	1995 年土地利用分类面积/hm²	10 年间土地利用面积变化/hm²	土地利用年变化率/%
耕地	14771330.46	12907291.55	-1864038.91	-1.26
林地	4639809.57	5240198.57	600388.00	1.29
草地	1641752.40	1588180.30	-53572.10	-0.33
水域	637232.77	1057451.24	420218.47	6.59
居住建设用地	1657564.37	2718527.70	1060963.33	6.40
未利用地	364549.62	420852.24	56302.62	1.54
不明地类	220262.39	0.00	—	—
总面积	23932501.59	23932501.59		

表 7-6 环渤海地区分区各类土地利用相对变化率(%)

土地利用类型	北京	天津	河北(部分)	山东(部分)	辽宁(部分)
耕地	1.53	0.98	0.62	0.88	1.36
林地	7.54	5.78	3.23	0.96	0.22
草地	23.41	0.40	4.93	9.15	60.58
水域	2.06	1.26	1.34	0.88	0.75
居住建设用地	1.36	0.20	0.51	0.75	3.14
未利用地	4.00	1.66	4.55	21.89	2.07
不明地类面积/hm²	0	23901.84	56238.49	127306.61	12815.45

表 7-7　环渤海地区土地利用变化的主要类型面积统计表

土地利用变化类型	分类变化面积/hm²	占总面积的百分比/%
土地利用没有变化	16755663.20	70.01
耕地变为建设用地	1202923.18	5.03
耕地变为林地	1093893.91	4.57
耕地转化为草地	736758.44	3.08
林地转化为耕地	688834.71	2.88
草地转化为林地	642159.76	2.68
城乡用地整理为耕地	461381.29	1.93
草地复垦为耕地	431330.64	1.80
林地退化为草地	373868.58	1.56
耕地转化为水面	308468.89	1.29
其他变化类型	1237219.00	5.17

各表数据说明环渤海土地利用变化的总体情况是：10 年间该地区耕地面积减少超过 180 万 hm²，林地面积增加了 600389.00hm²，其中果园等园地面积增加 364607hm²，占林地增加面积的 60%以上。草地面积有所减少，但幅度不大。居民点等建设用地面积大幅度增加，其中以农村居民点面积的扩大最为显著。坑塘水面面积有小幅度扩大。

2) 案例 2：中国北方土地利用变化分析

选取中国北方 13 个省级行政区作为研究区。

研究方法：遥感+地理信息系统+空间统计/景观模型。

采用的遥感数据主要包括陆地卫星影像，选取季相较为一致，质量较好，无云，编号为 123/32 的两期 Landsat ETM+数据(1999-07-01，2001-05-19)进行土地利用/土地覆被变化监测。采用较高分辨率的 SPOT 影像，时相为 1999 年和 2001 年，空间分辨率为 1km×1km，10 天最大值合成(max value composition，MVC)的 SPOT/VGTNDVI 作为土地覆被变化的校验。

在景观斑块上，整个区域数目明显增加，平均面积显著减小；描述斑块形状的复杂程度的分维值及描述景观破碎化程度和受人类干扰程度的破碎度指标值也有显著增加，表明人类的活动对区域土地利用/土地覆被变化格局的影响已经十分普遍，且影响力度和强度越来越大、越来越广，导致研究区土地利用/土地覆被变化的整体空间分布格局变得日益分散破碎，造成了一定的生态压力。在此期间，研究区的土地利用/土地覆被变化景观的多样性和均匀度都有所增加。说明区域土地利用/土地覆被变化的景观异质性程度在逐渐提高，土地利用向着多样化方向发展。

耕地重心先向东北方向偏移了约 96.23km，又向西南方向偏移了 88.26km。林地重心在 1989~1994 年向西南方向偏移了 39.65km，在 1994~1999 年又大致以反方向向回偏移了 57.38km。草地重心表现为向西偏南方向偏移，距离约为 55km。水体的重心向西南方向偏移了约 640km，偏移最显著。未利用地重心总体趋势为向东偏北偏移，距离约为 130km。城镇及建设用地的重心主要向西偏移了约 98.8km。

研究区土地利用/土地覆被变化类型间转变的总体特征为：耕地的转出量中大部分转变为草地和林地，同时耕地的转入量主要由草地和林地转化而来，而且转化幅度要远大于退耕还林还草的幅度，导致耕地面积在这一时段内增长了 27%。林地主要转变为耕地和草地，而林地的转入量则主要是由草地、耕地和水体转化而来的。特别是东北地区林地和草地、耕地的交错地带表现最为明显。草地是研究区面积最广的土地利用/土地覆被变化类型。尽管草地转变有入有出，但其转入量远小于其转出量，导致这一时期草地面积大量减少。水体是面积最小但变化最为显著的一种覆被类型，其变化主要表现为雨林、草地和耕地间的转化。水体的转入量远小于其转出量，因此，10 年间水体大幅减少。随着人口的持续增长，城镇用地面积也不断增加，城镇用地的扩展主要是通过侵占草地、耕地和林地实现的。未利用地的增加主要是由草地退化造成的。1989~1999 年 16.07%的草地退化为难利用地，1999 年的难利用地中有 44.41%是由草地转化而来的。

耕地变化主要受生活水平、农业发展与内部结构调整以及粮食安全保障等因子的影响，且均与之呈负相关。林地变化的驱动因子主要为人口、农业发展与结构调整、农业技术进步、气候等。人口要素的影响最突出。草地覆被变化主要受人口、农业结构调整、畜牧业生产和降水因子的驱动。城镇及建设用地的变化与区域经济发展、人口的增长、建设性投资以及农业生产技术水平有着紧密关系。水域面积变化与地区经济发展、人们生活水平的提高、农业发展及其内部结构调整和气温有着密切的关系。未利用地的变化主要受人口、畜牧业发展和降水的驱动作用。但是，各驱动因子的作用方向却与草地变化方向相反。

较优经济福利驱动的地区主要分布在东北三省东南部、京津冀地区、山西中部和北部地区、北疆部分县(市)以及其他一些与较大城市靠近的县(市、旗)；生存型经济福利驱动下的区域基本呈"V"形分布，东部主要分布在农牧交错带上的众多县(市、旗)，西部主要位于青海省大部以及南疆地区；粮食安全宏观驱动的地区主要分布于区内比较重要的粮食产区，包括东北平原及周边地区，河北南及东南部的平原地区，位于山西、陕西两省的关中盆地附近地区，宁夏、内蒙古沿黄河分布的宁夏平原和河套平原附近地区，以及北疆部分县(市)；生态环境福利驱动较为突出的地区主要分布在东北三省中东部的县(市)、京津冀地区、位于黄土高原的一些县(市)、甘肃沿河西走廊及西北部地区、内蒙古中南部地区，以及新疆和青海的大部分县(市)。需要说明的是，地区土地利用/土地覆被变化的宏观驱动作用并不是唯一的，很多情况下都是几种驱动力综合作用的结果。

7.4 土地利用/土地覆被变化的驱动因子

土地变化驱动力是指导致土地利用/土地覆被变化的目的发生变化的主要地理环境因素和社会-经济因素，是土地利用/土地覆被变化的动力因素。在自然条件复杂的地区(如高原、山地或过渡带)，各种自然因素对土地利用变化发挥着比较明显的作用。对于受自然因素限制较小或人类活动程度深的区域(如经济基础雄厚的长江三角洲地区)，土地利用/土地覆被变化则主要受经济发展、人口增长及政策等人文因素的控制，其中人类活动所起的作用更加突出并且变得愈发明显。

1. 自然因素

自然因素主要指驱动土地利用/土地覆被变化的自然环境要素及其过程，如气候变化、地形演化、植物演替、土壤过程、排水格局变化等。自然驱动力主要引起土地覆被的变化，而不直接引起土地利用的变化，即使有影响也是间接地起作用。众所周知，农业旱灾造成的粮食减产或失收非常严重。研究表明，黄河流域20世纪90年代农业干旱最为严峻，尤其上游地区最容易遭受重旱和特旱，农业干旱频率高达70%~90%；其中，气候变化是驱动黄河流域农业干旱发生的主要诱因，贡献率为50%~90%。相反，土地利用变化对农业干旱的影响相对较弱，贡献率为10%~50%。

自20世纪中叶第三次技术浪潮以来，相比社会-经济等人类活动因素，自然驱动力在土地变化中的作用在下降，而且自然条件的变化往往导致土地覆被变化，对土地利用变化的影响在减弱。

2. 经济社会因素

经济社会因素包含直接和间接发挥作用的两种因素。直接因素主要有对土地产品的需求、对土地的投入、城市化程度、土地利用的集约化程度、土地权属、土地利用政策及对土地资源保护的态度等；间接因素则包含人口变化、技术发展、经济增长、政经政策、富裕程度和价值取向对土地利用/土地覆被变化造成的影响。

人口因素、农业技术等与耕地面积呈显著正相关关系。人口增长是促进耕地面积增加的主要影响因素之一，耕地初期多分布于城镇化率较高的区域，随着城镇化的推进，相当面积的耕地流向城乡建设用地。农业技术也对耕地的利用产生影响，随着农田节水灌溉方式的推广应用和化肥的使用，水、土资源对耕地开发的限制作用逐渐减弱，进而促进耕地面积扩张。同时，降水和温度等气候因素的波动显著影响耕地的变化，气候变暖增湿的有利条件也加快了耕地开垦的速度。

经济水平、经济区位和地理区位等与耕地呈负相关关系。经济水平方面，国内生产总值和第二、三产业占比均与耕地面积呈负相关，经济发展是刺激耕地向建设用地转变的重要因素。经济区位方面，到城市距离与耕地面积呈负相关，说明随着城市经济区快速发展，贸易量大，城镇化加快，导致建设用地的需求增大，占用耕地的现象逐渐增多。

政策和制度的干预是影响耕地变化的重要因素。1995～2000年，中国粮食生产重心从东部地区逐渐向中西部和东北转移，这些地区灌溉技术水平不断提高，农业水利设施建设不断完善，因此该时期耕地面积扩展速度最快。2000年以后，伴随着土地开垦的快速推进，追求粮食产量和经济利益中出现了一系列生态环境问题，如草地退化、林地锐减和沙尘暴等，水资源利用矛盾日益突出，促使这个阶段的土地政策发生转变；针对耕地过度开垦，国家采取了退耕还林还草、禁止非法打井开荒和划定湿地保护区以阻止湿地农田化等一系列措施，使得耕地扩张速度放缓。

经济水平提高和城镇化推进是刺激建设用地扩展的主要原因。城乡建设用地变化除受自然本底胁迫条件和经济社会发展过程的影响外，政策也是主要影响因素。例如，1992年国家开始实施沿边开放战略，为配合西部大开发战略，中央财政发放少数民族发展资金，北方边境地区基础设施建设面积增加；截至2010年，交通、水利、医疗和教育等具有带动作用的基础设施建设项目的城乡建设用地面积稳步增加；2010年后，国家相继出台了一系列对边境城市的扶持政策和采取对口支援，并在"十二五"期间提出"一带一路"倡议，北方边境地区的城乡建设用地增加速率与2010年以前相比显著上升。

3. 驱动力作用研究

土地利用/土地覆被变化具有区域性和综合性，不同地区的驱动主导因子是不同的，一般在分析驱动力时参照下列流程：①根据LUCC的驱动因子的时空差异划分亚区；②分析选择合适的驱动因子，遴选出主导因子；③分析各驱动因子与LUCC之间的关系。

例如，过去300年，中、美两国的耕地数量总体均呈持续增长态势。中国作为传统农业大国，耕地面积在历史累积的基础上继续增长，在1661～1980年的320年间耕地面积增加了$79.46 \times 10^4 km^2$，土地垦殖强度从1661年的5.79%增至1980年的14.09%；而美国作为一个新兴国家，虽然农业起步较晚，但发展迅猛，在1700～1950年的251年间耕地面积增加了$190.87 \times 10^4 km^2$，是中国耕地净增长量的 2.4 倍，其垦殖强度也从 1700 年的不足 0.1%增至 1950 年的 20.64%。美国仅用 200 余年的时间，就完成并超越了中国数千年的土地垦殖历史，成为世界第一农业大国。耕地规模的扩张导致了林、草地面积的锐减。中、美两国 1700～2000 年林、草地面积均呈减少态势，其中，美国森林面积减少了约 $145\times10^4 km^2$，草地面积减少约 $137\times10^4 km^2$；而中国森林面积减少了约 $90\times10^4 km^2$，草地面积减少了约 $40\times10^4 km^2$；过去 300 年间美国因土地垦殖而导致的林、草地资源破坏远较中国严重。从空间格局变化特征看，中、美两国过去 300 年土地垦殖在空间取向上存在明显不同。总体而言，中国是以内地传统农区为基础，向边区和山地丘陵地区拓展，而美国在"西进运动"的影响下，耕地大规模向中西部拓殖。政策、人口、农业技术等因素是影响过去 300 年中、美土地利用/土地覆被变化的主要因素，但由于两国资源赋存及历史发展阶段的差异，虽然直接驱动因素均体现在政策因素上，但就根本驱动因素而言，中国是人口数量，美国则是国家经济利益；同时，在农业技术发展取向上，中国因"人多地少"，走"精耕细作"之路，而美国因"人少地多"，走"机械化"之途。中国不同地区地类转移的主要类型及其驱动力如表 7-8 所示。

表 7-8　中国不同地区地类转移的主要类型及其驱动力

地区	地类转移的主要类型	驱动力
长江三角洲	耕地向城乡建设用地转移	非农产业和城镇人口增长
冀中平原	耕地向城乡建设用地转移	非农产业、人口、农民收入增长
洞庭湖平原	耕地向经营性水域和城乡建设用地转移	种植业与养殖业比较效益、非农产业增长
三峡库区巫山县	林地向草地和耕地转移(1985年以前)	人口压力(1985 年以前)，长防林、水源涵养、天然林保护工程(1985 年以后)
大渡河上游梭磨河流域	有林地向草地和疏林地转移	森林工业、木材砍伐、重植

注：据李秀彬(2001)。

4. 中国近期土地利用变化驱动力分析

根据遥感影像分析，直到 21 世纪初，中国处于土地利用快速变化期，黄淮海平原、东南沿海地区与四川盆地城乡建设用地显著扩张，占用了大规模优质农田，导致南方水田面积明显减少；西北绿洲农业发展与东北地区开垦导致北方旱地面积略有增加；受西部开发"生态退耕"政策的影响，中西部地区林地面积显著增加。国家退耕还林还草政策成效明显，对区域土地覆盖状况的改善产生了积极的影响。

根据 2009~2019 年国土二调、三调和自然资源部发布的国土调查数据,整体上 2009~2019 年我国土地变化存在"四增三减"(林地、园地、建设用地和未利用土地面积增加,耕地、草地和水域面积减少)倾向。

(1) 社会经济因素。近年来,我国社会经济快速发展,土地利用产生了一系列变化。国内生产总值对衡量区域经济起着关键作用,2019 年全国第一产业占国内生产总值 3.95%,第二、三产业分别占国内生产总值 32.57%和 63.48%,第二、三产业生产规模不断扩大,我国建设用地也逐渐扩张。同时,国家财政收入是调节资源配置的重要手段,对交通运输用地等基础设施的专项资金投入取决于国家财政收入,财政收入越高,资金投入也就越多,刺激了建设用地规模的增长。此外,随着居民生活水平提高,住房、旅游等需求明显提升,导致我国用地结构发生变化,耕地、草地和林地向建设用地转化的压力增大。

(2) 政策因素。国家实施的一系列宏观政策对于土地变化和国土空间规划实施有重大影响。近年来,国家发布的有关国土空间规划、绿化和交通运输等政策,倡导粮食安全、集约节约用地。在政策的不断约束和引导下,土地利用类型逐渐发生转换,耕地、建设用地和林地的转换比较频繁。其次,为加快实施乡村振兴战略,国家鼓励和支持打造特色果园等产业,我国园地面积小幅增加。此外,国家对部分区域的政策倾斜也对土地利用结构产生影响。为加快中、西部地区的经济发展,国家不断加大政策扶持力度,大量农村劳动力逐渐转移,造成耕地流转速度加快、草地逐渐向建设用地转移。与此同时,部分省份实施退耕还林(草)等政策,调整了农业结构,由此导致我国部分地区耕地面积持续下降。

二元土地制度是推动土地城镇化过快发展的关键驱动因子。中国长期采用国有土地和集体土地并存的二元土地制度,集体所有土地入市、增值收益分配等方面有不够平等和不尽合理的现象。21 世纪以来,全国土地出让金呈现高速增长趋势。1994 年在具有明显杠杆化特征的分税制改革基础上形成的财税体制,促使地方政府逐渐走向以土地征用、开发和出让为主的发展模式。在经济发达的地区,如京津冀、山东半岛、长三角、珠三角及福建沿海一带,土地财政收入规模较大,土地城镇化指数较高;而在广西壮族自治区、贵州省、青海省等中西部经济欠发达地区的土地财政收入规模相对较小。各地土地财政收入规模差异大,产生了土地城镇化的空间分异现象。二元土地制度、城乡户籍制度、区位因素、经济增长和交通条件等因素是人口城镇化与土地城镇化耦合协调度空间分异格局形成的主要原因。

综上所述,国土开发与区域发展重大战略的实施,包括"西部大开发""东北振兴"等国家宏观政策,加之持续的经济发展是中国土地利用变化格局形成的重要内在驱动因素。

(3) 自然因素。自然灾害和土地退化等自然因素是影响区域现行土地利用变化的重要原因。由于我国东北地区和西北地区自然环境恶劣,常年受沙漠化等因素影响，受灾土地和弃耕土地面积较大。与此同时，受泥石流、地震等自然灾害的影响，我国土地生产能力下降，耕地、林地、草地等土地资源结构发生变化，出现土地质量退化和水土流失等一系列问题。此外，我国西部地区受山地多、平原少等自然因素影响，交通运输建设和商服建设用地及其他基础设施用地建设等受限，在一定程度上制约着建设用地的扩张。

(4) 其他因素。我国人口规模大、劳动力在产业间转移多，住房、交通和工矿用地等需求也随之增加，从而导致闲置土地的开发和耕地、草地等其他类型的土地逐渐转移。近年来，随着西部地区草原旅游业的逐渐兴起和草原的不断开发，我国部分地区草地面积持续缩减，建设用地面积随之增长。与此同时，滥砍、滥采等违规现象没有完全杜绝，还存在水土流失和土地荒芜，一定程度上影响了我国土地利用效率。

7.5 土地利用/土地覆被变化的环境效应

土地利用通过土地覆被的变化影响全球和区域环境，土地覆被对气候、生物地球化学环境、土壤质量、陆地生物种类的丰度和组成有重要影响。

7.5.1 对气候的影响

人类土地利用对气候系统的影响分为两方面：温室气体排放（生物地球化学作用），陆面反照率和表面粗糙程度的改变等（生物地球物理作用）。对于生物地球化学过程，LUCC 主要引起碳排放和吸收，进而改变大气中温室气体含量，对全球增暖起到一定作用。研究表明，过去的 150 年中，LUCC 导致了大约相当于同期化石燃料向大气中净释放的 CO_2 净通量，成为导致全球 CO_2 释放仅次于化石燃料燃烧的第二个主要原因，同时使 CH_4 的浓度增加一倍多；大气中 N_2O 的浓度也有一定增长，可能与热带的土地利用变化及农业活动有关。另外，与 LUCC 有关的生物燃烧使 CO、NO 等化学性质活泼的微量气体进入大气，也对大气环境造成一定的影响。一般认为，森林砍伐将增加地面的反照率，降低地面粗糙度，减弱植被对水循环的调节作用，从而减少蒸腾蒸发和降水，同时也增加了干热和地面温度。但也有研究表明，北半球大量的森林砍伐导致北半球中高纬地区的温度显著降低，这除了森林砍伐的直接作用外，还有海冰反照率反馈的贡献。森林被农田和牧草地代替后引起的陆面反照率增大，这种作用在高纬度由于植被的覆被作用减弱而变得尤其显著。而热带地区的森林砍伐会引起潜热通量的减少，从而对气候有增暖作用。因此，生物地球物理作用的机制比较复杂，不但可以改变区域气候,对全球气候也有很大影响。在全球气候变暖趋势明显和耕地面积占比突出的双重背景下,土地利用时空格局变化及其对气候影响还有待进一步深化认识。

从历史时期看,近300年来中国现境内森林面积共减少约$0.95×10^8hm^2$,森林覆被率减少9.2个百分点,变化曲线呈先扬后抑。以20世纪60年代为界,此前呈加速递减态势,260年间森林面积减少达$1.66×10^8hm^2$,森林覆被率下降约17个百分点;20世纪60年代以后呈逐步增长态势,近40年间森林面积增加约$0.7×10^8hm^2$,覆被率提高了约8个百分点。近300年来,中国西部地区森林消长均小于东部地区。在1700~1949年的锐减期中,东北、西南和东南三区是森林面积缩减最为严重的地方,大部分省份森林覆被率下降超过20个百分点。其中,黑龙江达50个百分点,吉林达36个百分点,川渝地区达42个百分点,云南达35个百分点。

松嫩平原土地利用格局与降水呈显著的负相关,而与年平均温度呈正相关。松嫩平原综合土地利用动态度及多样性均呈现出先增加后降低的趋势,而其土地利用强度则随着时间推进不断地加强。1980~2018年,松嫩平原年均降水量呈现下降的趋势,其变化率为-9.89mm/(10a),年平均温度变化呈现上升的趋势,其变化率为0.26℃/(10a)。因此,松嫩平原土地利用强度对温度的影响程度明显高于其对降水的影响,而且强度与降水、温度之间具有明显的负相关性。

过去2000年,黄河中下游地区温度与干湿度呈显著多尺度周期波动。至公元初前后,黄河中下游地区就已被开发为一个垦殖范围与今相近的农业区,自然植被的分布极为有限,后来农耕垦殖强度虽有大幅波动,但总体呈增加趋势。上述因素变化相互交织影响了黄河中、下游水沙输送平衡、河道淤积和河床稳定,是引发历史上黄河下游多次重现"筑堤-淤积-悬河-决口改道"循环过程的重要因素。

联合国政府间气候变化专门委员会(Intergovernmental Panel on Climate Change,IPCC)关于全球变暖趋势的第5次评估报告指出:"1901~2012年的100多年,全球地表温度升高了0.89℃;21世纪的前十年是有史以来最热的10年,但预计全球地表温度将继续升高,到21世纪末达到比工业革命前高1.5~2.0℃的水平。"同时,城市化进程的不断推进使得建设用地迅速扩张,地表硬化增加。由城市化引起的地表和大气变化通常导致气温升高,这一现象比周围的非城市化地区表现更剧烈,尤其是在夜间更为突出。1958年,这种现象被正式定义为城市热岛效应。城乡温度升高差距越大,表明城市热岛效应越剧烈;反之,则表明城市热岛效应尚不明显。城市热岛效应问题已不再是单纯的气候问题,也严重阻碍城市化进程和生态环境的可持续发展。武汉是长江经济带中部的大都市,在长江中游城市群发展中起重要作用。武汉是中国水域面积最大的城市,也是中国著名的"火炉"城市之一。武汉城市热岛效应明显,同时随着城市化进程加速,不透水面逐渐增加,城市热岛面积不断增长。1996~2016年,武汉城市热岛面积和强度有随时间逐步增加的趋势。从空间分布格局上看,武汉城市热岛效应逐渐向中心城区集聚并沿中心城区向四周扩散。其间，建设用地扩张明显导致了城市热岛效应加剧，而绿地和水体对城市热岛效应起到了明显的缓解作用。其中，交通运输用地对城市热岛效应增加贡献最为明显，工矿仓储和公共管理与公共服务用地也可导致城市热岛效应的增强；住宅、商服用地未表现出明显的增强作用。因此，为缓解城市热岛效应，在宏观规划上，要保障一定数量比例的城市绿地以减缓温度攀升；在城市建设措施上，城市规划要合理布置各类型的建设用地，建设点片状小绿地、口袋公园。

7.5.2 土壤环境效应

LUCC对土壤环境的负面效应累积为土壤质量、土壤生产力下降，主要表现为不同形式的土壤退化，主要包括土壤侵蚀(含水蚀、风蚀)、土壤化学退化(含土壤污染、盐碱化、水浸、酸化等)、土壤物理退化(如土壤紧实等)。土壤退化进一步导致土地退化，土地退化常由沙漠化、土壤侵蚀、盐渍化、酸化过程中的土壤退化直接产生。

土壤环境退化主要包含以下情况的改变，在短期内不可逆转，恢复期长达数年，在青藏高原高寒地区甚至长达20年。

(1)土壤水等土壤环境。不合理的土地利用方式(如森林的砍伐、矿区开采、陡坡开垦以及过度放牧)是造成土壤侵蚀和土地沙化的主要原因。我国东部湿润区小流域不同土地利用类型下，土壤水变化机制对流域水文过程与生态环境有较大影响。总体上，果林土壤含水量为32%~37%，农田土壤含水量为20%~30%，坡耕地土壤含水量为27%~35%，竹林土层土壤含水量为25%~32%。垂直剖面上，表层(10cm、20cm)土壤水分随时间波动幅度大，深层(60~80cm)土壤水分变化较小。不同降雨强度下，竹林土壤水分对降雨的响应程度大于果林、农田和坡耕地。降雨强度越大，土壤水分响应程度越大；降雨停止后，土壤水分消退起伏下降，深层土壤水分变化较表层稳定。

(2)土壤养分。不同的土地利用类型对养分的滞留和转化的作用不同，具有不同的土地空间组合，进而影响了土壤养分的迁移规律。

土地利用变化对土壤有机碳储量既有直接影响，也有间接影响。一方面，土地利用变化直接改变了生态系统的类型，从而改变了生态系统的净初级生产力及相应的土壤有机碳输入；另一方面，土地利用变化潜在地改变了土壤的理化性质，从而改变了土壤呼吸的温度敏感性系数，此系数的改变又反过来间接影响气候变暖背景下土壤有机碳释放的强度，从而间接地影响到土壤的碳储量变化。例如，湿地碳储量变化中，碳汇为通过光合作用储存于生物体内或土壤有机质中，碳源主要为通过土壤呼吸向大气排放的含碳气体。湿地碳汇稳定少变，碳源却因外界条件而变化。又如在黄河中游河滩地的裸滩、农田(含玉米、翻耕地、休耕地)、撂荒地[含稗草(*Echinochloa crus-galli*)、野黑豆(*Glycine soja*)2个亚类]及原生植被[芦苇(*Phragmites australis*)、灌木柳(*Salix saposhnikovii*)、香蒲(*Typha orientalis*)及杂草混合植被4个亚类]4类土地利用类型中,野黑豆与玉米地亚类CO_2排放速率最高,芦苇、香蒲差异显著,农田和撂荒地较原生植被分别提高了43.74%和236.86%。裸滩H_2S排放速率最高,休耕地与撂荒地次之。因此,河道滩地不同土地利用类型的土壤呼吸强度差异较大,滩地经农田开发后土壤呼吸强度明显升高,生物量、水分条件及土地开发是造成差异的主要原因。

海拔梯度和土地利用类型深刻影响山地土壤有机质含量和综合肥力空间分异,而人类活动干扰是有机质含量和综合肥力下降的重要原因。在北热带山地土壤带及典型土地利用类型(次生林、香蕉园、橡胶林)下,山地土壤带表层和亚表层土壤有机质、综合肥力排序为棕壤带＞黄棕壤带＞黄壤带＞红壤带＞赤红壤带＞砖红壤带。无论是表层还是亚表层,土壤有机质、综合肥力均以次生林最大,香蕉园次之,橡胶林最小,次生林土壤有机质显著大于香蕉园和橡胶林,综合肥力则无显著差异。随着海拔升高,限制综合肥力的因素由速效氮、速效磷转变为速效磷和速效钾,pH的限制逐渐加强,而维持和限制低海拔不同土地利用类型综合肥力的因素与同海拔段内自然土壤基本一致。因此,未来山地开发利用过程中低海拔区域应该注重补充氮肥和磷肥,中高海拔区域注重补充磷肥和钾肥,同时调节适宜的pH更有助于土壤养分释放和植物吸收利用。

(3)土壤微生物。土壤微生物的多样性与地表植被群落的生产力和多样性呈正相关,并随着植被群落存在的年限而增加。

藏东南地区,对照未开垦天然草地,青稞农田、垂穗披碱草人工草地和围封草地样地土壤有机质、全氮、硝态氮和速效磷含量显著升高;青稞农田和垂穗披碱草人工草地样地真菌群落香农指数显著降低。土壤真菌群落标志物种数量变化排序为:青稞农田＞垂穗披碱草人工草地≈围封草地＞天然草地。土壤容重、pH、有机质和全氮含量与真菌群落多样性变化密切相关。有机质、全氮、铵态氮、速效钾和pH是真菌门水平组成的主要影响因子。因此,草原开垦为农田和人工草地并被长期利用后有利于土壤养分含量提升,围封技术适合高寒草地生态保护与利用。

喀斯特地区农田、草地、灌木林和森林等不同土地利用方式下的土壤基本理化性质、微生物生物量、微生物熵、酶活性和酶化学计量分析表明,土地利用方式显著影响土壤基础理化性质,土壤pH、有机碳和全氮含量表现为灌木林和森林显著高于农田和草地,而农田和草地土壤有效磷含量则显著高于森林和灌木林。土壤微生物碳和微生物氮表现为灌木林＞农田＞森林＞草地,灌木林土壤微生物碳和微生物氮显著高于其他土地利用方式,微生物磷在农田土壤中最高;有效氮、pH是驱动土壤微生物生物量变化的主要环境因子。微生物碳和微生物氮均表现为农田＞灌木林＞草地＞森林,且农田土壤微生物碳和微生物氮显著高于森林，而不同土地利用方式下土壤微生物磷无显著差异。不同土地利用方式下，碳氮比、有机碳、pH和磷含量显著影响N-乙酰氨基葡萄糖苷酶等土壤酶活性；磷是喀斯特地区土壤微生物最为受限的元素，由农田、草地到灌木林，微生物碳限制逐步增加，森林土壤碳限制程度最低。喀斯特地区不同土地利用方式引起土壤理化性质的改变是土壤微生物生物量、酶活性和酶化学计量变化的主要驱动力。

7.5.3 水环境效应

土地利用的类型、结构、强度与空间布局引起河流水环境的综合变化。各种土地利用活动自身存在差异，引起不同的物质与能量流动，对水环境的影响是有差异的。

水资源和水环境问题已成为许多国家和地区社会、经济发展的重要制约因素，LUCC对水质、水量、水循环的影响以及可持续发展对策已引起充分重视。土地利用方式及其程度的改变(如化学肥料、农药及杀虫剂的大量使用)和土地覆被的变化(尤其是城镇用地的扩展)，会增加营养元素及悬浮物的入河通量，造成水体富营养化和水污染。一般总氮和总磷的比率在林地径流中最高，农田径流中次之，城市径流中最少，但二者的总量在林地径流中最少。LUCC对土壤侵蚀有重要影响，进而影响水体中悬浮物和沉积物的含量。LUCC对水质的影响越来越受到重视。比如，在点污染源逐步得到控制和治理后，水体的富营养化及污染状况并没有明显改善，促使人们高度关注非点源污染的机制。

1. 土地利用类型导致地表或地下水水量和水循环发生变化

土地利用类型导致地表或地下水水量和水循环发生变化主要表现在三个方面。①农业用地。农业用地的增加会降低入渗和蒸发，从而增加年均流量；水田改作旱地、非耕地，产水量会增加；而水域变为水田或旱地，产水量会减小。②林地。在森林用地中，森林开采(尤其是高地上的森林)会增大下游洪水泛滥的频率和强度，每年河流流量也会增加，使降水再分配不均匀，不同程度地增加了流域产水量。森林面积的减少还会引起水土流失，从而导致湖泊沉积量的增加，蓄水能力下降。随着植被覆被率的减小，流域产水量会增大。③建筑及城市用地。随着建设用地增加，不透水层面积也会增加，促使地表径流系数增大，径流量也会随之增加，使流域产水量增加。城市用地的扩展会减少水分存留和下渗，加大径流量甚至增加洪灾的频率。不透水地面和高密度人工排水系统的不断增加，对地理条件或形态的改造，可显著改变城市自然水文循环过程，改变流域水和养分流动规律，影响城市化流域水质和河流生态系统健康，城市地下水位下降对提供城市河流的生态基流造成巨大影响，导致城市水环境的恶化，城市用地布局的近期锁定效应使水环境治理变得困难。流域城市化改变了流域土地自然属性、河流水系结构、自然水文系统和流域产汇流过程，不同的城市用地布局模式通过降雨径流作用，会不同程度地影响城市水环境。传统城市土地使用模式将会产生城市雨岛效应、径流峰值效应和径流污染效应、水系结构片段化效应等综合水文效应，容易导致城市洪涝灾害频发、城市河流干旱断流、水质恶化、流域生态系统退化等环境问题。

2. 土地利用类型导致水质变化

土地利用变化通过改变营养元素通量来影响水体中营养元素的浓度。太湖丘陵地区农田氮素迁移中，氮素浓度的空间分布主要与施肥条件及植被覆盖度有关；旱地和菜地的氮素迁移通量大于板栗林和竹林；径流量是导致迁移通量存在显著差异的主导因素。太湖流域不同土地利用方式下，旱地土壤对磷的固定能力略高于水稻土，但由于旱地土壤的有效磷水平普遍高于水稻土，因而旱地磷的吸持饱和度要远高于水稻田，这就决定了旱地土壤中的磷被淋溶或以溶解态随径流流失的风险和数量也显著高于水稻田。

非点源污染是土地利用/土地覆被变化对水质污染的主要途径。非点源污染是指在降雨径流的淋溶和冲刷作用下，大气、地面和土壤中的污染物进入江河、湖泊、水库和海洋等水体而造成水环境污染。非点源污染没有固定的污染源，因此具有潜在性、随机性、复杂性以及隐蔽性等特点，不易得到有效控制。几乎所有的非点源污染都与土地利用/土地覆被变化有着紧密关系。例如，根据岩溶地区地下水特性分析，云南小江岩溶流域20年来森林质量下降以及耕地扩张导致了地下水的水质明显恶化。

3. 不同土地利用类型影响的水土保持效应

就不同土地利用类型的径流、侵蚀效应而言，在同等降雨和坡度条件下，产流、产沙的能力及对应危险性次序为：坡耕地、牧草地、乔木林地、天然草地和灌木林地。坡耕地产流产沙多，其水土保持的能力也相应地比较差。因此，从土地利用的类型来说，灌木林地和天然草地的水土保持效益最好，坡耕地最差。这些结果可以较好地指导"退耕还林"政策的实施和应用。从长时间的历史过程来看，农田和牧草地"减流减沙"的能力比较差，但是自然草地和灌木林在这方面的能力就相对突出；此外，灌木林地一直保持在一个较高的减流率水平，而自然草地的减流率在初始阶段与灌木林地相同，后期则略微下降；同时，灌木林地和乔木林地减沙率随时间的推移逐步提高，而牧草地减沙率则随时间的推移而下降。

7.5.4 生态效应

土地利用变化是生物多样性变化的重要驱动力,它与其他许多全球变化因子相互作用,干扰生物多样性。生境多样性是生态系统多样性形成的基本条件,生物栖息地的破坏和片断化已成为影响生物多样性的重要因素。当前全球 1/3~2/3 的陆地表面已经被人类活动所改变,一些重要的生态系统变成了斑块,有的实际已经消失,大量的种和遗传学上独立的种群已消失。土地利用变化影响生物多样性主要是通过栖息地破坏、景观破碎化及森林砍伐区边缘效应等途径。耕地向森林区的延伸改变了边缘区的生态环境,导致微气候条件变化和外来生物入侵,最终导致生态边缘区动植物物种的大量减少。土地利用/土地覆被变化范围的迅速扩展造成生态系统结构的破坏,如何合理地利用和管理土地,达到人与生态环境的和谐共存,是一项长期而艰巨的任务。

以土地生态功能建设为导向的土地利用能够快速提升土地生态系统服务价值,增强屏障区调节气候、保持土壤、维护生物多样性等方面能力。至 2020 年,重庆市云阳县三峡库区初步建成一个以"林地为骨架,耕地、园地、草地为补充"的生态系统服务格局,土地生态系统服务总价值从 2010 年的 15.53 亿元提升到 2020 年的 19.98 亿元,提高了 2.87%。

"退耕还林还草"等合理土地利用变化与生态系统固碳作用存在着正相关关系,与产水量具有负相关关系,生态系统服务之间的增长和权衡具有尺度依赖性。21 世纪初,黄土高原通过"退耕还林还草",耕地大幅度减少,草灌显著增加,林地和聚落有一定的增加,荒漠化土地有少许扩展。通过估算水平衡和蒸散发来评估区域的水文状况,黄土高原 38%的地区产水量在减少。这说明在半干旱区域,植被恢复的生态水文效应有很大的不确定性。同期,黄土高原区域生态系统土壤平均保持量为 1.53 亿 t/a,保持率还在逐年提高,平均保持率为 63.3%。相应地,黄土高原生态恢复中,生态系统固碳量增加了 96.1Tg(相当于 2006 年全国碳排放的 6.4%)。生态系统从碳源转变为碳汇,生态系统净固碳能力从 2000 年的-0.011Pg 上升到 2008 年的 0.108Pg。退耕还林还草是黄土高原生态系统固碳增加的主要原因,植被固碳以每年 $9.4\text{g}\cdot\text{cm}^{-2}$ 的速率持续增加,植被固碳增加的最高值出现在年均降水为 500mm 左右的地区。土壤固碳的增加稍显滞后,随着退耕还林还草年限的进一步增加表现出巨大潜力。

初步城市化地区,在土地规划和城市建设过程中应融入生态理念,加大地表植被覆盖度,注重提升水源涵养功能,注重环境保护。2005~2020 年,雄安新区主要地类形式为耕地(64%以上),其次是建设用地(占 12%~21%)。随城市化进程加快,雄安新区归一化植被指数整体呈减少趋势(降幅约为 4%),湿度指标呈减少趋势(降幅达 25%),干度指标呈增加趋势(增幅达 23%),生态整体维持在"一般"状态，提升生态质量还面临一定压力。从空间上看，雄安新区西部生态优于东部，雄县的生态环境质量较安新县和容城县差。生态质量变好的地区主要是安新县西南部唐河流域，说明白洋淀生态保护与治理工作一定程度上促进了生态改善。区域生态质量与归一化植被指数呈正相关，林地、草地、耕地对区域生态环境有积极的贡献作用，区域生态质量与干度指数呈负相关，裸露的地表以及由不透水面覆盖的地表对区域生态环境有消极的作用。

再如深圳市这样快速城市化的地区，由于城市用地扩张，城市生境面临破碎化增加、连通性降低、生境质量下降等生态风险，但生态政策的实施可以在一定程度上缓解上述生态风险。数量控制的生态政策可以提高土地利用的集约性，遏制景观破碎化和生境质量下降趋势和增强景观连通性，但可能造成城市开发强度上升，对城市用地周边生态环境产生影响。空间控制的生态政策可以维护生态用地格局，遏制景观破碎化和生境质量下降趋势，但在维护景观连通性方面作用有限。两种政策同时使用会产生协同效应，其效果优于单独使用两种政策。合理政策调控使土地利用的生态效益得到更有益的显现。

7.6 土地利用/土地覆被变化对人地系统的影响及其调控

土地利用和管理方式的变化影响了生态系统的状态、性质和功能。反之，它们又影响生态系统服务的供应及人类的生存。土地利用/土地覆被变化的巨大幅度需要我们加速理解人类活动如何影响陆地生物圈的自然过程，且更加需要评估这些变化产生的后果。直接从生态系统水平考虑问题，能够更好地理解包括生物物理变化对人类造成的影响在内的人类-环境耦合系统的变化，以及人类活动和社会结构的协同作用。因此，应当密切关注包括从局地到区域尺度陆地和淡水系统在内的人类、生物和自然资源的相互关系。这种方法为研究世界不同区域耦合系统的脆弱性和持续性提供了整体框架。

7.6.1 土地利用/土地覆被变化研究对人地系统的作用

追溯土地变化内在原因时，容易发现自然、社会经济因素紧密交互，难以分割。从单要素或者少数两三个要素去理解，在分析上和在结论上与实际的情况相差都很大。无论是土地变化的现象和原因，或者是变化导致的生态系统服务和地球系统功能变化结果，甚至是土地系统可持续利用的综合集成分析与建模，都需要在数据采集、处理、分析和预测的过程中，将人类-环境视为一个具有整体结构和功能的系统。

从土地利用/土地覆被变化角度看,相关研究应当成为研究人地关系地域系统的一个重要载体。从地域系统的视角研究人地复合系统,应当有三个重要方面的内容:①不同空间尺度的区域人地系统相互作用的规律及其尺度间的转换规律;②相同或近似大小的区域之间人地关系作用的差异性及其特征;③不同人地复合系统之间的相互联系与作用机制及由此形成的更大尺度人地系统的整体性。此外,从时间维度认识以上三者的变化规律,将有助于对人地关系地域系统研究的深化。以上所有作用过程和结果的可见形式,从平面效果看主要是土地利用结构与变化,从立体效果看主要是综合景观形态与演替,即土地利用结构与变化是人地关系地域系统的平面投影。

从人地系统角度看,土地利用是人地关系的首要问题,也是人地关系的核心问题。在人地关系构建中,土地综合体和土地利用处于基础层次,其他层次的人地关系均是在此基础层次上的延伸和拓展,土地利用是可持续发展的中心议题,是自然过程与人文过程交互作用的结果,是揭示人地关系属性、特征、机制、演化、地域分异及人地矛盾冲突的主题。

下列学科问题表明,分析土地利用/土地覆被变化时应将它置于人地系统中进行评估。

1. 主题一:土地系统动力学

(1) 全球化和人口变化如何影响区域和局地土地利用决策及其实施?
(2) 土地管理决策及实施的变化如何影响陆地和淡水生态系统的生物地球化学效应、生物多样性、生物物理性质及干扰?
(3) 全球在大气、生物地球化学和生物物理维的变化如何影响生态系统结构和功能?

2. 主题二:土地系统变化的后果

(1) 生态系统变化带给耦合地球系统的临界反馈是什么?
(2) 生态系统结构和功能的变化如何影响生态系统服务的传递?
(3) 生态系统服务如何与人类生存建立联系?
(4) 在不同尺度和不同变化范围,人类如何对生态系统供给做出响应?

3. 主题三:土地可持续性的集成分析和模拟

(1) 土地系统变化的临界路径是什么?
(2) 土地系统对灾害和干扰的脆弱性与恢复力如何对人类-环境相互作用的变化做出不同响应?
(3) 哪些制度能够加强土地系统可持续性决策的制定和管理?

例如，河南省巩义市有三个不同类型的自然村吴沟、溽沱和孝南，孝南村位于巩义市郊区，溽沱村位于地势较平坦的平原丘陵区，而吴沟村则位于该市南部的山区，它们的社会经济发展状况差异显著。其中，孝南村、溽沱村、吴沟村经济发展水平依次降低；在人口增长率方面，吴沟村呈负增长态势，与当地居民外迁存在一定相关，溽沱村上升幅度居中，孝南村增长最快，年均增长 8.42‰。在 1990～2000 年，吴沟村耕地面积增加 1.04hm^2，主要为农民陡坡开荒所致，溽沱村减少 8.44hm^2，主要是宅基地占用，孝南村减少 36.07hm^2，主要是因巩义市城市化进程中非农建设占用。从土地利用/土地覆被变化的分布特征与区域人地系统、自然系统、人工系统的定量分析表明，村域人地系统稳定程度与村域土地利用类型的不规则性、破碎化程度呈负相关关系。其中，与人工系统的土地利用类型呈高度负相关，而与自然系统的土地利用类型则出现多元化的趋向。在相似土地利用/土地覆被变化情况下，溽沱村人地关系相对和谐，吴沟村人地关系也较协调，而孝南村人地关系则相对失调。

尽管基于流域或其他自然单元与行政区的土地利用/土地覆被变化分析有广泛的分析成果，但绝大部分的变化效应和驱动力分析都来自遥感和经济统计数据，局限在宏观统计层面，还鲜见立足机理的系统综合分析，更难深入元素和能量流动层次。当前可行的一个方法是，以野外台站观测试验和资源环境时空信息分析为基础条件的集成科学研究，逐渐构建包括资源环境时空信息搭载平台、资源环境数据的获取、处理和分析的技术与共享机制，从而建立土地利用变化及其宏观生态效应分析的核心技术支撑体系。发展地球信息科学和"自上而下"与"自下而上"集成研究方法，以不同时空尺度的土地利用格局与过程研究为重点，可以揭示自然和人类活动共同影响下陆地系统中物质与能量的空间分布格局、迁移转化规律和形成演化机理，以及系统各组成要素间的相互作用机制，建立全球变化和国家科学发展情景下人与生态系统相互适应的模式。

总之，LUCC 问题的实质是"人类-环境"（人地）关系的集中反映，如图 7-9 所示。人类和所处的环境相互影响、相互作用和相互制约，形成一个开放性、综合性的复杂巨系统。从现有模型看，多数 LUCC 模型侧重人地关系的某一方面，分析它的变化对其他方面的影响。部分侧重"地"的研究，分析对象往往是一定面积的土地单元。这种思路的不足是土地利用变化过程中发挥至关重要作用的人类主体在模型中得不到显性刻画。模型中的土地利用变化单元和土地利用决策主体间的匹配就很困难，人地关系描述也就薄弱。也有从"人"的角度构建模型，研究对象往往是土地使用个体、集体和政府等土地利用的主体。不同主体具有不同的自治性、能动性、适应性和交互性等特征，使得主体间的土地利用选择或决策行为呈现显著的差异性、动态性和相关性，在一定程度上解释和揭示了土地利用变化的原因、过程和结果。然而，很多情况下很难准确、全面描述人类主体的选择行为，尤其是当较高层次的社会组织或社会群体作为主体时，难以选择合适的方法去解释其行为，主体行为的变化也不易定位到一定的土地空间单元中。

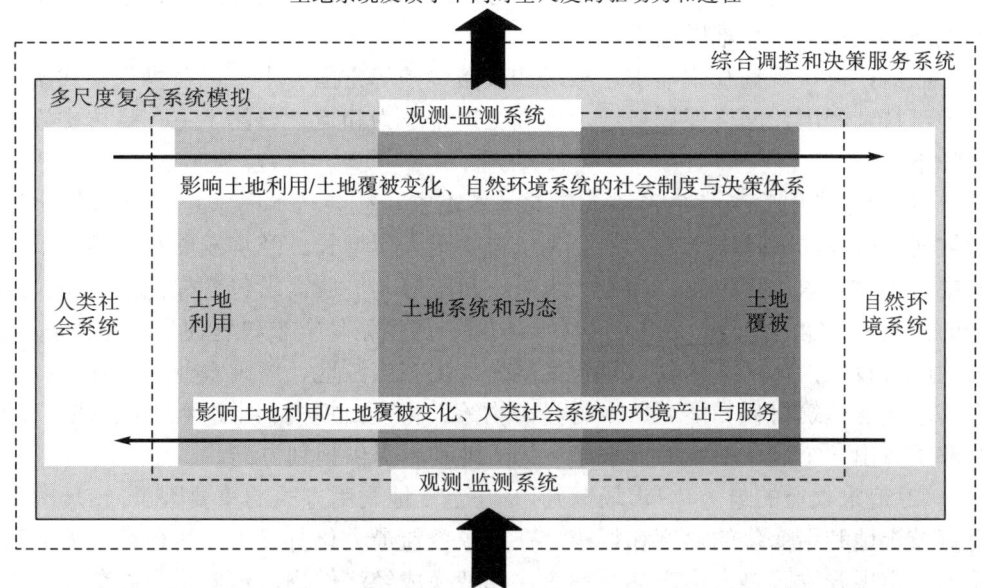

图 7-9　土地利用/土地覆被变化与人地系统相互关系

7.6.2　土地利用/土地覆被变化中的人地关系调控

　　经过近 6000 年人类的持续影响，在我国的大部分地区，自然生态系统的空间格局已被人类各种土地利用所改变，土地利用/土地覆被变化空间格局在很大程度上记录了人与自然相互作用的过程，并逐渐形成了具有典型特征的区域土地利用/土地覆被变化格局的空间模式，如珠江三角洲地区的"桑(果)基鱼塘密布"，长江三角洲地区的"城乡河湖交错"，华北及东北平原地区的"都市乡村环状展布"，广大中西部平原、河谷地区的"城乡带状延伸"等。然而由于人口的与日俱增，农业化、工业化与城市化过程广泛而深入地推进，我国不同区域的土地利用/土地覆被变化格局与本来自然的土地覆被格局相差越来越远，在一些地方出现了违背自然规律的土地利用布局，结果导致严峻的生态环境问题，甚至灾害频发，灾情加重。例如，两湖地区的"围湖造田"、沿海地区的"围海造地"、草原地区的大面积开垦、干旱半干旱地区城镇化引起"地下水超采"等，都突出地表现为区域土地利用布局及强度已严重地破坏了原有的天然生态系统的安全性，导致了区域性的生态环境灾害。全球变化特别是气候变暖突出地影响我国生态环境的安全状况，近10年来，我国北方深受气候变暖的影响，以风蚀沙化为特征的荒漠化过程不断加速。由此可以认为，只有大幅度地调整我国土地利用的空间布局，才能够使我国生态环境从整体上向着安全的方向转移，否则"局部改善、整体恶化"的生态环境变化趋势难以遏制。

因此，可从规划基本需求、市场和政策调控等方面着手，以可操作模式实施土地可持续利用，严格保护耕地，提高土地生产力和保护自然生态。具体实施方式如下。

(1) 土地利用应当满足当前人口的基本需求。社会基本需求是土地利用/土地覆被变化改变的最基本动力，社会需求取决于人口增长、经济发展和生活水平。其中，食物需求包含粮食、肉类、水果、蔬菜等；健康需求包含绿色的食品、清洁的空气、美丽的景观、健康的饮食结构等；居住条件需求包含住房、便利条件、其他服务设施；休闲娱乐需求包含休闲地、生态旅游地、休闲农业、花卉等；生产需求包含建筑材料、能源、木材、矿物等。将人口规模和土地利用相匹配，即能够匡算出一个区域基本的需求量，为土地利用提供规划方向。

(2) 追求收益的最大化(市场规则)是决定土地利用方式的重要因子，市场因素可调节土地利用变化的速度和规模。在追求效益最大化背景下，耕地转化为建设用地，出现开发区热、房产热；粮食作物替换成经济作物，定向生产蔬菜、瓜果等；城市化过程中，为提高基础设施和土地的利用效率，提供良好的生活条件，使更多的人口聚居到城镇中，带动土地升值，从而使城市用地进一步扩张；交通用地是为了缩短时空距离、减少运输成本，从而改变了自然资源利用方式；追求距市场、中心城市、交通干线的距离的区位条件，寻求地租收益最大化，导致土地利用布局从中心到边缘呈现不同环状特点；最近，特大城市还出现反城市化倾向，由于人口增加导致交通拥挤和空气污染，中心城区的居住环境质量变差，一部分人通过发达的交通干线向城市边缘与乡村转移，带动了这些区域的土地升值，使干线沿线和城郊的土地利用方式改变。

(3) 政策调控可大规模改变或维持土地利用现状。这是由政府主导的，土地政策的导向更为宏观，一般通过间接地在一段滞后的时间内诱导土地利用。首先是根据阶段发展目标，调控价格、税收政策，如水价、粮食、生产资料价格，包括土地在内的资源使用税；从食物安全角度，制定基本农田保护措施，使耕地总量保持平衡；从人口代际公平角度，实施控制人口和推行生态安全措施，如退耕还林还草工程、天然林保护工程、三北防护林工程、荒漠化控制、水土保持、林地保护政策，以"南水北调"工程和调控用水价格等确保水资源安全和社会安全，提供就业保障，实施西部大开发和乡村振兴工程，对农业补贴和农业贷款，以科技改良高产作物品种，提高单产，减少耕地压力，采用节水灌溉技术，推行地膜覆盖技术等。

7.6.3 土地利用/土地覆被变化研究展望

1. 瓶颈问题

土地利用/土地覆被变化(LUCC)研究在理论、数据、方法、内容和应用上还存在一些瓶颈问题。这些瓶颈主要表现在以下五个方面。

(1) 在理论上，LUCC 研究还需要多学科的理论支撑。可持续发展是 LUCC 研究的最终目标，为实现这一目标，LUCC 研究的对象呈现系统化趋势，如区域系统、陆表系统、土地系统等。但对一个系统的理解会涉及多学科，使 LUCC 研究这一科学问题变得综合并且复杂。

(2) 在数据上，多源土地覆被数据的融合存在不足。目前，单一的土地覆盖数据产品已不能满足土地科学日益深入的应用需求，通过数据融合可以解决不同数据之间分类系统的不兼容问题，并在一定程度上提高数据的精度。因此，如何通过有效的融合方法，综合利用当前存在的土地覆被数据及相关辅助信息，发挥各数据的优势特点，获得时空连续、精确估算的融合结果，是亟待解决的问题。

(3) 在方法上，LUCC 模型存在验证和与生态过程模型耦合的不足。首先 LUCC 模型的验证存在不足，如何对模型进行科学的验证以保证其可靠性是需要解决的重要难题。其次，LUCC 模型与生态过程模型的耦合程度不够。模型是揭示土地对土壤、气候、水文、生物地球化学循环等诸多自然要素影响的有效方法，但现有模型大多是松散耦合，很难动态地表述土地与生态过程之间的作用关系。因此，构建紧密耦合的土地与生态过程综合模型是一个迫切需要解决的问题。

(4) 在内容上，对不同土地变化下的生态系统服务与人类福祉之间关系的研究不足。生态系统服务和人类福祉之间的关系是 LUCC 研究，面向可持续性的焦点问题，但两者关系的复杂性使其成为一个难点领域。

(5) 在应用上，LUCC 研究成果如何应用于区域的决策管理仍面临着问题。目前，流域被认为是一个理想的区域单元，但将其真正地应用于流域可持续管理的研究还很缺乏。此外，LUCC 研究成果在当前国土空间规划中的应用也还不足。

2. 未来研究方向

以可持续发展为目标，发挥土地的生态系统服务功能、提升人类福祉，LUCC 研究，仍在持续发展。未来 LUCC 研究需要与景观可持续研究和地理设计紧密结合，积极面向国土空间规划主战场，为建设美丽中国和落实联合国可持续发展目标服务。未来土地利用/土地覆被变化研究应围绕以下三个方面展开。

(1) 在理论上，LUCC 需要与景观可持续发展研究紧密结合。景观可持续发展研究聚焦景观和区域尺度，致力景观格局、生态系统服务和人类福祉之间相互关系，寻求促进和改善生态系统服务功能，实现可持续发展的景观与区域空间格局。景观可持续研究为 LUCC 研究提供重要的理论基础和可操作的实践平台，它的核心目标是协调人地关系，提高区域可持续性。其基本思路是以景观和区域尺度为基础，通过调整土地利用类型、规模、方式和强度，一方面改善自然资源和生态系统服务的供给能力以提高人类福祉，另一方面降低灾害暴露性和脆弱性以减少灾害风险。

(2) 在方法上，LUCC 研究应用大数据、云计算和人工智能为代表的新兴技术，推动地理设计。地理设计是以景观可持续研究为基础，在空间信息技术支撑下，以区域可持续发展为目标，强调地理学家、技术专家、设计师和利益相关者密切配合，将规划设计活动与实时环境影响模拟紧密结合的一种规划设计理念和方法。基于地理设计框架，LUCC 研究可以有效地融合大数据、人工智能、云计算、区块链和虚拟现实等新兴技术，并通过表达模型、过程模型、评价模型、变化模型、影响模型和决策模型的有效集成以产出空间化、定量化和人性化的设计方案。自 2010 年以来，GIS 技术供应商美国环境系统研究所公司(Environmental Systems Research Institute，ESRI)展示了来自世界各地的利用新兴技术开展的地理设计案例，提出了新技术平台。

(3) 在实践上，LUCC 研究需要积极面向国土空间规划主战场。国土空间规划是对国土空间有效保护、有序开发、高效利用和高品质建设的整体性谋划和有目的行动，是国家和地方空间发展的指南和实现可持续发展的空间蓝图。科学的国土空间规划，有助于落实"山水林田湖草沙"生命共同体系统观念，促进我国生态文明建设和实现美丽中国目标。2019 年 7 月以来，国家明确依托国土空间基础信息平台，全面开展国土空间规划"一张图"建设和市县国土空间开发保护现状评估工作，提出了"生态优先、绿色发展""以人民为中心、高质量发展""区域协调、融合发展"等国土空间规划的基本原则和要求。这标志着我国正在全面推进国土空间规划的进程。国土空间规划是促进城乡融合与乡村振兴、建设美丽中国和落实联合国可持续发展目标的关键途径。LUCC 能够在土地利用空间格局的优化和管理方面与国土空间规划交叉融合，从而在理论上和方法上为国土空间规划提供支撑。在理论上，LUCC 研究聚焦格局、服务和人类福祉三者之间的动态关系，通过格局和过程的多尺度耦合研究、生态系统服务制图与模拟以及服务与福祉复杂关系的探究，强调过程机理、区域集成和面向可持续发展研究的深入融合，可以为国土空间规划提供有效的理论支撑。在方法上，LUCC 通过结合遥感技术、模型模拟和情景分析已形成了一套涵盖土地数据库、模型、土地与生态过程耦合模型、生态系统服务评估模型和人地耦合系统模型的完整技术路线，可以为国土空间规划提供基础数据和技术支撑。

第8章 人类与自然环境的相互关系

人类的产生和发展依赖自然地理环境，而人类的出现又意味着自然地理环境进入了另一个质变的阶段，因为人成为环境演化的能动因子。人类活动的影响，随着人口不断增加和社会生产力不断提高而日益增强，而其中盲目的活动造成了许多不利于人类生存和发展的环境问题。这一原因，促使人们迫切地去探讨人类本身与其周围自然界的相互作用。综合自然地理学研究的一个重要方面，即是人类与自然地理环境的相互关系。

8.1 自然地理环境对人类发展的影响

自然地理环境对人类及其社会发展具有重要影响，这些影响可以概括为三个方面：基础作用、限制作用、促进作用。

8.1.1 自然地理环境对人类生存和发展的基础作用

1. 人类是自然地理环境演化的产物

在地球形成之初，地球表面只有原始的无机环境。地球上的原始大气成分主要是CO_2、CH_4、NH_3、N_2和水蒸气等，在距今大约35亿年前，原始大气在一定能量的作用下，形成了各种无机物和简单有机物。在原始水圈中，经过漫长的演化，地球上出现了高分子物质组成的多分子体系，它们具备了生命的结构基础——细胞，并且通过光合作用，产生了氧，从而揭开自然环境发展的新篇章。随着大气中氧浓度的增加，使原始大气遭到氧化，大气圈和水圈从缺氧状态发展到含有较多氧的状态。大约20亿年前，地表环境从还原性环境转变为氧化性环境，给生物发展和演化准备了物质条件。此后，生物从非细胞形态的原始生命到细胞形态的生命，从原核细胞到真核细胞，从单细胞到多细胞生物，又经历了数十亿年的时间。距今三四亿年前，大气中氧的浓度达到现在氧浓度的3%～10%，于是海生藻类、无脊椎动物三叶虫等空前发展，古裸蕨开始出现，生物实现了由水生到陆生的转变。在水生生物登陆后，生物的种类和数量急剧增加。其中，被子植物的空前繁荣，为高等动物的发展提供了充足的食物，也为人类的出现创造了必要的条件。随着动植物种类的逐步繁荣，动植物不断进化，在距今约 7000 万年前的古近—新近纪，哺乳类动物的演变急剧加速，很快在动物界占据主导地位。时间推移到距今约 250 万年前的第四纪初期，人类祖先终于诞生。

自然界在漫长的演变过程中，创造了人，也改造了人。生命的起源、生物的进化、人类的出现，都是自然发展、演化的结果。从这个意义上说，自然地理环境适宜与否，是人类祖先能否得以生存的决定性因素。正是自然界在数千万年前的变迁，为古猿向人的进化提供了有利的自然条件。

2. 人类对自然地理环境的适应

人类有共同的祖先，源于一个地方(可能是非洲)。最初人类形态差异很小，此后由于扩散迁移，各自生活在不同的自然地理环境中，在长期对自然地理环境的适应过程中，逐渐在体质形态等方面产生了差异。

人类作为自然界的一部分，在漫长的历史时期，受自然环境的强烈影响，使得人类的诸多特征具有明显的适应周围环境的意义。例如，古代蒙古人生活在亚洲东部草原和半荒漠的环境中，风沙大，加上季风影响，肤色在干季因日照强烈而呈黄色，产生了特殊的中鼻型，鼻孔宽而鼻管深藏，具有防寒又防热的形态，睛色深，形成特有的蒙古眼型；白种人生活在欧洲东北部，那里气候寒冷潮湿，日照少，人们的皮肤、头发和眼睛的颜色浅，鼻型因防冷而向狭鼻发展，发型为波状；黑种人生活在热带地区，由于日照强烈，炎热潮湿，因此皮肤黑而鼻型宽，产生卷发型。

3. 人体与自然地理环境间的物质联系

人类从自然地理环境的演化中而来，两者之间必然存在某种内在的、本质的联系。人体通过新陈代谢和周围环境不停地进行物质交换和能量传递。自然地理环境是人类赖以生存的基本条件，为人类提供必需的自然资源和活动空间。在任何情况下，人都要受到自然地理环境的影响。地表自然界不仅为人类生存提供了必要的空气、水、食物、温度等，还为人类提供了得以发展的土地、草原、地下矿藏以及风力、水力、地热、太阳能等能源资源。人类通过劳动直接利用这些资源，建设道路、房屋、城市和乡村，为自己创造更有利于生存和发展的条件。

据计算，人在一生中要从环境中摄取 324t 空气、54t 水、32.4t 食物等生命必需物质，在体内经过分解、同化，组成人体组织的各种成分，并产生能量来维持机体的正常发育。同时，在新陈代谢过程中，人体要向环境排出数量大致相等的废物，这些废物在环境中又作为其他生物的营养物质被摄取。许多化学元素经常反复地在环境与生物之间进行着这样的交换和循环。

如果分析人体物质构成，并与环境物质加以比较，就可以清晰地看出人与环境的化学组成是十分相似的。有关研究表明，人体血液中 60 多种化学元素的含量和地壳岩石中这些元素含量的分布丰度有明显的相关关系。人类血液中各种化学元素含量和大洋水中的对应元素含量也极其接近。环境中许多微量元素参与人体内一系列生理生化过程，这些元素的缺乏或过量都会影响人体健康，甚至引起某些地方病。例如，环境中缺碘，可导致地方性甲状腺肿的发生；含氟过多，可引起氟骨症。除此之外，环境中钴、铜、镍、硼、钼、铅、砷和锌等化学元素的含量多寡也能引起动物以及人体相关疾病。

4. 自然地理环境的空间分异导致人类活动的地域差异

自然地理环境的纬度地带性导致人类活动具有纬向空间差异。在陆地高纬度地带（50°N 以北的亚寒带和寒带、南极洲）由于自然条件严酷，绝大部分地区不具备人类生存的条件。目前，只有一小部分人生活在北极圈内，如阿拉斯加北部、西伯利亚和远东山地北部、斯堪的纳维亚半岛以北、格陵兰和加拿大北部等地。而南极大陆除科考人员外，无人类定居。陆地低纬度地带（赤道带和热带）由于气候过于炎热，对人类的生活和健康不利，如果要发展，人类必须付出高昂的开发成本。因此，这种地理环境屏障即便是在工业文明时代，也是难以克服的。陆地中纬度地带（温带和亚热带）是人类最为集中的地区，特别是中纬度陆地东、西沿岸最适合人类生存。在人类历史上，这里不仅有孕育四大文明的古埃及尼罗河流域、阿拉伯半岛上的幼发拉底河和底格里斯河两河流域、南亚次大陆上的印度河-恒河流域和我国的黄河流域，而且也是世界工业革命的发源地。应该说，陆地中纬度地带是全球人地关系程度最深，也是最为复杂的地带。

在人类发展的早期阶段，生产力水平还很低下，人类的各项活动严格受地理环境的制约，地理环境是社会历史发展的决定性因素之一。特别是在农业产生之前，这种决定作用尤为明显。在气候适宜，水源充足，动植物较多的地方，人口就多，而在条件恶劣，动植物较少的地方，人口就少。到了现代，人类虽已在相当程度上按照自己的意志利用和改造自然，但并不意味着人类就可以完全摆脱自然的约束，这种决定作用仍表现得比较突出。

由于地球上各处自然地理环境的差异，自然资源的分布也很不平衡。这就给人类在生产、生活以及社会发展等许多方面都带来一定的影响，尤其在自然资源开发方面，人们总是按"先优后劣"的规律，从而使区域经济的发展也以此规律体现区域差异，我国三大自然区在经济发展上的差异，充分体现了这一规律。

随着人类社会的进步，科学技术的不断发展，人类虽然可以改造不利的自然环境，但是也要付出极大的代价和艰苦的劳动。何况就某些自然条件来说，目前人类还无法加以改变。例如，地震、火山等自然灾害，尽管人们对其有一定的认识，但仍不能有效地改变它。

8.1.2 自然地理环境对人类社会发展的限制作用

自然地理环境虽然是人类诞生的摇篮，但也存在着限制人类发展的种种因素。严酷的自然条件导致生物种类稀少，自然生产力低下，人类的生产活动受到限制，人口难以增长，社会发展也受到阻滞。

例如，美洲北部的因纽特人，生活在北极边缘地区，他们过着独特的适应严寒和漫长极夜的生活。在恶劣的自然环境中，农业根本不能发展，其主要的食物来源是陆地上的驯鹿、麝牛和北冰洋边缘地带分布的海豹、海象等动物种群。这种资源特点决定了他们只能发展渔猎技术，食物供应极为困难。人们在营养的摄取上受到很大限制，出生率很低，人口数量长期停滞不前，生产、文化发展都极为缓慢。

在热带雨林地区，热量条件优越，降水丰沛，高温重湿的气候条件使那里孕育出地球上物种最复杂、生物量最大的生物群落。然而，里也有一个重要的限制条件——土壤中大部分矿物质和有机质被持续的降雨淋失，雨林土壤的肥力主要依靠大量枯枝落叶迅速分解产生的腐殖质和无机营养元素来维持。如果毁林开荒，土地失去多层植被的覆盖，那么土壤养分会很快流失，加之没有大量枯枝落叶的补充，有机质便迅速减少，土壤结构恶化，这种热带贫瘠的裸地是不适宜发展农业的。

由于自然地理环境的屏障作用，即使在文明高度发达的今天，许多地方仍处于落后的发展阶段。例如，在南美的亚马孙雨林中、在非洲的丛林里、在太平洋的岛屿上，至今还居住着仍维持石器时代生活方式的原始人群。由此可见，高山、密林、海洋等自然屏障限制了他们与外部社会的沟通，又由于当地的自然条件能满足其原始生活需求，因此抑制了这些原始部落发展生产的要求，社会的发展被自然因素所延缓了。

8.1.3 自然地理环境对人类社会发展的促进作用

一般来说，优越的自然地理环境、丰富多样的自然资源有助于加快社会发展的进程。这主要是由于良好的生态环境具有较高的自然生产力，丰富的资源作为农业生产中的劳动对象，有助于社会生产力的提高，而社会生产力是社会发展的决定性力量。历史上环境良好的大河流域，如非洲尼罗河三角洲(埃及)、西亚两河流域(巴比伦)、南亚印度河-恒河流域(印度)、东亚黄河流域(中国)，之所以成为古代文明的摇篮、人类社会初期发展的中心，显然与当地气候温和、土壤肥沃、水源充足等优越的自然环境有着密切的联系。工业生产虽然不像农业生产活动那样高度依赖自然地理环境，但它同样离不开丰富的自然资源。因此，工业生产活动可能会表现为向原料、燃料地、动力地集中。

同时应该指出，自然条件虽然是社会经济发展的前提，但是有了一定的自然前提，却不一定有相应的社会生产活动。许多富饶的土地与森林资源，如果人们不去开发，可能长期沉睡，不会对经济产生影响；有些矿产资源与地热资源，如果不去勘察，可能长期不为人知，即使调查清楚，由于技术方面原因，也可能长期闲置不能利用，无法将其变成劳动对象。在相同的自然条件下，运用不同的生产技术，也可以得出不同的结果。然而，没有一定的自然条件，就不会发生相应的社会生产。例如，没有油田、天然气田，就不可能采出原油和天然气；没有足够的积温和营养，农作物就无法成熟，这些都是不容置疑的事实。

8.2 人类对自然地理环境的影响

人类从诞生之日起，就向自然索取以供养自己，这种索取始终没有停止，而且索取的数量越来越大，索取的速度越来越快。同时，人类的每一个活动都会对自然产生一定的作用。在人类的作用下，自然的成分变化了，自然的演化也变化了。人对自然施加的影响主要取决于两个因素：①人类的需求，它决定人类的消费结构和生活方式；②人类具备的手段，其中主要是技术手段和组织手段。技术是人与自然相互作用的中介，工具的使用使人与自然关系发生了本质的变化。它们决定了人类的生产结构和发展方式。而人类需求与手段的变化又都来源于人类社会的规模、结构、组织、观念、文化等复杂背景及其发展变化过程。

人类对自然地理环境的影响基本上表现为正、反两个方面，一方面是对自然施加积极的建设性影响，合理利用自然条件，并创造新的更适合人类生活的人工自然或人工生态系统；另一方面是对自然产生消极的破坏性影响，使原有的"自然平衡"失调。例如，不合理利用自然资源造成的土地荒漠化、森林减少、水土流失、资源匮乏等生态破坏，以及由于大量废弃物排放造成的环境污染。人类对自然地理环境的各要素均有重要影响。

8.2.1 人类对生物圈的影响

生物圈是自然地理环境中与人类关系最为密切的圈层。30多亿年来，生物圈经历了漫长而复杂的发展历程。旧物种不断灭绝，新物种陆续产生，形成了目前物种数多达 3000 万～1 万亿种，包括许多不同等级、规模的生态系统，在自然环境中占有突出地位的特殊圈层。人类既是生物圈的组成部分，又生存在这个圈层中。因此，人类对生物圈的影响必然较之对其他圈层的影响更加深刻和强烈。

概括地讲，人类对生物圈的影响主要表现为通过捕食、采食、毒杀和改变局部环境加速物种的灭绝、无意识造成某些物种的意外繁衍，破坏天然植被的同时又以人工方式保护、培育和驯化极少数有用动植物种，致使天然生态系统趋向简单化等。

1. 物种灭绝、生物多样性减少

生物多样性是指一定时间和空间范围内所有生物物种及其遗传变异和生态系统组成的复杂性。生物多样性包括遗传多样性(遗传信息的总和——生物个体的基因、一个物种内个体之间和种群之间的差别)、物种多样性(生命有机体种类的多样性)和生物群落或生态系统多样性(包括生态系统功能的多样性)。作为自然界生物进化结果的生物多样性是宝贵的自然财富，原因有以下五点。①生物多样性为人类提供了丰富的食物来源。数千年来，人类已把大约 5000 种植物当作食物，其中的 2300 种已成为栽培作物，数十种成为广泛种植的粮食作物。仅禾本科作物就为人类提供了大约 80%的热量，动物则提供了 20%～55%的蛋白质。②生物多样性为人类提供药物来源。植物、动物、微生物和真菌都可入药。传统中药、蒙药、藏药大多以生物为原料。世界卫生组织确定的药用植物已达 2 万种以上。③生物多样性为人类提供丰富的工农业原料和能源。世界各国的许多工农业原料来源于生物，原油、天然气和煤炭也具有生物成因。④生物多样性保存了遗传基因的多样性，为人类选育作物和畜禽良种创造了前提。⑤物种间的相互依存和相互制约使建立农业生态系统成为可能。

生物的地理分布特征和丰度对早期人类的生存和发展有着极为重要的影响。因此，人类最初的生活领域远不及现在广阔，并且不得不主要局限于热量和水分条件最优越，生态系统初级生产力最高，而且物种最多的热带、亚热带。可以想象，在漫长的时期中，被采食或捕食而灭绝的物种应当不是个小的数目。为食用而直接消灭物种是早期人类影响自然地理环境的重要特征。

对人类有害的大型食肉兽，甚至无害于人类的大型食草兽，由于成为捕杀或毒杀对象也已经或濒临灭绝。我国的东北虎和华南虎、北欧的狼、美洲狮和野牛都经历过这种厄运。著名的美国"联邦投毒计划"实施于 1963 年。在前五年内投毒饵 1000 多吨，仅在 1963 年一年内即毒死 90000 只郊狼、300 只美洲狮、21000 只猞猁和野猫以及 70000 余只其他动物。该计划在 1972 年被迫中止，但三年后又一项毒杀计划出笼，结果除毒死大量食肉兽外，还殃及许多非目标动物甚至人和牲畜。在欧洲移民大量融入美洲之前，总数上千万头的美洲野牛，由于白人定居者的大规模捕杀,到19世纪70年代几乎完全被消灭,到1900年存活总数不足千头,20世纪才略有回升。

还有许多生物种是作为重要资源被过度利用而面临灭绝的。非洲象、海龟、犀牛,我国可可西里的藏羚,西北干旱区的发菜、甘草都属于这一类。

对于草原鼠类的捕杀和毒杀,其规模就更大。对这类行为的功过是非,人们可以做出不同的评说。但它加速了某些物种的灭绝,却是没有疑义的。

更多的物种是因人类改变土地利用方式从而改变了其生存环境而间接走向灭绝的。这类物种的数量肯定远远多于因直接捕食或毒杀而灭绝的物种数,但多为低等生物和微生物。延续近万年的农业时代和200余年的工业时代,灭绝物种的过程非但没有终止,反而日益加剧。但主要方式已不再是直接消灭,而是通过改变某些物种的生活环境,使之不再适合该物种的生存需要,因而使其逐渐灭绝。原本被天然植物和野生动物占据,如今已成为农田、城市和工厂的地方,都可能有若干物种遭受灭绝。

在个别情况下,某些物种的灭绝对人类可能是有利的,如猛兽、有害昆虫和传播病毒的动物等。但从总体上看,物种灭绝对人类的影响是不利的。许多物种的灭绝可能造成科学上的重大损失,如在生物进化、遗传、基因和仿生学研究等方面。更重要的似乎还在于人类与生物的相互联系和相互影响至今尚未被彻底认识。某个物种的灭绝很可能意味着从人类生态系统中取走一个构件,导致系统运转失灵甚至解体。半个多世纪前,人们对常见于腐烂柑橘中的一种浅绿色黏滑霉菌并不重视,但自从用这种霉菌研制成青霉素并挽救了千百万人的生命以后,就不会有人怀疑这种霉菌对人类的重要性了。现在依然困扰着人类的许多疾病,包括恶性肿瘤、艾滋病(acquired immune deficiency syndrome,AIDS)和重症急性呼吸综合征(severe acute respiratory syndrome,SARS)等,恐怕最终仍将依赖某些特殊物种提供药源。

2. 破坏植被导致森林、草原和沼泽湿地面积锐减

人类对自然地理环境最普遍和最显著的影响是破坏原有天然植被。地理环境中的自然生态系统,即使是其中的初级生产力最高者,也不可能满足人类日益增长和多样化的食物需求。因此,改变原来的草原、森林和沼泽植被,建立农业生态系统的正确性和必要性是毋庸置疑的。可以说,没有对天然植被的"破坏",并在此基础上建立农田、牧场等人工生态系统的过程,就没有人类的今天。全球耕地中的绝大部分是通过火烧和砍伐,在原有的森林、草甸和草原等自然带内开垦出来的。天然植被最早被破坏的地区,也最早出现人类的农业文明,这并不是偶然现象。

值得注意的是,植被改变的结果是,坡地稳定性、地表物质风化过程、沉积

物形成过程和地貌发育过程都将随之发生变化。植被的改变将影响大气中的 CO_2 含量、地面反射率和蒸腾作用，导致气候变化；还影响地表覆盖、有机物含量、动物（包括土壤动物群）和养分循环结构，最终改造土壤；影响蒸发蒸腾、土壤结构、地表水循环和径流截留过程，最后改变某些天然水体的水文特征。总之，植被的改变最终将导致整个自然地理环境发生一定程度的变化，并且往往是对人类不利的变化。因此，在评价人类"破坏"植被的功过是非时，我们肯定其正确性和必要性，仅仅反对其中的过分行为。例如，乱砍滥伐、破坏非宜农地植被开垦农田，非但不能达到生产食物的目的，反而会带来不良后果。

砍伐森林是破坏植被最显著的例证。在人类大规模干扰之前，全球森林面积约为 $60×10^8 hm^2$。大约从公元前 8000 年开始，人类开始砍伐森林，而在近 100～200 年大大加强的为发展农业而进行的开垦土地活动，至今已使寒温性落叶林地面积减少 32%～33%，热带自然顶极群落类型的面积减少 15%～20%，热带、亚热带森林和稀树草原面积减少 20%～25%。

破坏植被的另一表现形式是开垦草原。草原占全球陆地面积的 16%～24%。相对于森林地而言，草原的地势比较平坦，土壤比较肥沃且易于垦殖，因此最早被辟为耕地，并且对种植业和畜牧业的发展做出了巨大的贡献。但由于近百年来人口增长过猛，垦殖面积扩张过度和放牧强度过大，全球草原面积已减少 45%～47%，荒漠化现象也日趋严重。与此相关联，草原食草动物因栖居地不断缩小而数量剧减，甚至濒临灭绝，食肉兽亦相应减少，给草原生态系统带来深刻的影响。

还必须提到沼泽湿地的开垦。湿地的生物多样性往往超过同一地区的森林与草原。湿地的功能表现在维持生物多样性，调蓄地表径流，防止自然灾害，降解污染物，提供动植物产品、水资源、矿物资源和能源，进行旅游观光，开展水运等众多方面。因此，湿地的利用也应该是多途径的。但长期以来，人们对湿地的开发利用却经常违背自然规律，我国的情况也同样严重。20 世纪，特别是其后 50 年内，我国沿海滩涂湿地的 50%（约 $220×10^4 hm^2$）因开垦和城市开发而被占用。内地围垦湖泊 $1.3×10^4 km^2$，致使湖泊丧失调蓄容积 $350×10^8 m^3$ 和近千个小湖消亡。20 世纪 40 年代末洞庭湖面积尚有 $4300 km^2$，世纪末仅剩余 $2400 km^2$；1975 年三江平原沼泽尚有 $2.44×10^4 km^2$，到 1990 年仅余 $1.13×10^4 km^2$；若尔盖高原沼泽同样日益萎缩。西北干旱区的湖泊沼泽湿地由于河流中上游过量耗水，大多已经或即将干涸；北疆玛纳斯湖 20 世纪 50 年代尚有 $550 km^2$，现在已完全消失；南疆罗布泊最盛时面积达 $1.2×10^4 km^2$，之后日渐缩小，1971 年大西海子水库建成后干涸；阿拉善高原西部的居延海和东部的猪野泽在经历萎缩、分解、消亡过程后，地理名称已变成历史名词。随着湿地面积逐年减少，不仅生物多样性降低，整个生态环境也明显恶化。此外，河流、湖泊的泥沙淤积和河湖水体污染，也使得湿地生物多样性受到严重损害。

3. 动物驯养、作物栽培

在天然动物数量和分布不能满足需要的情况下，人类通过狩猎捕食动物积累的经验，选择其中一部分进行驯养和繁殖，满足役用、肉类、乳、蛋、皮毛、羽绒、药用原料等极其广泛的需要。在农业机械被发明和广泛应用于农业生产之前，牛、马、骡、驴，甚至骆驼、大象都长期充当役畜；牛、羊、猪、鸡、鸭等至今仍然是人类主要的肉食来源。可以认为，人类驯养动物根源于对灭绝物种的反思。只要略微了解当前人类对肉、乳、蛋、皮、毛、绒、革等消耗量之大，养殖动物种类之多和数量之巨，我们就必须承认，几乎和农业历史同样悠久的畜牧业的兴起，多少具有某种生态建设意义。驯化后的动物，尤其是人工培育的新品种，在体形和特征方面不可避免地要发生许多变化，例如，肉用牛体形远大于原始牛，奶牛产奶量大大超过任何野生牛，蛋鸡产蛋量也是原始鸡类不可比拟的。驯化动物也有役使和食用以外的目的，如供观赏的鸟类、鱼类和供家庭豢养的各种宠物主要用于人类的精神慰藉。这实际上是人类对灭绝物种的补偿行为。

人类从事农业已有悠久的历史，栽培作物已经形成一个复杂的体系，其中除粮食、油料、纤维、瓜果、蔬菜等作物外，还有林木、草类、花卉、药材等许许多多其他植物，其数量多寡视人类的需要而定，其地理分布则远远超出了原来的生长区域。人工培育的新品种或多或少丰富了物种组成，更重要的是形成了占有广阔面积的农业生态系统。

但是必须看到，在经济再生产与自然再生产相交织的农业生产过程中，被驯化的动物种数和栽培的作物种数，都远远不能与被灭绝的物种数相提并论。人类共培育出80余种农作物和驯化了20余种牲畜，作为自己的主要食物来源，其中又以水稻、小麦、玉米和牛、羊、猪这6个物种占绝对优势并得到极大繁衍。显然，为数极有限的人控物种没有也不可能改变人类活动加速物种灭绝的总趋势。

4. 扩大、缩小物种分布区并造成其意外繁衍

人类把一些物种从原有分布区引入新的地区，客观上扩大了这些物种的分布范围，其中一部分在新分布区以极快的速度繁衍，甚至可对本地物种构成威胁。人工修建的海堤和拦河大坝阻断某些鱼类的洄游路线，可使其产卵地区发生变化，从而造成一系列生态问题。

为消灭某些物种的天敌而进行的猎杀，也可能造成被保护物种的意外繁衍。这方面的典型例证很多。美国亚利桑那州凯白勃鹿的数量与其天敌美洲狮、狼和郊狼本来处于平衡状态，但20世纪初狼被消灭、美洲狮和郊狼被大量猎杀之后，鹿群以20%的增长率猛增，1918年即达到原有数量的2倍，致使草木皆被破坏，环境日益恶化。瑞典北方麋因其天敌狼被猎杀殆尽而惊人地繁殖，结果成为该国48%公路交通事故的肇事者并使林业遭受重大损失。由欧洲移民携带到澳大利亚

的家兔,在适宜的环境中大量繁殖,最后成为当地养羊业的大害。我国1958年著名的消灭麻雀之战造成果树害虫大量繁衍,以及猫、蛇数量减少导致田鼠成灾等,都是很富有启示性的。

由一地移入另一地的物种,无论是植物、动物还是细菌,由于生存环境更适宜或远离天敌而大量繁衍,使土著种严重受损直至灭绝,这一现象被称为生物入侵。生物入侵也给人类带来巨大损失和直接威胁。口蹄疫、疯牛病、鼠疫、艾滋病和重症急性呼吸综合征都是突出的事例。5 世纪后半叶鼠疫从非洲入侵中东和欧洲,曾造成了约1亿人死亡;1933年猪瘟流行,造成中国920万头猪死亡;而2002年冬至2003年春夏的重症急性呼吸综合征,波及20余个国家,对中国的经济也造成了不可忽视的不利影响。

2003年1月,国家环境保护总局(现环境保护部)和中国科学院联合发布了中国第一批外来入侵物种名单,紫茎泽兰、薇甘菊、空心莲子草、豚草、毒麦、互花米草、飞机草、凤眼莲、假高粱、蔗扁蛾、湿地松粉蚧、强大小蠹、美国白蛾、非洲大蜗牛、福寿螺和牛蛙16个物种赫然在列。而据不完全统计,我国共有外来杂草107种,外来动物40余种。目前我国各省(自治区、直辖市)和特别行政区无一没有外来物种。

物种入侵的后果非常严重。要特别提到号称世界十大害草之一的凤眼莲,即通常所称的水葫芦。这种植物1901年被作为花卉从南美洲引入中国,20世纪50～60年代又被作为猪饲料推广种植。水葫芦繁殖力极强,适宜条件下只需5天就可繁殖1株新植株,因此在我国长江、珠江水域,甚至华北、东北地区已经泛滥成灾。水葫芦对生物多样性的削弱非常明显。据报道,滇池草海20世纪60年代尚有16种高等植物,到90年代因丧失生存环境只剩余3种。全国每年耗于打捞水葫芦的费用至少也在1亿元以上。面对每公顷水面近200万株的水葫芦覆盖密度,许多地方感到无能为力。

每年由入侵物种对我国农林业造成的损失达574亿元。外来物种导致本地物种灭绝,生物多样性减少等隐性损失则根本无法计算,更不用说外来入侵物种还直接威胁人类健康。

综上所述,人类活动对生物界的影响,最终表现为改变其物种组成和分布,这种改变在主要方面是符合人类生存和发展需要的。以家养动物和栽培作物这类人工驯化和培育的生物种群取代天然生物种群,虽有生物产量高和更适合人类需要等优势,却必然导致物种减少、结构简化、系统抗干扰能力降低和稳定性减弱等弊病,从而向人类提出了一系列新问题。

8.2.2 人类对地貌的影响

人类对地貌的影响主要是通过对地表或近地表物质的机械搬运来实现的。目前每年仅仅采矿一项就从岩石圈上部取出上千亿吨岩石和矿物。其他工程建设，特别是农业生产活动中搬运的固体物质数量更大。所有这些活动都必然引起地貌的变化。某些生产活动直接改变地表形态，另一些生产活动则间接造成地貌形态和特征的变化。

(1) 生产活动直接改变地表形态的例子比较常见。①为种植农作物和植树造林在山坡修建梯田和水平沟，使原来相对平滑的坡地具有阶状结构。我国云贵高原、川中丘陵、黄土高原都不乏典型实例。一些地区的梯田甚至成为当地的代表性景观（如广西龙脊梯田）。值得注意的是，在较陡的山坡上修建梯田使局部坡度增大，易诱发崩塌；而田地截留降水和坡面径流数量增多，亦将加大发生滑坡的可能性。②河流上修建拦河大坝或沟底修建土谷坊使河谷或沟谷纵剖面发生变化，大坝或土谷坊作为新的侵蚀基准面必将改变整个流域的侵蚀堆积特征，使大坝或土谷坊以上地段由侵蚀环境转变为堆积环境。③为航运和远距离跨流域引水开凿运河及灌溉渠道，必将增加地表破碎程度、切割密度和切割深度。运河及渠道两侧人为坡面通常比自然坡面的坡度大，因而将加剧地表侵蚀。④沿海岸、河岸、湖岸筑堤，修筑铁路、公路时的挖方、填方造成地貌复杂化。尤其是在平原地区，大堤和路基视需要高出地面若干米，将造成地表新的起伏。在河流下游平原修筑河堤使河流周期性摆动受到限制，本应相对均匀分布于冲积平原或三角洲上的冲积物集中沉积于河床内，将导致河床逐年淤高，形成地上河或悬河。⑤露天开采矿产时，挖掘活动造成大量矿坑，堆放尾矿、矸石和废渣则形成新的丘岗，增加地表起伏度，强化地表物质侵蚀。⑥生产活动和战争中的爆破、轰炸削平山头形成弹坑，为防御而挖掘壕堑、构筑城墙等，都使地表形态趋向复杂化。

(2) 人类对地貌的间接影响主要是通过调控外动力过程实现的。①改变植被。保护植被和破坏植被对地貌造成截然相反的影响。保护植被将延缓地表侵蚀过程，而破坏植被将加剧地表侵蚀，促进冲沟形成，触发滑坡和泥石流，在干旱区还将加速地表风蚀。②以人工建筑物改变地貌发育环境，包括衬砌护坡加强山坡稳定性，河流凹岸筑堤遏制河岸崩塌，建拦河坝形成局地侵蚀基准面。③大量开采地下矿产和地下水导致地面沉降、塌陷。④在多年冻土区进行工程建设破坏冻土层的稳定，因而出现一系列热融地貌现象。

8.2.3　人类对土壤的影响

自然土壤是生物、母质、气候和地貌等一系列因素相互作用的产物。人类活动的影响使土壤的化学组成和结构发生巨大变化，并最终影响土壤的形成和发展过程。人们在干旱、半干旱地区进行不适当的灌溉常常造成土壤次生盐渍化，或使盐渍土分布范围扩大、盐渍化程度加深。人类破坏热带亚热带森林，同时也改变了小气候，使发育在这一气候条件下的红壤表面脱水干燥，发生所谓砖红壤化现象；镇压、夯实等本意在于增加地基稳定性的生产活动，常常使土壤孔隙度降低、土层板结、土壤空气和土壤水分含量减少，水分渗透能力减弱；森林地和草地的垦殖以及建筑施工往往使土壤从有植物覆被转变为裸露状态，因而极易遭受侵蚀。耕地休耕期的土壤侵蚀速度常数倍于同样条件下的未开垦土地，而建设用地在建设期间的土壤侵蚀速度则比农业用地的侵蚀量高数十倍。

土壤侵蚀是土壤及其母质在外营力作用下，被破坏、分离、搬运和沉积的过程，本来是一个纯自然过程，每年由风和地表径流侵蚀搬运到海洋的地表土壤物质分别都在 100 亿 t 量级以上。但人类活动加剧土壤侵蚀使其强度成倍增加，以致每年进入海洋的物质量达到原来的 2.6 倍。全球土壤侵蚀总面积为 3700 万～4900 万平方公里。其中，水蚀面积为 2580 万～3010 万平方公里（56%～70%），风蚀面积为 810 万～1290 万平方公里（占 20%～30%）。水蚀危害最严重的地区位于 50°N～40°S（干旱沙漠和赤道森林除外），特别是美国、俄罗斯、澳大利亚、中国、印度以及南美洲、非洲北部的一些国家。风蚀危害最大地区是美国大平原、非洲撒哈拉沙漠和卡拉哈里沙漠、中国西北部及澳大利亚中部。据联合国粮食及农业组织估计，近 100～200 年，全球因土壤侵蚀及土地退化等原因已丧失有利用价值的土地 2000 万 km^2。世界年均土壤侵蚀总量约为 769 亿 t，其中亚洲土壤侵蚀量最大，为 269 亿 t；非洲次之，为 216 亿 t。输移入海的泥沙约为 235 亿 t，其中河川悬移质 170 亿 t、溶解质 35 亿 t、气流输移物 11 亿 t、冰川输移物 19 亿 t。我国幅员辽阔，其中丘陵山地面积占 70%左右，跨越不同的气候生物带；我国又是一个农业开发历史悠久的国家，许多地区的自然环境遭受不同程度的人类活动影响，自然和人为加速侵蚀遍及全国各地，而且强度高、成因复杂、危害严重。《中国水土保持公报（2021 年）》数据显示，我国共有水土流失面积 267.42 万 km^2。其中，水蚀面积为 110.58 万 km^2，占水土流失总面积的 41.35%，风蚀面积为 156.84 万 km^2，占水土流失总面积的 58.65%。

风化过程和成土过程都非常缓慢，故常因基岩和母质不同而有"寸土千年"甚至"寸土万年"之说。而土壤侵蚀速度却快得多，这就不可避免地导致土壤养分、表土乃至整个土层流失而无可弥补。为补充损失的养分而增施肥料和进行水土保持，都需耗巨额资金。另外，与土壤侵蚀过程相联系的搬运和堆积过程，常常造成湖泊、水库及河道淤塞，河床与湖床增高，水道系统被破坏等。

干旱半干旱区的土壤沙化也有自然原因，但人类活动肯定强化了这一趋势。以古文明著称的美索不达米亚，由于亚美尼亚高原的过度放牧、滥伐林木和陡坡种植，底格里斯河与幼发拉底河带来大量泥沙，致使河口向海湾推进 180 英里（1 英里≈1609.34m），洪水泛滥，渠道毁坏，土地沙化，田园荒芜。此外，提姆加德古城的湮灭，我国楼兰古城、锁阳城、阳关古城、黑城的废弃，毛乌素和黄土高原近数百年的环境变迁，都是人为促进土壤沙化的结果。

土壤盐渍化和沼泽化过程中，也早已叠加了人为活动的影响。美国和俄罗斯次生盐渍化和沼泽化土地面积分别占灌溉地面积的 1/2 以上和 1/4，埃及、伊朗、伊拉克和巴基斯坦等国灌溉地的 70%受到盐渍化和沼泽化的不同程度影响，我国干旱半干旱区及黄淮平原灌溉地大面积盐渍化，这些例证都说明不合理的灌溉制度对土壤盐渍化和沼泽化起着不容忽视的作用。至于施用化肥和除草剂、杀虫剂等化学农药造成土壤环境的污染，则几乎全是人类活动的影响所致。

8.2.4 人类对大气圈和气候的影响

随着人口数量的急剧增长和科学技术水平的不断提高，人类本身已经成为改变大气圈及气候的一个重要因素。人类主要是通过改变大气成分，向大气中释放热能、改变地表反射率及进行人工降水等方式来实现对气候的影响。其结果则表现为增加大气 CO_2 浓度和导致氧平衡失调、增加固体微粒数量、威胁臭氧层及造成热污染等。

(1) 增加大气 CO_2 浓度。20 世纪 90 年代开始，以全球变暖为主要特征的气候变化问题已被列为全球性十大环境问题之首。一般认为，全球气候变化是气候平均状态统计学意义上的巨大改变或者持续较长一段时间的气候变动趋势。尽管引起气候变化的原因可能是自然内部的因素，也可能是外界强迫或者人为造成的。但学术界普遍认为工业革命以来的气候变化主要与人类排放的 CO_2 等温室气体有密切关系，而人口数量的快速增长及人类社会经济活动的不断加强对大气 CO_2 浓度的升高起到了决定性的影响。

CO_2 的排放源可分为自然排放源和人工排放源两类。自然排放源主要来自土壤和海洋释放，人工排放源指人类呼吸和人类活动所引起的 CO_2 排放。1900 年大气 CO_2 浓度为 290mL/m^3，1976 年增加到 335mL/m^3，到 20 世纪 90 年代，增加到 380~390mL/m^3。而到 21 世纪中叶甚至可能增加 1 倍。近期，CO_2 浓度的剧增主要是燃烧化石燃料和土地利用变化的结果。CO_2 具有不吸收太阳短波辐射却大量吸收地表长波辐射的特点，其浓度的增加将改变大气热平衡状况，温室效应导致近地面层气温显著上升。据估算，年平均气温升高 5℃，即可使极地冰盖消融和海平面上升 100m 以上，经济发达的大片沿海地区将因此被海水淹没。

(2) 导致氧平衡失调。大气中氧的生成和消耗处于动态平衡状态。但是由于人类的干预，如大面积破坏森林和污染海洋致使浮游植物大量死亡，已威胁到氧的补给来源，氧的浓度很可能逐渐减小，从而影响地理环境中许多重要的生命过程。

(3) 增加固体微粒数量。每年由于人类活动而进入大气的固体微粒不亚于一座小型火山爆发时喷出的火山灰数量，这些固体物质可以反射太阳辐射、发生所谓阳伞效应并使气温下降；同时，大量微粒可形成尘暴，而在局部地区，微粒作为凝结核可增加云量和降水量。

(4) 威胁臭氧层。臭氧层对于人类和整个生物圈最大的作用在于屏蔽 99%以上的太阳短波辐射，使生物免遭其伤害。臭氧层变薄或其中臭氧含量降低，将使紫外光直射地表，增加人类皮肤癌发病率和杀伤微生物。大气层核试验和喷气机飞行时，都向大气排放氮氧化物，日常生活中排放氟利昂，这些都是破坏臭氧层的重要原因。

(5) 造成热污染。人类的能源生产向大气和水域排放热能是大气热污染的主要根源。在全球范围内，人为排放热量尚远不能与到达地表的太阳辐射热相提并论。但在大城市和大工业区等热岛内，单位面积内人为释放热能已接近甚至超过太阳辐射能。如果在今后数百年内能源生产增长数倍，可能使近地面气温上升 4~5℃，其后果则可能与温室效应一样严重。

综上所述，人类活动对气候的总体效应，导致大气增温和大气污染，而其中的任何一种对人类及其生存的地理环境都是不利的，包括人类在内的"生态系统适应气候变化的能力严格地决定于变化的速率"。21世纪全球平均温度变化率的最佳估计为每 10 年 0.25℃，对很多生态系统来说，这确实是一个比较难以适应的变化速度(J.豪顿，1998)。

8.2.5 人类对水圈的影响

人类对水圈的影响是通过多种方式实现的。这种影响的表现形式也是多样化的，但主要可以概括为改变水的时间和空间分布状况，加速或延缓地表水循环过程，使水质发生变化而且主要是不利的变化。

(1) 修建运河及灌溉渠。修建运河及灌溉渠，进行流域内或跨流域引水灌溉，其结果是改变地表径流的空间分布，缓解区域地表水分布不均衡状况。底格里斯河和幼发拉底河两河流域在 4000 年前已实行开渠引水，至今尚存古代渠道遗迹。古印度和古埃及修建灌溉渠的历史则更久远。我国早在公元前 486 年的春秋战国时期就建成了沟通长江与淮河的邗沟，公元前 360 年又建成了沟通黄河与淮河支流颍河的鸿沟，公元前 250 年建成四川都江堰，公元前 229~前 221 年建成沟通长江与珠江的灵渠。近数十年为满足城市供水需要，在华北兴建了引滦工程，山东兴建了引黄(黄河)济青(青岛)，河北兴建了引青(青龙河)济秦(秦皇岛)，大连兴建了引碧(碧流河)入连(大连)，广东兴建了东深工程，甘肃兴建了引大(大通河)入秦(秦王川)、引硫(硫磺沟)济金(金昌)，苏北兴建了江水北调等一系列引水工程。而最重要的则是随着陆续开工建成的南水北调东、中、西线工程，将使我国水资源分布南北不均现象发生显著变化。

(2) 改变地表径流时间分布。主要是指为灌溉、防洪和发电等目的而修建的水利枢纽工程。它可以直接控制河川径流，调剂流域洪枯流量，使径流年内分配略趋均匀化。例如，刘家峡、龙羊峡、葛洲坝、三峡、溪洛渡、向家坝和白鹤滩等水利枢纽工程对黄河、长江防洪均有积极作用，并使水资源利用率成倍提高。同时，水库也拦截泥沙，改变河流输沙过程，库区则因发生异常淤积而损失库容，如三门峡水库运行不足 3 年就淤沙 $50×10^4$t。水库的水面蒸发还将在一定程度上减少地表径流量。

(3) 通过保护、建设和破坏植被，改变其水源涵养功能。各类型植被均有一定的水源涵养功能，同时为维持自身的生长发育又将消耗其中的一部分水源。人类保护和建设植被可削减洪峰，增加枯水期径流量；破坏植被则将使雨季径流以暴洪形式流失，失去利用价值，干季河流往往断流。

(4) 河滩造地和阻塞局部河道，造成洪水灾害。河滩造地和向河道倾卸建筑垃圾阻塞局部河道，造成汛期泄流不畅，从而导致洪水灾害。这种现象在人口众多、环境保护意识淡薄、经济欠发达的国家和地区相当普遍。采石场、采矿场向附近河道堆放废石、废矿的现象也普遍见于山地河流两岸。

(5) 水体污染。城镇生活污水、工业污水及农业退水排放恶化河流湖泊水质造成河湖水体污染，油轮触礁、碰撞泄漏造成大面积海域污染。世界各地有关河、湖、海洋水体污染的报道不胜枚举。例如，阿尔萨斯一家钾碱厂在 20 世纪 80 年代前 50 年内，每天向莱茵河排放 15000t 氯化钠，而这个数字相当于刚果河与密西西比河水天然含盐量的总和。这条河流的镉含量在 1920～1970 年竟增加了 20 倍。法国北部"小小的埃斯皮埃尔河"，直到 1983 年为止一直是一家化肥厂的排污沟，其钾含量高出天然含量 10000 倍。相当于整个北海的含钾量。亚马孙河因采矿而造成了大范围汞污染。多瑙河也是许多国家的排污沟。至于我国，黄河流域由于造纸厂、制革厂、炼油厂和化工厂大量排放污水，已造成重金属显著超标。我国河流的细菌含量比西方国家河流高 10 倍。1997 年世界银行曾指出，水和大气污染每年给我国造成的损失达 540 亿美元，几乎相当于当年 GDP 的 8%。

由于污染，湄公河在过去 25 年里渔业产值减少了 50%；捷克有 1/3 的河流被污染到鱼类根本无法生存；塞内加尔河和尼日尔河的捕鱼量急剧减少；哥伦比亚马格达莱纳河的捕鱼量在 15 年内下降 2/3；美国伊利诺伊河的捕鱼量则仅为 20 世纪初的 2%；恒河和布拉马普特拉河水中大肠菌群数量已达到危急状态。

许多沿海城市包括发达国家的城市把未经处理的污水排入各自的海港，以致波罗的海、北海的大部分地区，从西班牙到意大利的地中海沿岸地区等成为比较严重的污染海域。由于污染，20 世纪末美国和加拿大间的五大湖区，仍有数千处湖滩关闭。

大范围的水体严重污染是人类活动对水圈影响的最重要方面，其中，海洋石油污染尤其值得重视。在海上钻探、开采和运输石油都难免造成石油泄漏。2010 年墨西哥湾和 2011 年渤海湾由钻井平台开采石油引发的漏油事件造成了极为严重的海洋污染。而意外事件(如沉船)、故意破坏(如战争中一方炸毁另一方的油井、油轮)所造成的后果则更加令人触目惊心。世界产油量的 2/3 需经海路运输，每天至少有 7000 艘油轮在海上航行，运输过程中流失的石油达 $650×10^4$～$1000×10^4$t/a，约占所有海洋石油污染源的1/3。由河川径流带入海洋的石油污染物则占近1/4。油膜覆盖于海面，阻碍阳光射入，将大大降低藻类的光合作用强度，从而使产氧量显著减少。海洋浮游植物产氧量约占全球产氧量的1/4，其数量的锐减无疑将危及全球大气圈的氧平衡。浮油还造成浮游生物、甲壳类动物、鱼类和海鸟的大量死亡，并可通过污染食物链最终祸及人类。

科学家指出，全球江河排入海洋的有机物数量已达到人类出现之前的2倍，氮、磷排放量则达1倍以上。海洋的富营养化已成为全世界渔业的一大问题。发达国家和发展中国家的港湾已被污染到了给人类健康带来麻烦的程度。

(6) 海滨、湖滨围垦和沼泽湿地排水垦殖。海滨、湖滨围垦和沼泽湿地排水垦殖缩小水域面积，扩展陆地面积。这种情况以人口众多而耕地后备资源不足的国家和地区最为常见，而中国则堪称典型。从渤海湾到南海海岸，到处都有筑堤围海垦田的现象。内地湖泊如洞庭湖、鄱阳湖、巢湖、洪泽湖、太湖等，围湖造田更是20世纪绝大部分时间受到鼓励的"与湖争地"的"壮举"。我国的沼泽湿地本不多，但三江平原沼泽在20世纪50~80年代大部分被排干开垦为耕地；甚至海拔在3500m以上的若尔盖高原沼泽在20世纪50年代也一度成为"青年志愿垦荒队"开垦的对象。幸而近年在国家倡导下，我们看到了退耕还湖、还湿地的新现象。海滨围垦则在20世纪70年代后终止。

(7) 上游大量引水导致下游断流。河流中上游大量引水以满足农业灌溉和城镇用水需要，导致河流下游水量锐减甚至断流。这种现象主要发生在年径流量不很丰富的内陆河，并与绿洲逐渐自河流尾闾向中上游迁移相联系。干旱区河流下游水源供给不稳定，经常发生放弃下游耕地和转移至中上游开辟绿洲的现象。日积月累，中上游绿洲超常扩展，耗水越来越多，导致下游断流，大片土地沙化。我国河西走廊疏勒河下游断流已危及安西以西残余绿洲的安全；黑河断流不仅使居延海干涸，大片胡杨林衰亡，还使额济纳绿洲饱受威胁；而石羊河下游断流更使民勤绿洲陷于绝境；黄河作为年径流量多达 $580\times10^8m^3$ 的大河，主要由于上中游用水过多，近年也频繁发生断流，对河南、山东等地造成严重损失。

(8) 设置蓄滞洪区防止或减轻洪汛期可能发生的泛滥。我国在海河、黄河、淮河、长江四条主要江河流域共设置了总面积为 $3.45\times10^4km^2$、总库容近 $1000\times10^8m^3$ 的98个蓄滞洪区，以便遭遇特大洪水时蓄滞洪水。但因我国的特殊国情，这类蓄滞洪区仍有1600余万人口和近 $200\times10^4hm^2$ 耕地，若非万不得已，不会轻易启用。1998年长江洪水中，就未向荆江分洪区分洪。随着三峡工程建成，这个分洪区已完成历史使命。

(9) 天然河道渠化。许多国家对一些河流实行渠道化，即为防洪目的而把成百上千条小河流挖深、取直，变成明渠，如四川嘉陵江渠化工程。此类工程通常耗资甚多，而受益农田面积狭小，对环境的影响则往往弊大于利。例如，对水生生物造成灾难、因河流比降增大而导致侵蚀作用加剧、河岸严重崩塌、地下水位降低等。

由于各种水利设施的控制和调节，目前几乎所有水文站的主要观测数据都已不再具有纯自然的特点，而是深深打上了人类影响的烙印。这就有力证明了人类对水这一自然地理环境要素的影响有多么广泛和深刻。

在以上 9 个方面中，大型水利枢纽对环境的影响和大规模水体污染最值得重视。大水库是水利设施的典型代表，目前已控制全球稳定径流的 13%以上，并在防洪、灌溉、发电、养殖等方面发挥了重要作用，但正是大型水利枢纽工程的功与过引起的争议最多。

整个 20 世纪内，全世界共建成 28 座超级高坝，并有 19 座在建之中。在已建成的大坝中，1931～1936 年建于美国科罗拉多河黑峡、高达 221m 的胡佛坝，在当时及其后的 20 多年中，一直保持世界之冠的地位。在最近半个多世纪中，中国共建成水坝 89000 余座，其中坝高在 15m 以上的 21000 座，高 30m 以上的大坝 4539 座，高 100m 以上的大坝近 30 座，并有 12 座待建。

建坝蓄水，其上游形成水库必然淹没一定面积的耕地、村庄，甚至城市、名胜古迹，居民将被迫迁移。库区自然条件的变化可能促使库岸崩塌、滑坡甚至诱发地震。库区形成新的堆积环境不断淤积，下泄的清水显然具有较大的侵蚀能力，水库下游流水地貌发育过程必然与建坝前产生很大的差异。水坝截断鱼类洄游路线，将影响部分鱼类的产卵和繁殖。陆生生物包括珍稀濒危物种同样会受到影响，动物可向高处迁移，植物则只能因被淹没而迅速死亡，而蚊蝇之类害虫却获得了新的滋生地。水库作为人工堆积环境，在接受泥沙沉积物的同时，还将造成污染物富集，大坝以下则可能出现沼泽化、次生盐渍化现象。坝下河流含沙量突然减少，河口三角洲因断绝物质来源可能逐渐被海浪侵蚀。巨大的水库肯定还会形成相应尺度地方气候，库面蒸发将造成一定的水量损失。

最严重的后果则是垮坝风险。法国东南部莱朗河上的玛尔帕塞拱坝在 1959 年 12 月 2 日（蓄水仅 5 年多）突然崩溃，使下游的弗雷旧城变成一片废墟，冲毁马赛至尼瑟的铁路 500m，造成 500 余人死亡或失踪。意大利北部瓦依昂河上的瓦依昂拱坝在 1963 年 10 月 9 日（蓄水仅 3 年多）因滑坡而报废。滑坡体挤出的水冲毁下游朗格罗尼镇和 5 个村庄，造成近 2000 人死亡。1975 年 8 月，我国河南板桥、石漫滩两座大水库、两座中型水库、58 座小型水库和两个滞洪区也发生了垮坝溃堤事件，造成 12 万多人伤亡，其中 26000 人遇难，淹没了平顶山、舞阳以东，阜阳、新蔡以西，漯河以南，汝南以北的大片地区，被人们称为"758 噩梦"。

即使不发生垮坝，大坝仍然是有争议的事物，埃及的阿斯旺高坝就曾是争议的焦点。阿斯旺高坝建设前，埃及曾指望获得国民经济产值增加 5 亿美元、灌溉面积扩大 130 万英亩（1 英亩=4046.86m^2）、水稻和水果分别增产 50%和 75%、发电量翻一番、水库成为渔场以及控制尼罗河水患等方面的效益。但在水坝建成后，除淹没大片土地和文物古迹，并须移民 10 万人外，由于渗漏严重，蓄水逾期不满，冬季发电不足装机容量的一半、灌溉面积只及原计划的53%。尤其出乎意料的是，由于尼罗河富含养分的冲积物沉积在库底，下游农民不得不每年耗上亿美元购买化肥。尼罗河灌区盐渍化加重，血吸虫病重新蔓延，河床下切，河口受海水侵蚀导致海岸后退。三角洲外的饵料大为减少，渔获量急剧下降。若干风景资源被淹没，而且整个水库可能在100~300年完全淤平从而报废。但这个水库也使埃及免除了1972~1973年和1979~1987年的旱灾和1964年、1975年、1988年的特大洪灾。农业因灌溉而有了显著发展，发电效益尤其巨大。高坝形成的水库——纳赛尔湖开展旅游和养殖也收到良好效益。

作为一种反思或重新审视的结果，世界各国许多学者在水坝问题上达成共识，即修水坝必然带来生态破坏，为片面追求发展经济而破坏生态的行为是不符合可持续发展的短视行为。由于水电开发不可避免地会造成河流水环境、原生生态环境难以恢复的破坏，因此水电很难被称为清洁能源。1994年，美国宣布放弃以建水坝作为水资源开发的主要模式，重点转向水资源管理与环境恢复。1996年，在日本举行的国际水库高峰会议更以"建水坝时代终结"为主题。1997年，美国政府的一份报告称美国已拆除500多座大小水坝。美国国家能源委员会被确认有权下令拆除水坝以保护和恢复河流生态系统，包括湿地生态、渔业资源等。同时，法国、挪威相继立法禁建水坝，莱茵河流域国家提出"让莱茵河重新自然化"，瑞典保证四大河流今后仍不建水坝，拉脱维亚立法防止在200多条河流上修建新水坝以保护渔业资源，在中国出现了禁建岷江某些水坝，停建贡嘎山一座高山水库和拆除三门峡大坝的主张，表明拆坝在世界各国已蔚为潮流，建水坝时代正逐渐终结，有节制的理性开发观已逐渐深入人心。

总之，人类对自然地理环境各要素的影响，无论表现为强化地表物质，包括岩石、矿物和土壤物质的机械搬运从而改变地貌和土壤特征，以及与此相联系的，加速化学元素迁移，破坏原有地球化学平衡；或者表现为干预地表水的时空分布，改变生物种或生物群落，改变地表热量平衡状况，归根结底，都是改变地理要素间的物质能量交换速度和强度。重要的是，某一要素的人为改变，必然会在不同程度上引起其他要素的相应变化。某一区域的改变，亦将导致相邻区域甚至极广范围不同程度的相应变化，从而显现出严重的地理后果。

8.3 人类与地理环境相互作用

人类创造了自己的文明，用文明的进化取代了生物进化。人类与自然环境之间相互作用的规模和强度，相互作用的方式和效果，都是随科学技术的进步以及人类自身的发展而不断变化的。据此，可将人类与自然环境相互作用的历史过程，粗略地划分为以下四个阶段：人与自然的原始共生阶段，人类顺应自然的农业文明阶段，改造自然、利用自然的工业化阶段和与自然协调的可持续发展阶段。

8.3.1 人与自然的原始共生阶段（原始文明阶段）

人类从动物界分化出来以后，经历了几百万年的原始社会，通常把这一阶段的人类文明称为原始文明或渔猎文明。原始人的物质生产能力虽然非常低下，但是为了维持自身生存，已开始了推动自然界人化的过程。在这一漫长时期中，人化自然的代表性成就是人工取火和养火，以及制作和使用骨器、石器、弓箭等。他们的生产活动对自然环境的破坏不大，而人群的分布和人口数量则更多地受地理条件如气候、植被以及动物种群的限制。在这个时期，人对自然界是完全依附的，人与自然的关系处于原始的协调状态。

在原始社会中，主要的物质生产活动是采集和渔猎，这两种活动都是直接利用自然物作为人的生活资料。采集是向自然索取现成的植物性食物，主要运用自身的四肢和感官。渔猎则是向自然索取现成的动物性食物，这种活动比采集更为困难复杂，单靠人体自身的器官难以胜任，必须更多地制造和运用体外工具（首先是作为运动器官延伸的体外工具）。

原始人类的精神活动由此主要体现为对自然崇拜的原始宗教活动。此时的人类还是匍匐在自然之神的脚下，通过各种原始宗教仪式对其表示顺从、敬畏，以祈求自然的恩赐和庇佑。

8.3.2 人类顺应自然的农业文明阶段

距今约1万年前，人类学会了种植作物和饲养家畜，开始出现了农业和畜牧业，从此人类从狩猎、游牧的生产方式过渡到农业生产，这在人类发展史上是一次重大的变革。

农业文明使自然界的人化过程进一步发展，代表性的成就是青铜器、铁器、陶器、文字、造纸、印刷术等。主要的物质生产活动是农耕和畜牧，人类不再依赖自然界提供的现成食物，而是通过创造适当的条件，使自己所需要的植物和动物得到生长和繁衍，并且改变其某些属性和习性。对自然力的利用已经扩大到若干可再生能源，如畜力、风力、水力等，加上各种金属工具的使用，大大增强了改造自然的能力。农业文明时代人类有了用文字记载的历史，并能用文字记录人类获取的自然知识，使其在空间和时间上便于传播。农业社会出现了体脑分工，有了专门的"劳心者"，从而提高了人类的精神生产能力。

农业革命导致了人口迅速增长，而人口压力反过来又促进了农业生产。为了不断增加食物的产量，人类需要扩大耕地面积。于是他们开始砍伐或烧毁周围的森林，开荒种田、放牧养畜，这固然满足了人类的需求，可也对森林起到了破坏性影响。此外，人类还利用人工灌溉来增加作物的产量。然而，早期的农业开发者并没有意识到农业活动会导致大规模的森林破坏、土壤侵蚀，甚至文明的衰落。在幼发拉底河和底格里斯河流域的灌溉活动的最终后果是使冲积平原变成了沙漠，而不是肥沃的良田。

这一时期的人地关系思想主要表现为"环境决定论""或然论"。自16世纪后期到20世纪中叶将近400年时间内，法国哲学家J. 博丁(J. Bodin)、L. 孟德斯鸠(L. Montesquieu)，德国地理学家F. 拉采尔(F. Ratzel)，美国地理学家E. 森普尔(E. Semple)等成为地理环境决定论的代表人物。而19世纪末和20世纪初，中国的改良主义者甚至革命家也主要用地理环境决定论的理论和方法诠释中西方文化的差异。

8.3.3 改造自然、利用自然的工业化阶段

18世纪以后，以纺织业和蒸汽机的广泛使用为标志的工业革命爆发了。许多国家随着工业文明的崛起，由农业社会过渡到工业社会，工业文明涉及人类生产和生活的各个方面。

人们使用了新的能源——化石燃料(如煤、石油)，促进了工业和农业的迅猛发展，也大大加强了人类对自然环境的改造和利用能力。首先，由于工业生产的发展，加强了各种资源(矿产资源、能源、水源等)的开发和利用。其次，人们在从事农业生产过程中进一步加强了土地资源的垦殖利用。

工业的蓬勃兴起，极大地提高了生产力水平，这种高速增长一方面创造了前所未有的经济奇迹，另一方面也对人类生存环境造成了巨大影响。例如，地表物质产生强烈流动，几十万种人工合成化学物质进入水圈、大气圈，大量工业废物产生并进入环境，大大超过了环境的容量，严重污染了周围的环境，影响了人类的生境、生活和健康，出现了许多公害病。

工业文明的出现使人类和自然的关系发生了根本的改变。随着科学技术的发展、生产工具的革新，人类利用自然资源的能力和规模大大增强，此时人类对自然的关系由顺应转为征服。"人定胜天论"和"人类中心论"是这一时期的主要思想，认为人类利用自己的智慧和技术可以克服和战胜任何潜在的环境威胁和限制，能够征服自然，使之为人类服务。该论点把人与自然的关系变成征服与被征服、统治与被统治、利用与被利用的对立关系，过分强调人的能力，忽视了自然及其运动规律对人类活动的制约作用。世界上许多发达或发展中国家在经济发展史上都经历了掠夺式开发自然资源、污染环境，从而引起严重的环境问题。例如，

美国对中部大草原的开发以及苏联在中亚的大规模开荒引起的黑风暴；我国在农牧业区交错带不合理的垦殖引发的土地沙漠化、水土流失等现象，无不是人类违背自然规律、片面地按照自己的主观意志去改造自然界的恶果。

8.3.4 与自然协调的可持续发展阶段

20 世纪 60 年代开始的以电子计算机、激光、光导纤维等为内容的新技术革命使人类逐步迈入信息技术时期。新技术、新能源和新材料的发展和应用，给人类在利用和改造自然的斗争中增添了新的力量，这将带来社会生产力的新飞跃，影响产业结构、社会结构和社会生活的变化，对经济增长和社会进步产生深刻的影响。

这一阶段人类对环境的影响是：一方面新的科学技术革命有利于解决工业化阶段造成的环境问题，新的技术应用将提高劳动生产率和资源利用率；另一方面，新技术应用于环境管理系统、环境监测和污染控制系统，可大大提高环境保护工作效率，促进环境保护工作。但是，它也可能带来新的环境问题。例如，发达国家发展新兴产业，可能把技术落后、污染严重的传统产业转移到发展中国家。就某一地区而言，城市发展新兴产业，传统工业向农村转移，这将使污染由发达国家向发展中国家转移，由城市向农村转移。其次，新技术、新材料的应用，也将产生相应的环境效应，有许多因素是难以预料的。

人类是在自然地理系统的演化中产生，自然地理系统向人类提供了一切生存资料和环境。人类从依附自然、顺从自然、求得自然恩赐生存，到有目的地改造自然、征服自然、创造自己的生境，使人从自然的奴仆上升到平等的关系，才产生了主宰自然的欲念。这种欲念的产生在认识上导致了人类自我意识的觉醒，人类文明正是沿着这种觉醒的步伐发展，以征服自然、进军宇宙为使命的人类思想应该说是当代社会高度发达的精神支柱。

然而，这正是当今环境恶化的根源，我们赖以生存和居住的地球表层存在着环境和发展的一系列重大问题。人口急剧增长、资源紧缺匮乏、环境不断恶化等严酷的现实促使人类不得不冷静地审视自己的社会、经济行为和所走过的历程，总结传统发展模式所带来的严重教训。人们逐渐认识到人类不仅要关注发展的数量和速度，更要重视发展的质量和可持续性，寻求社会经济发展的新模式，探索一条经济增长与资源、环境保护相互协调的发展道路，即可持续发展道路。

联合国世界环境与发展委员会(The World Commission on Environment and Development，WCED)对可持续发展作了系统论述，提出可持续发展是既满足当代人的需要，又不对后代人满足其需要的能力构成危害的发展。其实质是要协调人口、资源、环境与发展间的关系，为后代开创一个能够持续健康发展的基础。因此它是当代社会进步的指导原则，体现了人与自然关系的和谐、协调以及人类世代间的责任感,是人类对其发展道路经过总结回顾和深刻反思后,所形成的一种发展观和战略观。这种思想已在世界范围内达成了共识,将逐步成为人类指导自己行为的准则。

8.4 人类与自然地理环境的协调发展

20世纪以来,人口剧增、资源过度消耗、环境污染和生态破坏等问题日益突出,成为全球性的重大问题,严重阻碍着经济发展和人类生活质量的提高,进而威胁着全人类的未来与发展。面对这种严酷的事实,人类不得不对所走过的道路进行反思,认识到通过高消耗追求经济数量增长和以破坏生态环境为代价的传统发展模式已不再适应当今和未来发展的需要,而必须重新思考与自然界的关系,努力寻求一条人口、经济、社会、环境和资源相互协调,既能满足当代人的需要而又不对满足后代人需要构成危害的可持续发展道路。

8.4.1 人类与自然地理系统的对立统一关系

人类与自然地理环境从一开始就处在相互作用和相互制约的关系之中。人类通过生产活动作用于自然界,从自然界取得生产和生活需要的物质能量;而自然界则通过向人类供应物质与能量反作用于人类。同时两者又各按自身固有的规律发生和发展,两者之间存在着对立统一的相互关系。从对立方面看,人类的主观要求与自然地理环境的客观属性之间、人类有目的的活动与自然地理过程之间都不可避免地存在矛盾。如果人类盲目生产,按照自己的主观愿望办事,违背自然规律,必然遭到大自然的惩罚,环境就会阻碍甚至危及人类的发展,这就是人类与环境的对立。从统一方面看,自然地理环境总是作为人类生存的特定环境而存在的。人类与其周围的自然环境是相互作用、相互制约和相互转化的。人类既是自然地理环境的产物,在一定意义上讲,也是环境的塑造者。如果人类认识到自然地理环境的客观规律,在利用自然和改造自然的过程中,运用先进的科学技术,不断改变自然环境,就能趋利避害,引导自然地理环境向有利于人类生存的方向发展,加速自然地理环境由低级向高级深化;同时被人类改变的自然环境,又能不断提高对人类的物质能量的供应能力,转化为人类社会的物质财富,推动人类社会向前发展,这就是人类与自然地理系统的统一。反之,如果违背自然规律,总要受到大自然的惩罚,产生危害人类生存的环境问题。

人类与自然系统的对立统一关系,主要是通过人类的生产和消费活动表现出来的。在人类社会生产系统中,人类与自然地理环境之间的物质流和能量流的运转是否处于平衡状态,就决定了上述对立统一关系的矛盾转化。要解决人类与自然地理环境对立的矛盾,促进二者的统一,就要研究人类应该以怎样的方式、方向和速率索取和归还自然的物质和能量,才能既满足人类不断提高的物质生活水平的需要,又能保护环境和建设高质量环境;反之,则既不能或只能暂时满足人类发展的需要,同时又严重损害环境,降低环境质量,阻碍甚至危及人类生存,这就是人类与自然地理环境的对立。要使人类与自然地理环境协调统一,就必须解决人类与自然地理系统的对立矛盾,才能促使二者共同进化、协调发展,形成互相促进、共同发展的和谐人地系统。

人与自然地理环境的矛盾,贯穿人类历史的始终,但矛盾的表现方式、尖锐程度,在历史发展的不同阶段,有着不同的特点。在人类发展的初期阶段,人对环境的依赖性强,表现为一种被动适应环境的关系。人与自然界处于浑然一体的协调状态中。这种协调是由自然地理环境整体的控制实现的。随着社会发展,人类进入工业化阶段,由于技术的进步和人类作用的加强,存在着过分强调人的主观能动性的思想,片面地按人类需求来改造环境,酿成资源枯竭、环境恶化的苦果。这时的人地矛盾日益突出,表现为人类统治自然、主宰自然,靠破坏自己的生存环境来实现发展。现在则进入一个新的转折时期,破坏生态系统的效应正在危害人类自身,人类开始认识到自己与自然地理环境是一个整体系统,人类只有与环境协调共存才能持续发展。这时人类与自然地理环境的协调,并不是使人类退回到原始的蒙昧状态,而是由高度文明的人类认识自然界的客观规律、自觉控制地理环境与人类的相互作用,创造协同进化的机制,使自然地理环境与人类组成和谐统一的全球社会生态系统,达到共同的繁荣。

8.4.2 人类与自然地理环境协调发展

在人与自然地理环境的关系中,"协调"与"征服""改造""适应"均有本质区别。因为,人适应环境,反映出人对自然的消极态度,而人改造自然,又多少带有一点征服自然的色彩。协调则是以遵循自然地理系统演化的客观规律为前提,以系统结构健全为基础,以系统功能完善为目标,它具有严格的科学性。

因而,人类就有可能通过自身的作用协调人地关系,使得人类对自然界的消耗不超过其再生产的能力,排放的废弃物质不超过其自净能力,求得人类社会持续稳定地发展。要达到的这种协调平衡,应保持适度人口数量、合理利用自然资源、进行环境保护和环境建设等,而根本的出路在于社会的进步。

1. 保持适度人口数量,提高人口素质

人类自身的生产不仅受经济发展水平的制约,而且也受环境承载量的制约。

当今人口与自然地理环境的主要矛盾是人口增长过快，环境承载量受到的压力过大，自然地理系统有失去平衡、导致恶化循环的危险。只有控制人口增长，保持适度人口，才能适应经济发展、保护环境和提高人民生活水平的需要，这也是协调人类与自然地理环境相互关系的前提。当然，人口数量问题存在明显的区域差异性和时段性，应根据区域人口实际采取相应措施。

在控制人口增长、保持适度人口的同时，还要努力提高人口素质。人类与自然地理环境的矛盾要靠发展生产力来解决。因此，要提高人口素质，以适应社会经济各项事业发展对劳动人口的需求，是协调人与自然地理环境相互关系的前提。

2. 振兴经济发展，改进增长方式

经济发展是人类自身生存和进步所必需的，也是保护和改善自然地理环境的物质保证。贫穷是环境恶化的一个重要根源，必须促进经济发展，提高环境资源的价值。发展经济，是当前的首要任务。同时经济发展不能脱离环境的承受能力，要实行保持生态系统良性循环的发展战略。例如，实行对环境无害的能源政策，发展绿色化学取代造成严重环境污染的传统化学；鼓励采用无污染生产技术，实现"零排放"；有效利用太阳能，解决人类对能源和有机化工原料的需求。在技术进步的带动下，将经济发展从外延扩大的粗放式生产转变到集约化经营的轨道，实现经济建设与环境保护的协调发展。

3. 改善自然地理环境质量，有效利用自然资源

自然地理环境一方面提供经济发展的资源条件，另一方面它又消纳人类社会经济活动的废弃物。保护环境是人类与自然环境协调发展的基本要求。环境问题的实质在于人类经济活动索取资源的速度超过了资源本身及其替代品的再生速度，向环境排放废弃物的数量超过了环境的自净能力。

为了维持和发展现代文明，数量越来越大的各种资源不断地从地下被开采出来，或被从地表取走，数量和种类越来越多的废能和废物被到处排放。人类自身又不断繁殖，而地球的容量却保持不变，脆弱的自然地理环境承受不住越来越强烈的冲击。正是基于这样的背景，提出了环境保护和环境建设。环境保护是人类与自然地理环境协调发展的基本要求，它的主要目的在于防止自然地理环境遭受到过度的人为影响而朝着不良方向演化。

4. 大力开展自然地理环境建设

自然地理环境是多要素组成的有机综合体，从系统论的角度看，自然地理环境保护和改善不可能仅仅依靠个别的局部措施来实现，必须从整体观点出发，改善人类面临的全球环境问题。当前最重要也是最困难的事情在于如何对自然地理

环境的功能结构进行合理的干预，以便调整其演化方向，提高其经济潜力与生态潜力，使人类发展与自然演化一致。近年来人们在经历了环境破坏、保护环境的曲折历程后，提出了"环境建设"的新概念，也有人称之为"生态建设"。

所谓环境建设，是指人类在与自然合作的基础上，既按照社会经济规律合理组织社会系统和经济系统，又遵循自然规律设计和营建人工与自然协调的人类生态系统，在生产发展的同时，建设一个人地互利共生、更有利于人类发展的自然环境。这种环境具有以下三个基本特征：①具有高效的经济潜力；②保持高水平的生态平衡；③具备有美学价值的环境外貌。

8.4.3 实现人地协调，必须走可持续发展之路

人类的发展史告诉我们，只有人与自然的和谐，才会有人类社会的真正文明。可持续发展作为全人类共同追求的目标，体现了人与自然地理环境的协调、统一。可持续发展观是现代经济观、社会观和自然观的统一。从其社会观点看，主张公平分配，以满足当代和后代人的基本需求；从其经济观点看，主张建立在保护地球自然系统基础上的持续经济增长；就其自然观点讲，主张人类与自然和谐相处。这些观念统一到人类自觉、能动地调控社会-经济-自然复合系统，使之在不超越资源与环境承载能力的前提下，促进经济发展、保护环境、保持资源永续和提高生活质量，这就是可持续发展。

1. 可持续发展概念的由来

作为人类全新的发展观，可持续发展是在全球面临经济、社会、环境三大问题的情况下，人类从自身的生产、生活行为的反思和对现实与未来的忧患中领悟出来的。

可持续发展(sustainable development)观念的形成经历了相当长的酝酿过程。20世纪50～60年代，人们在工业化所形成的环境压力下，对经济增长等于发展的模式产生了怀疑。1962年，美国女科学家蕾切尔·卡逊(Rachel Carson，1907～1964年)发表了引起轰动的环境科普著作《寂静的春天》(*Silent Spring*)，描绘了一幅由于农药污染所带来的可怕景象，惊呼人们将失去"阳光明媚的春天"。这部著作在世界范围内引发了人类对传统发展观念的反思。

可持续发展的思想萌芽可以追溯到1972年6月联合国在瑞典斯德哥尔摩召开的人类环境会议。这次会议被认为是人类关于环境与发展问题思考的第一个里程碑。来自113个国家的1300多名代表第一次聚集在一起讨论地球的环境问题，大会通过了具有历史意义的文献——《人类环境宣言》。今天看来，1972年会议的主题已经爆出了某些与今天所说的可持续发展有联系的思想火花。这次会议引出

了人类对环境与发展问题的全方位关注，20 世纪 80 年代开始出现了一系列较为深入的思想。1980 年由世界自然保护同盟(International Union for Conservation of Nature，IUCN)、联合国环境规划署(UNEP)、世界野生动物基金会(World Wide Fund for Nature，WWF)共同组织，许多国家政府和专家参与制定的《世界自然保护大纲》(*World Conservation Strategy*)，第一次明确地提出了可持续发展的思想。这一思想为今天的可持续发展概念勾画了基本轮廓。1991 年世界自然保护大纲的续篇《保护地球——可持续生存战略》对"既要发展，又要保护"的思想做了进一步阐述。

对可持续发展理论的成形和推行起到关键性作用的是 1983 年成立的世界环境与发展委员会(WCED)。该组织于 1987 年向联合国提交了一份题为《我们共同的未来》(*Our Common Future*)的报告。这个报告被称为"布伦特兰报告"。报告对可持续发展的内涵做了界定和详尽的理论阐述，强调严重恶化了的自然环境对人类持续发展的重要影响。从一般地考虑环境保护到强调把环境保护与人类发展结合起来，这是人类有关环境与发展思想的重要飞跃。

1992 年 6 月在巴西里约热内卢召开的联合国环境与发展大会是人类有关环境与发展问题思考的第二个里程碑。这是一次确立可持续发展作为人类社会发展新战略的具有历史意义的大会。会议通过《里约环境与发展宣言》(*Rio Declaration on Environment and Development*)和《21 世纪议程》(*Agenda in the 21st Century*)，第一次把可持续发展由理论和概念推向行动。里约热内卢会议为人类举起可持续发展旗帜、走可持续发展之路做了有力的动员。跨世纪的绿色时代或可持续发展时代从这次会议真正迈出了实质性的步伐。

1992 年以来，可持续发展已经成为联合国有关发展问题一系列专题国际会议的指导思想。1994 年在开罗召开的世界人口与发展大会，其主题为"人口、持续的经济增长和可持续发展"，会议明确提出"可持续发展问题的中心是人"。1995 年的哥本哈根世界社会发展首脑会议和北京世界妇女大会两个重要会议，再次强调了可持续发展对于人类的重要性，并制定了该领域可持续发展的全球战略和行动计划。1996 年又在可持续发展战略的框架下召开了伊斯坦布尔世界人类住区会议和罗马世界粮食会议，讨论了人类住区和世界粮食的可持续发展问题。1997 年 6 月，在里约热内卢会议召开 5 周年之际，联合国在纽约召开有关可持续发展的特别会议，审议了里约热内卢会议以来各国贯彻实施可持续发展战略的情况和存在问题，提出了今后的发展目标和行动举措。

2. 可持续发展的内涵

(1)可持续发展的概念。可持续发展又称持续发展。1987 年联合国世界环境与发展委员会的报告《我们共同的未来》中，把可持续发展定义为"既满足当代人的需要，又不对后代人满足其需要的能力构成危害的发展"。这一定义得到广泛认可，并在1992年联合国环境与发展大会上取得共识。有中国学者对这一定义做了如下补充：可持续发展是"不断提高人群生活质量和环境承载力的、满足当代人需求又不损害子孙后代满足其需求能力的、满足一个地区或一个国家的人群需求又不损害别的地区或别的国家的人群满足其需求能力的发展"。还有从"三维结构复合系统"出发定义可持续发展的。

可持续发展定义包含两个基本要素或两个关键组成部分：需要和对需要的限制。满足需要，首先是要满足贫困人民的基本需要。对需要的限制主要是指对未来环境需要的能力构成危害的限制，这种能力一旦被突破，必将危及支持地球生命的自然系统如大气、水体、土壤和生物。

决定两个基本要素的关键性因素是：①收入再分配以保证不会为了短期生存需要而被迫耗尽自然资源；②降低主要是贫困人民对遭受自然灾害和农产品价格暴跌等损害的脆弱性；③普遍提供可持续生存的基本条件，如卫生、教育、水和新鲜空气，保护和满足社会最脆弱人群的基本需要，为全体人民，特别是为贫困人民提供发展的平等机会和选择自由。

(2) 可持续发展的主要内容。在具体内容方面，可持续发展涉及可持续经济、可持续生态和可持续社会三方面的协调统一，要求人类在发展中讲究经济效率、关注生态安全和追求社会公平，最终达到人类生活质量提高的目的。这表明，可持续发展虽然缘起于环境保护问题，但作为一个指导人类走向21世纪的发展理论，它已经超越了单纯的环境保护。它将环境问题与发展问题有机地结合起来，已经成为一个有关社会经济发展的全面性战略。

可持续发展的内容包括三个方面。①在经济可持续发展方面，可持续发展十分强调经济增长的必要性，而不是以环境保护为名取消经济增长，因为经济发展是国家实力和社会财富的基础。但可持续发展不仅重视经济增长的数量，更关注经济发展的质量。可持续发展要求改变传统的以"高投入、高消耗、高污染"为特征的生产模式和消费模式，实施清洁生产和文明消费，以提高经济活动的效益。对发展中国家来说，实现经济增长方式从粗放型到集约型的根本性转变是可持续发展在经济方面的必然要求。②在生态可持续发展方面，可持续发展要求经济发展要与自然承载能力相协调。发展的同时必须保护、改善和提高地球的资源生产能力和环境自净能力，保证以可持续的方式使用自然资源和环境成本。因此，可持续发展强调发展需要节制，没有节制的发展必然导致不可持续的结果。同时又不同于以往环境保护和经济发展相脱离的做法，而是要求保护与利用要合理地结合起来。可持续发展强调对环境资源的预防应该重于治理，即贯穿发展的整个过程而不只是在末端，从而在根本上解决环境问题。③在社会可持续发展方面，可持续发展强调社会公平是发展的内在要素和环境保护得以实现的机制。鉴于地球上自然资源分配与环境代价分配的两极分化严重影响着人类的可持续发展，因此发展的本质应包括普遍改善人类生活质量，提高人类健康水平，创造一个保障人们平等、自由、教育、人权和免受暴力的地球社会环境。这就是说，在人类可持续发展系统中，经济可持续是基础，生态可持续是条件，社会可持续才是目的。人类应该追求的是以人为目标的自然-经济-社会复合系统的持续、稳定、健康发展。

3. 可持续发展的基本原则

可持续发展是一种新的人类生存方式。这种生存方式不但要求体现在以资源利用和环境保护为主的环境生活领域，更要求体现在作为发展源头的经济生活和社会生活中。贯彻可持续发展战略必须遵循一些基本原则。

(1)可持续发展的公平性原则。可持续发展所追求的公平性原则，包括代内公平、代际公平、区域公平三层意思。①代内公平，即当代人享有平等的发展机会，人类在享有地球资源的权利上是人人平等的。可持续发展要满足全体人民的基本需求和给全体人民机会以满足他们要求较好的生活的愿望。②代际公平，即世代平等。要认识到人类赖以生存的自然资源是有限的，当代人不能为自己的发展和需求而损害后代人生存和发展的资源和环境，但也不能为了后代人而限制发展。③区域公平，即公平分配全球范围内的有限资源，遏制发达国家过多占有资源的现象，特别要使发展中国家获得利用资源发展经济的机会。当今世界的现实是一部分人口富足，而占世界 1/5 的人口处于贫困状态；占全球人口 26%的发达国家消耗了全球 80%的能源、钢铁和纸张等。这种贫富悬殊、两极分化的世界不可能实现可持续发展。因此，要给世界以公平的分配和公平的发展权，要把消除贫困作为可持续发展进程特别优先的问题来考虑。公平性原则要求各代人都应有同样多的选择发展的机会，任何人都要对全人类(包括后代)负起历史的道义和责任。

(2)可持续发展的协调性原则。该原则强调社会(人口、科教等)、经济与环境(包括资源)三者是可持续发展系统中的一个子系统，它们相互联系，相互制约，共同组成一个系统整体。因此，可持续发展的关键是使社会、经济、环境协调发展。人类为生存和发展而进行的各种活动必须以自然的承载力为基础，必须正确处理人与自然的关系，做到人类的发展和自然的发展并进。

目前，世界各国所提出的在社会经济活动中注重经济效益、社会效益和环境效益的协调统一的观点，就是可持续发展协调性原则的集中体现。

(3)可持续发展的质量原则。可持续发展不仅仅强调经济发展的量，更强调经济发展的质。可持续发展应当是避免单纯依靠扩大资源投入和刺激消费来增大经济的总量，而要以尽可能低的资源代价去达到提高人民生活质量的目的。

在传统的经济发展模式中，环境保护被看作是发展的制约，而在可持续发展的概念下，生产过程及其产品对环境的影响程度与产品的功能性、耐久性、可靠性以及易于使用的程度等质量要素一样，都被看作是经济发展的质的一个重要方面。

可持续发展还要求提升产业的竞争力，提高经济运行的效率。从长期看，要使全球人口都达到发达国家目前的健康水平和物质资料的丰富程度，各种经济活动就必须更加有效，单位经济增长所消耗的能源和原材料就应当更少，产生的废弃物也应当更少，从而达到最佳的生态效益。

(4) 可持续发展的发展原则。这一原则包括两部分：①强调发展的必要性，认为发展是可持续发展的核心，必须通过发展来提高当代人福利水平，那种认为必须停止经济发展以保护环境的观点是不可取的；②在追求经济发展时必须做好长远规划，既要考虑当前发展的需要，又要考虑未来发展的需要和发展的后劲。不能以牺牲人类的发展能力为代价来换取一时的高速度发展，不能以牺牲后代人的利益来满足当代人的发展。

可见，可持续发展的核心是发展，尤其对发展中国家而言更是如此。可持续发展不仅重视发展的数量，更强调发展的质量。要实现具有可持续意义上的经济增长，就必须改进资源开发和使用的方式，提高资源能源利用的效率，将增长方式从粗放型转变为集约型，实现废弃物的减量化、资源化和无害化，减少单位经济所产生的环境压力。在保持自然资源的质量及其提供服务的前提下，使经济发展的净利益达到最大。

(5) 共同性原则。鉴于世界各国历史、文化和发展水平的差异，可持续发展的具体目标、政策和实施步骤不可能是唯一的。但是，可持续发展作为全球发展的总目标，所体现的公平性原则和持续性原则，则是应该共同遵循的。要实现可持续发展的总目标，就必须采取全球共同的联合行动，认识到我们的家园——地球的整体性和相互依赖性。从根本上说，贯彻可持续发展就是要促进人类之间及人类与自然之间的和谐。如果每个人都能真诚地按"共同性原则"办事，那么人类内部及人与自然之间就能保持互惠共生的关系，从而实现可持续发展。

8.4.4　全球变化研究是人类实现可持续发展的科学基础

全球变化已经是一个不争的事实。20世纪80年代以来，全球性环境问题，特别是人类活动诱发的全球性环境问题已成为国际科学研究的热点。全球变化及其影响已成为全人类关注的焦点，世界各国的政治家、科学家和社会公众都在为减缓全球变化带来的负面影响而努力。

1. 全球变化的科学内涵

全球变化是指全球系统的变化，包括地球大气圈、水圈、生物圈和岩石圈之间的物理、化学、生物的作用过程，以及人和环境之间的相互作用过程。全球变化跨越了不同的时间尺度，既包括发生在全球尺度上的系统性变化，也包括由局地尺度上相同类型的变化累加而成的累积性变化。气候变化是全球变化最重要的表现之一，但全球变化不仅仅是气候变化，其内涵比气候变化丰富得多，许多自然和人类活动驱动的地球系统的变化能够在任何气候变化都不参与的情况下产生显著的后果。全球变化既包括自然驱动的变化，也包括人类活动引起的变化，人类活动在规模和影响上已与某些巨大的自然营力相当，且许多在加速变化。地球系统运行的过程和状态具有被人类改变的潜在可能，在自然变化之上，已能清楚地识别出人类活动导致的地球系统变化。阈值和突变是地球系统动力学的突出特点，当全球变化超过某一临界值时，有可能在短时期发生从一种状态跳跃到另一种状态的突变。简言之，全球变化以地球系统为基础，以发生在各种时间尺度上的动态变化为核心，人类是全球变化的驱动力，也是全球变化影响的承受者。

全球变化研究的科学目标是描述和理解人类赖以生存的地球环境系统的运转机制以及它的变化规律和人类活动对地球环境系统的影响，从而提高对未来环境变化及对人类社会发展影响的预测和评估能力。全球变化的研究内容包括全球变化的过程和驱动力、全球变化在时间和空间上的表现、全球变化对人类社会的影响及全球变化信息获取和分析等方面。

2. 有关全球变化的科学活动

全球变化研究是一个涉及多学科的研究领域，不同的国际机构单独或联合提出并组织制定了众多的研究计划。国际全球变化研究采用跨学科、跨部门、跨组织、多国参与方式实施，是迄今为止规模最大的、综合性最强的国际科研合作工程。自20世纪80年代以来，先后了一系列全球变化国际研究、设置国际观测计划和建立科学评估机构。它们的科学研究和评估活动引领着当前国际全球变化研究。

目前，已建立的全球变化国际研究计划包括：由世界气象组织(World Meteorological Organization，WMO)与国际科学理事会(International Council for Science，ICSU)联合主持的"世界气候研究计划"(World Climate Research Program，WCRP)(20世纪70年代酝酿，20世纪80年代执行)，由国际科学理事会发起和组织的重大国际科学研究计划"国际地圈-生物圈计划"(International Geosphere-Biosphere Program，IGBP)(20世纪80年代酝酿，1986年正式提出，1990年进入执行阶段)，由国际科学理事会和国际社会科学理事会(International Social Science Council，ISSC)共同发起的"全球环境变化的人文因素计划"(International Human Dimension of Global Environmental Change Program，IHDP)(1990年ISSC发起"人文因素计划"，1996年2月ICSU和ISSC共同发起IHDP)，由联合国教育、科学及文化组织(United Nations Educational，Scientific and Cultural Organization，UNESCO)、国际生物科学联合会(International Union of Biological Sciences，IUBS)

和国际环境问题科学委员会(Scientific Committee on Problems of the Environment, SCOPE)共同发起的"国际生物多样性计划"(An International Program of Biodiversity Science, BIODIVERSITAS)(1991年);以及由 WCRP、IGBP、IHDP 和 BIODIVERSITAS 四大全球环境计划组建的"地球系统科学联盟"(Earth System Science Partnership, ESSP)(2001年组建,已经设立4个面向全球可持续能力联合计划:全球环境变化与食物系统(Global Environmental Change and Food Systems, GECAFS)、全球碳计划(Global Carbon Project, GCP)、全球水系统计划(Global Water System Project, GWSP)、全球环境变化与人类健康计划(Global Environmental Change and Human Health, GECHH);由国际科学理事会(International Council for Science, ICSU)和国际社会科学理事会(International Social Science Council, ISSC)共同发起的"未来地球:全球可持续研究"(Future Earth: Research for Global Sustainability, FE),该研究计划的发展为:2009年ICSU提出"全球可持续发展研究计划",ICSU 和 ISSC 共同发起"地球系统研究远景规划",2010年又联合发布"全球可持续性地球系统研究计划:重大挑战",2011年 ICSU 正式命名"未来地球:全球可持续研究",2012年 ISSC 等提出为期10年的"未来地球计划(2014—2023)"。

国际科学界从能力建设的角度提出发展全球立体观测系统,以构建一个地球系统的研究平台。该平台包括:全球气候观测系统(global climate observation system, GCOS)、全球陆地观测系统(global terrestrial observing system, GTOS)、全球海洋观测系统(global ocean observing system, GOOS)、全球环境监测系统(global environmental monitoring system, GEMS)、地球观测系统(earth observing system, EOS)和全球通量观测网(Fluxnet)。为统一协调全世界的观测力量,在国际地球观测系统委员会(Committee on Earth Observation Satellites, CEOS)主导下,全球气候观测系统、全球陆地观测系统、全球海洋观测系统、国际全球变化基金组织(International Group of Funding Agencies for Global Change Research, IGFA)等联合提出了"综合全球观测战略"(integrated global observing strategy, IGOS)。2005年,国际政府间地球观测组织(Group on Earth Observation, GEO)启动了全球综合地球观测系统(Global Earth Observation System of Systems, GEOSS)10年执行计划。

另一方面,1988年世界气象组织(WMO)和联合国环境规划署(UNEP)成立了政府间气候变化专门委员会(IPCC),旨在提供有关气候变化的科学技术和社会经济认知状况、气候变化原因、潜在影响和应对策略的综合评估。联合国政府间气候变化专门委员会是一个政府间科学机构,设有科学工作组、影响工作组和响应对策工作组3个工作组。所有联合国成员国和世界气象组织的会员国家都是其成员,可以参加政府间气候变化专门委员会及其各个工作组的活动和会议。从1990年政府间气候变化专门委员会发布第一个评估报告起,每隔5~10年发布一个评估报告(1990 AR1、1995 AR2、2001 AR3、2007 AR4、2013 AR5 和 2023 AR6)，第六个评估报告于 2023 年发布。

国际全球变化研究的成果为联合国气候变化框架公约(United Nations Framework Convention on Climate Change，UNFCCC)和议定书谈判及国家的适应和减缓对策提供服务，并最终成为可持续发展的科学支撑。

3. 全球变化研究是人类实现可持续发展的科学基础

当今人类正面临着有史以来最为严重的危机，这种危机是全球性的，不仅仅是人口爆炸、资源短缺、环境污染，更为严重的是地球整体功能的失调和紊乱，是人类赖以生存的全球环境的变化。全球变化是人类面临的一个客观现实，已经在我们的周围悄然发生，并正在改变我们的生存空间。人类想要完全改变全球变化的趋势，至少在数十年的时间里是做不到的，开展全球变化研究是人类社会面临的挑战。

全球变化研究是实现可持续发展的科学基础，其所取得的科学认识是对可持续发展的重要科学贡献，致力于解决有碍可持续发展的地球系统的变化是全球变化研究的发展方向。全球变化研究，不仅考虑其科学内涵，更关心如何与生存空间的可持续发展紧密地结合起来，为人类社会的可持续发展提供科学背景和依据。在进一步加强地球系统规律性内容研究的同时，更加关注社会问题，加强地球环境对人类活动的影响及社会经济对全球变化的适应性研究。未来的可持续发展必须与未来环境的变化有机结合，可持续性是人类适应全球变化的准则，人类对环境的适应必须符合可持续性。

第9章 综合自然地理学的应用研究

综合自然地理学产生于实践并在为生产建设服务中不断发展。早在公元前5世纪，《禹贡》中就有了将我国划分为九州并对其山川、湖泽、土壤、物产等进行阐述的区划之论。《周礼》中也有对土地类型的划分。战国时期，《管子·地员篇》中又进一步对我国的土地进行了系统的划分和评价。可见，综合自然地理学中的有关区划和土地的思想是对当时农业生产实践的一种思考和总结。1946年，我国地理学家任美锷出版《建设地理学》一书，力主地理学应为经济建设服务。我国近代地理学奠基人竺可桢在1958年提出地理学是否应该"结合实践来改造自然和为经济服务"的革新问题，随后又在1960年指出地理学的发展应该用最新的科学成就和仪器设备武装地理科学，以便能更好地解决实际问题，为生产和经济建设服务。同年，黄秉维在论述自然地理学的发展趋势时也指出"以已有的理论和方法为依据，研究和预测自然过程的方向、速度和范围，寻找利用和改造自然最有效的途径"。由此可见，综合自然地理学的发展与其在经济和社会发展中的应用研究密切相关。综合自然地理学在经济、社会和环境发展中的应用研究是其存在与发展的强大动力。

综合自然地理学应用研究的目的和意义在于依据综合自然地理系统的理论与方法，协调人类社会与自然系统之间的矛盾，为社会-经济-环境系统的可持续发展提供服务。今天，综合自然地理学的应用领域已十分广泛。本章主要介绍综合自然地理学服务农业生产的应用研究、区域开发研究、景观生态建设研究、自然灾害综合研究、生态建设与生态评估研究，以及全球变化及缓解与适应研究等。

9.1 综合自然地理学服务农业生产的应用研究

农业生产是利用光、热、水、土、气、生等农业生态因子进行自然再生产和经济再生产的过程。农业生产所依赖的自然条件和自然资源从属于由地貌、气候、水文、植被、动物界和土壤等自然地理要素组成的自然综合体，且某一地段的农业生产依赖该地段自然综合体的整体特征和效应，农业生产的产量取决于农业生态因子的整体效应。因此，研究自然综合体的结构特征及其生产潜力是实现预期农业产量的前提条件。自然综合体是一个系统，系统各组成部分的相互关系复杂而紧密，任一部分的变化必然引起其他要素的连锁反应。要合理地利用各区域的自然条件和自然资源，保证区域农业的可持续发展，就必须研究自然系统各因子的相互关系，掌握自然综合体的整体变化规律。否则常会发生改变一种因子状态而引起其他因子不良发展的情形，如灌溉不当引起土壤盐渍化；植被破坏导致水土流失等。

自然综合体的整体性规律、地域分异规律和自然综合体的系统观点是综合自然地理学服务于农业的认识论基础。综合自然区划研究，土地类型及其土地变化研究，以及对自然条件、自然资源和生态环境的评价研究是综合自然地理学指导农业贯彻因地制宜、合理布局和可持续发展的应用基础。

9.1.1 综合自然区划在农业区划与规划上的应用

综合自然区划是综合自然地理学的重要组成部分，是综合自然地理学理论联系实际为生产服务的重要领域。大多数学者认为综合自然区划的目的主要是为农业服务，是为制定农业发展规划提供依据。

1959 年，由黄秉维主持编写的《中国综合自然区划(初稿)》在确定等级单位系统和选择划分各级别自然区的指标时，就充分考虑了热量、水分、土壤、植被等农业生态因子，而且对我国的自然条件和自然资源进行了全面的评价，并明确提出中国综合自然区划的任务是为农业规划提供科学依据。1963 年，侯学煜编制的全国自然区划方案亦以发展农、林、牧、副、渔为目的，依据温度、水温等指标将全国划分为 6 带 1 区和 29 个自然小区，并就各个自然区的农业配置和改造利用提出了建设性意见。20 世纪 80 年代，全国农业自然资源调查和农业区划委员会编写的《中国自然区划概要》为中国的农业区划和农业自然资源的评价提供了宝贵的基础资料，被认为是农业区划的先行工作和基础工作。该区划重要的区划原则之一就是"重视与农业生产密切相关的自然要素"；在等级单位系统的确定与各级自然单元的划分指标上也优先考虑农业生产需要；区划报告中还专设一章对农业自然资源进行了评价，探讨因地制宜发展农业，阐述利用自然和改造自然，加强自然保护等众多方面的问题。由此可见，中国的综合自然区划有着为农业生产服务的优良传统。

为农业服务的综合自然区划有一个共同的特点：以地域分异规律为理论基础，在分析区域自然综合体的相似性和差异性时，重点考虑与植物生长有关的光、热、水、土资源和人类活动的地域特征，在选择区划依据时有意识地挑选对农业有重大影响的指标，并结合大农业对自然条件进行分析，研究各区域自然环境特点及演化规律对农业的重要影响。因而，此类区划能够很好地反映自然区内的农业生产潜力和发展方向，能够因地制宜地指导农业生产。

农业区划与规划是为了实现农业生产的合理布局和农村发展的有序推进，通过科学规划和划分农业区域，合理安排土地利用和农作物种植结构，达到提高农业生产效益、保护环境资源、增加农民收入和促进农村可持续发展的目标。农业区划与规划的核心在于科学利用自然地理和人文地理因素，确保农业发展与地理环境的协调一致，最大限度地发挥土地和水资源的优势，减少农业灾害风险，提高农产品质量和供应稳定性。

在农业区划与规划中，地形和地貌特征直接影响土地利用的合理性和农作物种植结构的选择；由于不同农作物对气候条件的适应性不同，气候因素(如降水、温度和日照等)直接影响农作物的生长发育和产量水平；水文地理因素(包括河流、湖泊、地下水和土壤水分等)对农业水资源的供应和利用具有重要影响，其分布和变化会影响农业灌溉系统的设计和水资源调配策略；不同类型的土壤具有不同的肥力和适宜作物种植的特点，土壤特性分析可以帮助农业区划与规划选择适宜的农作物品种和施肥措施，提高土壤的可持续利用性和农业生产效益。

综合自然地理学通过深入研究自然地理因素与人类活动的相互关系，为农业区划与规划提供了理论依据和科学方法。它能够揭示土地利用的潜力与限制，帮助农业生产者更好地选择适宜的作物种植方式，合理利用土地和水资源，提高农业生产效率和可持续性。

9.1.2　土地系统研究在农业上的应用

土地系统研究是综合自然地理学的重要组成部分，土地类型研究(如土地类型结构、分级与分类、制图等)、土地评价研究、土地利用与土地覆被变化研究、土地规划与管理研究等是土地系统研究的重要领域。综合自然地理学中的土地研究在农业上的应用侧重划分土地类型的基础上，开展土地评价和土地变化研究，为合理利用和配置土地资源提供依据、方法和措施。

土地类型、土地评价和土地利用/土地覆被变化研究在农业上的应用联系紧密。土地类型的划分是基础，对土地类型的评价实际上是土地类型分类与制图研究在农业上应用的进一步发展，土地变化研究又为土地类型的动态评价提供了信息。这三者相辅相成，不可分割。

1. 土地类型研究在农业上的应用

土地具有自然和经济双重属性。应用在农业上的土地类型研究主要针对土地的自然属性，即认为土地是存在于陆地表面一定自然地理地段的，由一定的地质地貌基础、水热条件、空气、土壤、植物以及水文条件等自然要素构成的一个自然地理综合体，对该综合体依据其特征进行类型划分并制图。

应用于农业的土地类型划分除依据土地综合体的整体性、差异性进行一般土地类型的划分外，还应考虑影响当地农业生产的土地自然因子和利用特点，并根据特定目的选择适宜的指标进行分类划分。比如单从自然属性看，盐土地和碱土地是两种一般意义上不同的土地类型，但从广义农业的角度出发，这两种土地在农业土地类型制图时可划归为盐碱地一种土地类型。再如，要选择柑橘适宜种植地，在一般土地类型划分基础上还应根据越冬条件的不同进一步划分。

在编制农业土地类型图时，可依据研究区域的大小确定适当的比例尺和相应的制图单位。省级的土地类型图可以地方(土地系统)这一级别土地单位作为制图单位，相应比例尺可选择 1∶25 万、1∶100 万；地、县级以区(地段限或土地单元)这一级别土地单位作为制图单位，相应比例尺可选择 1∶1 万、1∶10 万；县级以下行政区选择某种作物的适种地时，可以相(地块或立地)级别的单位作为制图单位，宜选用大于 1∶1 万的比例尺。由于制图区域的复杂性、各种制图数据源的差异性和制图目的及规范的不同，上述制图单位和比例尺可根据实际进行调整和补充。

我国土地类型的农业应用研究在 20 世纪 60 年代就已开始，20 世纪 80 年代初期由中国科学院负责编制的全国 1∶100 万土地类型图是我国第一代较为全面的土地类型农业应用案例，它推动了我国土地类型农业应用研究的深入发展。

2. 土地评价的农业应用

针对农业应用的土地评价是依据某种目的、选取对农业生产有影响的指标对土地类型的生产潜力或适宜性划分出不同的等级。比如，美国农业部土壤保持局为了控制土壤侵蚀，根据不同土地类型对作物生长的限制性因素强弱将土地潜力划分为三个等级，指明了每个等级的利用范围，构成了农业规划与生产的重要基础资料。土地潜力评价是对某一区域各种土地类型的评价，评价时侧重考虑土地的自然属性。对土地的适宜性评价主要针对某一种土地类型进行评价，如宜胶地评价、宜柑橘地评价、宜茶叶地评价。这类评价需综合考虑土地的自然属性和经济属性。

农用地质量评价是指根据农地的自然属性和经济属性，对农地的质量进行综合评定，并划分等别的过程。农用地质量评价的目的是了解农地的生产能力和生态功能，为农业生产、土地利用规划和土壤保护提供科学依据。农用地质量评价指标主要包括：土壤质地和肥力评价指标(土壤质地、有机质含量和养分含量等)、土壤水分评价指标(水分保持能力和土壤湿度、含水量等土壤水分状况)、地貌评价指标(坡度和坡向、地形类型)、气候评价指标(平均气温和温度变化、降水量和降水分布、光照时数和日照强度)等。农用地质量评价指标体系可以根据具体的农地条件和评估目的进行调整和补充。在农用地质量评价中，综合考虑评价指标，结合农业生产的实际需求，可以全面评估农地的质量和潜力，为农业规划、土壤改良和农田水利建设等提供科学依据。

3. 高标准基本农田建设

高标准基本农田是指在划定的基本农田保护区范围内，通过土地整治建设形成的集中连片、设施配套完备、高产稳产、生态良好、抗灾能力强，与现代农业生产和经营方式相适应的基本农田。高标准基本农田的建设不仅关系粮食生产能力提升和农业可持续发展推进，也直接关系国家的粮食安全和农民的生活质量。

通过对地形、气候、水文、土壤等自然地理要素的综合分析和评价，可以为高标准基本农田的选址、土地整理、水资源管理、土壤质量评价与改良以及农作物选择等提供科学依据和决策支持。①地形分析与土地整理是高标准基本农田建设中重要的环节之一。其中，土地整理是指在一定区域内，根据土地利用总体规划和土地整理专项规划，对田、水、路、林、村等实行综合整治，调整土地权属关系，改善土地利用结构和生产生活条件，增加可利用土地面积和有效耕地面积，提高土地利用率和产出率的活动。土地整理的主要方法和工程措施包括平整地表、开展水土保持工程、修建排水系统、修复退化土地等一系列工程技术。通过对地貌特征的分析和评价，结合土地整理技术的应用，可以有效地选择适宜的土地，并对土地进行改造和优化。②水资源管理是确保高标准基本农田建设顺利进行的关键因素之一。通过水文地理分析，我们可以了解不同地区水资源的分布、补给来源和可利用性。在制定水资源调控策略时，水资源调查和监测技术起到重要作用，可评估农田灌溉的需水量，合理分配水资源，以满足农业生产的需要。在农田灌溉系统的规划和设计中，考虑到水资源的合理利用和节约是至关重要的，以确保农田灌溉的高效性和可持续性。③土壤质量评价是确定土壤肥力和适宜性的关键步骤。土壤改良技术是提高土壤质量的有效手段，包括有机肥料的施用、矿质肥料的调整、土壤结构的改善等。通过合理选择和应用土壤改良技术，可以提高土壤的肥力和水分保持能力，改善土壤结构，增加养分供应，从而提高农田的产量和品质。④通过对气候要素的分析，可以了解不同气候条件下各类农作物的生态适应性和产量潜力，为农作物选择提供决策支持。为适应气候变化对农业生产带来的影响，高标准基本农田建设需要考虑气候变化适应性的农作物品种选择和相应的技术和管理措施。通过选择具有气候变化适应性的农作物品种、合理调整种植结构、改善灌溉和排水设施、调整施肥和农药使用策略等，减轻气候变化对农业生产的不利影响，实现高标准基本农田的稳定和可持续发展。

4. 土地综合整治

土地综合整治是指在一定的区域内，按照国土空间规划确定的目标和用途，对各类型土地进行全域规划、整体设计、综合治理，强调整治对象、内容、手段、措施的综合性以及整治目标的多元化和实施模式的多样化，以提高土地利用率和产出率、改善生态环境、促进区域发展和乡村振兴的一项系统工程。它涉及土地利用结构调整、土地质量改良、生态环境修复等多个方面，具有系统性、综合性和可持续性的特点。

土地综合整治应遵循四个原则。①综合性原则：土地综合整治应综合考虑土地利用、生态环境、经济社会等多个因素，通过协调各种利益关系，实现土地资源的综合利用和综合管理。②可持续发展原则：土地综合整治应符合可持续发展的原则，注重经济、社会和环境的协调发展，以长远利益为导向，确保土地资源的可持续利用。③科学性原则：土地综合整治应基于科学的调查、评价和规划，依靠科技手段和先进技术，确保决策的科学性和可操作性。④公众参与原则：土地综合整治应积极倡导公众参与，尊重社会利益相关方的意见和需求，提高决策的合法性和可接受性。

土地综合整治的目标主要包括实现土地资源的合理配置和高效利用，提升土地利用效益；优化土地利用结构，提高土地利用质量和效益；保护和修复土地生态环境，促进生态系统的健康发展；提升区域经济的竞争力和可持续发展能力；改善人居环境，提高居民生活品质和幸福感。

土地综合整治分为3个步骤：①调查与评价，包括土地资源调查和评价、地质地貌与土壤调查和评价、气候水文调查和评价；②规划与设计，包括综合规划设计、土地利用规划和生态保护规划；③工程与实施，主要包括土地整理工程、水土保持工程和生态修复工程。

土地综合整治能产生经济效益、生态效益和社会效益。土地综合整治需要大量的资金和技术支持，尤其是在农村地区和欠发达地区，资金和技术的不足可能成为实施的主要障碍。土地综合整治涉及不同利益相关方的权益和利益分配问题，需要平衡各方利益，促进协调和合作。土地综合整治需要在保护生态环境和促进经济发展之间找到平衡点，避免二者的冲突和矛盾。

9.2　区域开发研究

9.2.1　区域开发的含义及主要内容

区域开发的对象是区域。对于区域的理解，不同学界学者的看法和侧重点不尽相同。比如"区域是基于描述、分析、管理、计划或制定政策等目的而作为一个应用性整体加以考虑的一片地区"；区域是"经济活动相对独立，内部联系紧密而相对完整、具备特定功能的地域空间"；区域是"指拥有多种类型资源、可进行多种生产性和非生产性社会活动的一片相对较大的空间范围。"这样的区域"小至县、乡、村，大到省和国家，以及由若干国家共同开发的某些跨国界的区域"等。上述对于区域的定义都有一个共同点：承认区域是客观存在的、具有一定空间的整体，该整体由自然资源和经济系统构成，而且经济与自然之间的联系密不可分。这个空间整体不局限于某一国、某一个行政区。事实上，人们在进行区域开发时也常举突破行政区的界限，如欧盟区域开发。但谈论比较多的是一国内部的区域开发，国内区域开发也可能突破行政界限，有的是基于具有相似的自然地理背景或者经济共同点同时又联系紧密的地方，如我国长江流域的开发，黄土高原的区域开发，就是基于相似的自然地理条件和环境问题而构建的区域开发；而我国的东部大开发、西部大开发则是在自然条件的基础上依据经济发展的共同点而形成的跨行政区的区域开发。本节从狭义的区域理解来探讨区域开发问题。

随着社会和科技的进步，人们对自然与人的关系的理解在不断深化。自然资源不仅是劳动的对象和提供生活品的源泉，也是人类的保护对象。自然资源在一定时期内的量和质是一定的，保护自然资源是要在对现有自然条件的分析基础上，引入经济资源和人才资源，使得人类社会可以持续发展。这就是区域开发的目的。

陈传康对区域开发及其内容给予了很好的解释。他认为区域开发是指在一定的区域范围内进行的，以生产力布局和发展为中心的经济建设总体空间布局。区域开发须以一定时期内国家社会经济发展方针和战略为依据，以全面系统分析区域自然和社会经济条件为基础，制定一个区域发展战略目标和相应的政策，以便实现经济、社会、生态效益的协调统一。区域开发是人类处理与自然可持续发展关系的一种自主行为。区域开发通常包括确定区域发展战略目标、产业结构、开发方式和区域发展空间结构的最优组合等内容。这些内容可归纳为区域发展战略、区域规划和国土整治研究三个方面。

总之，区域开发应该是一项综合性、地域性和战略性很强的工作，涉及自然、社会、经济子系统的运行。从综合自然地理学的角度来看，区域开发的基础之一是对区域内自然条件和自然资源的充分研究。

9.2.2 区域发展战略

1. 区域发展战略的内涵

随着经济的迅速发展和诸多全球性问题的不断出现，区域开发已引起人们的普遍关注。世界各国、各区域为了自身的生存与发展，都在认真分析各自的区域开发因素，正确认识自己的优势和劣势，制定出实现区域开发与可持续发展相协调的战略。

区域发展战略泛指区域开发中带有全局性、决策性的重大谋划，对于推动区域乃至整个国家的发展具有重大意义。区域发展战略具有综合性、区域性、长远性、阶段性、层次性等特征。区域发展战略是基于自然、社会、经济等各个系统展开的综合性谋划。区域发展战略总是以某一区域的自然条件、自然资源和社会经济条件为基础制定的，它只适合该区域，这是其区域性的体现。区域发展战略是在对区域整体发展进行分析、判断的基础上做出的对未来一定时期适用的谋划，一定时期可以是 20 年、10 年、5 年等期限，在同一时期内又具有不同的阶段目标，因而具有长远性和阶段性。区域发展战略目标依据不同的划分标准可分为经济目标、社会目标、建设目标等子目标，子目标又由不同的指标构成，体现出一定的层次性。

2. 区域发展战略研究的主要内容

区域发展战略研究应包含区域发展战略目标、战略重点、战略方针、战略布局和措施，其核心在于解决区域在一定时期的基本发展目标和实现目标的途径，即战略目标和战略布局及措施。战略目标是在战略期内的发展目标和总方向，具有相对稳定性，战略措施是实现战略目标的途径、步骤和手段。区域发展战略措施一般包括实施战略的相应的组织机构、资源分配、资金政策、劳动政策、产业政策以及经济发展的控制、激励和协调等手段。

3. 区域全息发展战略模式

区域发展战略具有多种模式。从区域发展空间结构特征来看，可分为点域发展战略模式、点轴发展战略模式和网络发展战略模式。从区域发展的优势来看，有资源导向战略模式、区位导向战略模式和市场导向战略模式。从区域开发导向来看，有资源结构开发导向模式、产业结构开发导向模式、技术结构开发导向模式、贸易结构开发导向模式以及人才开发导向模式，这几种结构模式构成了全息发展战略。全息发展战略是从提高人的价值观出发，针对具体区域的资源优势，调整产业结构，提高技术结构并使贸易结构由内向型转向外向型而建立的上述诸结构的合理的协同关系，这种关系被称为对应变换关系。建立区域发展战略需要在探讨上述五种结构的基础上，进一步探讨各种地域结构的对应变换关系，包括有关区域内部的结构和区域的外围背景结构。区域内部结构研究应以自然结构为基础，着重进行社会经济结构特别是产业结构的战略分析，以及进一步开发利用和治理保护的长期规划分析。上述各种结构的对应变换分析的网络关系如图 9-1 所示。

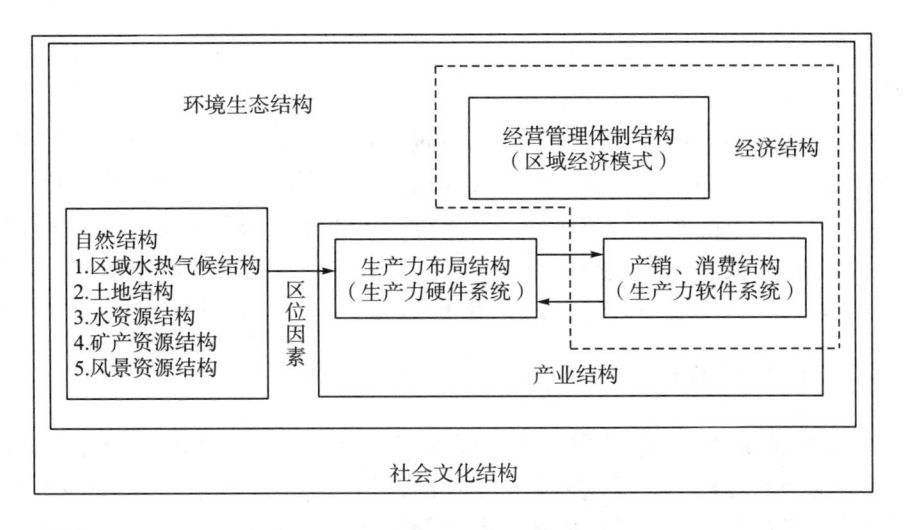

图 9-1　区域结构对应变化分析网络
据：陈传康(1998)

地域结构变化分析主要包括以下内容。①各种结构的确定性匹配研究。水资源结构是区域开发的限制性条件，矿产资源结构影响区域的矿业开发方向，风景资源结构影响区域旅游业的发展方向，气候水热结构对区域农业生产布局起着重要作用。②区位因素分析。狭义上的区位主要是指区域的位置和交通条件。区位因素研究应着重探讨自然结构与城镇居民点和交通条件的配置情况，减少生产力布局和有关建设选址的运输总费用。但是，以经济效益为出发点的优选布局可能导致环境污染和生态破坏；而具有良好建设基础、人才众多、教育条件好的地区的集聚效应，对生产力布局将产生强烈的吸引作用。因此研究区位因素时应考虑生态效益和社会效益问题。地域结构的对应关系除因果关系外，还有协调关系。以因果关系为基础，建立生产力高且兼有生态效益、社会效益的协调关系，是战略研究的任务。③区域外围背景结构研究。区域外围背景结构研究的内容与重点因具体区域本身的性质而不同。例如，当研究的区域是港口城市时，就应着重考虑其经济腹地的分层结构，如连云港；如果是交通枢纽城市，就应着重考虑其辐射吸引范围，如素有五省通衢之称的徐州。

上述途径的区域战略研究可以使总战略和子战略密切配合，并使各项战略对策落实到地域结构上，为"软咨询"找到"硬途径"，以利于战略的实施。还需注意地区优势具有不同的级别意义。某些优势通过地方投资即可得到发挥，属于地方级优势；某些优势必须由上级计划投资，列入国家计划或省级计划才可能得到发挥，属于省级优势或国家级优势。

根据上述理论，区域发展战略需着重论证：①发挥地方级优势，促进经济稳步发展；②加强横向联系，扩大吸引和辐射影响范围，通过两通(交通和流通)和旅游业搞活经济；③论证和宣传省级和国家级优势，促进纵向计划投资或引进外资进行建设。

区域发展战略是在资源调查、地名普查、农业区划、工业普查、环境保护、旅游研究、国民经济统计和计划等有关区域开发、利用和管理研究的基础上进行的。对于中小城市的发展战略研究而言，可通过"三步法"实现：第一步，短期考察；第二步，战术性子战略和基础研究；第三步，全息发展战略研究。对于大城市采用总战略和子战略同时进行、相互配合的"平行法。"

4. 区域发展战略抉择

区域发展战略抉择是在评估和分析区域发展的内部条件和外部环境的基础上确定战略构想的过程。区域发展内部条件的评估包括以下内容。评估区域地位；分析区域的优势和劣势；评估区域容量和创新活动。区域地位是指区域在区域系统中或同层次区域中的排序、重要性、所起的作用和影响。区域地位与区域的规模、地理位置、资源状况、经济发展所处的阶段和发展水平等因素密切相关。评价区域地位需明确区域在地域分工中的位置，在社会经济发展中能够起到的作用和适宜扮演的角色。确定区域的优势和劣势需要在区域内部和区域之间比较影响区域发展的区位、资源、产业、技术等要素的优劣势所在。区域容量主要包括区域土地生产潜力和人口承载力。创新活动尤其是技术创新是一个国家和地区发展的基本推动力量。创新活动主要从机会、环境、创新者、支持系统四个方面进行评价。

区域外部条件的评价包括总体环境评价、产业环境评价以及企业环境评价。总体环境评价需从全球、国家和周边地区三个层次进行分析。产业环境分析主要包括：①产业结构分析，探讨影响生产力发展的各种动力以及影响这些动力的决定性因素；②生产状况分析，如生产类型、原材料来源、生产成本、生产附加价值、规模经济效益等；③产品状况分析，如产品类型以及替代品等；④产品市场状况分析，如产业的成熟度、销售对象和范围、进出口状况等；⑤产品的生产环境分析，相关联的产业发展以及相关技术研究、开发状况等。企业环境分析主要从公司的角度考虑产业发展的优势。

9.2.3 区域规划

1. 区域规划的内涵

关于区域规划含义的理解有多种。比如，苏联学者认为区域规划是"对某个区域进行合理的地域经济布局，建立具有弹性的建筑规划结构，在有效综合利用自然资源和劳动力资源的前提下，为工农业生产、人口分布、城市建设、自然环境的保护和改善提供最佳条件",并认为区域规划包括纲要和设计两大部分,前者"揭示州、边区、自治共和国地域性经济布局的可能性",而后者"研究具体实现这种可能性的合理途径"。德国学者认为区域规划就是"在重视自然条件的现状及特别重视区域之间相互关系的前提下,改善经济、社会、文化条件,为个人在社会中的自由发展提供良好的空间结构"。在我国 1956 年颁布的《区域规划编制和审批暂行办法(草案)》中把区域规划定义为"在将要开辟若干新工业区和将要建设若干新工业城镇的地区,根据当地的自然条件、经济条件和国民经济的长远发展计划,对工业、动力、交通运输、电讯、水利、农业、林业、城镇、建筑基地和供水、排水等各项工程设施的建设,进行全面的规划,使一定地区内国民经济的各个组成部分之间和各个工业企业之间有良好的协作配合,城镇的布局更加合理,各项工程建设更有秩序"。中国学者认为区域规划有广义和狭义之分,"广义的区域规划可包括区际规划和区内规划,区际规划亦即在各有关区域之间进行分区规划,着重解决区域之间的发展不平衡或区际分工协作问题。区内规划即对某一特定区域的发展和建设进行内部协调的统一规划,既包括该区域的国土建设规划,也包括该区域的经济与社会发展规划。狭义的区域规划主要指一定区域内的国土建设规划"。

综合各种关于区域规划的观点以及关于区域的定义,区域规划应该包含狭义和广义之分。广义区域规划是指对区域经济社会发展和建设所进行的总体部署。狭义的区域规划是指在一定的区域范围内与国土整治有关的建设规划。无论是狭义的还是广义的区域规划,其目的都是在分析区域自然、社会、经济条件的基础上,综合布局各种资源和生产力,以实现区域自然资源的永续开发利用、区域经济的稳定持续增长、社会的进步和生态环境的改善,最终实现区域内人口、资源、环境和经济的可持续发展。因此,区域规划的对象应是自然、社会和经济的统一体,即人类社会生态系统。

2. 区域规划的主要内容

从区域规划的发展实践来看,其主要组成部分包括区域开发规划、区域发展规划与区域建设规划。三者联系紧密亦各有侧重。区域开发规划侧重资源开发和新区建设,区域建设规划侧重物质实体的具体设计(如厂址的选择),区域发展规划既包括资源的开发和生产力布局与调整,也包括区域建设规划的部分内容,既有纲要的性质又有设计的性质,既是建设规划和开发规划的结果,也可以对建设规划和开发规划起到一定的指导作用。

由于区域规划的对象是复杂的人类社会生态系统,这决定了区域规划内容的广泛性,且人类社会是在不断发展的,区域也存在着差异性,因而区域规划也存在阶段性特点,不同的区域规划重点也有所不同。一般而言,区域规划需围绕如下几个方面展开，如图 9-2 所示：①对区域内的各种资源和条件进行综合评价，明确区域的优劣；②确定区域经济发展方向；③对区域内的工农业生产进行布局规划；④对城镇体系和乡村居民点体系进行规划；⑤对交通、供水等基础设施进行规划；⑥在分析人口承载力和环境承载力的基础上进行环境规划。

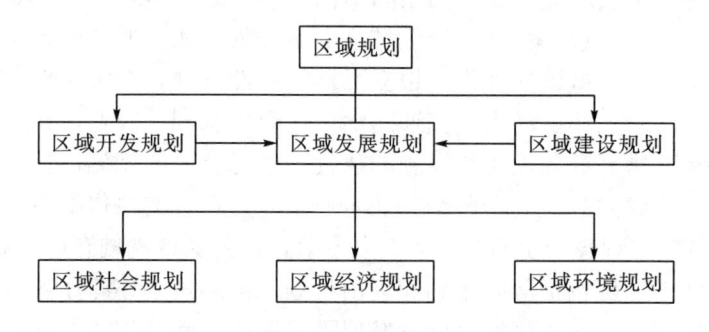

图 9-2　区域规划的核心组成部分

9.2.4　国土整治

1. 国土整治的含义

国土是指由主权国家管理的包括领土、领海和领空的全部地域，也包含所有空间区域内的各种资源。国土具有政治和自然双重属性，自然地理环境是国土的重要组成部分，也是政治意义上国土存在的基础。国土整治也称为国土开发整治，是指依据自然和经济规律及社会发展要求，在国土资源调查、评价基础上，运用经济、技术、法律等措施，对国土资源进行有计划的开发、利用、治理和保护，其根本目的在于协调人类与自然的关系，实现人类及其活动的最佳地域分布，建立和谐的人地关系地域系统。国土整治伴随着人类生产活动而产生，并随着社会经济活动与人口、资源、环境的矛盾日益突出而显得越来越重要。国土整治需要解决资源开发、环境治理和经济发展之间的矛盾，其中资源开发是国土整治的核心内容。

2. 国土整治的主要内容

国土整治主要包含三项工作：国土规划、立法和管理。国土整治具有综合性、地域性和战略性特征。开展全国性的国土资源和条件调查，以及对重大问题和关键地区进行综合科学考察，是国土规划和立法管理工作的基础。其中，重大问题包括国土开发战略、国土整治区划、国土规划方法论等。就我国而言，关键地区是指在经济、生态、社会等方面具有特殊地位和独特的区域特征的地区，如沪宁杭地区、珠三角地区、黄土高原地区、海南岛等。

国土规划是国土开发整治的总体战略，具有多目标、多部门、多学科综合研究的特征，包括各种类型的区域规划。综合性国土规划的内容包括：国土资源的合理开发与利用；大规模改造自然的论证与预测；区域内的生产建设布局；区域内大中城市和工业区为中心的区域性基础设施布局；环境综合治理等。国土规划具有地域性特征，在进行国土规划时需依据自然社会经济条件的相似性原则、国土资源开发利用的相似性原则、突出环境治理问题相似性原则以及一定程度的行政区完整性原则，对国土进行划分。

合理开发利用资源、保护环境、有效管理和监督，在采取技术和经济措施之外，还需要制订国土开发整治的有关法规。这也是国土整治的重要内容。

9.3 景观生态建设研究

景观生态学与综合自然地理学的关系源远流长且非常紧密。在自然地理学的发展中，自然综合体的综合研究中，景观学派提出地表可以按发生的相对一致性和形态结构的同一性来划分成地理区域和地段，即景观。

景观作为科学的地理术语由洪堡在 19 世纪初提出。他认为景观具有自然地域综合体的含义，由气候、水文、土壤、植被等自然要素以及文化现象组成的地理综合体在空间上典型地重复在一定地带内，景观既具有地域整体性，更具有综合性。"景观生态"一词由德国生物地理学家特罗尔提出，他认为景观是人类生活环境中视觉上的空间总体，地圈、生物圈和智慧圈是这个整体的有机组成部分，景观具有地域综合体的特性。"景观生态"一词后被引入到生态学并形成了"景观生态学"。从洪堡和特罗尔阐述的景观概念来看，景观和综合自然地理学的研究对象"自然地理环境"都具有地域综合体的含义，且景观和景观生态的提出均有地理学的背景，景观生态学的产生也和地理学与生态学的交叉研究密切相关。综合性和整体性是综合自然地理学的学科特点，景观生态学也特别强调综合研究。综合自然地理学中的地域分异理论、渗透理论和尺度理论在景观生态学中均有应用。在综合自然地理学的自然区划研究中，景观本身被视为一个综合性区划单位和自然地理区加以研究。可见，景观生态与综合自然地理学的关系很密切，实际上许多景观生态学家同时也是综合自然地理学家。

随着科技、社会、经济和文化的发展，景观和景观生态学的含义也在不断拓展。普遍的理解是：景观由不同空间单元组成，具有异质性；景观是具有明显的形态特征与功能联系的地理实体，其结构和功能具有相关性和地域性；景观是生物栖息地和人类的生存环境；景观处于生态系统之上、区域之下的中间尺度，具有尺度性；景观具有经济、生态、文化多重价值，表现为综合性。景观生态学即以景观为研究对象，研究景观的结构、功能和动态变化以及相互作用机理，研究景观的美化格局、优化结构和合理利用与保护。

景观生态建设主要由景观生态规划与设计和景观生态管理构成。景观生态规划与设计是在土地评价、利用、保护与管理中发展起来的。景观生态规划具有高度的综合性，涉及生态学、地理学、生态经济学、法律等相关学科知识，它通过景观格局与过程以及人与景观的相互作用，在景观生态分析和综合评价基础上提出景观最优利用方案、对策与建议。

景观生态规划注重景观的资源和环境特性，强调人是景观的一部分和人类干扰对景观的影响以及人地关系的可持续性。因而，景观生态规划遵循着自然优先原则、持续性原则、多样性原则和综合性原则。其中，综合性原则充分利用了综合自然地理学的原理。遵循综合性原则的原因有两点：①景观生态规划涉及的学科门类较多，需要地理学家、生态学家、土壤学家、景观建筑师等各学科专业人员共同参与；②充分重视人对景观的正面干扰，在进行规划时，依据内在的景观结构、过程、社会经济条件和人类价值的需要对景观进行有目的的干预。所以，全面和综合分析规划区的自然条件、景观生态过程及其与人类的关系是景观规划必不可少的一个环节。

景观生态规划也需要一个综合的方法论体系，其内容包含景观生态调查、景观生态分析、综合及评价等方面，如图 9-3 所示。

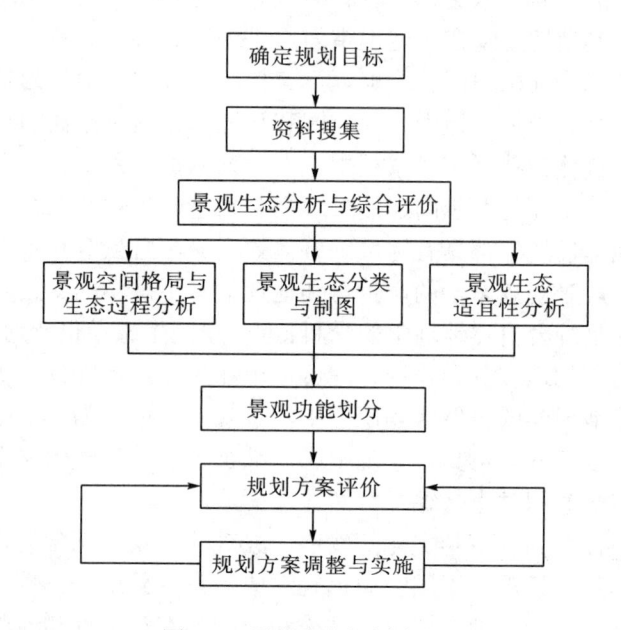

图 9-3 景观生态规划流程图

景观生态规划主要步骤包括以下几个方面。①确定规划范围与规划目标。一般而言，规划范围由政府确定，规划目标通常有三类：一是为保护生物多样性而进行的自然保护区规划与设计，二是为自然资源的合理利用和开发进行规划，三是调整不合理景观格局。②景观生态调查。景观生态调查主要是指收集规划区域的生物与非生物资料并进行评价，收集景观生态过程及与之相关的生态现象资料，还有人类对景观干扰的方式、程度与结果等。资料形式多样，除常规的纸质资料外，还需遥感等图件、数据库资料。③景观的空间格局与生态过程分析。综合自然地理学角度的景观生态学注重人类与景观的相互作用，人类活动对景观具有干扰作用，景观针对这种干扰必然产生一定的系统内部的调节，这种调节通过景观系统的空间格局的改变以及物质流、能量流及信息流等达成。同时，景观系统的变化也反映了人类活动的强度。因此，在进行景观生态规划时，对与规划区发展和环境密切相关的空间格局和生态过程的分析很有必要。景观生态规划就是要在充分理解规划区景观的空间格局变化，以及物质流、能量平衡等基础上，通过组合或引入新的景观要素调整景观结构，增加景观的异质性和稳定性，增强景观系统的抗干扰能力和各项功能。④景观生态分类与制图。景观生态分类与制图是景观生态规划、设计与管理的基础。景观生态系统是具有有序内部结构的复杂的地域综合体，不同景观系统无论是结构还是功能都具有差异性。景观生态分类与制图依据景观的功能和结构，对景观的类型进行划分，形成具有独特的构成要素和不同的独特结构和功能以及人类影响的空间单位，并借助遥感、地理信息系统和计算机数据库技术制作分类图。综合自然地理学中关于自然区划的理论与方法可以为景观生态分类与制图提供有益的参考。⑤景观生态适宜性分析。景观生态适宜性分析是根据区域景观资源与环境特征以及规划目的，选择有代表性的指标，从景观的独特性、多样性和功效性、美学价值等角度分析某一景观类型内在的资源质量及与相邻景观类型的关系，确定并划分景观类型的适宜性等级，这是景观生态规划的核心。⑥景观功能区划分。景观功能区划分是在上述景观生态过程分析、景观分类和适宜性分析的基础上，对规划区进行合理的景观空间的划分，以满足景观的环境功能、生产功能和文化支持功能，增强规划区的可持续发展能力。⑦景观生态规划评价与实施。景观生态规划的目的是要寻找最适宜的景观利用方式，促进社会经济的发展。因此，需要备选规划方案进行成本效益分析和区域持续发展能力的分析，在实施的过程中还需对规划进行调整。

景观生态规划是在大尺度上从地理学的区划角度对景观进行的规划，景观生态设计是在小尺度范围内采用具体的技术、工艺措施使得景观规划类型达到某种功能目的。景观生态规划和景观生态设计虽有所侧重但联系也非常紧密，景观生态规划是景观生态设计的一个基础，两者在某一具体景观的规划与设计中相互渗透。景观生态设计同样需要考虑景观区域的综合性和整体性，设计中也需要遵循因地制宜的原则。

9.4 自然灾害综合研究

自然灾害是导致人类生命财产损失或资源与环境破坏的自然事件，是自然系统与社会、经济系统综合作用的产物，是可持续发展的主要阻碍因素之一。自然灾害具有自然和社会双重属性，灾情的形成与资源开发尤其是自然资源的开发密切相关，减灾不仅要分析灾情的形成机理与发展过程，还需从工程措施、管理、立法等方面展开综合减灾研究，建立自然灾害的监测预报、预防、预警、应急、救灾、评估、重建等综合系统。

9.4.1 致灾因子研究与减灾

致灾因子是指导致灾害发生和发展的各种自然要素和过程。它们可以是自然系统内部的因素（如气候、地质、水文和生物要素），也可以是外部因素（如人类活动的影响）。对灾害的孕育、发生与发展机理研究是防灾减灾的基础。我国在气象灾害、地质灾害、地震灾害、洪涝灾害、农作物生态灾害、海洋灾害等各种灾害的机理研究方面都取得了较大的发展，形成了对自然灾害较深刻的认识。比如，从东亚大气环流异常、大气动力、热力过程和预测方法方面，对长江、黄河流域旱涝灾害规律进行了较系统的研究，明确了旱涝发生的历史，以及它的年代际、年际和季节的变化规律和发生的环境条件等。在我国重大天气灾害形成机理和预测研究上，力求在中尺度天气系统发生、发展及其与大尺度天气系统的相互作用和影响机理以及预报理论与方法等科学问题上有所突破，从而达到揭示强暴雨系统发生、发展的机理及其物理过程；建立中国强暴雨系统中尺度物理模型；深入了解大尺度天气系统的短期异常变化规律、机理及其与强暴雨系统的相互作用；建立具有中国特色的特大暴雨预报理论和下一代中尺度强暴雨数值预报模式。

此外，中国自然灾害规律的区域性研究；中国地形影响下暴雨的形成机理；不同构造地区中、强地震，长、短周期震源过程的综合研究；滑坡、泥石流发生机理的研究；农业害虫择食行为机理研究等，都从致灾因子角度加深了对自然灾害的认识。

自然地理环境的区域性，使得不同区域内自然致灾因子危险性在空间上分布不均匀，如果工农业生产及城市化等社会经济过程中对土地资源的开发利用，忽视了区域自然致灾因子的空间集聚或高发区分布，就会对经济与社会发展产生潜在的危险，在一定条件下导致自然灾害的发生。化石能源的开发利用、森林大面积砍伐、草场开垦为农田等资源开发过程中产生了大量的温室气体，使全球气候明显变暖，结果导致气候系统的不稳定，使气象灾害在一些地方频繁发生，从而导致沙尘暴灾害、干旱灾害、洪涝灾害等自然灾害发生的同时也加剧了灾情的蔓延。可见，资源的开发利用，特别是对自然资源的开发，常常是产生灾害的一个重要驱动因素。在进行各种灾害形成机理研究时，许多研究者达成共识，即认为对灾情形成机制的理解，必须基于对资源开发利用行为的认识。

9.4.2 自然灾害评估

自然灾害评估是从灾害致灾因子、孕灾环境以及灾情等方面，通过分析致灾因子发生的频度和强度，建立和保存历史灾害记录，对各种自然灾害绘制危险性区划图，对易损性及其潜在影响进行估计。《国际减轻自然灾害十年战略和行动计划》(1994年)中提出各个国家应对自然灾害进行评估，即评价危险性及脆弱性，内容主要包括：①总体上哪些自然灾害有危害性；②对每一种灾害威胁的地理分布和发生间隔及影响程度进行评价；③估计评价最重要的人口和资源集中点的易灾性。

围绕着上述评价目标，我国学者开展了自然灾害分类与自然灾害活动强度等级研究、受灾体类型及易损性研究、自然灾害经济损失评估与成灾等级划分研究、减灾能力的调查与评估等。但自然灾害评估是一项极其复杂的工作。要做到准确评估自然灾害的危险性和脆弱性，使得灾害评估在空间域、时间域，以及灾种之间的可比性和整体性，需要注意的问题有：自然灾害评估统计数据的准确性；灾情统计标准的一致性；灾情系列评估的时效性等。

虽然自然灾害评估因灾害种类繁多、成灾体差异大等原因而没有形成完全统一的评价模型与方法，但绝大多数都要从这样几个方面开展工作。①建立自然灾害评估指标体系及指标数据库。这是自然灾害评估的基础性工作。自然灾害评估指标体系包括自然灾变指标、自然灾害损失指标、抗灾能力指标、防灾投入与产出指标等。②建立致灾因子评价系统。灾害损失程度和大小受多种致灾因子制约，因此在对灾害损失进行评价时，需对各种致灾因子进行综合评价。例如，为了对水灾损失进行预评估，需要对该地区降水量、径流量、地形、地貌以及不同风险区的人口和经济密度，各类承灾体的脆弱性等进行历史分析和未来预测。③制定各项致灾因子和灾情评估统计标准。对各项成灾因子如灾变等级、防灾能力等级、承灾体损毁等级以及灾害损失的等级等建立统一标准，便于灾情统计、评估和管理。建立统一、标准的自然灾害国际级信息系统是防灾减灾的重要内容。

针对不同内容的灾害评估，有不同的评估方法，概括起来主要有六种。①绝对指标评估法，主要是评估灾害造成的人员伤亡和经济损失的绝对值。②相对指标评估法，根据一定的指标体系评估灾害危险性和危害性的相对等级或相对指数。③综合指标评估方法，对各类灾害损失进行综合评估。④建立灾变-灾度关系曲线，根据灾变指数进行评估。⑤受灾体损失调查累计评估。⑥遥测遥感快速评估。自然灾害评估是一项系统工程，其工作流程和成果如图9-4所示。

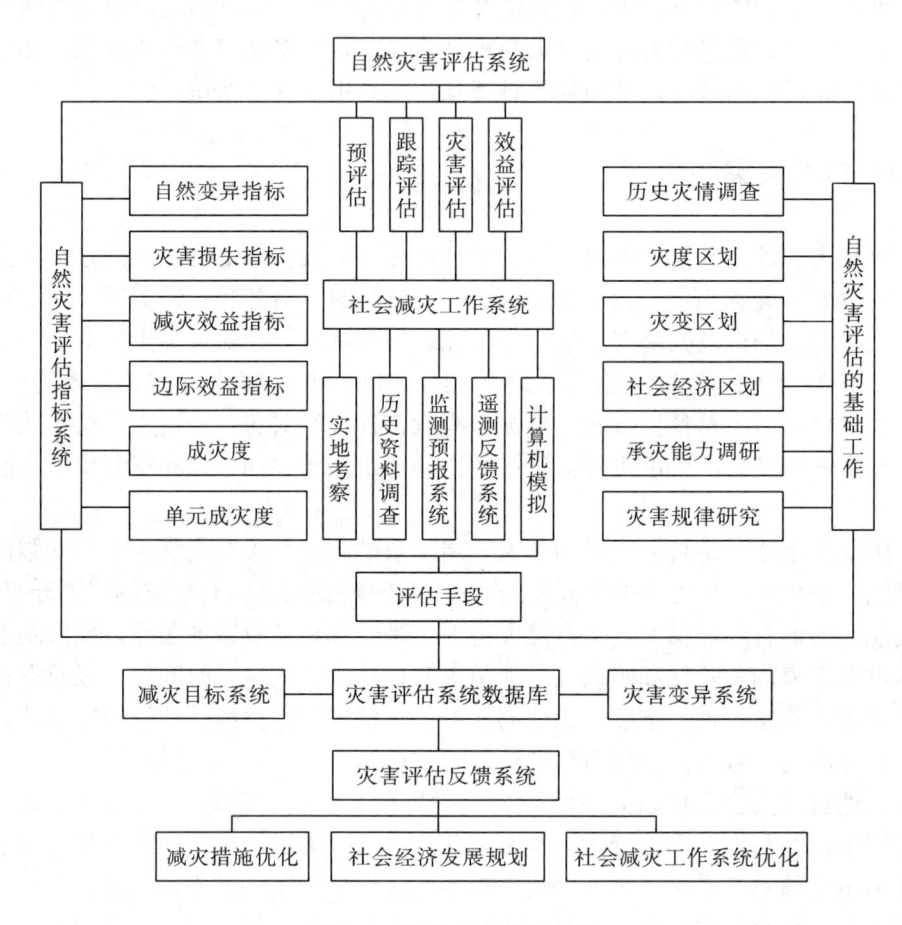

图 9-4　自然灾害评估系统

9.4.3　自然灾害的监测、模拟与预报

　　自然灾害的监测、模拟与预报是防灾减灾的基础工作。通过监测、模拟和预测自然灾害，可以评估和预测各种自然灾害事件的潜在风险，并采取相应的防灾减灾措施。自然灾害风险模拟预测的主要模型有数值模拟模型、统计模型和基于机器学习的模型（如决策树、支持向量机、神经网络和随机森林等）等。我国已经建立起多种监测网络，如气象监测预报网、水文监测网、地震监测和地震前兆观测系统、农作物和森林病虫害测报网、海洋环境和灾害监测网、地质灾害勘查及报灾系统等，并且在许多监测和预报方面取得了较大的成绩，如台风、暴雨、冰

雹、寒潮、风暴潮、洪水、农业气象灾害等的预报方面，准确率达80%。中长期预报已开展，农作物病虫害预报准确率达85%。应用遥感(RS)和地理信息系统(GIS)等高新技术对有重大影响的自然灾害进行监测、实时评估，也为相关部门的快速反应提供了辅助决策。例如，在三峡库区地质灾害监测预警工程中，GPS监测网是其重要组成部分；国家"遥感技术应用研究"科技攻关项目在建立灾害历史数据库和灾害背景数据库，以及重大自然灾害的区划和危险程度分区的基础上，建立了包括洪水、林火、干旱、雪灾、地震、荒漠化和松毛虫7种自然灾害在内的评估信息系统。

9.4.4 自然灾害的社会经济影响

自然灾害的社会经济影响广泛，会导致成人员伤亡、社会和经济财产损失，重大灾害还会造成资源和环境破坏，增加财政支出，影响正常的社会秩序、工农业生产和商业秩序，影响一个国家或地区的股本和存贷。自然灾害不仅延误发展规划进程和减缓经济发展速度，也对投资环境带来消极作用，导致就业人数减少和市场需求降低，以致影响社会的稳定。但灾害同时也能为发展带来新的机遇。通过对灾害的评估和对本地区致灾因子和易损性进行分析，可寻求新的发展机会。自然灾害研究除研究自然灾害的自然过程外，还应向自然灾害的社会、经济影响，减灾效益评价及减灾立法方面集中。灾害的综合性研究和防灾减灾的综合化是更好地解决和预防自然灾害问题的有效途径。土地利用规划与管制、生态系统保护与恢复、公众教育和意识提升、基础设施的抗灾能力提升、灾害预警和应急管理体系建设、灾后重建与社区复原能力提升等都是防治和减缓自然灾害的主要措施。

9.5 生态建设与生态评价

9.5.1 生态建设

1. 生态建设的理解

生态、生态环境和生态系统在字面意义上是有区别的，在特定的学科领域也是有差别的。但在很多文献中通常将三者混同使用。比如，环境保护也称为生态保护、生态环境保护及生态系统保护。"生态"(eco-)一词源自希腊语，指的就是家周围的环境，将生态与环境等同也有其渊源。生态环境通常被认为是生态与环境的简写，很多人认为生态环境是生态系统的一部分。若以生物为主体，生态环境可定义为"对生物生长、发育、生殖、行为和分布有影响的环境因子的综合"。对于不同的主体，生态环境就是该主体存在与发展的各种影响因子的综合，是自然、社会、经济等因素构成的复杂的系统。生态环境会随着时间推移而发生变化，并会受到人类活动的影响，具有动态性。生态环境占据一定的空间范围，对于同一类主体，不同区域的主体生态环境并不相同，因而具有区域性，如江汉平原的农业生态环境与黄土高原上的农业生态环境截然不同。生态环境是高一级生态系统的生境组成，同时也可能是低一级的生态系统，因而也具有层次性。

因此，生态建设既包括受工农业生产污染的生态环境保护与整治，也包含受损生态系统的恢复重建。具体而言，生态建设遵循生态系统、系统工程、可持续发展等理论，运用生物、物理、化学、管理及其他相关学科的理论与方法，通过农业、林业、水利等综合措施对脆弱生态环境与退化生态系统进行保护、治理、恢复和重建。

2. 生态建设的研究内容

生态建设是伴随着人类对自然干扰程度的增强和越来越突出的环境问题而产生的。研究生态系统的形成机制、发展过程、结构与格局以及功能效应是进行生态建设的理论研究基础。

生态环境保护与整治的主要内容有自然资源利用与保护、生物多样性保护、荒漠化防治、水土流失的防治、水污染防治、大气层保护和固体废物无害化处理等。生态恢复与重建研究主要集中在生态恢复与重建试验和示范研究，森林与草地等植被的人工重建，气候变化与恢复中的植物多样性研究，恢复重建生态效益和评价研究，生态过程研究等。

3. 生态建设的基本原则

(1) 因地制宜原则。自然生态环境具有显著的区域性。在不同的区域进行生态建设应遵循的根本原则是因地制宜。例如，黄土高原地区最突出的环境问题是水土流失，水土流失的治理是黄土高原生态建设的一个重点，此区域可采取植树、造林、改梯田和筑淤地坝等工程治理水土流失。而岩溶发育强烈的地区，由于人类活动干扰强烈，区域内土层薄，地表水渗漏严重，森林分布比较稀疏，多发育灌木和草本植物，因而此区域可进行草地和灌木林地的生态经济建设，播种多年生优质牧草和饲用灌木，通过适度放牧保持其生态稳定性。

(2) 人地和谐原则。自然生态系统为人类提供了生产和生活物质，人的活动已经渗入各种自然系统，且不同程度地引起了自然生态系统的退化。但是保持自然生态系统的健康又是人类得以持续利用资源的前提条件。因此，生态建设需要协调和人类社会发展与尊重自然生态系统自然演化的矛盾，所以生态建设需坚持人地和谐的原则。

(3) 综合性原则。生态建设是一项综合性很强的系统工作。生态建设需依据生态学、生物学、经济学、物理学、化学、地理学等多门学科的理论与方法实施。其中，综合地理学的人地关系论、区划理论、景观生态设计原理以及综合分析方法等在生态建设中都起到了重要作用。生态建设还需保证效益的综合性，不仅要维持生态系统的健康运行，也需要保证社会和经济的发展与增长以及人们生活环境的改善和经济收入的提高，即实现生态效益、社会效益和经济效益的统一。

4. 我国生态建设的发展

我国的生态建设可以追溯到中华人民共和国成立初期的国土整治。20世纪中后期可持续发展理念的提出和深入研究，我国开始了大规模的生态环境建设和综合治理工作。例如，三北防护林建设，1988年实施的长江流域上游天然林的禁伐与保护工程，淮河流域环境污染治理等。1998年我国公布了《全国生态环境建设规划》，依据我国自然环境问题的区域特征，结合土地、农业、林业、水土保持、自然保护区等规划和区划，将我国分为黄河中上游地区、长江中上游地区、三北风沙综合防治区、南方丘陵红壤区、北方土石山区、东北黑土漫岗区、青藏高原冻融区、草原区8个生态建设区域。2000年，国务院颁发了《全国生态环境保护纲要》，推动了生态城市建设。国家环境保护总局于2002年要求全国各地在完成生态环境现状调查(2001年)的基础上开展生态环境保护与建设方面的一项重大基础性工作——生态功能区划。2015年，为加快推进生态文明建设，"美丽中国"被纳入"十三五"规划。在"十四五"期间，我国保护和修复重要生态系统主要集中在三区四带：青藏高原生态屏障区、黄河重点生态区(含黄土高原生态屏障)、长江重点生态区(含川滇生态屏障)，东北森林带、北方防沙带、南方丘陵山地带、海岸带。

我国的生态建设在很多行业和部门展开，如农业生态建设、生态工业建设、生态旅游建设、生态城市建设、土壤退化综合整治、矿区恢复重建、湿地保护与恢复、农村环境综合整治等。全国各行业和地区建立了多个生态建设示范区和自然保护区。从行政区域上看，生态建设涵盖生态村、生态镇、生态县、生态市、生态省等建设；从地域上看，有西部生态区建设、长江中上游生态区建设、长江中下游生态区建设等。建设生态示范区和各种类型的自然保护区是生态建设当前的热点。

9.5.2 生态评价

生态评价是在综合分析区域生态环境特点基础上，对生态环境的质量及其变化做出的判断，是对区域资源开发利用的生态后果进行的评价与预测，是对区域内生态系统生产与服务功能进行的评估。生态评价是基于对生态环境自然、经济和社会因素组成的综合系统进行的评价，是一种综合性评价。评价的内容主要有四部分：①生态环境现状的评价；②生态系统产品与服务功能的价值评估；③生态系统健康诊断与预测；④生态系统的管理。

1. 生态环境现状的评价

生态环境现状的评价是将生态环境作为一个自然-社会-生态综合系统，在此认识基础上选择自然、社会经济和生态三个方面的指标建立评价系统，然后进行权重分析和结果评定。评价方法既有定性的分析，也有定量评分，便于操作和管理。

2. 生态系统产品与服务功能的价值评估

生态系统产品与服务功能的价值评估是基于生态经济学和环境经济学的有关理论，采用直接市场价值法和条件价值法以及非市场价值法等方法，对生态系统的直接、间接使用价值以及非使用价值做出估算。生态系统产品与服务功能价值评估的目的是借助经济学的手段来干预人类对自然生态系统的开发和利用，以便更好地保护生态系统。不同区域和不同类型的生态系统其产品与服务功能的价值是有区别的。全面分析生态系统产品与服务功能的价值类型是保证服务评估全面的前提条件。一般而言，生态系统产品与服务功能的价值包括涵养水源、土壤保持、固碳、降解污染、气候调节、栖息地与生物多样性、营养循环等生态功能价值以及产品生产、景观娱乐、文化教育等直接价值。所选用的评价方法也会影响评估结果。目前常用的是直接市场评价法和条件价值法。前者侧重于生态学，后者偏重于经济学理论。直接市场评价法是将区域内生态系统服务的各种功能类型对应的物质量折算成价值量，然后将各个功能类型的价值量相加，从而得到整个生态系统服务的经济价值，常见的有市场价值法、机会成本法、影子工程法等。条件价值法是基于支付意愿调查的对服务功能价值的一种评估，比较适用于非使用价值的一种评价。

3. 生态系统健康诊断与预测

自然资源为人类提供了自然资源和生态环境等多种服务功能。生态系统为人类提供了生存与发展的基础，同时，只有具有完整的结构和功能，以及抗干扰能力和可恢复能力的生态系统才能持续地为人类提供服务。通过生态系统健康诊断与预测，可找到生态系统退化的原因以及退化过程，确立一个生态系统退化的阈值，以便为生态系统恢复重建提供更多的支持，以及通过法律、政策、道德、文化等途径对生态系统实施保护管理。生态系统健康可以从组织、活力结构与稳定性三个方面定义，因而生态系统健康诊断与预测指标体系的建立需能够反映这三者状态的生物指标和环境指标。

4. 生态系统的管理

在生态评价中，生态系统管理是指基于对生态系统结构、功能、健康状况及其服务价值的科学评估，制定和实施一系列策略、政策和技术手段，以维持或恢复生态系统的完整性、韧性和可持续性，同时满足人类社会的发展需求。其核心在于协调生态保护与资源利用的关系，避免不可逆的生态破坏。

生态评价中的生态系统管理是一种科学导向、动态适应的综合治理模式，其本质是通过科学评估实现生态保护与社会发展的双赢。随着全球环境危机的加剧，这一概念已成为应对气候变化、生物多样性丧失等挑战的核心工具。

9.6 全球变化及缓解与适应研究

全球变化是当代世界面临的重要挑战之一，它对地球的自然环境、生态系统和人类社会产生着深远的影响。根据联合国政府间气候变化专门委员会(IPCC)的报告，在2011～2020的10年间，全球地表温度比1850～1900年高出1.09℃；是自1850年有记录以来最热的5年；与1901～1971年相比，21世纪初期的海平面上升速度几乎增加了两倍；自20世纪50年代以来，包括热浪在内的极端高温天气变得更加频繁和强烈，而寒冷气候则变得不那么频繁和严重，这种状况"基本确定"(IPCC，2023)。

在全球变化研究中，综合自然地理学扮演着至关重要的角色。综合自然地理学作为研究地球表层和大气等自然系统相互关系的学科，具有综合、跨学科的特点。在全球变化研究中，综合自然地理学起着桥梁和纽带的作用，帮助我们理解全球变化的复杂性和影响，揭示不同自然要素之间的相互作用和反馈机制。

9.6.1 全球变化的驱动力与驱动机制研究

全球变化是地球各种要素和系统发生的广泛和持续的变化。其中，气候变化、土地利用变化、生物多样性减少和生态系统退化等是全球变化的重要方面。全球变化的驱动力既包括自然驱动力，如气候变化、地质活动和生物演化，也包括人类活动驱动力，如工业化和城市化、能源消耗和排放以及森林砍伐和土地利用变化。这些驱动力相互作用，共同塑造了当前地球系统的状态和未来的走向。在探究全球变化的驱动机制时，需要关注自然驱动机制和人类活动驱动机制。自然驱动机制涉及复杂的物理、化学和生物过程。人类活动驱动机制主要与人类的工业活动、能源消耗和土地利用方式有关。通过深入研究全球变化的驱动力与驱动机制，可以揭示全球变化的本质和原因，并为制定应对策略和可持续发展目标提供科学依据（陈云等，2022）。综合自然地理学在这一领域的研究和应用具有重要意义，它能够提供跨学科的观点和综合的分析方法，为全球变化研究带来新的见解。

1. 自然驱动力和驱动机制

气候是地球系统中最重要的自然驱动力之一。气候变化涉及大气、海洋、冰雪和陆地等多个要素的相互作用，气候变化的机制涉及复杂的物理、化学和生物过程，其中包括温室气体的作用，如 CO_2、CH_4 和 N_2O 等的吸收和辐射；太阳辐射的变化，包括太阳活动和太阳辐射的季节和年际变化；地球轨道参数的变化，如地球公转轨道的偏心率、倾角和进动等。这些因素共同作用，影响着地球的能量平衡和气候系统的运行。有研究表明，1984~2021年，南北极地区大气中温室气体浓度均呈稳定上升的趋势，与全球变化趋势基本一致。

地球的地质活动对全球气候变化也起到重要作用。地质活动是由地球内部的构造运动引起的，包括板块构造运动、火山活动和地震活动等。板块构造运动导致了地壳板块的碰撞和分离，形成了山脉、地震带和海底隆起等地质现象。火山活动释放出大量的岩浆和气体，影响着大气成分和气候。地震活动导致地壳断裂和地表变形，进而对生态系统和地理格局产生影响。此外，地壳的隆起和沉降也会导致海平面的变化，进而影响海洋和陆地生态系统。

生物演化是生物多样性和生态系统演化的关键驱动力之一。物种的进化和灭绝对生态系统的结构和功能产生重要影响。自然选择、繁殖隔离和基因突变等生物演化机制塑造了地球上的生物多样性，并对全球的生态过程和生物地理格局产生了影响。自然选择通过选择适应环境的特征和基因，推动物种的进化。繁殖隔离导致了物种的形成和分化。基因突变是遗传变异和进化的基础。

2. 人类活动驱动力和驱动机制

人类活动导致了大量温室气体的排放，主要包括化石燃料的燃烧、工业生产过程和交通运输排放等。化石燃料的燃烧释放出 CO_2、CH_4 和 N_2O 等温室气体，增加了地球大气中的温室气体浓度，引起温室效应，导致气候变化和全球变暖的加剧。据联合国政府间气候变化专门委员会的统计,人类活动引起的每年全球 CO_2 增加量约为 237 亿 t,如今大气中的 CO_2 水平比过去 65 万年高了 27%。

人类活动导致了土地利用的改变,包括森林砍伐、农业扩张和城市化等。森林砍伐减少了碳储存和生物多样性,导致土壤侵蚀和水循环的变化。农业扩张引起土地退化和化学物质的释放,影响了生态系统的功能和服务。城市化过程中的大规模能源消耗和排放,以及土地开发和资源利用改变了地球的能量平衡和物质循环,改变了土地覆被和城市热岛效应,对生态系统产生影响。根据联合国粮食及农业组织的统计,2000～2017 年,全球耕地面积增加 7500 万 hm^2,相当于日本国土面积的两倍。在同一时期,森林面积减少 8900 万 hm^2,相当于尼日利亚的国土面积。

自然驱动力和人类活动驱动力相互作用,共同塑造了当前地球系统的状态和未来的走向。对这些驱动力的深入研究和理解,有助于揭示全球变化的原因和机制,并为应对全球变化提供科学依据。同时,通过深入探索自然和人类活动的作用,揭示了全球变化的根源和发展趋势。这种研究为全球变化的预测和应对提供了科学基础,并为可持续发展目标的制定提供了重要的参考依据。

9.6.2　全球变化对陆地表层格局与过程的影响

采用综合研究方法和工具,可以深入探讨全球变化对陆地表层格局与过程的影响,包括气候变化对陆地植被分布的影响、全球变暖对冻土和高寒地区的影响,以及全球变化对土地利用与土地覆被的影响。同时,也可以探讨全球变化对陆地过程的影响,如气候变化对水循环的影响、全球变暖对土壤和生态系统的影响,以及全球变化对陆地生物多样性的影响。通过对这些影响的深入研究,可以更好地理解全球变化的趋势和机理,为未来的环境管理和可持续发展提供科学依据和决策支持(于贵瑞等,2018)。

1. 全球变化对陆地表层格局的影响

全球变化对陆地表层格局的影响复杂多样,涉及气候、植被、土壤和地貌等要素的相互作用。深入理解这些影响有助于预测未来的变化趋势,并制定合适的管理和保护策略,以应对全球变化带来的挑战。

(1)气候变化对陆地植被分布的影响。温暖化趋势导致植被向高纬度和高海拔地区扩展,引起植被带的上移。高温对植物生长和物种多样性产生负面影响,导致植被退化和生态系统脆弱性增加。科学家发现在特定情景下,全球平均气温在 2100 年以后继续上升。在这种情况下,植被和最佳作物种植区可能向两极移动,适合某些作物种植的面积减少,像亚马孙盆地这样有着悠久文化历史和丰富生态系统的地方，可能会变得贫瘠。同时，气候变化引起降水模式的改变，如降水量、频率和分布的变化。干旱地区降水减少导致植被凋落和沙漠化的扩展。高强度降水事件的增加可能导致洪涝灾害和土壤侵蚀，对植被和土地利用产生负面影响。

(2) 全球变暖对冻土和高寒地区的影响。全球变暖引起冻土融化，导致地下水位变化和土壤稳定性下降。冻土退化加剧了土地沉降、地表塌陷和土地利用变化的风险。根据 IPCC 的报告，预计到 2100 年，在不同情景下，全球冻土面积将减少 24%～69%。在这种情况下，到 2100 年，永冻层可能会以 CO_2 和 CH_4 的形式向大气中排放数百亿到数千亿吨的碳，这可能会使全球变暖变得更加严重。

全球变暖引起高寒地区冰川消融加剧，导致水资源供应的变化和山地生态系统的破坏。冰川融化还会导致海平面上升，威胁沿海地区的居民和生态系统。1979～2018 年，超过五年的海冰面积减少了约 90%。随着时间的推移，海平面上升的速度越来越快。2006～2015 年，海平面平均每年上升约 3.6mm，是 1901～1990 年海平面平均上升速度的 2.5 倍。

(3) 全球变化对土地利用与土地覆被的影响。城市化进程导致土地表层格局发生剧烈改变，包括城市扩张、土地密度增加和土地碎片化。城市化对土地生态系统的破坏和生物多样性的丧失产生负面影响。基于对中国城市鸟类近 20 年的观察数据，许多受威胁鸟类分布的热点区域与城市化的热点区域高度重合，而且越是种类稀少的鸟类，受到的不利影响越大。同时，全球变化对农业生产产生了巨大的影响，包括降水变化、温度变化和气候极端事件的增加。农业的发展导致农田面积、类型和管理方式的改变，对土地覆被和生态系统功能产生影响。

2. 全球变化对陆地过程的影响

(1) 气候变化对水循环的影响。气候变化导致降水量和分布的变化，包括降水强度、频率和季节性的改变。这会影响地表径流和地下水补给，对水资源的可持续利用产生影响。研究表明，自 20 世纪 50 年代以来，强降雨事件的频率和强度已经增加，并预计这种情况将继续下去。全球每升温 1℃，日极端降水事件预计将加剧约 7%。全球变暖加剧了干旱和洪涝事件的发生频率和强度。干旱会导致土壤干燥和水资源短缺，影响农业生产和生态系统的健康。洪涝事件可能导致洪水灾害、土壤侵蚀和生物多样性的丧失。

(2) 全球变暖对土壤和生态系统的影响。全球变暖导致土壤水分蒸发加快，土壤湿度减小，对土壤质地产生影响。土壤的物理结构、有机质含量和养分循环受到影响，进而对植物生长和土壤生态系统功能产生影响。全球变化对生态系统的结构和功能产生直接和间接的影响(田汉勤等，2007)。物种的适应性和相互作用发生变化，生态系统的稳定性和生产力受到影响。气候变化可能导致物种分布范围的变化，生态系统演替的加速以及生物多样性的减少。有研究表明，气候变化已经导致数百个物种在局地范围内灭绝,在全球变暖趋势下,这种局地物种灭绝只会愈演愈烈。也有研究预测到 2070 年,全球可能会有近一半的物种因气候变化而走向灭绝。

(3) 全球变化对陆地生物多样性的影响。全球变化引起了物种的分布范围变化,包括向高纬度、高海拔和高海洋深度的扩展。2009 年,中国环境科学院以我国 83 种珍稀动植物为研究对象,分析它们在气候变化背景下分布格局的变化,研究发现有 31%的物种向高海拔、高纬度地区迁移,21%的物种分布区出现破碎化,16%的物种分布范围向中心缩小,剩余 24%的物种分布范围也向其他地区发生转移。2022 年的一项研究表明,在全球变暖背景下,陆地动物正以约 17km/(10a)的速度向极地移动,而海洋动物的"最前线"正以 72km/(10a)的速度向极地移动。

全球变化对生物群落的稳定性和恢复力产生影响。物种的适应能力和相互作用的改变可能导致生态系统的脆弱性增加,面临灭绝风险。在全球范围内,拥有全球最大热带森林的拉丁美洲生物多样性丧失最为明显,1970～2016 年物种丰富度下降 94%,是全球物种丰富度下降最严重地区。而土地和海洋利用的变化,包括栖息地的丧失和退化是生物多样性面临的最大威胁。

9.6.3 全球变化的缓解与适应策略

全球变化将对人类社会、经济和生态系统等带来深远影响。面对全球变化的挑战,缓解和适应策略成为至关重要的应对手段。全球变化的缓解旨在减少温室气体排放和人类对自然资源的消耗,以遏制气候变化和环境破坏。适应策略则着眼于提高社会经济系统和生态系统的弹性,以适应和减轻全球变化带来的风险和影响。全球变化的缓解与适应策略不仅涉及技术和科学层面,还需要政府、社会组织和全球社区的合作和努力。在制定和实施策略时,需要考虑不同地区和社会经济群体的差异,以确保公平性和可持续性。通过全球变化的综合应用研究,能够深入了解全球变化的影响机制和趋势,并提供有效的缓解和适应策略,为构建可持续发展的未来提供支持。

1. 全球变化的缓解策略

全球变化的缓解策略主要包括温室气体减排、森林保护和可持续林业管理、土地利用与城市规划的优化等。

(1) 温室气体减排。温室气体减排是缓解全球变化的根本途径,目的是降低全球能量平衡的失衡程度,减缓全球变暖的速度和幅度。为实现这一目标,全球各国签署了多项国际协议,如《京都议定书》《巴黎协定》等,制定了不同的减排目标和承诺。同时,各国也采取了多种措施,如提高能源效率、发展可再生能源、推广低碳技术、建立碳交易市场等，以降低温室气体排放的强度和水平。具体措施包括加大对太阳能、风能、水能等可再生能源的开发和利用，减少对化石燃料的依赖，降低温室气体排放。通过采用节能技术、能源管理系统和合理规划能源消费结构，提高能源利用效率，减少能源消耗和温室气体排放。推广清洁生产技术、改善能效、加强工业废弃物处理，以及促进公共交通、推动电动车辆等低碳交通方式的使用。

(2)森林保护和可持续林业管理。森林保护和可持续林业管理主要围绕以下几个方面展开：加强森林资源的保护和管理，包括禁止非法伐木、防止森林火灾和病虫害的发生，维护生态平衡和生物多样性；推行可持续的林业经营模式，促进林木种植、更新和经营活动与生态保护的协调，确保森林资源的可持续利用。联合国大会于2017年通过《联合国森林战略规划(2017—2030年)》，旨在加强国际合作，推动各国实现可持续发展目标中与森林相关的目标。该规划提出了6个全球森林目标，包括增加全球森林面积、保持或增加全球森林碳储量、提高森林生物多样性等。许多国家也制定了各自的国家森林计划或政策，以保护和恢复本国的森林资源。例如，中国实施了天然林保护工程、退耕还林工程、三北防护林工程等一系列重大生态工程，有效地提高了森林覆盖率和质量。

(3)土地利用与城市规划的优化。土地利用与城市规划的优化是指通过科学、合理地安排和调整土地的开发利用方式、强度、结构和布局，提高土地的经济、社会和生态效益，减少土地利用对环境的负面影响，实现土地资源的节约集约利用。土地利用与城市规划的优化可以从三个方面考虑：控制城市扩张的速度和规模，限制土地开发，减少土地利用变化对生态系统的影响；增加城市绿地面积，推广垂直绿化和屋顶绿化，改善城市生态环境，降低城市热岛效应；鼓励科学耕作技术、有机农业和农田水利建设，减少农业对土地的压力，降低农业碳排放。一些城市也在探索创新的土地利用与城市规划的优化方法，如基于碳中和目标的土地利用优化，以及结合城市空间结构和功能需求的土地利用规划。

2. 全球变化的适应策略

尽管全球气候变化的预测存在很大的不确定性，但并不意味着一个国家或社会就不可能调整其相关政策以消除或减缓气候变化引起的可能影响。如果以科学上缺乏充分的确定性为理由推迟采取各种措施或等待发生了危险或灾难时才去研究对策与行动，就会增加不可逆变化出现的可能性，或是增加为克服不利影响必须付出昂贵代价的可能性(方精云等，2000)。为此，研究适应全球气候变化的农、林、牧、渔业和荒漠化防治理对策以及采取主动的减少温室气体排放的对策已刻不容缓。

(1)全球变化条件下的林业对策。全球变化条件下的林业对策主要有两种：一是天然林保护和管理,二是人工造林对策。依据气候变化将引起植物区系和森林物种的迁移变化,以及在响应气候变化过程中,可能出现大量物种灭绝的预测结果,我们应采取的适应管理对策,应是立足有效地保护现有森林资源、遗传资源以及各种动植物物种的栖息地和生境条件,保存稀有和濒临灭绝的树种,拯救那些当前或今后可能具有经济价值和适应性的基因和基因综合体,为森林植物适应未来的气候变化和复杂多变的新生境提供较大的选择机会。其中,在天然林保护和管理方面的措施主要包括:保护现有的天然林资源、完善自然保护区的网络和建立自然保护区间的走廊、开展自然保护区遗传资源调查和区域引种实验。在人工造林方面,主要应采取以下策略:在适应未来气候变化的林分经营措施中,适当调整间伐强度、频率和轮伐期是很重要的,采伐森林时应永久保留一定数量的、具有各种腐烂程度和密度的站杆和倒木,以满足野生动物和其他生物对一些特殊生境的要求,达到维持林地生产力和生物多样性的目的。采取适应气候变化的经营抚育原则和轮伐策略。适当提前间伐,增大间伐强度。适当发展超短轮伐期工业人工林。在森林病害防治方面,应加强树木检疫工作,大力推行林业生态防治和生物防治,积极进行化学防治,培育抗病抗虫新林业品种。发展薪炭林,减缓气候变化。气候因素对林火的发生起着决定性作用,在森林防火对策中,应加强气候变化环境下重点森林防火地区的预测预报和林火管理,加强防火林分和采伐迹地的管理及林区防火基础设施建设,提高林火的监测、预测预报水平。

(2) 全球变化条件下的农业对策。在可预见的人口压力下,应对全球变化对农业影响的对策应着重遏制不适当的生产、消费活动,延缓环境恶化趋势,强化自然和人工的调控、适应机制。由于全球变化是一个长期的进程,应重视对策的超前性质。在农业方面,可优先考虑:温室气体的农业控制(增加单位面积土地上的植被生物量和土壤有机质含量,使其逐步建设成为吸收大气 CO_2 的重要调蓄库,有效抑制另外两种温室气体 CH_4 和 N_2O 的排放),发展能源林和能源作物生产,高效灌溉农业、节水农业与雨养农业并举,多样化农业生产布局和生态结构(多样化是农业稳定和持续性的关键。通过农业不同层次上的适应性结构调整,克服过分集中而脆弱的专一化单一生产结构,将大大提高区域性农业的应变能力),加强后备农业生物资源的培育和贮备,大力推行生态农业,谋求环境、生物与人类的协调生存与发展,加强病虫害的预测和防治工作,大力推行精确农业与可持续农业等。为实现气候适应、减排和食物安全的协同,出现气候智能型农业(climate-smart agriculture,CSA)和气候韧性农业(climte-resilient agriculture,CRA),并成立气候智能型农业全球联盟。

(3) 荒漠化防治对策。荒漠化是人类不合理经济活动和脆弱生态环境相互作用造成的生态后果,它主要发生在干旱、半干旱和半湿润干旱区,全球变化可加剧这种过程。为遏制这一趋势,应采取以下措施进行防御:加强生物治理技术的推广应用,加大工程治理荒漠化力度,推动化学治理技术的开发与利用,大力兴办温室节水灌溉农业，建立健全荒漠化土地综合整治与管理体系，建立荒漠化环境自然保护区，给荒漠化地区提供粮食保障和社会保障等。

(4) 海洋渔业对策。除了金枪鱼和鲸鱼渔业外，世界上绝大多数渔场都集中在沿岸内湾及大陆架水域。过度捕捞、环境污染和全球变化所导致的海水升温对大陆架附近的近岸水域影响最大。为此，人类迫切需要采取恰当的措施，以拯救不堪负荷的世界渔业资源及面临巨大压力的水生生态系统。首先，全球性的过度捕捞活动必须得到根本的控制。其次，减少和控制环境污染是人类目前面临的最迫切和最艰巨的全球性问题。最后，必须加大研究、监管、教育与普及的力度，这对发展中国家尤为重要。

参 考 文 献

白光润, 1993. 地理学导论[M]. 北京: 高等教育出版社.
保罗·克拉瓦尔, 2007. 地理学思想史[M]. 3版. 郑胜华, 刘德美, 刘清华, 等译. 北京: 北京大学出版社.
保罗·克拉瓦尔, 2021. 地理学思想史[M]. 4版. 郑胜华, 刘德美, 刘清华, 等译. 北京: 北京大学出版社.
本弗里·马丁, 2008. 所有可能的世界·地理学思想史[M]. 4版. 成一农, 王雪梅译. 上海: 上海人民出版社.
毕宝德, 2011. 土地经济学[M]. 6版. 北京: 中国人民大学出版社.
蔡运龙, 1990. 贵州省自然区划与区域开发[J]. 地理学报, 45(1): 41-55.
蔡运龙, 2010. 当代自然地理学态势[J]. 地理研究, 29(1): 1-12.
蔡运龙, 2012. 自然资源学原理[M]. 2版. 北京: 科学出版社.
蔡运龙, 2019. 综合自然地理学[M]. 3版. 北京: 高等教育出版社.
陈百明, 2002. 区域土地可持续利用指标体系框架的构建与评价[J]. 地理科学进展, 21(3): 204-215.
陈百明, 周小萍, 胡亚翠, 等, 2008. 土地资源学[M]. 北京: 北京师范大学出版社.
陈传康, 1964. 综合自然区划的原则和方法及其在中国的应用问题[C]// 一九六二年自然区划讨论会论文集. 北京: 科学出版社.
陈传康, 1998. 区域综合开发的理论与案例[M]. 北京: 科学出版社.
陈传康, 李昌文, 1991. 综合自然地理学[M]. 北京: 高等教育出版社.
陈传康, 伍光和, 李昌文, 1993. 综合自然地理学[M]. 北京: 高等教育出版社.
陈传康, 郑度, 申元村, 等, 1994. 近10年来自然地理学的新进展[J]. 地理学报, 49(S1): 684-690.
陈发虎, 吴绍洪, 刘鸿雁, 等, 2021. 自然地理学学科体系与发展战略要点[J]. 地理学报, 76(9): 2074-2082.
陈述彭, 2001. 地理科学的信息化与现代化[J]. 地理科学, 21(3): 193-197.
陈云, 李玉强, 王旭洋, 等, 2022. 中国生态脆弱区全球变化风险及应对技术途径和主要措施[J]. 中国沙漠, 42(3): 148-158.
董金社, 2023. 《周礼》所见王官之学中的地理学思想透视[J]. 地理研究, 42(3): 699-712.
樊杰, 2004. 地理学的综合性与区域发展的集成研究[J]. 地理学报, 59(S1): 33-40.
方创琳, 2000. 区域发展规划论[M]. 北京: 科学出版社.
方精云, 2000. 全球生态学: 气候变化与生态响应[M]. 北京: 高等教育出版社.
傅伯杰, 1990. 土地评价研究的回顾与展望[J]. 自然资源(3): 1-7.
傅伯杰, 2014. 地理学综合研究的途径与方法: 格局与过程耦合[J]. 地理学报, 69(8): 1052-1059.
傅伯杰, 陈利顶, 马诚, 1997. 土地可持续利用评价的指标体系与方法[J]. 自然资源学报, 12(2): 113-118.

傅伯杰, 陈利顶, 马克明, 1999. 黄土丘陵区小流域土地利用变化对生态环境的影响: 以延安市羊圈沟流域为例[J]. 地理学报, 54(3): 241-246.

傅伯杰, 陈利相, 马克明, 等, 2001a. 景观生态学原理与应用[M]. 北京: 科学出版社.

傅伯杰, 刘国华, 陈利顶, 等, 2001b. 中国生态区划方案[J]. 生态学报, 21(1): 1-6.

傅伯杰, 赵文武, 陈利顶, 2006. 地理-生态过程研究的进展与展望[J]. 地理学报, 61(11): 1123-1131.

葛京凤, 2005. 综合自然地理学[M]. 北京: 中国环境科学出版社.

葛京凤, 2010. 综合自然地理学[M]. 北京: 科学出版社.

龚胜生, 1993. 《禹贡》地理学价值新论[J]. 华中师范大学学报(自然科学版), 27(4): 540-545.

谷小勇, 朱宏斌, 冯凤, 2007. 《大唐西域记》中关于农业内容的整理与分析[J]. 古今农业(2): 40-49.

郭旭东, 邱扬, 连纲, 等, 2008. 区域土地质量指标体系及应用研究[M]. 北京: 科学出版社.

国家测绘局, 2008. 全国1∶400万基础地理信息共享平台数据库[EB/OL]. http://seekspace.resip.ac.cn/handle/2239/42750[2022-12-06].

国家自然科学基金委员会, 1998. 全球变化: 中国面临的机遇和挑战[M]. 北京: 高等教育出版社.

郝晋珉, 2007. 土地利用规划学[M]. 北京: 中国农业大学出版社.

郝寿义, 安虎森, 2004. 区域经济学[M]. 2版. 北京: 经济科学出版社.

何春阳, 张金茜, 刘志锋, 等, 2021. 1990—2018年土地利用/覆盖变化研究的特征和进展[J]. 地理学报, 76(11): 2730-2748.

侯学煜, 姜恕, 陈昌笃, 等. 1963. 对于中国各自然区的农、林、牧、副、渔业发展方向的意见[J]. 科学通报 8(9): 8-26.

胡兆量, 陈宗兴, 张乐育, 1994. 地理环境概述[M]. 北京: 科学出版社.

黄秉维, 1959. 中国综合自然区划草案[J]. 科学通报, (18): 594-602.

黄秉维, 1960. 地理学一些最主要的趋势[J]. 地理学报, 15(3): 149-154.

黄秉维, 郑度, 赵名茶, 等, 1999. 现代自然地理[M]. 北京: 科学出版社.

黄鼎成, 王毅, 康晓光, 1997. 人与自然关系导论[M]. 武汉: 湖北科学技术出版社.

黄贤金, 张安录, 2008. 土地经济学[M]. 北京: 中国农业大学出版社.

蒋长瑜, 毛汉英, 2014. 大辞海·世界地理卷[M]. 上海: 上海辞书出版社.

蒋忠信, 1982. 关于自然地带性数学模式之商讨[J]. 地理学报, 37(1): 98-103.

孔垂思, 潘艳华, 郭玉蓉, 等, 2006. 土地资源评价的研究进展[J]. 中国农学通报, 22(1): 323-325.

李丽娟, 姜德娟, 李九一, 等, 2007. 土地利用/覆被变化的水文效应研究进展[J]. 自然资源学报, 22(2): 211-224.

李平, 李秀彬, 刘学军, 2001. 我国现阶段土地利用变化驱动力的宏观分析[J]. 地理研究, 20(2): 129-138.

李世英, 汪安球, 蔡蔚祺, 等, 1957. 从地植物学方面讨论柴达木盆地在中国自然区划中的位置[J]. 地理学报, 12(3): 329-343.

李秀彬, 1999. 中国近20年来耕地面积的变化及其政策启示[J]. 自然资源学报, 14(4): 329-333.

李秀彬, 虞立红, 1997. 土地综合研究的拓展: 土地覆被变化[M]//中国地理学会编《区域可持续发展研究》. 北京: 中国环境科学出版社.

李月臣, 何春阳, 2008. 中国北方土地利用/覆盖变化的情景模拟与预测[J]. 科学通报, 53(6): 713-723.

李云生, 周广金, 梁涛, 等, 2009. 巢湖流域的土地利用变化及其生态系统功能损益[J]. 地理研究, 28(6): 1656-1664.

李祖扬, 邢子政, 1999. 从原始文明到生态文明: 关于人与自然关系的回顾和反思[J]. 南开学报(3): 37-44.

梁学庆, 2006. 土地资源学[M]. 北京: 科学出版社.

林超, 李昌文, 1980. 北京山区土地类型研究的初步总结[J]. 地理学报, 35(3): 187-199.

刘德生, 蒋长瑜, 贾旺尧, 等, 1986. 世界自然地理[M]. 2版. 北京: 高等教育出版社.

刘飞, 2009. 淮北市南湖湿地生态系统服务及价值评估[J]. 自然资源学报, 24(10): 1818-1828.

刘纪远, 刘明亮, 庄大方, 等, 2002. 中国近期土地利用变化的空间格局分析[J]. 中国科学(D 辑: 地球科学), 32(12): 1031-1040, 1058-1060.

刘黎明, 2010. 土地资源学[M]. 5版. 北京: 中国农业大学出版社.

刘南威, 郭有立, 张争胜, 2009. 综合自然地理学[M]. 3版. 北京: 科学出版社.

刘彦随, 陈百明, 2002. 中国可持续发展问题与土地利用/覆被变化研究[J]. 地理研究, 21(3): 324-330.

刘燕华, 李秀彬, 2007. 脆弱生态环境与可持续发展[M]. 北京: 商务印书馆.

刘耀林, 焦利民, 2008. 土地评价理论、方法与系统开发[M]. 北京: 科学出版社.

刘胤汉, 1988. 综合自然地理学原理[M]. 西安: 陕西师范大学出版社.

刘胤汉, 岳大鹏, 2010. 综合自然地理学纲要[M]. 北京: 科学出版社.

罗怀良, 2002. 四川洪雅县生态农业建设研究[J]. 四川师范大学学报(自然科学版), 25(1): 87-90.

罗怀良, 2023. 县域生态产业链网构建的逻辑及实现路径研究: 以四川省洪雅县为例[J]. 资源开发与市场, 39(8): 929-936.

罗怀良, 朱波, 刘德绍, 等, 2006. 重庆市生态功能区的划分[J]. 生态学报, 26(9): 3144-3151.

马克明, 孔红梅, 关文彬, 等, 2001. 生态系统健康评价: 方法与方向[J]. 生态学报, 21(12): 2106-2116.

蒙吉军, 2011. 综合自然地理学[M]. 2版. 北京: 北京大学出版社.

蒙吉军, 2019. 土地评价与管理[M]. 3版. 北京: 科学出版社.

蒙吉军, 2020. 综合自然地理学[M]. 3版. 北京: 北京大学出版社.

倪绍祥, 1999. 土地类型与土地评价概论[M]. 2版. 北京: 高等教育出版社.

倪绍祥, 查勇, 1998. 综合自然地理研究有关问题的探讨[J]. 地理研究, 17(2): 112-118.

牛文元, 1981. 自然地理新论[M]. 北京: 科学出版社.

潘树荣, 伍光和, 陈传康, 等, 1985. 自然地理学[M]. 2版. 北京: 高等教育出版社.

裴相斌, 1991. 从景观学到景观生态学[M]//景观生态学: 理论、方法及应用. 北京: 中国林业出版社.

彭建, 杜悦悦, 刘焱序, 等, 2017. 从自然区划、土地变化到景观服务: 发展中的中国综合自然地理学[J]. 地理研究, 36(10): 1819-1833.

彭建, 毛祺, 杜悦悦, 等, 2018. 中国自然地域分区研究前沿与挑战[J]. 地理科学进展, 37(1): 121-129.

邱道持, 王力, 1993. 综合自然地理学[M]. 重庆: 西南师范大学出版社.

任美锷, 杨纫章, 1963. 从矛盾观点论中国自然区划的若干理论问题: 再论中国区域问题[J]. 南京大学学报(自然科学版)(16): 1-12.

石玉林, 1980. 关于我国土地资源主要特点及其合理利用问题[J]. 自然资源, 2(4): 1-10.

石玉林, 1992. 中国土地资源的人口承载能力研究[M]. 北京: 中国科学技术出版社.

石正国, 延晓冬, 尹崇华, 等, 2007. 人类土地利用的历史变化对气候的影响[J]. 科学通报, 52(12): 1436-1444.

史培军, 2002. 三论灾害研究的理论与实践[J]. 自然灾害学报, 11(3): 1-9.

史培军, 宫鹏, 李晓兵, 等, 2000. 土地利用/覆盖变化研究的方法与实践[M]. 北京: 科学出版社.

史培军, 宋长青, 景贵飞, 2002. 加强我国土地利用/覆盖变化及其对生态环境安全影响的研究: 从荷兰"全球变化开放科学会议"看人地系统动力学研究的发展趋势[J]. 地球科学进展, 17(2): 161-168.

史培军, 汪明, 方伟华, 2023. 自然灾害综合风险普查成果支持国土空间规划[J]. 中国减灾(9): 14-15.

孙久文, 叶裕民, 2003. 区域经济学教程[M]. 北京: 中国人民大学出版社.

孙克忠, 2019. 青藏高原科考的历程和当今的任务[EB/OL]. 科学智慧火花(中国科学院主办). [2023-07-24]. https://idea.cas.cn/viewpoint.action?docid=70109.

唐华俊, 吴文斌, 杨鹏, 等, 2009. 土地利用/土地覆被变化(LUCC)模型研究进展[J]. 地理学报, 64(4): 456-468.

田汉勤, 万师强, 马克平, 2007. 全球变化生态学: 全球变化与陆地生态系统[J]. 植物生态学报, 31(2): 173-174.

王平, 史培军, 1999. 自下而上进行区域自然灾害综合区划的方法研究: 以湖南省为案例[J]. 自然灾害学报, 8(3): 54-60.

吴传钧, 1994. 国土整治与区域开发[J]. 地理学与国土研究, 10(3): 1-12.

吴次芳, 徐宝根, 2003. 土地生态学[M]. 北京: 中国大地出版社.

吴绍洪, 刘卫东, 2005. 陆地表层综合地域系统划分的探讨: 以青藏高原为例[J]. 地理研究, 24(2): 169-177, 321.

吴绍洪, 赵东升, 尹云鹤, 等, 2016. 自然地理学综合研究理论与实践之继承与创新[J]. 地理学报, 71(9): 1484-1493.

吴绍洪, 高江波, 戴尔阜, 等, 2017. 中国陆地表层自然地域系统动态研究: 思路与方案[J]. 地球科学进展, 32(6): 569-576.

伍光和, 蔡运龙, 2004. 综合自然地理学[M]. 2版. 北京: 高等教育出版社.

伍光和, 王乃昂, 胡双熙, 等, 2008. 自然地理学[M]. 4版. 北京: 高等教育出版社.

武吉华, 张绅, 1995. 植物地理学[M]. 3版. 北京: 高等教育出版社.

席承藩, 丘宝剑, 1984. 中国自然区划概要[M]. 北京: 科学出版社.

香宝, 刘纪远, 张增祥, 2001. 东亚土地覆盖环境背景数字地面模型研究[J]. 地理研究, 20(6): 653-659, 771.

肖笃宁, 李晓文, 1998. 试论景观规划的目标、任务和基本原则[J]. 生态学杂志, 17(3): 46-52.

谢高地, 鲁春霞, 冷允法, 等, 2003. 青藏高原生态资产的价值评估[J]. 自然资源学报, 18(2): 189-196.

许学工, 1998. 黄河三角洲地域结构、综合开发与可持续发展[M]. 北京: 海洋出版社.

许学工, 李双成, 蔡运龙, 2009. 中国综合自然地理学的近今进展与前瞻[J]. 地理学报, 64(9): 1027-10382.

杨达源, 姜彤, 2005. 全球变化与区域响应[M]. 北京: 化学工业出版社.

杨汉奎, 程仕泽, 1991. 贵州茂兰喀斯特森林群落生物量研究[J]. 生态学报, 11(4): 307-312.

杨勤业, 李双成, 1999. 中国生态地域划分的若干问题[J]. 生态学报, 19(5): 596-601.

杨勤业, 吴绍洪, 郑度, 2002a. 自然地域系统研究的回顾与展望[J]. 地理研究, 21(4): 407-417.

杨勤业, 郑度, 吴绍洪, 2002b. 中国的生态地域系统研究[J]. 自然科学进展, 12(3): 287-291.

杨勤业, 郑度, 吴绍洪, 等, 2005. 20世纪50年代以来中国综合自然地理研究进展[J]. 地理研究, 24(6): 899-910.

参考文献

杨吾扬, 1985. 关于地理学的科学化[J]. 地理与国土研究, 1(2): 57-62.

伊萨钦科, 1965. 自然地理学原理[M]. 中山大学地质地理系译. 北京: 高等教育出版社.

伊萨钦科, 1986. 今日地理学[M]. 胡寿田, 徐樵利译. 北京: 商务印书馆.

于贵瑞, 何洪林, 周玉科, 2018. 大数据背景下的生态系统观测与研究[J]. 中国科学院院刊, 33(8): 832-837.

于贵瑞, 徐兴良, 王秋凤, 2020. 全球变化对生态脆弱区资源环境承载力影响的研究进展[J]. 中国基础科学, 22(5): 16-20.

苑全治, 吴绍洪, 戴尔阜, 等, 2016. 过去50年气候变化下中国潜在植被NPP的脆弱性评价[J]. 地理学报, 71(5): 797-806.

岳大鹏, 刘胤汉, 2010. 我国综合自然地理学的建立与理论拓展[J]. 地理研究, 29(4): 584-596.

张兰生, 方修琦, 任国玉, 2017. 全球变化[M]. 2版. 北京: 高等教育出版社.

张新时, 1978. 西藏植被的高原地带性[J]. 植物学报, 20(2): 140-149.

张雁, 谭伟, 2009. 国内外土地评价研究综述[J]. 中国行政管理(9): 115-118.

赵荣, 王恩涌, 张小林, 等, 2006. 人文地理学[M]. 2版. 北京: 高等教育出版社.

赵松乔, 1983. 中国综合自然地理区划的一个新方案[J]. 地理学报, 38(1): 1-10.

赵松乔, 陈传康, 牛文元, 1979. 近三十年来我国综合自然地理学的进展[J]. 地理学报, 34(3): 187-199.

赵小敏, 郭熙, 2005. 区域土地质量评价[M]. 北京: 中国农业科学技术出版社.

郑度, 1998. 关于地理学的区域性和地域分异研究[J]. 地理研究, 17(1): 4-9.

郑度, 张荣祖, 杨勤业, 1979. 试论青藏高原的自然地带[J]. 地理学报, 34(1): 1-11.

郑度, 杨勤业, 赵名茶, 等, 1997. 自然地域系统研究[M]. 北京: 中国环境科学出版社.

郑度, 葛全胜, 张雪芹, 等, 2005. 中国区划工作的回顾与展望[J]. 地理研究, 24(3): 330-344.

郑度, 欧阳, 周成虎, 2008. 对自然地理区划方法的认识与思考[J]. 地理学报, 63(6): 563-573.

郑度, 吴绍洪, 尹云鹤, 等, 2016. 全球变化背景下中国自然地域系统研究前沿[J]. 地理学报, 71(9): 1475-1483.

郑新奇, 韩荣青, 刘金花, 等, 2008. 土地管理地理信息系统[M]. 武汉: 武汉大学出版社.

中国地理学会自然地理专业委员会, 2002. 土地覆被变化及其环境效应[M]. 北京: 星球地图出版社.

中国学科及前沿领域发展战略研究(2021—2035)项目组, 2023. 中国地球科学2035发展战略[M]. 北京: 科学出版社.

朱会义, 李秀彬, 2003. 关于区域土地利用变化指数模型方法的讨论[J]. 地理学报, 58(5): 643-650.

竺可桢, 1930. 中国气候区域论[J]. 地理杂志, 3(2): 1-14.

宗浩, 马丹炜, 罗怀良, 等, 2011. 应用生态学[M]. 北京: 科学出版社.

П. С. 马克耶夫, 1963. 自然地带与景观[M]. 李世玢译. 北京: 科学出版社.

A. N. 斯特拉勒, A. H. 斯特拉勒, 1983. 现代自然地理学[M]. 北京: 科学出版社.

C. B. 卡列斯尼克, 1960. 普通自然地理学简明教程[M]. 今林译. 北京: 商务印书馆.

K. J. 格雷戈里, 2006. 变化中的自然地理学性质[M]. 蔡运龙译. 北京: 商务印书馆.

Anderson J R, 1977. Land use and land cover changes. A framework for monitoring[J]. Journal of Research U. S. Geological Survey, (5): 143-153.

Costanza R, Norton B G, Haskell B D, 1992. Ecosystem Health: New Goals for Environmental Management[M]. Washington D C: Island Press.

Costanza R, d'Arge R, de Groot R, et al., 1997. The value of the world's ecosystem services and natural capital[J]. Nature, 387: 253-260.

Ehrlich P R, Ehrlich A H, 1981. Extinction: The Causes and Consequences of the Disappearance of Species[M]. New York: Random House.

Ernstrom D J, Lytle D, 1993. Enhanced soils information systems from advances in computer technology[J]. Geoderma, 60(1-4): 327-341.

Holdren J P, Ehrlich P R, 1974. Human population and the global environment[J]. American Scientist, 62(3): 282-292.

IPCC, 2023. Sixth assessment report[EB/OL]. [2023-03-20]. https://www.ipcc.ch/assessment-report/ar6/.

Kelly J R, Levin S A, 1986. A Comparison of Aquatic and Terrestrial Nutrient Cycling and Production Processes in Natural Ecosystems, with Reference to Ecological Concepts of Relevance to some Waste Disposal Issues[M]// The Role of the Oceans as a Waste Disposal Option, Dordrecht: Springer Netherlands.

Lambin E F, 1997. Modelling and monitoring land-cover change processes in tropical regions[J]. Progress in Physical Geography: Earth and Environment, 21(3): 375-393.

Lambin E F, Baulies X, Bockstael, et al., 1999. Land-use and land-cover change(LUCC)-implementation strategy[J]. IGBP Report 48 & IHDP Report 10. IGBP: Stockholm.

Leopold A, 1949. A Sandy County Almanac and Sketches from Here and There[M]. New York：Cambridge University Press.

Marsh G P, 1965. Man and Nature[M]. New York: Charles Scribner's Son's.

Mertens B, Lambin E F, 1997. Spatial modelling of deforestation in southern Cameroon: Spatial disaggregation of diverse deforestation processes[J]. Applied Geography, 17(2): 143-162.

Mooney H A, Cropper A, Reid W, 2004. The millennium ecosystem assessment: What is it all about?[J]. Trends in Ecology and Evolution, 19(5): 221-224.

Osborn F, 1948. Our Plundered Planet[M]. Boston：Little, Brown and Company.

Rapport D J, Costanza R, McMichael A J, 1998. Assessing ecosystem health[J]. Trends in Ecology & Evolution, 13(10): 397-402.

Rees W E, 1992. Ecological footprints and appropriated carrying capacity: What urban economics leaves out[J]. Environment and Urbanization, 4(2): 121-130.

Sabine D B, 1970. Man's Impact on the Global Environment: Assessment and Recommendations for Action[J]. Microchemical, Journal.

Schultink G, 1992. Integrated remote sensing, spatial information systems, and applied models in resource assessment, economic development, and policy analysis[J]. Photogrammetric Engineering and Remote Sensing, 58: 1229-1237.

Skole D, Tucker C, 1993. Tropical deforestation and habitat fragmentation in the Amazon: Satellite data from 1978 to 1988[J]. Science, 260(5116): 1905-1910.

Steiner F R, Young G, Zube E, 1988. Ecological planning: Retrospect and prospect[J]. Landscape, 7(1): 31-39.

Toman M, 1989. Why not to calculate the value of the world's ecosystem services and natural capital[J]. Ecological Economics, 25: 57-60.

Turner II B L, Clark W C, Kates R W, et al., 1990. The Earth as Transformed by Human Action: Global and Regional Changes in the Biosphere Over the Past 300 Years[M]. Cambridge: Cambridge University Press.

Turner II B L, Skole D, Sanderson S, et al., 1995. Land-use and land-cover change science/research plan[J]. IGBP Report No. 35 and HDP Report No. 7.

U. S. Environmental Protection Agency, 1992. Framework for Ecological Risk Assessment[M]. Washington D. C.: Risk Assessment Forum, U. S. Environmental Protection Agency.

Wackernagel M, Rees W, 1996. Our Ecological Footprint: Reducing Human Impact on the Earth[M]. Canada: New Society Publishers.

Whitford W G, Rapport D J, Desoyza A G, 1999. Using resistance and resilience measurements for fitness tests in ecosystem health[J]. Journal of Environmental Management, 57(1): 21-29.

Wu S H, Yang Q Y, Zheng D, 2003. Delineation of eco-geographic regional system of China[J]. Journal of Geographical Sciences, 13 (3): 309-315.

Zheng D, 1999. A study on the Eco-Geographic Regional System of China[J].FAO FRA2000 Gloal Ecological Zoning Workshop, Cambrige, UK, July: 28-300.